石油化工工程质量监督手册

2023年版

乙烯裂解装置分册

石油化工工程质量监督总站 主编

中国石化出版社

·北京·

内 容 提 要

本书为《石油化工工程质量监督手册(2023年版)　乙烯裂解装置分册》，共有三部分，第1部分是乙烯裂解装置工程概况；第2部分是乙烯裂解装置专业质量监督控制点设置及检查要求；第3部分是乙烯裂解装置工程质量监督检查要点。附录列出了质量监督检查依据，包括国家法律法规、标准规范以及中国石化建设工程管理规定等。

本书可供石油化工工程质量监督检查相关专业技术人员使用，亦可作为从事石油化工工程建设管理人员的参考用书。

图书在版编目(CIP)数据

石油化工工程质量监督手册：2023年版．乙烯裂解装置分册/石油化工工程质量监督总站主编．—北京：中国石化出版社，2023.9

ISBN 978-7-5114-7245-8

Ⅰ.①石… Ⅱ.①石… Ⅲ.①石油化工-化学工程-工程质量监督-手册 ②乙烯裂解-石油化工设备-手册 Ⅳ.①TE65-62

中国国家版本馆CIP数据核字(2023)第174059号

中国石化出版社出版发行

地址：北京市东城区安定门外大街58号

邮编：100011　电话：(010)57512500

发行部电话：(010)57512575

http://www.sinopec-press.com

E-mail：press@sinopec.com

北京柏力行彩印有限公司印刷

全国各地新华书店经销

*

787×1092毫米 16开本 24印张 464千字

2023年9月第1版　2023年9月第1次印刷

定价：168.00元

《石油化工工程质量监督手册(2023年版)》编委会

《乙烯裂解装置分册》编写人员名单

参建单位质量体系要素检查部分

建设单位	张交琼
总承包单位	张交琼
设计单位	杜代文
勘察单位	杜代文
监理单位	肖　震
施工单位	任瑞芳
检测单位	肖　震

实体质量和监督检测部分

工程质量监督控制点设置

土建工程	关慰清
给排水管道工程	袁　堃
静设备安装工程	陈英伟
动设备安装工程	袁　堃
工艺管道安装工程	邵开跃
电气安装工程	唐秀丽
仪表安装工程	耿庆安
裂解炉安装工程	陈英伟
球罐安装工程	白　明

工程质量监督检查要点

装置勘察工程	柯立泉　王立新　杜代文
桩基工程	彭　红　邓琳玮
土建工程	罗献韬　邓伟国
给排水管道工程	朱忠元
静设备安装工程	陈英伟
动设备(通用)安装工程	何　峰
工艺管道安装工程	孙　磊
电气安装工程	安　蓓
仪表安装工程	曹伟伟
无损检测工程	胡晓丽
防腐工程	孙奎斌
绝热工程	孙奎斌
球罐安装工程	白　明
裂解炉安装工程	陈英伟
乙烯装置离心式压缩机安装工程	何　峰

《乙烯裂解装置分册》审核人员名单

参建单位质量体系要素检查部分

荆　棘　王振平　李　莉　王扶卷　王　蔚　皮　伟

实体质量和监督检测部分

许名国　胡海波　刘　毅　高　杰　吴进尧　洪晓久

翁华章　陆志峰　龚惠娟　唐秀丽　李建强　夏　季

郭贵军　许　珉　于湘洲　居　建　杨　涛　林普润

张莹娜　王玉亮

前　　言

党的二十大报告中明确指出，要加快建设质量强国。其中，建设工程质量是质量强国战略的重要组成部分。中国石化坚持秉承“质量永远领先一步”的理念，高度重视工程建设质量，而工程质量监督作为保障工程建设项目质量与安全的基础性、支撑性工作，在打造质量工程、标杆工程中发挥了重要作用。石油化工工程质量监督总站以“忠诚守护工程生命线”为职责使命，近年来，对数十个百万吨乙烯、千万吨炼油等重点工程项目进行质量监督，确保了项目的顺利建成，同时积累了非常丰富的质量管理和监督经验。

习近平总书记指出，标准助推创新发展，标准引领时代进步。统一、先进的标准是工程项目全生命周期本质安全环保的重要保证。“十四五”时期是中国石化转型升级的重要窗口期，在大型炼化基地建设、大乙烯建设等方面有不少项目陆续上马，形成了近年来工程建设的又一个高峰。中国石化正在加快构建统一、先进、全球认可的工程建设管理与技术标准体系，以创新思路将新工艺、新技术、新材料、新工法等纳入石化工程建设标准中，引领工程建设高质量发展。

本手册以国家法律法规、标准规范为根本依据，采用统一组织、分工负责、专业编制、集中审核的方式，由石油化工工程质量监督总站组织下属区域站并集合石化行业工程建设的优秀专家共同编写而成。编写组以大型乙烯项目建设为样本，通过对前期工程质量监督工作系统性回顾和梳理，对现行的工作要求、标准等进行全面的理解归纳，将隐性知识显性化、显性知识标准化，努力为广大石化工程质量工作者提供统一的、可遵循的工作指导，使质量管理和监督检查的深度保持在一个基本水平之上，不因人员的专业技术水平高低、实际工作经验多少等差异影响检查的效果。

本手册检查依据中的标准或文件为2022年底前的有效版本。如依据标准或文件发生更新时，质量监督、检查人员应按照更新的标准或文件执行，并将更新内容反馈给石油化工工程质量监督总站。

本书编纂过程中，得到了系统内各有关单位的大力支持，在此表示衷心的感谢。

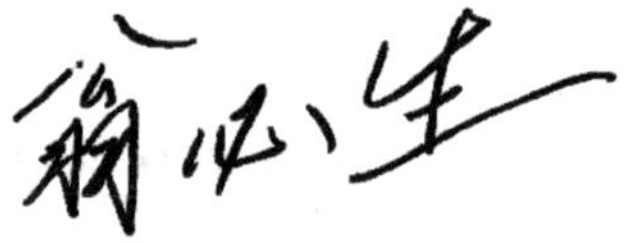

目　　录

第1部分　乙烯裂解装置工程概况

1.1　概述

目前中国石化建设的乙烯裂解装置主要为80万t/a、100万t/a、150万t/a生产规模。以福建古雷80万t/a乙烯裂解装置为例，生产工艺采用中国石化CBL裂解技术及低能耗乙烯分离技术(LECT)，生产聚合级乙烯和聚合级丙烯等产品。装置年操作时间为8000h，年生产能力为80万t聚合级乙烯，同时副产氢气、混合碳四、裂解汽油和轻、重裂解燃料油，装置自产的乙烷和丙烷循环裂解，甲烷氢尾气作为本装置裂解炉燃料。装置原料为：脱乙烷塔顶气、富乙烷气、丙烷、丁烷、石脑油、LPG、加氢尾油、富乙烯气。

乙烯裂解装置按照物流顺序分成裂解炉区、急冷区、压缩区、冷区、热区、火炬气回收单元、蒸汽及凝液单元、废水池及变配电站现场机柜间区。裂解炉区共8台双炉膛裂解炉，包括1台20万t/a乙烷炉(以乙烷+丙烷计)，1台15万t/a气体炉(以丁烷计)，6台15万t/a轻油炉，均为双辐射单对流炉型，炉管材料为25Cr-35Ni-Nb+微量合金和35Cr-45Ni-Nb+微量合金，炉膛外的入口管材料为20Cr-32Ni-Nb。裂解炉正常操作时为7开1备。

乙烯裂解装置各分区之间通过主管廊相连接，主管廊宽度8+8m，标高分别为+7m、+10m、+13m、+16m四层，减温减压器、安全阀等位于+20m平台；各分区管廊分别与主管廊相连接，分区管廊标高分别为+5.5mm(+5m)、+8.5m、+11.5m、+15.5m四层，安全阀等位于+20m平台。

乙烯裂解装置按照同类设备适当集中原则布置，碱洗系统集中布置在压缩区一端；低温设备集中布置在冷区；裂解气压缩机、丙烯制冷压缩机、乙烯制冷压缩机布置在半敞开式厂房内；甲烷压缩机、尾气膨胀机等其他设备露天布置。

1.2 装置各专业工程概况

1.2.1 土建工程概况

装置裂解炉区、急冷区、压缩区、冷区、热区、蒸汽及凝液单元、火炬气回收单元、变配电站、现场机柜间、废水池、雨淋阀室等范围内的建(构)筑物，基本抗震设防烈度为7度，设计使用年限为50年，安全等级二级。

1.2.1.1 主要建(构)筑物的地基基础

主要框架柱基础、大型设备基础、塔基础、管廊柱基础及废水池采用预应力混凝土管桩(直径ϕ600mm或ϕ500mm)，部分采用钢筋混凝土灌注桩。一般框架、管架、设备基础采用预应力混凝土管桩(直径ϕ500mm或ϕ400mm)，部分采用天然地基。

1.2.1.2 主要结构型式

裂解炉框架、设备支承框架采用钢结构。装置主管廊、各区分支管廊采用底层混凝土柱、底层横向混凝土梁，其他采用钢结构。压缩机厂房采用混凝土柱，其他采用钢结构。第一变电所和第二变电所采用钢筋混凝土框架结构。乙烯裂解装置机柜间采用钢筋混凝土框架结构，并用钢筋混凝土抗爆墙围护。

1.2.2 静设备工程概况

装置内主要静设备包括塔器、换热器、容器、反应器、干燥器和储罐等，共有静设备353台(套)，金属质量约为24269t(不包括塔内件、容器内件、过滤器、聚结器、冷箱及高效换热器等)，详见下表。

设备类型	国内供货		设备类型	国内供货	
	数量/台	金属质量/t		数量/台	金属质量/t
塔器	18	10821	过滤器和聚结器	24	—
换热器	213(见注1)	8881	立式焊接储罐	1	40
容器	77(见注2)	2804	冷箱	3(见注3)	—
反应器	9	733	总计	353	24269
干燥器	8	990			

注1：总数包含急冷换热器70台、高通量管换热器6台、板翅式换热器9台和板式换热器2台；

注2：总数包含8台高压汽包；

注3：大冷箱包含7台板翅式换热器和2台分离罐，2台小冷箱内各有1台板翅式换热器，数量不计入换热器和容器总数。

大型、重要静设备主要有：

(1) 急冷换热器

本装置共有70台急冷换热器，其中48台用于气体裂解炉，22台用于液体裂解炉；其中8台为传统急冷换热器，64台为线性急冷换热器。线性急冷换热器管程介质为裂解气，气体温度由进口处 844℃(835℃)降至出口处 345~450℃(不同炉型对应的出口温度不同)，管程设计压力为 0.45MPa，设计温度为 900℃。壳程介质为水和水蒸气，设计压力为 13.31MPa，设计温度为 340℃。

(2) 汽包

汽包作为锅炉系统的一个重要组成部分，具有溶水、溶气、气水分离及排污的作用。本装置共有 8 台高压汽包。汽包的设计压力为 13.31MPa，设计温度为 340℃，属Ⅲ类压力容器。

(3) 冷箱及板翅式换热器

冷箱及板翅式换热器是装置中最关键的热交换设备。本装置共有 18 台板翅式换热器，其中大冷箱由 7 台板翅式换热器和 2 台分离罐组成，2 台小冷箱各含 1 台板翅式换热器，其余为 9 台板翅式换热器(包括 CIK 型)直接安装在装置中。

板翅式换热器具有传热效率高、结构紧凑；适应温度变化范围大、温差小和温度变化快等特点。由板翅式换热器组成的冷箱，使传热系统大为简化，是一种理想的热交换设备。冷箱的特点是操作压力较高、操作温度低、换热介质种类多，通道多而复杂，设计和制造难度大，是乙烯分离的核心设备。

(4) 塔器

急冷油塔：C-101，内径 13000mm，切线至切线长度为 41650mm，材料为 Q345R，上下均为球形封头。该塔采用板式塔，包含 21 块固定阀塔板、16 块人字形塔板，由于直径大，其分布器及内部穿流板结构复杂。塔及塔内件均国内订货。

急冷水塔：C-103，内径为 10600mm，总切线长度为 36200mm，材料为 Q345R，上下均为球形封头。该塔为填料塔(上部两段为填料层)，采用多种规格填料，分布器及内部穿流板(下部为 16 层分油板)结构十分复杂。塔及塔内件均国内订货。

碱洗塔：C-203，内径为 5500mm，切线至切线长度为 55850mm，材料为 Q345R，上下为椭圆形封头，要求整体热处理。塔内件采用泡罩、浮阀塔盘和填料三部分组合形式，塔及塔内件均国内订货。

乙烯塔：C-402，内径为 6000mm，切线至切线长度为 77800mm，其设计温度为-80℃，设计压力为 1.25MPa，材料为 S30408，上下为椭圆形封头。塔内件为 144 块浮阀塔板，塔及塔内件均国内订货。

1#丙烯塔：C-406，内径为 6000mm，切线至切线长度为 52600mm，材料为 Q345R，上下为球形封头，要求热处理。塔内件为 93 块浮阀塔板，塔及塔内件均国内订货。

2#丙烯塔：C-407，内径为 7800mm，切线至切线长度为 94400mm，材料为 Q345R，上下为球形封头，要求热处理。塔内件为 170 块浮阀塔板，塔及塔内件均国内订货。

1.2.3 动设备概况

1.2.3.1 压缩机(风机)类

乙烯裂解装置基本上布置 5 台压缩机(K201、KX301、K601、K501、K302)，以及 7 台引风机，见下表。

乙烯裂解装置压缩机一览表

序号	位号	设备名称、规格型号	台(套)数	备注
1	K201/201ST	裂解气压缩机，离心式，五段，透平驱动(SS 汽)	1 套	沈阳透平机械股份有限公司(沈鼓压缩机，杭汽透平机)
2	KX301/KR301	甲烷尾气膨胀机/离心式再压缩机，膨胀机带压缩机	1 套	曾旭国际有限公司 CRYOSTARSAS(法国)
3	K601/K601ST	乙烯热泵/制冷压缩机，离心式，四段，透平驱动(HS 汽)	1 套	埃理奥特(日本)
4	K501/K501ST	丙烯制冷压缩机，四段，离心式，透平驱动(SS 汽)	1 套	沈阳透平机械股份有限公司(沈鼓压缩机，杭汽透平机)
5	K302	低压甲烷压缩机，离心式，电驱动	1 套	

1.2.3.2 泵类

装置共 111 台机泵、风机。机泵驱动形式有电驱动、汽机驱动，泵分离心泵、计量泵、液下泵、屏蔽泵、自吸式泵等，各种工艺注剂泵橇装设备 12 台(套)。其中轴功率 150kW 以上的离心泵 12 台；2 台液下泵；4 台计量泵。

1.2.4 装置给排水管道概况

1.2.4.1 装置给排水系统概述

装置内给水系统分为生活给水系统、生产给水系统、消防给水系统、循环冷却水给水系统、循环冷却水回水系统。

装置内排水系统分为生活污水排水系统(重力流)、生产污水排水系统(重力流)、初期雨水排水系统(重力流)、清净雨水排水系统(重力流)、生产污水排水系统(压力流)、初期雨水排水系统(压力流)、生活污水排水系统(压力流)。

1.2.4.2 给排水管道设计选材

(1) *DN*≤200 管道材质：无缝钢管 20#，连接方式：焊接，管材标准采用《输送流体用无缝钢管》(GB/T 8163—2018)。

(2) *DN*>200 管道材质：螺旋缝埋弧焊钢管 Q235B，连接方式：焊接，管材标准采用《普通流体输送管道用埋弧焊钢管》(SY/T 5037—2018)。

1.2.5 装置工艺管道概况

装置压力管道安装按单线号统计共 7490 条，累计长度 187777.42m。压力管道材质为 GB/T 8163 20、GB/T 8163 20 GALV、GB 9948 20、GB 9948 20 ANTI-H_2S、GB 5310 20G、GB/T 9711 PSL1 L245、A106 Gr. B、A672 C60 CL22、A671 CC60 CL32 -45℃ IT、A333 Gr. 6、A691 1¼Cr CL22、A335 P11、A335 P22、A312 TP304、A358 Gr. 304 CL1、A312 TP347H 等；管道外径为 ϕ60.3~ϕ2743mm、壁厚为 2.77~74mm；管道最高设计压力为 18.0MPa；最高设计温度为775℃，最低设计温度为-180℃；管道输送的主要介质包括氨、碱、BFW、C_2/C_3/C_4/NAP、EVA 尾气、LPG、LS、NAP、甲烷、乙烷、丙烷、丁烷、乙烯、丙烯、甲醇、丙炔气、磷酸盐、除氧剂、不合格碳四、不合格乙烯、尾气、还原气、再生气、吹扫气、裂解气、烧焦气、燃料气、氢气、氮气、柴油、冲洗油、急冷油、裂解汽油、码头石脑油、汽油、润滑油、燃料油、重燃料油、污油、油气、蒸汽、水、空气等。

1.2.6 装置电气概况

80 万 t/a 乙烯裂解装置属于连续性生产装置，大部分区域划为爆炸危险环境，生产过程对供电的可靠性、连续性要求很高。除少数属于一级特别重要负荷由应急电源供电外，大部分属于一级或二级负荷，需双回路电源供电，本装置两路 35kV 进线电源分别引自 110kV 配电中心的 35kV 不同母线段，每回电源进线具有 100%的供电容量。同时设 AC UPS、DC UPS(直流屏)、EPS 等应急电源，对装置内一级特别重要负荷提供电源，且具备 100%的供电能力。

装置总用电负荷 14357.3kW，其中 10kV 负荷 6707kW，低压负荷 7554kW；用电设备 550 台，单台容量最大电动机 1650kW。有 2 个变配电站，变配电站 1 为区域变配电站，变配电站 2 为装置变配电站，2 台 35/10.5kV 有载调压型变压器 2×25000kVA 及其配套的差动保护和中性点接地设施，8 台 10/0.4kV 变压器 8×2000kVA，10/0.69kV 整流变压器 3 台(1×1250kVA+2×2000kVA)，10kV 开关柜 76 台，封闭母线、10kV 电容器 2 组、综合保护等。低压配电柜 176 台，出线回路综保，0.4kV 封闭母线、直流盘、UPS、应急照明 EPS、10/0.4kV母线无扰动切换装置、低压双电源自动转换装置、微机监控系统、防误操作系统、遥视系统、设备在线监测系统、电压稳定控制系统、电气火灾监控系统、故障录波系统、有源滤波系统、微机消谐装置、电仪联锁端子柜、浪涌保护器、电动机再启动装置、照明调光稳压控制装置、变频调速多传动系统(成套控制及配套输入输出电抗器滤波器)、防爆/普通动力照明配电箱、防爆动力检修配电箱、防爆方便插座插头、防爆操作柱、各种动力/控制电缆电线及其相应的中间头终端头、防爆/普通各类灯具及开关、接地极/接地线等。

1.2.7 装置仪表概况

乙烯裂解装置设置 2 个现场机柜间，其中现场机柜间 FAR101A，负责裂解炉区、急冷区、蒸汽冷凝单元；现场机柜间 FAR101B，负责压缩区、冷区、热区。乙烯裂解现场机柜间重点设备有分散控制系统及现场总线控制系统(DCS/FCS)、安全仪表系统(SIS)、可燃气体/有毒气体检测系统(GDS)、压缩机控制系统(CCS+CCC)、智能设备管理系统(IDM)、机组监视系统(MMS)、设备包控制系统(EPCS)、在线分析仪系统(PAS)等过程控制、安全保护和状态监测系统，控制系统 I/O 点数 11084 点，各种系统机柜、信号接线柜、网络柜、配电柜等共计 184 面，现场机柜间设置带操作员属性的 DCS 工程师站和其他控制系统的工程师站 17 台(用于系统调试和维护等工作)。

装置现场仪表选用 FF 现场总线仪表或 HART 智能电子式仪表。电信号采用 FF 现场总线信号或 4~20mA DC 叠加 HART 协议信号。气信号采用 20~100kPa 标准信号。现场仪表设备主要包括分析仪表 63 台(含分析小屋 9 套)、可燃有毒气体检测器 195 台、流量仪表 770 台、温度仪表 4305 台、液位仪表 407 台、压力仪表 2826 台、控制阀 1088 台、仪表接线箱 1165 台、仪表电缆 124 万 m、仪表桥架 6.9 万 m、仪表管线 9.6 万 m。控制阀通常选用直通、角型、蝶型或偏心旋转型控制阀，带气动薄膜或气缸执行机构，根据工艺介质及操作要求也可选用角型阀、三通阀、波纹管密封阀等。用于安全仪表系统要求严密关闭的阀门应选用球阀、蝶阀等。阀体材料应符合工艺介质要求，应按管道材料等级规定执行，阀内件和阀座材料通常应为 316SS 不锈钢材质。

为确保操作人员及生产装置的安全，设置了安全仪表系统(SIS)，该系统可以自动停车，也可由操作人员在中心控制室辅助操作台上手动停车。SIS 设计成故障安全型，现场电子式仪表选用隔爆型。此外，DCS、SIS、CCS、GDS、EPCS 等系统采用双路 UPS 独立供电。

第2部分　乙烯裂解装置专业质量监督控制点设置及检查要求

2.1　土建工程

序号	控制点名称	报验时机	检查部位	报验资料	现场备查资料	现场确认内容
1	土建开工条件核查	土建工程开工前	—	①工程质量监督控制点报验单； ②工程施工开工报告（SH/T 3503—J105）。	①总承包、施工单位技术、质量管理人员资格、焊工等特殊人员资格；监理单位专业人员资格等； ②施工组织设计(方案)、检试验计划；监理细则、旁站、平行检验细则等； ③图纸会审、设计交底记录；技术交底记录； ④施工和监理单位计量器具一览表及检定/校准证书； ⑤坐标基准、定位放线测量记录。	施工总平面布置的落实情况。
2	天然地基核验	开挖达到设计标高后，垫层施工前	①裂解炉基础 ②裂解气压缩机基础 ③机柜间基础 ④变电所基础 ⑤乙烯塔基础 ⑥丙烯塔基础	①工程质量监督控制点报验单； ②地基验槽记录、地基钎探记录、工程设计变更记录等。	①工程勘察报告； ②设计图纸。	①验收组织和验收程序； ②地基处理应满足设计、勘探要求； ③地基处理应符合规范、图纸的要求。

续表

序号	控制点名称	报验时机	检查部位	报验资料	现场备查资料	现场确认内容
3	桩基工程验收核查	桩基检验完，基础钢筋安装前	①裂解炉基础 ②裂解气压缩机基础 ③机柜间基础 ④变电所基础 ⑤乙烯塔基础 ⑥丙烯塔基础	①工程质量监督控制点报验单； ②桩基础承载力和完整性检测检查报告、灌注桩标准养护试块强度评定表(CFG 桩参照执行)、各类桩高及桩位复测记录、设计变更文件等。	①检验方案、检验单位和人员资质； ②设计图纸等； ③混凝土标准养护试块报告、钢筋原材复验报告等各类检验报告； ④施工质量验收记录、施工记录。	①验收组织和验收程序； ②抽查(复核)桩顶标高和桩位偏差情况，应符合设计、规范要求； ③连接钢筋的数量、长度。
4	钢筋混凝土构筑物钢筋隐蔽核查	钢筋安装自检合格后，混凝土浇筑前	①裂解炉基础 ②乙烯压缩机基础 ③丙烯压缩机基础 ④乙烯塔基础 ⑤丙烯塔基础	①工程质量监督控制点报验单； ②隐蔽验收记录和设计变更文件等。	①钢筋(材)、构配件及焊材的质量证明和复验报告、钢筋连接(焊接、机械连接)检验报告； ②设计图纸等。	①验收组织和验收程序； ②钢筋外观质量；钢筋的连接方式、接头位置、接头数量、接头面积百分率等；钢筋规格、数量、位置、间距等； ③预埋件的规格、数量、位置等。
5	设备基础验收核查	混凝土基础达到强度后，土方回填前	①裂解炉基础 ②乙烯压缩机基础 ③丙烯压缩机基础 ④乙烯塔基础 ⑤丙烯塔基础	①工程质量监督控制点报验单； ②分项、分部工程施工质量验收记录，框架式结构实体检验报告； ③设计变更文件等。	①计量器具检定/校准证书； ②设计图纸等； ③隐蔽工程验收记录、施工记录、设备基础复测记录、初始沉降观测记录； ④混凝土强度试验报告、材料复验、施工试验报告等质量控制资料。	①观感质量； ②实测实量基础尺寸偏差，设备基础中心线(轴线)、水平控制线的标注； ③构筑物实体质量抽检。
6	框架结构建筑物钢筋隐蔽工程核查	首层与顶层钢筋安装自检合格后，混凝土浇筑前	①机柜间 ②变电所	①工程质量监督控制点报验单； ②隐蔽验收记录和设计变更文件等。	①钢筋(材)、构配件及焊材的质量证明和复验报告、钢筋连接(焊接、机械连接)检验报告； ②设计图纸等。	①验收组织和验收程序； ②钢筋外观质量；钢筋的连接方式、接头位置、接头数量、接头面积百分率等；钢筋规格、数量、位置、间距等； ③预埋件的规格、数量、位置等。

序号	控制点名称	报验时机	检查部位	报验资料	现场备查资料	现场确认内容
7	建筑物主体结构验收核查	主体工程自检合格后，工程装饰、装修前	①机柜间 ②变电所	①工程质量监督控制点报验单； ②分项、分部工程施工质量验收记录，结构实体检验报告； ③设计变更文件。	①计量器具检定/校准证书； ②设计图纸等； ③隐蔽工程验收记录、施工记录、设备基础复测记录、初始沉降观测记录； ④混凝土强度试验报告、材料复验、施工试验报告等质量控制资料。	①验收组织和验收程序； ②观感质量； ③混凝土构件实测实量尺寸偏差，中心线(轴线)、水平控制线的标注； ④建筑物实体质量抽检。
8	建筑物工程竣工验收核查	工程自检合格后，交付使用前	①机柜间 ②变电所	①工程质量监督控制点报验单； ②分项、分部工程施工质量验收记录； ③竣工验收记录； ④设计变更文件。	①材料质量证明文件、防水工程闭(淋)水检查记录、窗户的“三性”检测报告等功能检验报告资料； ②隐蔽工程验收记录、施工试验、施工记录、观感质量验收记录； ③设计图纸。	①验收组织和验收程序； ②观感质量； ③建筑物实体质量抽检； ④建筑物使用功能抽检。
9	水工构筑物底板钢筋隐蔽核查	钢筋安装自检合格后，混凝土浇筑前	废水池	①工程质量监督控制点报验单； ②隐蔽验收记录和设计变更文件等。	①钢筋(材)、构配件及焊材的质量证明和复验报告、钢筋连接(焊接、机械连接)检验报告； ②设计图纸等。	①验收组织和验收程序； ②钢筋外观质量；钢筋的连接方式、接头位置、接头数量、接头面积百分率等；钢筋规格、数量、位置、间距等； ③预埋件的规格、数量、位置等； ④止水带(钢板)的安装质量、对拉螺杆质量抽查。
10	水工构筑物蓄水试验核查	满水 24h 后，放水前	废水池	①工程质量监督控制点报验单； ②分项、分部工程施工质量验收记录，水池蓄水试验记录和沉降观测记录； ③设计变更文件等。	①沉降检测设备检定证书； ②混凝土强度检验报告； ③设计图纸等。	①验收组织和验收程序； ②观感质量； ③水工构筑物实体质量抽检。

续表

序号	控制点名称	报验时机	检查部位	报验资料	现场备查资料	现场确认内容
11	钢结构主体验收核查	主体施工完自检合格后，防腐（防火）涂层施工前	①裂解气压缩机厂房 ②冷区管廊	①工程质量监督控制点报验单； ②分项、分部工程施工质量验收记录、构件挠曲矢高实测记录、与高强螺栓有关的检验报告； ③设计变更文件等。	①合格焊工登记表； ②钢材、高强螺栓、焊接材料等质量证明文件； ③隐蔽工程验收记录、施工记录； ④高强度螺栓终拧质量检查记录、整体尺寸偏差检查记录、焊缝外观质量检查记录、焊缝无损探伤检测报告等； ⑤设计图纸等。	①验收组织和验收程序； ②钢结构外观质量； ③钢结构实体质量抽检。
12	钢结构防腐工程核查	防腐工程施工完自检合格	①裂解气压缩机厂房 ②冷区管廊	①工程质量监督控制点报验单； ②防腐工程施工质量验收记录。	①设计变更文件、材料代用单等； ②材料质量证明文件、型式检验报告、进场复验报告及见证取样记录等； ③隐蔽工程验收记录； ④涂层厚度检查记录。	①验收组织和验收程序； ②防腐涂层应均匀，无明显皱皮、流坠、针眼和气泡等外观质量缺陷； ③涂层厚度抽查。
13	钢结构防火工程核查	防火工程施工完自检合格	①裂解气压缩机厂房 ②冷区管廊	①工程质量监督控制点报验单； ②防火工程施工质量验收记录。	①防火涂料涂装工程施工人员应经过专门培训； ②防火涂料的产品合格证、检验证； ③国家质量监督检测机构出具的所用涂料耐火极限和理化性能检测报告； ④抽检的粘结强度、抗压强度等检测报告； ⑤钢结构基层处理及其他隐蔽工程等现场检查验收记录； ⑥工程变更记录和设计修改通知单。	①验收组织和验收程序； ②防火涂层不应有误涂、漏涂、脱层、空鼓、明显凹陷、粉化松散等外观质量缺陷； ③涂层厚度抽查。
14	竖向地面工程	施工完自检合格	裂解炉区	①工程质量监督控制点报验单； ②分项、分部工程施工质量验收记录。	①原材料、混凝土构件的质量证明文件和复验报告； ②隐蔽工程验收记录； ③混凝土强度检验报告； ④设计图纸、设计变更文件等。	①验收组织和验收程序； ②无不均匀裂缝、蜂窝麻面、纵横缝不直度超差等外观质量缺陷； ③实体质量抽检。

2.2 给排水管道工程

序号	控制点名称	报验时机	检查部位	报验资料	现场备查资料	现场确认内容
1	开工条件核查	给排水工程施工开始前	—	①工程质量监督控制点报验单； ②工程施工开工报告(SH/T 3503—J105)。	①施工单位资质及技术、质量管理人员资格证书；监理单位专业人员资格证书； ②施工方案、检试验计划、焊接工艺评定报告、焊接作业指导书； ③监理细则； ④施工图会审及设计交底记录；技术交底记录； ⑤合格焊工登记表； ⑥施工、监理单位计量器具一览表及检定/校准证书。	①现场焊材二级库管理符合要求：焊材烘烤管理制度、焊材发放回收管理制度等已建立； ②焊材烘烤恒温设备经检(鉴)定合格、除湿干燥设备、温/湿度计等设施配备齐全并能正常使用； ③焊材专职管理人员配备到位并取得上岗证。
2	管道防腐核查	管子、管件除锈完成，防腐过程中	首批管子、管件	①工程质量监督控制点报验单； ②隐蔽工程验收记录(除锈)。	①防腐材料质量证明文件； ②防腐材料型式检验报告及复验报告。	①不得在雨、雾、雪或风力五级以上的环境中进行露天施工，环境温度低于-15℃或相对湿度大于85%时，未采取措施不得施工。环境温度低于-8℃时，不宜采用环氧煤沥青涂料； ②钢管表面除锈的质量应达到St3级或Sa2.5级； ③底漆应涂敷均匀，无漏涂、气泡、凝块、流坠等缺陷； ④防腐层表面应平整，搭接均匀，无气泡、皱折、流坠、破损等缺陷； ⑤电火花检测合格； ⑥抽测防腐层粘结力、厚度等应符合规范和设计要求； ⑦完成外防腐层的管道，在炎热天气下，不宜长期受阳光曝晒，露天堆放时间不宜超过3个月，防腐管道的堆放、吊装、运输、安装、回填土作业不得损坏防腐层。

续表

序号	控制点名称	报验时机	检查部位	报验资料	现场备查资料	现场确认内容
3	管道焊接条件核查	首道焊缝施焊前	①循环水管道 ②含油污水管道 ③消防水管道	①工程质量监督控制点报验单； ②焊口组对记录。	管子、管件、焊材质量证明文件。	①施焊环境应符合要求，并有相应的防风、防雨措施； ②管子和管件内外防腐层应采取保护措施； ③不得强力组对，管道坡口、组对间隙、平直度等符合要求。
4	管道水压试验核查	首条管道水压试验时	①循环水管道 ②含油污水管道 ③消防水管道 ④不锈钢管道	工程质量监督控制点报验单。	①水压试验方案； ②管道焊接工作记录； ③无损检测报告； ④给排水压力流管道压力试验条件确认与试验记录； ⑤水质分析报告，氯离子等含量符合规范及设计要求。	①压力试验的分段长度不宜大于1.0km； ②埋地管道焊缝部位未经试压不得防腐； ③埋地管道的轴线位置、标高、坡度及管基、垫层等复查合格； ④试验用压力表应不少于2块，已经校验并在周检期内，其精度等级应不低于1.6级，量程宜为试验压力的1.5~2倍； ⑤压力试验时，管道上水应从低点处缓慢灌入，试验管段的高点及末端应设排气阀，使管内的气体排尽。冬季进行水压试验时，应采取防冻措施，试验后及时放水； ⑥压力试验时，应逐步升压至试验压力，保持10min，检查管子、接口及其他附件等无破损、无渗漏等异常现象，然后降至设计压力，保持时间不少于30min，进行外观检查，以无变形、无渗漏、不降压为合格。
5	管道回填核查	首批管道回填前	①不锈钢管道 ②碳钢管道	工程质量监督控制点报验单。	给排水压力流管道压力试验条件确认与试验记录或给排水无压力管道闭水试验条件确认与试验记录。	①回填压实应逐层进行，且不得损伤管道； ②管道两侧和管顶以上500mm范围内，土中不得含有机物、冻土以及大于50mm的砖、石等硬物；在防腐层等周围，应采用细粒土回填； ③回填土压实度应符合设计和规范要求。

2.3 静设备安装工程

序号	控制点名称	报验时机	检查部位	报验资料	现场备查资料	现场确认内容
1	开工条件核查	静设备安装开工前	—	①工程质量监督控制点报验单； ②工程施工开工报告。	①总承包、施工单位资质及技术、质量管理人员资格；监理单位专业人员资格； ②施工方案、检试验计划；监理细则； ③施工图会审及设计交底、技术交底记录； ④施工、监理单位计量器具一览表及检定/校准证书； ⑤合格焊工登记表。	—
2	开箱检验	设备开箱检验前	①1#丙烯塔(首台) ②乙烯塔(首台) ③碱洗塔(首台) ④急冷油塔(首台) ⑤碳二加氢反应器(首台) ⑥高压汽包(首台) ⑦第一急冷水冷却器(首台) ⑧循环乙烷汽化器(首台) ⑨大冷箱(首台) ⑩高压换热器(首台)	①工程质量监督控制点报验单； ②开箱检验记录。	①设备供货合同(技术附件)； ②装箱单； ③设备出厂质量证明文件，要求： a)内容与特性数据符合设计文件要求； b)有复验要求的材料有复验报告； c)压力容器应符合《固定式压力容器安全技术监察规程》的规定； ④监造的设备需查验出厂监造放行单； ⑤冷箱中的板翅式换热器和分离罐等应有制造厂商提供的质保书，其中泄漏试验、气密记录应达到设计/规范要求。	①参与开箱检验的单位和人员应符合要求； ②外观检查应符合以下要求： a)无表面损伤、变形及锈蚀； b)工装卡具的焊疤已清除； c)设备管口封闭； d)不锈钢及复合钢板制设备的防腐蚀面、低温设备表面不应有刻痕和各类钢印标记； e)奥氏体不锈钢制设备、钛制设备、铅制设备、铝制设备表面应无铁离子污染； f)防腐蚀涂料无流坠、脱落和返锈； g)充氮设备处于有效保护状态； h)设备的方位线标记、重心标记及吊挂点等标记应清晰； ③垫板位置应符合图纸要求； ④对合金材料设备的壳体、封头、接管、法兰、配对法兰及短节、焊缝等进行合金元素定量分析； ⑤必要时对设备本体、焊缝、法兰、短节、接管、紧固件等部位进行硬度抽检； ⑥针对低温不锈钢设备，必要时对接管、法兰、封头变形部位开展PT检测； ⑦必要时对冷箱设备的钢铝法兰、接管、冷凝板片、紧固件进行材质抽检。

续表

序号	控制点名称	报验时机	检查部位	报验资料	现场备查资料	现场确认内容
3	设备安装核查	设备二次灌浆前	①1#丙烯塔(首台) ②乙烯塔(首台) ③汽油汽提塔(首台) ④急冷油塔(首台) ⑤碳二加氢反应器(首台) ⑥高压汽包(首台) ⑦第一急冷水冷却器(首台) ⑧循环乙烷汽化器(首台) ⑨大冷箱(首台) ⑩高压换热器(首台)	①工程质量监督控制点报验单; ②设备安装记录。	①设备基础复测记录、设备基础允许偏差项目复测记录; ②垫铁隐蔽记录。	①设备基础：符合设计和现行标准规范要求，基础外观应验收合格，不得有裂纹、蜂窝、空洞、露筋等缺陷; ②垫铁规格、布置位置、每组垫铁块数、高度、垫铁搭接长度等应符合规范要求; ③立式设备进行垂直度抽测、卧式设备进行水平度抽测; ④有滑动要求的设备安装时，应确认滑动端膨胀(收缩)方向和地脚螺栓在设备地脚螺栓孔中的位置; ⑤计量器具应在检定有效期内。
4	现场组焊设备开工条件核查	现场组焊设备开工前	组焊设备	①工程质量监督控制点报验单; ②工程施工开工报告。	①施工单位资质；施工单位专业技术、质量管理人员资格，监理单位技术人员资格，无损检测单位人员资格; ②施工方案、焊接工艺方案、焊接工艺评定报告、焊接作业指导书等; ③监理细则; ④无损检测方案; ⑤基础交安记录; ⑥已经到货段(片)的质保资料、设备监造报告、开箱检验记录等; ⑦合格焊工登记表、焊工证等; ⑧合金材料设备应按要求提供合金材料复检报告。	①检查现场焊材二级库及焊材复验报告; ②核查电焊机等设备; ③检查现场热处理设备(需要热处理时); ④对到货段(片)实体进行检查抽测; ⑤试板确认：分段到货的设备，尚需整体热处理时，须检查已经焊接及无损检测完成的一块试板(无损检测报告在设备资料检查时检查)；分片到货的设备应有一对待焊试板。分段到货的设备，现场不需进行整体热处理(或只需对现场焊接的环缝进行局部热处理)时，应有试板性能报告，在设备资料检查时检查。

续表

序号	控制点名称	报验时机	检查部位	报验资料	现场备查资料	现场确认内容
5	现场组焊设备水压试验条件核查	现场组焊设备水压试验前	组焊设备	①工程质量监督控制点报验单； ②水压试验方案。	①垫铁隐蔽记录、设备安装检验记录、设备焊接工作记录； ②设备焊接工作记录； ③无损检测报告； ④热处理报告； ⑤产品试板机械性能试验报告； ⑥不锈钢设备试压用水的水质分析报告，氯离子含量应小于 25×10^{-6}。	①目视检查所有工卡具已经全部去除，外观检查合格； ②基础二次灌浆已经完成并达到强度要求； ③试压用压力表：在检定有效期内；并在设备最高处和最低处各设置一块量程相同的压力表；常压及低压设备压力表的精确度等级不低于2.5级，中压及高压设备不低于1.6级；压力表的直径不小于100mm；压力表的量程不应小于1.5倍且不大于3倍的试验压力； ④基础沉降观测点已设置； ⑤设备梯子平台满足检查要求。
6	绝热材料进场验收的核查	绝热材料使用前	①保温材料（首批） ②保冷材料（首批）	①工程质量监督控制点报验单； ②型式检验报告。	①设计技术文件； ②绝热材料一览表； ③绝热材料及其制品的质量证明文件，应包括：产品的标准号与名称牌号；交货状态、重量、件数；产品标准规定的各项性能检测结果，包括材料的容重、阻燃性数据、耐用温度范围、含水率、导热系数、线膨胀率、抗压强度、渣球含量、纤维直径、纤维长度等；检验印章；生产厂及生产日期；应用于不锈钢设备及管线的绝热材料应检查氯离子含量等是否符合要求； ④产品型式检验报告，材料复检报告； ⑤使用说明书，应包括：施工环境要求；施工工艺要求及技术参数；包装及有效期。	①抽样检查绝热材料及其制品的外观、几何尺寸，不得有断裂、变形、残缺等缺陷； ②绝热材料的存放、保护措施应符合以下要求： a）硬质绝热制品在装卸时不得抛掷，矿纤类绝热制品在装卸时不得挤压、抛掷； b）应按材质分类存放在仓库或棚库内； c）根据材料品种，应分别设置防潮、防水、防冻、防成型制品挤压变形及防火等设施； d）软质及半硬质绝热材料的堆放高度不应超过2m； e）对有毒、易燃、易爆及沸点低的溶剂材料应存放在通风良好的室内，并应采取防火、防毒措施。

2.4 裂解炉安装工程

序号	停监点名称	报验时机	检查部位	报验资料	现场备查资料	现场确认内容
1	开工条件核查	裂解炉安装工程开始前	—	①工程质量监督控制点报验单； ②工程施工开工报告。	①总承包、施工单位技术、质量管理人员资格；监理单位专业人员资格；无损检测单位人员资格； ②监理细则； ③施工方案、焊接工艺评定报告、焊接作业指导书，技术交底记录； ④无损检测方案； ⑤设备基础复测记录； ⑥材料质量证明文件； ⑦合格焊工登记表、焊工证等。	检查现场焊材二级库。
2	炉体钢结构验收核查	炉体钢结构安装完成后	炉体钢结构	①工程质量监督控制点报验单； ②炉体钢结构安装检验记录； ③钢柱和梁外形尺寸的允许偏差记录。	①垫铁隐蔽记录； ②焊接工艺评定报告、焊接作业指导书； ③合格焊工登记表、焊工证等； ④质量证明文件及复验报告，要求：高强螺栓应有复验报告，合金钢锚固件应有光谱分析抽查报告(抽查数量为1‰，且不应少于5件)； ⑤焊接记录、无损检测报告； ⑥炉锚固件安装检查记录、炉砖架安装检查记录。	①炉体钢结构几何尺寸检查：应符合SH/T 3511—2020附录A的要求，重点抽查立柱垂直度、梁的直线度、框架结构平面对角线允许偏差等； ②锚固件检查：检查锚固件的排列，应符合设计文件规定；抽查相邻两锚固件的中心距(允许偏差应为±2mm)、任意2个锚固件间距(允许偏差应为±3mm)以及焊接牢固程度。

续表

序号	停监点名称	报验时机	检查部位	报验资料	现场备查资料	现场确认内容
3	筑炉主要材料进场验收核查	筑炉主要材料进场	筑炉材料耐火砖、耐火浇注料、耐火纤维等	①工程质量监督控制点报验单； ②耐火材料一览表。	①耐火材料应符合设计文件规定的规格、牌号及材料标准要求； ②合金钢材料应对主要合金金属元素进行验证性检验，抽检数量为每批的1‰，且不少于5件。	①耐火材料锚固件、砖架、托砖板和其他零部件的型式、规格和材质应符合设计文件的规定； ②产品标识应明显便于区分，且应在规定的有效期内； ③筑炉材料在运输、储存、使用过程中应采取防雨、防潮措施，不同材料应分区存放。
4	筑炉工程验收核查	筑炉工程完成	筑炉工程	①工程质量监督控制点报验单； ②耐火砖砌筑炉衬质量检验记录； ③耐火浇注料炉衬质量检验记录； ④耐火纤维模块炉衬质量检验记录。	①耐火砖砌筑炉衬质量检验记录； ②耐火浇注料炉衬质量检验记录； ③耐火纤维模块炉衬质量检验记录； ④筑炉材料质量证明文件，检测单位出具的质量检测报告； ⑤不定形耐火材料应有产品使用技术文件。	①耐火砖砌体质量：应符合SH/T 3534—2012 6.1、6.2条的要求，重点检查砌体的砖缝泥浆饱满度(应大于90%，有气密性要求的砌体，应大于95%)、砌体膨胀缝施工(应平直，缝内清洁，膨胀缝间隙宽度的允许偏差不得大于2mm，且不得小于-1mm)； ②耐火浇注料衬里质量：应符合SH/T 3534—2012 7.1、7.2条的要求，重点检查耐火浇注料衬里的膨胀缝结构、间隙、分布位置及填充材料是否符合设计文件规定； ③耐火陶瓷纤维衬里质量：应符合SH/T 3534—2012 8.1、8.2条的要求，重点检查耐火陶瓷纤维衬里表面伸缩缝的留设是否符合设计文件规定。
5	炉管焊接前检查	炉管第一道焊缝施焊前(包括对流段、辐射段)	炉管	①工程质量监督控制点报验单； ②炉管材料一览表； ③炉管质量证明文件(交货状态)； ④合格焊工登记表。	①焊接方案； ②检试验计划； ③焊接工艺评定，焊接作业指导书； ④焊接材料应有产品质量证明文件； ⑤合金钢材料材质复验报告； ⑥管件宏观检查记录。	①焊工应按《特种设备焊接操作人员考核细则》的规定经考试合格；承担对流段炉管弯头焊接的焊工，还应按SH/T 3506—2020附录A，通过水平固定管状试件障碍焊考试合格； ②炉管及炉体配管材料外观无变形锈蚀、损坏及超标缺陷，外观抽查至少5件； ③焊接材料应有可追溯性标识； ④合金钢材质逐件复验标记抽查至少3件； ⑤现场检查焊材二级库；

续表

序号	停监点名称	报验时机	检查部位	报验资料	现场备查资料	现场确认内容
5	炉管焊接前检查	炉管第一道焊缝施焊前(包括对流段、辐射段)	炉管	①工程质量监督控制点报验单; ②炉管材料一览表; ③炉管质量证明文件(交货状态); ④合格焊工登记表。	①焊接方案; ②检试验计划; ③焊接工艺评定，焊接作业指导书; ④焊接材料应有产品质量证明文件; ⑤合金钢材料材质复验报告; ⑥管件宏观检查记录。	⑥施焊条件应符合规范的规定。炉管施焊前两端应采取措施进行封闭; ⑦炉管的坡口应采用机械方法加工。炉管焊接的引弧应在坡口内进行，不得在焊件表面引弧; ⑧焊接应从调节余量小的部位开始进行，焊接顺序应在施工方案中说明，并严格按施工方案实施; ⑨焊条使用前应按规范的规定烘干和储存，领用的焊条在保温筒内存放不得超过4h，退库的焊条应重新烘干，重复烘干次数不得超过两次。焊丝使用前应清除锈斑和油污。
6	炉管试压条件检查	炉管试压开始前	炉管焊接、安装已完成	①工程质量监督控制点报验单; ②试压方案。	①炉管及配件(包括管材及其他管道组成件，支承悬吊系统组成件，管道支、吊架)等的质量证明文件、复验报告; ②焊接记录; ③弹簧支吊架安装记录; ④炉管通球试验记录; ⑤热处理报告、无损检测报告; ⑥压力表检定证书; ⑦合金材料和部件合金元素复验报告; ⑧焊接记录、弹簧支吊架安装记录、炉管通球试验记录。	①与试压系统有关的钢结构和管架安装完毕; ②弹簧支、吊架及配重平衡系统应锁住，处于不受力状态。

2.5 球罐安装工程

序号	停监点名称	报验时机	检查部位	报验资料	现场备查资料	现场确认内容
一、土建工程						
1	开工条件核查	球罐土建工程开工前	—	①工程质量监督控制点报验单； ②工程施工开工报告（SH/T 3503—J105）。	①总承包、施工单位技术、质量管理人员资格、焊工等特殊人员资格等；监理单位专业人员资格； ②施工组织设计（方案）、检试验计划；监理细则、旁站、平行检验细则等； ③图纸会审、设计交底记录；技术交底记录； ④施工和监理单位计量器具一览表及检定/校准证书； ⑤坐标基准、定位放线测量记录。	施工总平面布置的落实情况。
2	天然地基核验	开挖达到设计标高后，垫层施工前	首台球罐	①工程质量监督控制点报验单； ②地基验槽记录、地基钎探记录、工程设计变更等记录。	①工程勘察报告； ②设计图纸。	①验收组织和验收程序； ②地基处理是否满足设计、勘探要求； ③地基处理是否符合规范、图纸的要求。
3	桩基工程验收核查	桩基检验完，基础钢筋安装前	首台球罐	①工程质量监督控制点报验单； ②桩基础承载力和完整性检测检查报告、灌注桩标准养护试块强度评定表、各类桩高及桩位复测记录、设计变更文件等。	①检验方案、检验单位和人员资质； ②设计图纸等； ③混凝土标准养护试块报告、钢筋原材复验报告等各类检验报告； ④施工质量验收记录、施工记录。	①验收组织和验收程序； ②抽查（复核）桩顶标高和桩位偏差情况； ③连接钢筋的数量、长度。

续表

序号	停监点名称	报验时机	检查部位	报验资料	现场备查资料	现场确认内容
4	球罐基础钢筋隐蔽工程核查	钢筋安装自检合格后，混凝土浇筑前	首台球罐	①工程质量监督控制点报验单； ②隐蔽验收记录和设计变更文件等。	①钢筋(材)、预埋螺栓及焊材的质量证明和复验报告、钢筋连接(焊接、机械连接)检验报告； ②设计图纸等。	①验收组织和验收程序； ②钢筋外观质量；钢筋的连接方式、接头位置、接头数量、接头面积百分率等；钢筋规格、数量、位置、间距等； ③预埋件的规格、数量、位置等； ④预埋螺栓定位模板固定可靠，位置偏差抽查。
5	球罐基础验收核查	混凝土基础达到强度后，土方回填前	首台球罐	①工程质量监督控制点报验单； ②分项、分部工程施工质量验收记录，框架式结构实体检验报告； ③设计变更文件等。	①计量器具检定/校准证书； ②设计图纸等； ③隐蔽工程验收记录、施工记录、设备基础复测记录、初始沉降观测记录； ④混凝土强度试验报告、材料复验、施工试验报告等质量控制资料。	①观感质量； ②实测实量基础尺寸偏差，基础中心线(轴线)、水平控制线的标注； ③构筑物实体质量抽检。
二、安装工程						
1	开工条件核查	球罐安装前	—	①工程质量监督控制点报验单； ②工程施工开工报告。	①施工单位资质及技术、质量管理人员资格；监理单位专业人员资格； ②施工方案、检试验计划； ③监理细则； ④施工和监理单位计量器具一览表及检定/校准证书； ⑤图纸会审和设计交底记录；技术交底记录； ⑥合格焊工登记表； ⑦基础交接记录。	①检查现场焊材二级库，并核查焊材库管理制度的编制及落实； ②核查球罐基础标高、方位等指标。

序号	停监点名称	报验时机	检查部位	报验资料	现场备查资料	现场确认内容
2	球壳板进场检验核查	球壳板进场后安装前	首批球壳板	①工程质量监督控制点报验单； ②球壳板质量证明文件。	①球壳板到货的各类检验报告（包括球壳板超声检测报告、几何尺寸测量记录等），重点核查：低温冲击值；焊接熔敷金属扩散氢检查方法与设计供货技术条件要求的符合性；焊缝热处理及硬度检查报告的正确性等； ②人孔与球壳板产品焊接试板的力学性能报告； ③合金材料 PMI 验证报告。	①球壳板的型式和尺寸应符合图纸要求； ②抽查球壳板的曲率值和几何尺寸偏差值； ③宏观检查接管与壳体焊缝打磨质量，球壳板坡口加工质量与规范的符合性。
3	球罐组装核查	球罐组装完成、开始焊接前	（各罐区）首台球罐	①工程质量监督控制点报验单； ②球罐组装安装记录。	①焊材质量证明文件、复验报告； ②焊接工艺评定报告及相应的焊接作业指导书、检测计划； ③监理平行检查记录。	①检查球壳组对间隙、错边量和棱角，并进行抽测，应符合 GB 50094—2010 5.2.3 条及设计的要求，严禁强力组对； ②检查球罐最大直径与最小直径之差的控制，抽测赤道截面的最大直径与最小直径之差[小于设计内径的 3‰且不大于 50mm（小于 5000m³ 球罐）]； ③检查球形储罐径向和周向两个方向支柱安装的垂直度，并抽测（当支柱高度小于或等于 8m 时，垂直度允许偏差为 12mm；当支柱高度大于 8m 时，垂直度允许偏差为支柱高度的 1.5‰，且不应大于 15mm）； ④产品焊接试板确认：制造单位应提供每台球罐不少于 6 块的产品焊接试板，每块试板尺寸应为 180mm×650mm，试板的材料应合格，且应与球壳板具有相同标准、相同牌号、相同厚度和相同热处理状态。产品焊接试板的坡口型式应与球壳板相同。

续表

序号	停监点名称	报验时机	检查部位	报验资料	现场备查资料	现场确认内容
4	球罐热处理条件核查	无损检测合格后	各罐区首台球罐	①工程质量监督控制点报验单； ②球罐热处理方案及测温点布置图。	①焊接记录，焊缝返修记录； ②球罐焊后几何尺寸检查报告、球罐支柱安装检查记录； ③无损检测报告。	①检查焊接工作全部完成，所有工卡具已经全部去除，施工过程中产生的表面损伤已按工艺修复合格； ②检查焊缝外观质量，焊缝表面应无熔渣皮、飞溅等物，焊缝和热影响区表面不得有裂纹、气孔、未熔合、咬边、夹渣、凹坑、未焊满等缺陷，角焊缝外形应圆滑过渡等。抽查3~5条焊缝：检查错边量小于3mm，焊缝棱角度小于等于10mm，工卡具焊迹点打磨及修补情况； ③检查与球罐相连梯子平台已经松开； ④支柱拉杆已经松开，地脚螺栓已经松开并有移动地脚板装置及测量移动的装置； ⑤产品焊接试件应按规范要求放置在球罐高温区热处理过程中高温区的外侧，并单独放置测温点； ⑥热电偶及记录仪表应经过校准并在有效周期内，准确度应至少达到±1%的要求。
5	球罐水压试验条件核查	球罐水压试验充水前	各罐区首台球罐	①工程质量监督控制点报验单； ②球罐水压试验方案。	①焊接记录； ②检查报告、记录； ③无损检测报告； ④产品焊接试件机械性能试验报告； ⑤焊后整体热处理报告； ⑥球形储罐支柱检查记录。	①目视检查所有工卡具已经全部去除； ②检查焊缝外观质量，焊缝表面应无熔渣皮、飞溅等物，焊缝和热影响区表面不得有裂纹、气孔、未熔合、咬边、夹渣、凹坑、未焊满等缺陷，角焊缝外形应圆滑过渡等。抽查3~5条焊缝：检查错边量小于3mm，焊缝棱角度小于等于10mm，工卡具焊迹点打磨及修补情况； ③基础二次灌浆已经完成并达到强度要求； ④支柱已找正，拉杆调整合格； ⑤试压用压力表：应在球罐顶部便于观察的位置安装2块量程相同并经校验合格的压力表。设计压力小于1.6MPa的球形储罐，耐压试验用压力表的精确度不应低于2.5级；设计压力大于或等于1.6MPa的球形储罐，耐压试验用压力表的精确度等级不应低于1.6级。压力表盘刻度极限值应为试验压力的1.5~3倍，压力表的直径不宜小于150mm； ⑥基础沉降观测点已设置好。

续表

序号	停监点名称	报验时机	检查部位	报验资料	现场备查资料	现场确认内容
6	绝热材料进场验收的核查	绝热材料使用前	①保温材料 ②保冷材料	①工程质量监督控制点报验单； ②型式检验报告。	①设计技术文件； ②绝热材料一览表； ③绝热材料及其制品的质量证明文件，应包括： a)产品的标准号与名称牌号； b)交货状态、重量、件数； c)产品标准规定的各项性能检测结果，包括材料的容重、阻燃性数据、耐用温度范围、含水率、导热系数、线膨胀率、抗压强度、渣球含量、纤维直径、纤维长度等； d)检验印章； e)生产厂及生产日期； f)应用于不锈钢设备及管线的绝热材料氯离子含量等应符合设计及规范 GB/T 17393 要求； ④产品型式检验报告、材料复验报告； ⑤使用说明书，应包括：施工环境要求；施工工艺要求及技术参数；包装及有效期。	①抽样检查绝热材料及其制品的外观、几何尺寸，不得有断裂、变形、残缺等缺陷； ②绝热材料的存放、保护措施应符合以下要求： a)硬质绝热制品在装卸时不得抛掷，矿纤类绝热制品在装卸时不得挤压、抛掷； b)应按材质分类存放在仓库或棚库内； c)根据材料品种，应分别设置防潮、防水、防冻、防成型制品挤压变形及防火等设施； d)软质及半硬质绝热材料的堆放高度不应超过 2m； e)对有毒、易燃、易爆及沸点低的溶剂材料应存放在通风良好的室内，并应采取防火、防毒措施； ③绝热工程中使用的自攻螺丝、抽芯铆钉、捆扎钢丝、钢带及连接件等辅助材料应符合设计文件或相关标准的要求。
7	保冷施工核查	保冷防潮层施工结束、保护层安装前	低温球罐(首台)	工程质量监督控制点报验单。	①保冷施工方案及技术交底记录； ②图纸会审及设计交底记录； ③绝热材料及制品的质量证明文件及新材料的产品使用说明书； ④材料复验报告。	①外观检查防潮层接触应紧密，无翘口、脱层、开裂，表面应平整、无空鼓和褶皱；防潮层结构应符合设计文件的规定； ②采用阻燃型沥青玛蹄脂或防水冷胶料复合结构时，第一层或第二层为阻燃型沥青玛蹄脂或防水冷胶料层，湿膜厚度不宜小于 3mm，且涂抹应厚薄均匀、一致，无流挂、无漏涂现象；阻燃型沥青玛蹄脂或防水冷胶料的涂抹与增强布施工宜连续进行，各层结合紧密、无虚粘；

续表

序号	停监点名称	报验时机	检查部位	报验资料	现场备查资料	现场确认内容
7	保冷施工核查	保冷防潮层施工结束、保护层安装前	低温球罐(首台)	工程质量监督控制点报验单。	①保冷施工方案及技术交底记录； ②图纸会审及设计交底记录； ③绝热材料及制品的质量证明文件及新材料的产品使用说明书； ④材料复验报告。	③防潮层采用二层或多层聚氯乙烯或聚酯薄膜等高分子弹性防水卷材时，缠绕时宽度应紧密，无空鼓、翻边或褶皱，且搭接均匀；端部、尾部和搭接接头部位应固定牢靠，并密封处理；防潮层压边不应少于30mm，接头搭接不应小于100mm；多层施工时，宜反向缠绕；同向缠绕时，应压缝搭接，且搭接均匀，松紧适度； ④法兰和阀门断开处的防潮隔汽层封闭面长度不宜小于100mm，封闭层厚度不宜小于3mm；保冷层最外层表面及裸露的金属表面防潮隔汽层涂抹长度不宜小于50mm。

2.6 动设备安装工程

序号	停监点名称	报验时机	检查部位	报验资料	现场备查资料	现场确认内容
1	开工条件核查	动设备安装开工前	—	①工程质量监督控制点报验单； ②工程施工开工报告。	①总承包、施工单位技术、质量管理人员资格；监理单位专业人员资格； ②动设备施工方案、机组施工方案、检试验计划； ③监理细则、平行检验计划； ④施工和监理单位计量器具一览表及检定/校准证书； ⑤图纸会审、设计交底记录； ⑥动设备技术交底记录； ⑦工序交接记录、基础复测记录。	—

续表

序号	停监点名称	报验时机	检查部位	报验资料	现场备查资料	现场确认内容
2	开箱检验核查	机泵开箱检验时	①机泵(首台) ②急冷油循环泵 ③ 2$^{\#}$ 丙烯塔回流泵	①工程质量监督控制点报验单； ②开箱检验报告。	①设备出厂质量证明文件、安装使用说明书、总装配图、主要零部件图； ②设备采购技术协议； ③出厂监造放行单(监造设备)。	①开箱检验的组织及检验程序应符合要求：开箱检验应由采购单位组织，建设单位、监理单位和施工单位参加，随机附件较多的机器设备开箱检验时，应有制造厂或供应商代表参加； ②检查包装箱号、箱数及包装状况；核对机器设备的名称、型号、规格；清点机器设备产品技术文件、安装技术文件、质量证明文件，相关产品的技术参数和试验报告； ③进行主机、附属设备及零部件外观检查，并核实零部件的品种、规格、数量等； ④设备开箱检验原始记录的记录情况； ⑤对合金材料设备的壳体、封头、接管、法兰、配对法兰及短节、焊缝等应进行合金元素定量分析。
		机组开箱检验时	①裂解气压缩机 ②丙烯制冷压缩机	①工程质量监督控制点报验单； ②开箱检验报告。	①设备出厂质量证明文件、安装使用说明书、总装配图、主要零部件图； ②设备采购技术协议； ③设备监造放行单。	①开箱检验的组织及检验程序应符合要求：开箱检验应由采购单位组织，建设单位、监理单位和施工单位参加，随机附件较多的机器设备开箱检验时，应有制造厂或供应商代表参加； ②检查包装箱号、箱数及包装状况；核对机器设备的名称、型号、规格；清点机器设备产品技术文件、安装技术文件、质量证明文件，相关产品的技术参数和试验报告； ③进行主机、附属设备及零部件外观检查，并核实零部件的品种、规格、数量等； ④设备开箱检验原始记录的记录情况； ⑤对合金材料设备的壳体、封头、接管、法兰、配对法兰及短节、焊缝等应进行合金元素定量分析。

续表

序号	停监点名称	报验时机	检查部位	报验资料	现场备查资料	现场确认内容
3	设备安装核查	设备二次找正完成、垫铁点焊前	①机泵(首台) ②急冷油循环泵 ③$2^{\#}$丙烯塔回流泵	①工程质量监督控制点报验单； ②机器安装检验记录。	①设备基础复测记录和块体式设备基础允许偏差项目复测记录； ②垫铁隐蔽记录； ③计量器具检定/校准证书。	(1)有垫铁安装： ①设备基础：符合规范要求，基础外观应验收合格，不得有裂纹、蜂窝、空洞、露筋等缺陷； ②基础表面应铲出麻面，放置垫铁的基础表面应铲平。与二次灌浆层相接触的底面应清洁无油垢，基础表面用水冲洗干净并浸润不少于2h； ③地脚螺栓两侧各放置一组垫铁；斜垫铁应配对使用，垫铁搭接长度不小于全长的3/4，接触面积不小于50%且符合设备技术文件要求； ④机器找平、找正后，对垫铁组用手锤敲击检查垫铁组的松紧程度，无松动现象； ⑤垫铁之间及垫铁与底座底面之间的间隙，用塞尺检查，不超过垫铁长(宽)度的1/3。 (2)无垫铁安装： 支持调整螺钉用的支承板顶面水平度的允许偏差为2mm/m，且与基础接触面积不小于50%，相邻支承板的顶面标高偏差宜小于±2mm；调整螺钉支承板的厚度宜大于螺钉的直径。 (3)如超过24h，须对找平、找正数据进行复测。
			①裂解气压缩机 ②丙烯制冷压缩机	①工程质量监督控制点报验单； ②机器安装检验记录。	①设备基础复测记录和整体框架式设备基础允许偏差项目复测记录； ②垫铁隐蔽记录； ③计量器具检定/校准证书。	①设备基础：符合规范要求，基础外观应验收合格，不得有裂纹、蜂窝、空洞、露筋等缺陷； ②基础表面应铲出麻面，放置垫铁的基础表面应铲平。与二次灌浆层相接触的底面应清洁无油垢，基础表面用水冲洗干净并浸润不少于2h； ③地脚螺栓两侧各放置一组垫铁；斜垫铁应配对使用，垫铁搭接长度不小于全长的3/4，接触面积不小于50%且符合设备技术文件要求； ④机器找平、找正后，对垫铁组用手锤敲击检查垫铁组的松紧程度，无松动现象；垫铁之间及垫铁与底座底面之间的间隙，用塞尺检查，不超过垫铁长(宽)度的1/3； ⑤如超过24h，须对找平、找正数据进行复测。

续表

序号	停监点名称	报验时机	检查部位	报验资料	现场备查资料	现场确认内容
4	无应力安装核查	管道与机泵安装结束后	①机泵(首台) ②急冷油循环泵 ③2#丙烯塔回流泵	①工程质量监督控制点报验单; ②连接机器管道安装记录。	①机器安装检验记录; ②轴对中记录。	配对法兰在自由状态下螺栓能自由穿过法兰螺栓孔,与机器法兰平行且同心,偏差符合规定。
5	单机试车核查	机泵单机试车时	急冷油循环泵	①工程质量监督控制点报验单; ②机器安装检验记录。	①机泵试车方案; ②交流电动机安装检验及空载运行记录。	①现场条件:机泵安装工作结束,施工记录齐全;水、电、气、汽等具备使用条件;与机泵相关的电气、仪表系统具备使用条件; ②辅助系统:油、水等辅助系统试运行合格; ③试车人员:参加试车人员经培训合格并全部到位。
6	试车条件核查	机组试运前	裂解气压缩机	①工程质量监督控制点报验单; ②机器安装检验记录。	①压缩机试车方案; ②联锁调试记录; ③机组轴对中记录; ④机器组装质量确认记录。	①现场条件:水、电、气、汽等具备使用条件; ②与机组相关的电气、仪表系统具备使用条件; ③辅助系统:油、水等辅助系统已试运行合格; ④试车人员:参加试车人员经培训合格并全部到位。

2.7 工艺管道安装工程

序号	控制点名称	报验时机	检查部位	报验资料	现场备查资料	现场确认内容
1	开工条件核查	管道施工开始前	—	①工程质量监督控制点报验单; ②工程施工开工报告(SH/T 3503—J105)。	①总承包、施工单位资质及技术、质量管理人员资格;监理单位专业人员资格; ②施工方案、检试验计划;监理细则; ③施工图会审及设计交底、技术交底记录; ④施工和监理单位计量器具一览表及检定/校准证书; ⑤合格焊工登记表。	①检查现场焊材二级库,应符合要求; ②核查预制场施工条件,应满足施工要求。

续表

序号	控制点名称	报验时机	检查部位	报验资料	现场备查资料	现场确认内容
2	管道焊接条件核查	焊缝施焊前	①低温钢管道首道组对焊口 ②低温不锈钢管道首道组对焊口 ③铬钼钢管道首道组对焊口	①工程质量监督控制点报验单； ②焊口组对记录。	①专业施工方案； ②焊接工艺评定报告和焊接工艺规程； ③管子、管件质量证明文件，不锈钢、合金钢材料光谱复检报告； ④焊材的质量证明文件和检、复验报告； ⑤焊工资格证书； ⑥焊接设备报验资料。	①管道的施焊环境应符合要求，必要时应采取保护措施； ②焊材质量应符合 NB/T 47018 的要求。焊条、焊剂应按说明书的要求进行烘烤，并在使用过程中保持干燥； ③管道焊缝的设置应便于焊接、热处理及检验。焊缝间距、位置等应符合设计和规范要求； ④焊接接头的坡口形式、尺寸和组对要求应符合焊接工艺规程的规定； ⑤管子坡口宜用机械方法加工。当采用火焰或等离子方法加工时，加工后应除去影响焊接质量的表面层。铬钼合金钢、材料标准抗拉强度下限值等于或大于 540MPa、设计温度低于-29℃的非奥氏体不锈钢管子的坡口采用热加工方法时，坡口表面应进行表面无损检测，检测比例应符合规范要求； ⑥管道组成件对接环焊缝组对时，应使内壁平齐，其错边量不应超过壁厚的 10%，且应符合规范要求； ⑦焊接接头组对前，应用手工或机械方法清理其内外表面，在坡口两侧 20mm 范围内不得有油漆、毛刺、锈斑、氧化皮及其他对焊接过程有害的物质；同时确认坡口的加工形式和尺寸，不得有裂纹、夹层等缺陷；不锈钢管采用焊条电弧焊时，坡口两侧各 100mm 范围内均应涂白垩粉或其他防粘污剂； ⑧焊件应放置稳固，防止在焊接或热处理时发生变形。除设计文件要求进行冷拉伸或冷压缩外，不得强力组对焊接接头； ⑨定位焊应与根部焊道的正式焊接工艺相同，且焊缝不得有裂纹及其他缺陷；

序号	控制点名称	报验时机	检查部位	报验资料	现场备查资料	现场确认内容
2	管道焊接条件核查	焊缝施焊前	①低温钢管道首道组对焊口 ②低温不锈钢管道首道组对焊口 ③铬钼钢管道首道组对焊口	①工程质量监督控制点报验单； ②焊口组对记录。	①专业施工方案； ②焊接工艺评定报告和焊接工艺规程； ③管子、管件质量证明文件，不锈钢、合金钢材料光谱复检报告； ④焊材的质量证明文件和检、复验报告； ⑤焊工资格证书； ⑥焊接设备报验资料。	⑩铬钼合金钢和不锈钢钢管上不宜焊接组对卡具。否则卡具的材质应与管材相近，并采用评定合格的焊接工艺焊接，或用焊接该钢管的焊条先在卡具上堆焊过渡层； ⑪焊接在管道上的组对卡具不得用敲打或掰扭的方法拆除。采用火焰切割时，应在离管道表面2~3mm处切割，并进行修磨。铬钼合金钢、材料标准抗拉强度下限值等于或大于540MPa的钢材，修磨后还应做表面无损检测，合格等级应符合管道相应等级要求； ⑫管子和管件色标符合项目色标管理规定； ⑬需要预热的管道，其预热温度符合相应规范的要求。预热时应在坡口两侧均匀进行加热，预热范围应为坡口中心两侧各不小于壁厚的5倍，且不小于100mm，并防止局部过热。对于无预热要求的钢种，当焊件温度低于10℃时，应对焊件进行加热，加热温度不应低于10℃。
3	管道热处理条件核查	管道热处理前(首条)	①高压蒸汽管道首道焊口 ②低温不锈钢管道首道焊口 ③铬钼钢管道首道焊口	①工程质量监督控制点报验单； ②热处理作业指导书； ③管道焊接工作记录。	①热处理方案； ②测温记录仪器的校验证书； ③热处理人员资格证书； ④热处理设备及保温材料的质量证明文件； ⑤技术交底记录。	①测温仪器应在校验有效期内使用； ②防风防雨措施应符合规范要求； ③管道进行焊后热处理时，管道两端应处于封闭状态；奥氏体不锈钢焊后热处理冷却过程中，管道两端封闭应去除； ④当焊后热处理对管道稳定性产生影响时，应采取临时支、吊架加固等措施； ⑤热处理焊缝测温点数量、布置位置；加热带宽度、绑扎和保温棉宽度、绑扎等符合热处理作业指导书和SH/T 3554的要求； ⑥热处理人员已记录好热处理焊缝信息； ⑦现场供电满足热处理要求。

续表

序号	控制点名称	报验时机	检查部位	报验资料	现场备查资料	现场确认内容
4	阀门试验核查	首台阀门试验时	①低温不锈钢阀门 ②低温碳钢阀门 ③铬钼钢阀门	工程质量监督控制点报验单。	①阀门试验方案； ②技术交底记录； ③试压设备压力表计量检定/校准证书； ④合金钢、不锈钢阀门 PMI 复验报告； ⑤阀门质量证明文件； ⑥水质化验报告。	①试压用压力表不少于2块，并在校验有效期内，精度等级不低于1.6级，量程为最大试验压力的1.5~2倍； ②不锈钢阀门试验用水的氯离子含量不得超过50mg/L；无特殊规定时，试验介质的温度宜为5~38℃；当环境温度低于5℃时应采取防冻措施； ③阀门的外观质量应符合产品标准要求； ④阀门试验包括壳体试验、密封试验和上密封试验，试验压力、试验过程等应符合 SH/T 3501 第6.2.1和6.2.2的要求； ⑤阀门试验完毕，应及时排除阀门内的积液。不锈钢阀门应用空气或氮气吹干； ⑥阀门试验合格后，应在阀门明显部位做好试验标识，并填写阀门试验记录。记录中自编号应具备唯一性并与阀门实体对应。
5	管道压力试验条件核查	管道试压包试压前	①首个铬钼钢管道试压包 ②首个低温不锈钢管道试压包 ③首个低温碳钢管道试压包	①工程质量监督控制点报验单； ②管道系统压力试验条件确认记录。	①管道组成件、支承件、焊材的制造厂质量证明书； ②管道组成件的验证性和补充性检查试验记录； ③规定应填写记录的弯管加工记录、管端的螺纹和密封面加工记录； ④单线图要求标明焊缝标识、施焊焊工代号、固定口位置、检测焊缝位置及无损检测种类、返修标识等可追溯性标识； ⑤无损检测结果； ⑥弯管和焊接接头热处理记录及硬度检测报告； ⑦设计变更及材料代用文件； ⑧经批准的试压方案及试压流程图。	①管道系统全部按设计文件安装完毕； ②管道支吊架的型式、材质、安装位置正确，数量齐全，螺栓紧固，焊接质量合格；金属波纹管膨胀节两端临时固定牢固； ③焊接、无损检测及热处理工作已全部完成；焊缝及其他应检查的部位，除涂刷底漆外不得进行其他防腐和绝热工程施工； ④试压用的临时加固措施安全可靠；管道系统内的阀门开关状态正确；管道组成件的材质标志明显清楚； ⑤试压用的压力表不应少于2块，压力表的量程应为最大试验压力的1.5~2倍，精度等级不低于1.6级，并在有效检定(校准)期内； ⑥试压方案已经进行技术交底； ⑦根据试压方案应予拆除或隔离的设备、仪表、安全阀、爆破片等均已处理完毕，临时盲板加置正确，标志明显，记录完整。

续表

序号	控制点名称	报验时机	检查部位	报验资料	现场备查资料	现场确认内容
6	管道压力试验核查	管道试压包试验时	①首个铬钼钢管道试压包 ②首个低温不锈钢管道试压包 ③首个低温碳钢管道试压包	工程质量监督控制点报验单。	—	①试验压力应符合设计和规范要求：液体压力试验的压力不应小于设计压力的1.5倍，气体压力试验的压力为设计压力的1.15倍，承受外压的管道，液压试验压力为设计内外压差的1.5倍，且应不小于0.2MPa；对于带有金属波纹管膨胀节的管道系统，试验压力应取金属波纹管膨胀节设计压力1.5倍和管道系统试验压力两者中的较小值，且不得超过金属波纹管膨胀节制造厂的试验压力； ②管道液压试验介质不得低于5℃；无论液压试验或气压试验，其试验介质温度均应高于相应金属材料的无延性转变温度； ③试压应选用洁净水，不锈钢管道，水中的氯离子含量不得超过50mg/L； ④液压试验时，向管道系统内注水过程中宜利用各管段高点的法兰、阀门、排气口、排液口等排净管道系统内的空气； ⑤液压试验应分级缓慢升压，达到试验压力后停压10min且无异常现象，然后降至设计压力，停压30min，不降压、无泄漏和无变形为合格； ⑥气压试验时，应进行预试验，预试验压力宜为0.2MPa，稳压10min，检查应无泄漏；气压试验应逐步缓慢增加压力，当压力升至0.35MPa时，稳压3min，未发现异常或泄漏，继续按试验压力的10%逐级升压，每级稳压3min，至试验压力后，稳压10min，再将压力降至设计压力，涂刷中性发泡剂对试压系统进行检查，无泄漏为合格； ⑦试压过程中若有泄漏，不得带压修理，缺陷消除后应重新试验； ⑧管道系统试压合格后，应缓慢降压，液体试验介质应及时排尽，排放时应考虑反冲力作用及安全环保要求；排液时，应打开放空阀，并根据空气入口流量确定排液量；

续表

序号	控制点名称	报验时机	检查部位	报验资料	现场备查资料	现场确认内容
6	管道压力试验核查	管道试压包试验时	①首个铬钼钢管道试压包 ②首个低温不锈钢管道试压包 ③首个低温碳钢管道试压包	工程质量监督控制点报验单。	—	⑨管道系统试压完毕，应及时拆除所用的临时盲板，并在核对盲板加置记录后，填写管道系统试压记录； ⑩分段试压合格的管道系统，如连接两段之间的接口焊缝经过100%射线检测合格，则可不再进行整体系统压力试验。
7	管道绝热核查	管道保温层/保冷层施工初期	①首条保温管道 ②首条保冷管道	工程质量监督控制点报验单。	①绝热施工方案、施工作业指导书； ②绝热材料及制品的出厂合格证明和产品质量检验报告、复验报告以及新材料的产品使用说明书等； ③材料到场检查记录； ④施工交底记录。	①管道绝热固定件和支承件的设置、制作与安装应符合设计文件和技术规范的要求； ②绝热结构、材料选用应符合设计和SH/T 3522—2017的要求；阀门、法兰等部位宜采用可拆卸绝热盒结构； ③除浇注型或填充型绝热结构外的绝热层分层应符合规定：绝热层厚度大于80mm时，应分层，每层厚度不应大于80mm；内外层绝热层为同一种绝热材料时，内外层厚度宜近似相等；内外层为不同材料时，分层应符合设计文件的规定；绝热层为复合结构时，每层厚度应符合设计文件的规定； ④绝热层采用拼砌法、粘贴法施工时，硬质或半硬质绝热制品的拼缝宽度，保温时不应大于5mm，保冷时不应大于2mm；硬质绝热材料拼缝不符合规定时应对拼接面进行找平处理，软质或半硬质绝热材料拼砌后应进行严缝处理； ⑤绝热层为单层时相邻绝热层应错缝敷设，多层时上下层应压缝敷设，其错缝、压缝长度应大于100mm；水平管道的纵向接缝位置不得设置在垂直中心线两侧45°范围内；采用多片(块)式拼砌，绝热层的纵向接缝应偏离垂直中心线位置；多层保冷施工时，在法兰盒阀门断开处，绝热层应留设阶梯状接茬，间距不应小于100mm或一个绝热厚度；法兰或法兰连接的阀门应按规范要求留设螺栓拆卸距离；硬质绝热层应按规范要求留设伸缩缝，伸缩缝可采用软质绝热材料填充密实，填充材料的性能应与硬质绝热材料相近并满足设计温度的要求；直管段每隔3.5~5m应设一道伸缩缝，中低温宜靠上限，高温及深冷宜靠下限；

续表

序号	控制点名称	报验时机	检查部位	报验资料	现场备查资料	现场确认内容
7	管道绝热核查	管道保温层/保冷层施工初期	①首条保温管道 ②首条保冷管道	工程质量监督控制点报验单。	①绝热施工方案、施工作业指导书； ②绝热材料及制品的出厂合格证明和产品质量检验报告、复验报告以及新材料的产品使用说明书等； ③材料到场检查记录； ④施工交底记录。	⑥管道保冷时其支承件外应再进行保冷施工，保冷层的厚度应为主体保冷层的厚度，高度不宜小于100mm；管道上的支吊架和仪表管座等附件，保冷长度不得小于管道本体保冷层厚度的4倍或敷设至非金属隔离垫块处，厚度宜为相连管道保冷层厚度的1/2;当使用泡沫玻璃作为保冷层时，应在管道的表面或紧贴管道表面的绝热材料内表面涂刷耐磨剂，耐磨剂的厚度应符合设计要求或产品说明书的要求；方形管道绝热制品敷设时，顶部四角处的绝热层角缝应做成封盖式，不应形成垂直通缝； ⑦≤*DN*25的管道和阀门、法兰的绝热层施工，单根管道可选用管壳式绝热制品或绝热绳或绝热带；成排管道当间距小于2倍绝热厚度时，可将管道包覆在一起；焊接阀门可随管道一同绝热；软质或半硬质保温层施工时，伴热管与设备和管道宜用金属网罩包裹后再进行保温层的施工；异型或不规则部位绝热层的最小绝热厚度不应小于管道主体绝热层的厚度；硬质保冷绝热材料及制品不得出现贯通式裂缝，破损的硬质绝热制品应修复后方可使用；保冷时最小修复块应不小于50mm×50mm； ⑧填充法、拼砌法、粘贴法、捆扎法、浇注法、喷涂法、涂抹法、缠绕法等施工过程的质量控制均应遵循SH/T 3522和GB 50645的相关要求。
8	管道防腐核查	管道防腐施工初期	首批防腐管道	工程质量监督控制点报验单。	①防腐施工方案； ②施工交底记录； ③防腐涂料出厂合格证、质量证明文件、质量检验报告等； ④防腐工程质量验收记录。	①涂料应有标明产品名称、执行标准、型号、批号、净含量、生产单位及地址、生产日期、有效期等的产品质量证明文件和通过计量认证的第三方检验机构出具的质量检验报告，不应使用超过存放期限的涂料； ②涂料产品质量证明文件应包括产品合格证及材料检测报告、技术性能指标及检测方法； ③表面在进行喷射或动力工具打磨处理之前，应清除焊渣、飞溅等附着物，清洗表面可见的油脂和其他污物，并满足附录D.5中的要求；

续表

序号	控制点名称	报验时机	检查部位	报验资料	现场备查资料	现场确认内容
8	管道防腐核查	管道防腐施工初期	首批防腐管道	工程质量监督控制点报验单。	①防腐施工方案； ②施工交底记录； ③防腐涂料出厂合格证、质量证明文件、质量检验报告等； ④防腐工程质量验收记录。	④表面喷砂处理用的磨料应干燥，无油污，无杂物；磨料的大小应能够满足规定的粗糙度要求。钢丸和钢砂的颗粒直径一般为 0.6～1.0mm，非金属磨料的颗粒直径一般为 0.8～1.2mm；磨料的硬度应大于莫氏六级；磨料所含可溶性盐污染物应低于 250μS/cm，其他指标也应符合 GB/T 18838、GB/T 17850 及 GB/T 19816、GB/T 17849 的规定； ⑤底材喷(抛)射除锈后的表面粗糙度 *Rz* 应符合设计文件或产品技术文件的规定，当设计文件或产品技术文件无规定时，钢材喷(抛)射除锈后的表面粗糙度 *Rz* 宜为 40~75μm，且不大于涂层总干膜厚度的 1/3；表面处理完成后应按照 GB/T 18570.3 对待涂钢板表面进行灰尘评定，灰尘数量等级和灰尘尺寸应满足 2 级及以上要求； ⑥涂料的混合与使用应符合《中国石化防腐绝热质量提升工程规定》(SPMP-STD-EM2019—2021)第 2.4.4.2 相关要求； ⑦应严格遵守涂料供应商在产品说明书中给出或技术规格书中要求的各道涂层之间的涂装时间间隔，以及最后一道涂层涂装完成后到投入使用的时间要求。超过最大间隔时间，应将前一道涂层用适当目数的砂纸拉毛后再进行涂装，以保证涂层间的附着力。当使用同一涂料进行多层涂刷时，应做好标记，以防止漏涂。防腐涂装施工过程应做好设备铭牌保护和电器仪表标识保护，防止污染覆盖设备铭牌和电器仪表标识； ⑧涂层质量应符合下列规定： a)通过目视检查不允许存在脱皮、漏涂、返锈、气泡、透底等情况； b)采用 5～10 倍放大镜检查不允许有针孔； c)通过目视检查不允许有流挂、皱皮； d)采用目视检查光亮与光滑度，应光亮、均匀一致；

续表

序号	控制点名称	报验时机	检查部位	报验资料	现场备查资料	现场确认内容
8	管道防腐核查	管道防腐施工初期	首批防腐管道	工程质量监督控制点报验单。	①防腐施工方案； ②施工交底记录； ③防腐涂料出厂合格证、质量证明文件、质量检验报告等； ④防腐工程质量验收记录。	e)目视颜色一致、纹理通顺； f)干燥漆膜采用涂层测厚仪检测； ⑨涂层完全固化前严禁叠层堆放。堆放时要使用宽度不小于150mm的垫木或者软质材料支撑隔离，支撑间距宜为4m，堆放高度不超过10层(具体根据管径决定)，高温露天堆放时要采取遮盖措施。

2.8 电气安装工程

序号	控制点名称	报验时机	检查部位	报验资料	现场备查资料	现场确认内容
1	开工条件核查	电气安装工程开工前	—	①工程质量监督控制点报验单； ②工程开工报告(或开工条件确认表)； ③质量体系人员登记表(包括证书复印件)。	①总承包、施工单位资质及技术、质量管理人员、特殊工种作业人员资格；监理单位专业人员资格； ②施工方案、检试验计划；监理细则； ③图纸会审及设计交底记录；技术交底记录； ④施工和监理单位计量器具一览表及检定/校准证书等。	①检查施工现场具备电气工程施工条件，满足施工要求； ②施工所用的材料、设备已到场及进行了进场报验。
2	接地干线隐蔽条件核查	隐蔽前	首次接地网干线(装置及变电所)	①工程质量监督控制点报验单； ②质量控制点验收记录。	①接地材料进场验收记录； ②材料质量证明文件一览表； ③相关设计图纸、说明、材料表。	①接地体顶面埋设深度应符合设计规定，接地线埋设深度应符合设计要求，设计无规定时，埋设深度不应小于0.8m，跨越建筑物伸缩缝等处应有补偿措施； ②接地体及接地线的焊接部位应做防腐处理，接地线的焊接连接搭接面应符合规范要求：扁钢的焊接为其宽度的2倍，圆钢的焊接为其直径的6倍； ③接地干线应在不同的两点及以上与接地网连接； ④人工接地网的外缘应闭合，外缘的各角应做成圆弧形。

续表

序号	控制点名称	报验时机	检查部位	报验资料	现场备查资料	现场确认内容
3	35kV 变压器基础交安核查	35kV 变压器安装前	35kV 变压器安装现场	①工程质量监督控制点报验单； ②工序交接记录（土建交安或质量控制点验收记录）。	①设备质量证明文件一览表； ②材料质量证明文件一览表。	①屋顶、楼板施工完毕，无渗漏； ②室内地面的基层施工基本结束，并在墙上标出地面标高，场地清理干净； ③混凝土基础及构架达到允许安装的强度，焊接构件质量符合现行国家标准； ④预埋件及预留孔符合设计要求，预埋件牢固，基础水平度、不直度抽测，应合格； ⑤预埋件、支架等焊后处理、防腐施工完成无遗漏； ⑥具有满足施工用的场地，道路通畅； ⑦变压器等电气设备周围安全距离、通道等符合要求。
4	高压电气设备基础交安核查	高压电气设备安装前	变电所室内设备基础	①工程质量监督控制点报验单； ②工序交接记录（土建交安或质量控制点验收记录）。	①设备质量证明文件一览表； ②材料质量证明文件一览表； ③高压设备基础复测记录。	①屋顶、楼板施工完毕，无渗漏； ②室内地面的基层施工基本结束，并在墙上标出地面标高，地面施工基本结束，场地清理干净、室内沟道无积水、无杂物； ③混凝土基础及构架达到允许安装的强度，焊接构件质量符合现行国家标准； ④预埋件及预留孔符合设计要求，预埋件牢固，基础水平度、不直度抽测，应合格； ⑤预埋件、支架等焊后处理、防腐施工完成无遗漏； ⑥电气设备周围安全距离、通道等符合要求； ⑦检查高、低压开关柜等电气设备安装条件； ⑧建筑物门、窗安装完毕。
5	电缆敷设条件核查	电缆管、桥架或电缆沟、道施工完毕首次电缆敷设前	电缆敷设路由	①工程质量监督控制点报验单； ②工序交接检查记录或质量控制点报验资料。	①工序交接记录； ②电缆出厂检验报告、合格证，质量证明文件齐全，规格型号符合设计要求；	①电缆管、桥架安装横平、竖直，防腐层完好无损； ②电缆管口、桥架内部平整、光洁，无杂物、对口连接牢靠、无毛刺，螺栓紧固，螺母置于槽板的外侧； ③直线段钢制电缆桥架超过 30m、铝合金或玻璃钢制电缆桥架超过 15m 时应留有不少于 20mm 的伸缩缝；

续表

序号	控制点名称	报验时机	检查部位	报验资料	现场备查资料	现场确认内容
5	电缆敷设条件核查	电缆管、桥架或电缆沟、道施工完毕首次电缆敷设前	电缆敷设路由	①工程质量监督控制点报验单； ②工序交接检查记录或质量控制点报验资料。	③电缆沟内接地线、电缆支架、排水、电缆井等施工验收记录或工序交接记录。	④支架间距与工艺管线、建筑物的净距符合规范要求； ⑤电缆桥架全长有良好的接地且不少于2处与接地保护干线相连接；全长大于30m时，每隔20~30m增加与接地保护干线的连接点，桥架起始端和终点端均可靠接地； ⑥铝合金桥架在钢制支吊架上固定时，有防电化学腐蚀的措施。
6	变配电站受(送)电条件核查	变配电站受(送)电前	变配电站	①工程质量监督控制点报验单； ②变配电站受(送)电确认表。	①受(送)电方案； ②设备、材料质量证明文件一览表； ③试验人员、仪器报验资料； ④电气设备(变压器等)的安装检查记录； ⑤电缆的敷设记录、试验记录； ⑥电气设备(变压器等)交接试验记录； ⑦接地电阻测量记录； ⑧消防验收记录。	①变配电站门、窗安装完成，开关正常； ②变压器蓄油坑清理干净，排油管通畅，卵石铺设完毕； ③照明装置、通风及消防装置安装完毕、功能正常； ④各类设备柜门、抽屉、手车等操作灵活无卡阻； ⑤各类电气设备、电缆等接地符合设计要求，连接可靠； ⑥各类电气设备表面、基础框架等漆层完好、清洁整齐； ⑦各类电气设备、建筑物的孔洞封堵良好； ⑧防小动物设施齐全、可靠。
7	1000kW及以上的高压电动机空载试运行条件核查	试运行前	首台高压电机安装现场及变电所出线柜	①工程质量监督控制点报验单； ②电动机试验记录； ③真空断路器试验记录； ④综保继电器调校记录； ⑤电力电缆试验记录。	①设备质量证明文件一览表(变频电机等特殊电机相应的质量证明文件)； ②断路器安装调整记录(变频电机查变频柜相应资料)； ③电缆敷设与试验记录； ④试验人员、设备报验记录； ⑤接地电阻测量记录； ⑥电机安装及试验记录。	①电机试运现场清扫整理完毕，柜内无遗留杂物、异物、工具等； ②开关柜操作应灵活，机械闭锁等“五防”可靠，照明装置齐全，盘、柜及电缆安装完后，应做好封堵； ③电缆排列整齐，无机械损伤；标识牌应装设齐全、正确、清晰； ④电机引出线应相序正确，固定牢固，连接紧密； ⑤电机外壳油漆应完整，接地良好； ⑥电机及其连接部件应设有防止漏水、油、金属及其他物件掉落等设施； ⑦盘动电机转子时应转动灵活，无碰卡现象。

2.9 仪表安装工程

序号	控制点名称	报验时机	检查部位	报验资料	现场备查资料	现场确认内容
1	开工条件核查	仪表安装工程开工前	—	①工程质量监督控制点报验单； ②工程施工开工报告(SH/T 3503—J105)。	①总承包、施工单位资质及技术、质量管理人员、特殊工种作业人员资格；监理单位专业人员资格； ②施工方案、检试验计划；监理细则； ③图纸会审及设计交底记录；技术交底记录； ④施工和监理单位计量器具一览表及检定/校准证书等。	①现场仪表试验室设备及环境符合规范要求； ②仪表施工技术人员、质量管理人员已经到位； ③仪表施工标准器具与报验材料相符、到位； ④监理人员到位、与报验材料相符。
2	仪表控制阀试验	仪表控制阀试验前	①三偏心气动开关蝶阀试验 ②气动开关球阀试验 ③气动调节阀试验	①工程质量监督控制点报验单； ②试验用标准仪器、试验人员资质报验资料。	①阀门的设计规格书； ②阀门到货检验记录、质量证明文件、到货后材质抽检报告； ③试验用标准仪器监理报验资料； ④仪表阀门试验技术交底记录； ⑤水质氯离子含量检测报告； ⑥调节阀/执行器/开关阀调校记录。	①试验室有洁净的仪表气源、水源； ②仪器配备：压力表、信号发生器、直流稳压电源、直流电流表，标准表标识清楚； ③监督压力试验过程，压力试验符合如下标准要求或试验规程特殊要求： a)耐压强度试验：阀门全开，试验压力为公称压力的1.5倍，3min内无泄漏； b)泄漏量试验：泄漏量符合设计文件对应的泄漏等级或允许泄漏气泡数量； c)气密性试验：气动薄膜或气缸中通入0.1MPa仪表空气，切断气源后5min内气室压力不得下降； ④控制阀行程试验，误差符合产品技术文件要求，全行程时间不得超过设计文件规定； ⑤控制阀灵敏度试验，有阀门定位器的控制阀压力变化值变不得超过0.3%，无阀门定位器的控制阀压力变化值变不得超过1.5%； ⑥试验记录真实、合规。

续表

序号	控制点名称	报验时机	检查部位	报验资料	现场备查资料	现场确认内容
3	现场仪表设备安装核查	现场首台仪表设备安装完成	①首台温度仪表设备安装 ②首台压力仪表设备安装 ③首台液位仪表设备安装 ④首台流量仪表设备安装	①工程质量监督控制点报验单； ②仪表设备、材料入场报验单。	①仪表专业人员、特殊工种资质报验资料； ②施工方案、焊接工艺评定报验资料及交底记录； ③标准仪器、设备报验资料； ④设备开箱检查记录； ⑤仪表调校记录报验资料； ⑥工序交接记录； ⑦隐蔽工程记录； ⑧现场仪表安装检查记录。	①施工人员、质量管理人员已经到位，资格、数量满足现场安装要求； ②施工仪器、设备与报验资料相符，能满足施工现场需要，有合格标识； ③所安装的设备、材料与报验资料相符，有合格标识； ④现场施工按照施工方案执行，满足制造厂技术要求，符合设计和规范要求； ⑤设备安装位置和高度，符合设计和规范要求； ⑥仪表设备测量管路的连接方式按设计安装图进行敷设； ⑦爆炸危险区域的仪表盘/柜/箱必须有铭牌和防爆标识，铭牌上应标明国家授权的机构颁发的防爆合格证编号； ⑧抽查与电场、磁场、高低温设备的隔离情况。
4	主电缆敷设核查	仪表主槽盒/桥架、盘柜安装完毕，首次主电缆敷设前	首次现场至控制系统机柜间的主电缆敷设	①工程质量监督控制点报验单； ②材料入场报验资料。	①施工方案及交底记录； ②设计电缆敷设表； ③首次敷设电缆的导通与绝缘测试记录； ④电缆主槽盒/桥架、盘柜安装检验记录。	①电缆槽内外平整、无毛刺，固定螺母在外； ②金属桥架间保持接地的贯通和连续性，并在桥架底部设有排水孔； ③电缆电线的导通试验与绝缘检查； ④电缆槽内敷设的电缆用塑料扎带扎牢固，间距为100~200mm； ⑤同一电缆槽内有不同电压等级、不同信号、本安防爆的电缆，用金属板隔离，按设计文件分类分区； ⑥电缆敷设合理安排，避免交叉，防止电缆之间或电缆与其他硬物之间相摩擦； ⑦盘柜内布线整齐美观，线号标识耐久、清晰，电缆留有余量； ⑧电缆从室外进入室内时，有防水和封堵措施。

续表

序号	控制点名称	报验时机	检查部位	报验资料	现场备查资料	现场确认内容
5	仪表管道压力试验	仪表管道压力试验前	①首条高压介质管道（设计压力≥10MPa） ②首条低温介质管道（设计温度<-29℃） ③首条可燃介质管道 ④首条高温介质管道（设计温度≥400℃）	①工程质量监督控制点报验单； ②施工方案报验资料。	①压力试验仪器、设备的报验资料； ②仪表导压管与管件的监理报验资料（含到货后合金钢材质PMI抽检报告）； ③水质氯离子含量检测报告； ④仪表管道压力试验记录。	①现场使用的压力表与报验资料一致，标识完整； ②压力试验的方法步骤符合规范、方案要求； ③仪表管路在压力试验过程中无泄漏，耐压符合要求； ④试验记录真实、完整。
6	仪表控制系统送电条件核查	仪表系统送电前	首套控制系统	①工程质量监督控制点报验单； ②综合控制系统送电条件确认表。	①供电系统安装记录； ②UPS系统验收记录； ③空调系统验收记录； ④机柜安装检验记录； ⑤接地电阻测量记录。	①仪表、电气专业相关人员（施工、监理人员等）到位； ②供电系统通过验收，并投入正常运行； ③UPS系统通过验收，并投入正常运行； ④空调系统通过验收，并投入正常运行； ⑤控制室建筑装饰已完工； ⑥I/O机柜、控制机柜接线完毕，并通过验收； ⑦接地系统施工完毕，并通过验收； ⑧机房内配置有合格的温、湿度仪表，显示正常； ⑨机房内配置有灭火器、有防止小动物进入的措施； ⑩参建各方对送电条件已签字确认。
7	仪表回路试验	控制系统基本功能试验后，工艺条件允许仪表设备、联锁等动作时	首条控制系统仪表回路试验	①工程质量监督控制点报验单； ②联校试验条件确认表。	①仪表专业调试人员资质报验资料； ②回路中相关变送器、调节阀、工艺开关（包括压力、温度、流量、液位等的报警联锁设定）仪表调校记录； ③电气回路校线及绝缘检查记录； ④综合控制系统基本功能测试记录； ⑤技术交底记录； ⑥仪表联锁逻辑图； ⑦报警/联锁系统与可编程序控制系统调试记录； ⑧联校调试记录。	①联锁回路试验条件、安全保护，施工、监理、建设单位代表检查、确认情况； ②检测与调节回路的精度、作用方向、复杂回路功能试验； ③报警和联锁回路的报警值以及消声、复位和记录功能试验，联锁值、程序控制顺序、逻辑关系、动作时间和输出状态试验； ④施工单位会同建设单位、监理单位、工程总承包单位对联锁回路试验结果的签字确认。

第3部分　乙烯裂解装置工程质量监督检查要点

3.1　参建单位质量体系要素质量监督检查要点

3.1.1　建设单位

序号	检查内容	检查要点	检查依据
1	项目开工报告(施工许可证)办理	第七条　建筑工程开工前，建设单位应当按照国家有关规定向工程所在地县级以上人民政府建设行政主管部门申请领取施工许可证。 按照国务院规定的权限和程序批准开工报告的建筑工程，不再领取施工许可证。	《中华人民共和国建筑法》
		3.2.1 对于重点工程建设项目，建设单位应行文上报开工报告申请，同时填报中国石化工程建设项目开工报告表，提交相应的证明文件。 3.2.2 对于其他一类、二类工程建设项目，建设单位填报开工报告表，提交相应的证明文件。 3.3.1 重点、一类、二类工程建设项目的开工报告应报工程部审批。 3.3.2 房屋建筑工程(不含工业建筑)、市政工程、水运工程等工程建设项目，应依照国家相关法律法规取得施工许可，并在取得施工许可5个工作日内报工程部备案。	《中国石化工程建设项目开工管理办法》
2	工程质量监督报监	第十三条　建设单位在开工前，应当按照国家有关规定办理工程质量监督手续，工程质量监督手续可以与施工许可证或者开工报告合并办理。	《建设工程质量管理条例》
		3.4.2 工程建设项目开工前，建设单位应按规定完成工程质量监督申报及压力管道施工监督检验申请，委托工程质量检验、试验、监测，督促施工单位及时向当地市场监管部门办理压力管道施工相关手续。	《中国石化工程质量管理规定》

续表

序号	检查内容	检查要点	检查依据
3	项目管理机构设置和人员资格要求	4.1.3 建设工程项目各实施主体和参与方应建立项目管理责任制度，明确项目管理组织和人员分工，建立各方相互协调的管理机制。 4.3.1 项目管理机构应承担项目实施的管理任务和实现目标的责任。 4.3.3 项目管理机构应在项目启动前建立。 4.3.4 建立项目管理机构应遵循下列规定： ①结构应符合组织制度和项目实施要求； ②应有明确的管理目标、运行程序和责任制度； ③机构成员应满足项目管理要求及具备相应资格； ④组织分工应相对稳定并可根据项目实施变化进行调整； ⑤应确定机构成员的职责、权限、利益和需承担的风险。	《建设工程项目管理规范》GB/T 50326—2017
		3.3 建设单位应在工程建设项目可研批复后 3 个月内组建项目管理机构，按本办法要求填报申报(备案)表，履行报批和备案程序。 4.1 项目管理机构应设置相关职能部门，负责工程技术、质量、HSSE、计划、费用控制、物资供应、档案、外协、合同、党建等管理工作。重点工程项目应单独设置质量、HSSE 管理部门，其他部门依据需要进行增设和调整，部门设置需满足各专项管理的需要，人员根据项目进展和要求，及时配备到位。	《中国石化建设项目管理机构管理办法》
		3.1.2 重点工程建设项目，建设单位应设置独立的质量管理部门，配备满足质量管理要求的专职人员，明确其质量管理职责，不具备条件的可聘用专业机构或人员，确保项目质量管理体系的有效运行。	《中国石化工程质量管理规定》
		第二条　建筑工程开工建设前，建设、勘察、设计、施工、监理单位法定代表人应当签署授权书，明确本单位项目负责人。	《建筑工程五方责任主体项目负责人质量终身责任追究暂行办法》
		4.1.4 建设工程项目各实施主体和参与方法定代表人应书面授权委托项目管理机构负责人，并实行项目负责人责任制。 4.1.5 项目管理机构负责人应根据法定代表人的授权范围、期限和内容，履行管理职责。 4.1.6 项目管理机构负责人应取得相应资格，并按规定取得安全生产考核合格证书。 4.1.7 项目管理机构负责人应按相关约定在岗履职，对项目实施全过程及全面管理。	《建设工程项目管理规范》GB/T 50326—2017

续表

序号	检查内容	检查要点	检查依据
3	项目管理机构设置和人员资格要求	4.3.1 重点及一类工程项目的项目经理(副经理)或分部经理，应参加由总部工程部组织的项目管理业务培训并取得近3年内的培训证书，一般应具有8年及以上建设项目管理或相近管理工作经验；未经培训已上岗的，应限期参加培训并取得证书。 4.3.3 二类及其他工程建设项目的项目经理应参加由总部或企业组织的项目管理业务培训并取得近3年内的培训证书；一般应具有5年及以上建设项目管理或相近管理工作经验；未经培训已上岗的，应限期参加培训并取得证书。 4.4 主要专业负责人员资格要求 4.4.1 重点工程安全、环保、质量、费用、技术等主要专业负责人员，一般应具有5年及以上工作管理经验，其业务能力应与项目管理需求相匹配，且不可在其他项目管理机构兼职。 4.4.2 一类、二类工程建设项目的工程技术、质量、HSSE、计划、费用控制等主要专业负责人员，一般应具有5年及以上管理工作经验，其业务能力应与项目管理需求相匹配。人员要保证连贯性，一般不在其他项目管理机构兼职。	《中国石化建设项目管理机构管理办法》
4	项目管理策划	5.1.1 项目管理策划应由项目管理规划策划和项目管理配套策划组成。项目管理规划应包括项目管理规划大纲和项目管理实施规划，项目管理配套策划应包括项目管理规划策划以外的所有项目管理策划内容。 5.1.2 组织应建立项目管理策划的管理制度，确定项目管理策划的管理职责、实施程序和控制要求。	《建设工程项目管理规范》GB/T 50326—2017
		3.1.1 工程建设项目可研批复后，建设单位策划建设目标、项目组织机构和管理模式，组织编写项目管理方案。 3.1.4 重点工程项目应单独编写项目管理手册，其他建设项目可按照本单位项目管理体系文件执行。	《中国石化建设项目实施管理规定》
5	工程发包	第十六条　建筑工程发包与承包的招标投标活动，应当遵循公开、公正、平等竞争的原则，择优选择承包单位。	《中华人民共和国建筑法》
		第三条　在中华人民共和国境内进行下列工程建设项目包括项目的勘察、设计、施工、监理以及与工程建设有关的重要设备、材料等的采购，必须进行招标： (一)大型基础设施、公用事业等关系社会公共利益、公众安全的项目； (二)全部或者部分使用国有资金投资或者国家融资的项目； (三)使用国际组织或者外国政府贷款、援助资金的项目。 第四条　任何单位和个人不得将依法必须进行招标的项目化整为零或者以其他任何方式规避招标。	《中华人民共和国招标投标法》

序号	检 查 内 容	检 查 要 点	检 查 依 据
5	工程发包	第七条　建设单位应当将工程发包给具有相应资质等级的单位。建设单位不得将建设工程肢解发包。 第十条　建设工程发包单位，不得迫使承包方以低于成本的价格竞标，不得任意压缩合理工期。建设单位不得明示或者暗示设计单位或者施工单位违反工程建设强制性标准，降低建设工程质量。	《建设工程质量管理条例》
		1.4.1 必须招标的范围、标准和情形 1.4.1.1 工程项目中的工程总承包、施工、勘察、设计、监理、评估、项目管理、检测监测、造价咨询、招标代理，达到下列标准之一的，必须进行招标： (1)工程总承包、施工单项合同估算价在400万元人民币以上； (2)勘察、设计、监理、评估、项目管理、检测监测、造价咨询、招标代理单项合同估算价在100万元人民币以上； (3)同一项目中可以合并进行的工程总承包、施工、勘察、设计、监理、评估、项目管理、检测监测、造价咨询、招标代理的采购，合同估算价合计达到前款规定标准的，必须招标。 1.4.1.2 工程采购活动有下列情形之一的，必须进行招标： (1)采用框架协议采购形式的； (2)建设单位依据本规定终止招标程序转为非招标程序或直接采用非招标采购方式选定承包商，并且未在合同约定分包商的，该承包商进行工程分包发包时，分包项目属于本规定第1.4.1.1条要求的必须进行招标的范围且达到规定规模标准的； (3)以暂估价形式包括在总承包范围内的工程、服务，属于本规定第1.4.1.1条要求的必须进行招标的项目范围且达到规定规模标准的。所称暂估价，是指建设单位进行总承包招标时，不能确定价格而在招标文件中暂时估定的工程、服务的金额。 1.7.4 任何单位、个人不得将必须招标的项目化整为零或者以其他任何方式规避招标，不得限制或者排斥本地区、本系统以外的法人或者其他组织参加投标。 4.2.5.4 采购人应当妥善保管每项采购活动的采购过程文件，采购过程文件包括采购活动记录、采购文件、响应文件、评审报告、成交通知书、合同文本、质疑答复、投诉处理决定以及其他有关文件、资料。	《中国石化建设工程招标投标管理规定》
6	合同管理	第十五条　建筑工程的发包单位与承包单位应当依法订立书面合同，明确双方的权利和义务。发包单位和承包单位应当全面履行合同约定的义务。不按照合同约定履行义务的，依法承担违约责任。 第二十四条　提倡对建筑工程实行总承包，禁止将建筑工程肢解发包。 建筑工程的发包单位可以将建筑工程的勘察、设计、施工、设备采购一并发包给一个工程总承包单位，也可以将建筑工程勘察、设计、施工、设备采购的一项或者多项发包给一个工程总承包单位；但是，不得将应当由一个承包单位完成的建筑工程肢解成若干部分发包给几个承包单位。	《中华人民共和国建筑法》

续表

序号	检查内容	检查要点	检查依据
6	合同管理	7.1.4 严禁通过违法发包、转包、违法分包、挂靠方式订立和实施建设工程合同。 7.5.1 项目管理机构应按约定全面履行合同。 7.5.6 项目管理机构应按规定实施合同变更的管理工作，将变更文件和要求传递至相关人员。合同变更应当符合下列条件： ①变更的内容应符合合同约定或者法律法规规定。变更超过原设计标准或者批准规模时，应由组织按照规定程序办理变更审批手续； ②变更或变更异议的提出，应符合合同约定或者法律法规规定的程序和期限； ③变更应经组织或其授权人员签字或盖章后实施； ④变更对合同价格及工期有影响时，相应调整合同价格和工期。	《建设工程项目管理规范》GB/T 50326—2017
		4.9 企业应当加强工程建设及检维修合同管理，按照国家有关法律法规、集团公司合同管理制度和本规定签订书面合同，合同的标的、价款、质量、HSE、履行期限、失信行为处理等主要条款应当与招标文件和中标人的投标文件的内容一致。企业应当按照合同约定行使权利和履行义务，及时、规范处理合同变更。	《中国石化工程建设及检维修承包商管理规定》
7	设备材料采购	第二十五条　按照合同约定，建筑材料、建筑构配件和设备由工程承包单位采购的，发包单位不得指定承包单位购入用于工程的建筑材料、建筑构配件和设备或者指定生产厂、供应商。	《中华人民共和国建筑法》
		第十四条　按照合同约定，由建设单位采购建筑材料、建筑构配件和设备的，建设单位应当保证建筑材料、建筑构配件和设备符合设计文件和合同要求。建设单位不得明示或者暗示施工单位使用不合格的建筑材料、建筑构配件和设备。	《建设工程质量管理条例》
		工业管道及设备金属材料的到货检验应按《金属材料验证性检验导则》Q/SH 0706—2016 执行。	《金属材料验证性检验导则》Q/SH 0706—2016
		2.20.8 负责按照批复的工程采购方案开展工程采购工作；负责按照相关制度开展或组织建设项目物资采购工作。 3.3.2 工程采购活动应在中国石化建设工程招标投标信息管理系统上进行。	《中国石化建设项目实施管理规定》
8	新技术、新设备、新工艺、新材料使用	第四条　国家扶持建筑业的发展，支持建筑科学技术研究，提高房屋建筑设计水平，鼓励节约能源和保护环境，提倡采用先进技术、先进设备、先进工艺、新型建筑材料和现代管理方式。	《中华人民共和国建筑法》
		第五条　建设工程勘察、设计文件中规定采用的新技术、新材料，可能影响建设工程质量和安全，又没有国家技术标准的，应当由国家认可的检测机构进行试验、论证，出具检测报告，并经国务院有关主管部门或者省、自治区、直辖市人民政府有关主管部门组织的建设工程技术专家委员会审定后，方可使用。	《实施工程建设强制性标准监督规定》

续表

序号	检查内容	检查要点	检查依据
9	质量管理体系建立及运行	4.4.1 组织应按照本标准的要求，建立、实施、保持和持续改进质量管理体系，包括所需过程及其相互作用。	《质量管理体系要求》GB/T 19001—2016
		3.1.1 建设单位应建立工程质量管理体系，制定工程质量管理目标，发布工程质量管理体系文件，包括工程质量监督申报、工程质量管理有关制度和记录表单等。工程质量管理体系文件中应明确建设项目各环节的质量管理制度和程序。 3.1.2 重点工程建设项目，建设单位应设置独立的质量管理部门，配备满足质量管理要求的专职人员，明确其质量管理职责，不具备条件的可聘用专业机构或人员，确保项目质量管理体系的有效运行。	《中国石化工程质量管理规定》
10	质量管理计划制定及执行	10.2.1 项目质量计划应在项目管理策划过程中编制。项目质量计划作为对外质量保证和对内质量控制的依据，体现项目全过程质量管理要求。 10.2.3 项目质量计划应包括下列内容：①质量目标和质量要求；②质量管理体系和管理职责；③质量管理与协调的程序；④法律法规和标准规范；⑤质量控制点的设置与管理；⑥项目生产要素的质量控制；⑦实施质量目标和质量要求所采取的措施；⑧项目质量文件管理。 10.2.4 项目质量计划应报组织批准。项目质量计划需修改时，应按原批准程序报批。 10.4.2 对项目质量计划设置的质量控制点，项目管理机构应按规定进行检验和监测。质量控制点可包括下列内容： ①对施工质量有重要影响的关键质量特性、关键部位或重要影响因素； ②工艺上有严格要求，对下道工序的活动有重要影响的关键质量特性、部位； ③严重影响项目质量的材料质量和性能； ④影响下道工序质量的技术间歇时间； ⑤与施工质量密切相关的技术参数； ⑥容易出现质量通病的部位； ⑦紧缺工程材料、构配件和工程设备或可能对生产安排有严重影响的关键项目； ⑧隐蔽工程验收。	《建设工程项目管理规范》GB/T 50326—2017
		3.2.2 建设单位应制定质量管理计划，明确设计质量、物资质量、施工质量等管理规定及标准，确保工程的实体质量、各责任主体质量行为和质量过程资料始终受控。 3.2.3 建设单位应制定质量验收计划，明确工程建设项目的单位工程划分，确保工程质量验收规范统一。 3.2.4 建设单位应制定工程质量控制点管理计划，明确质量控制点的设置、审批、验收程序及要求。	《中国石化工程质量管理规定》

续表

序号	检查内容	检查要点	检查依据
11	施工图会审和设计交底	第十一条　施工图设计文件未经审查批准的，不得使用。	《建设工程质量管理条例》
		第三十条　建设工程勘察、设计单位应当在建设工程施工前，向施工单位和监理单位说明建设工程勘察、设计意图，解释建设工程勘察、设计文件。	《建设工程勘察设计管理条例》
		5.1.2 监理人员应熟悉工程设计文件，并应参加建设单位主持的图纸会审和设计交底会议，会议纪要应由总监理工程师签认。	《建设工程监理规范》GB/T 50319—2013
		3.3.2 建设单位应制定施工图会审和设计交底管理制度，按规定进行施工图会审和设计交底，并做好相关记录。	《中国石化工程质量管理规定》
		3.4.3 建设单位收到详细设计文件后，应组织采购、施工、生产、监理等单位的技术人员对详细设计文件进行审查，并按照《建设项目详细工程设计交底工作规定》的要求，组织设计单位进行技术交底及图纸会审。	《中国石化建设项目设计管理办法》
12	施工组织设计、重大及专项施工方案审批	根据 SH/T 3903—2017 B.1 施工组织设计/施工方案表，建设单位需对 SH/T 3550 中的施工组织设计、重大及专项施工方案进行审批。	《石油化工建设工程项目监理规范》SH/T 3903—2017
		3.4.1 建设单位应在工程建设项目施工前组织审查施工组织设计。	《中国石化建设项目实施管理规定》
13	进度计划	第十条　不得任意压缩合理工期。	《建设工程质量管理条例》
		3.9.1 建设单位应参照《中国石化建设项目工期定额》，科学编制建设项目进度计划，不得随意压缩工期。如需缩短工期，需落实相应的措施。经批准的进度计划如需调整，应执行原审批程序。	《中国石化建设项目实施管理规定》
14	工程建设强制性标准实施	第五十四条　建设单位不得以任何理由，要求建筑设计单位或者建筑施工企业在工程设计或者施工作业中，违反法律、行政法规和建筑工程质量、安全标准，降低工程质量。	《中华人民共和国建筑法》
		第十条　建设单位不得明示或者暗示设计单位或者施工单位违反工程建设强制性标准，降低建设工程质量。	《建设工程质量管理条例》

续表

序号	检查内容	检查要点	检查依据
15	质量检查和问题整改	10.1.4 项目质量管理应按下列程序实施： ①确定质量计划；②实施质量控制；③开展质量检查与处置；④落实质量改进。 10.4.2 对项目质量计划设置的质量控制点，项目管理机构应按规定进行检验和监测。	《建设工程项目管理规范》GB/T 50326—2017
		3.4.6 建设单位应建立工程质量检查和质量问题整改机制。通过组织综合质量检查、专项质量检查、质量巡检等方式查找项目的质量问题和隐患，对查出的质量问题限时整改，并做好整改结果复查和闭环管理。	《中国石化工程质量管理规定》
16	承包商体系及关键人员管控	2.3.2 负责督促各参建单位建立项目的质量管理体系，并对其有效性进行检查和评价。 3.3.3 建设单位应根据招标文件和工程合同的要求，对承包商的项目质量管理体系人员的资格、数量、专业和到位情况进行审核。	《中国石化工程质量管理规定》
		6.7 承包商关键人员未经建设单位批准不得更换。 注：承包商项目关键人员，是指承包商项目管理组织机构中承担关键管理职责的人员，包括项目主要负责人，项目 HSE、质量、施工、技术负责人。详见《中国石化工程建设承包商项目人员培训考核管理办法》(JZGSH-B1706-22-113—2021-1) 1.3.2 条。	《中国石化工程建设及检维修承包商管理规定》
17	设计变更管理	第十五条　涉及建筑主体和承重结构变动的装修工程，建设单位应当在施工前委托原设计单位或者具有相应资质等级的设计单位提出设计方案；没有设计方案的，不得施工。房屋建筑使用者在装修过程中，不得擅自变动房屋建筑主体和承重结构。	《建设工程质量管理条例》
		3.3.2 设计变更应严格按规定程序进行，严禁建设单位在没有设计图纸的情况下，对工程实体实施任意的改动。 3.5.2 建设单位应通过组织或参与设计方案评审、设计审查等方式，对设计质量进行监控；监督检查设计单位对设计评审、审查意见和“三查四定”涉及有关设计问题的整改落实。	《中国石化建设项目设计管理办法》
18	监理委托	第十二条　实行监理的建设工程，建设单位应当委托具有相应资质等级的工程监理单位进行监理，也可以委托具有工程监理相应资质等级并与被监理工程的施工承包单位没有隶属关系或者其他利害关系的该工程的设计单位进行监理。 下列建设工程必须实行监理：(一)国家重点建设工程；(二)大中型公用事业工程；(三)成片开发建设的住宅小区工程；(四)利用外国政府或者国际组织贷款、援助资金的工程；(五)国家规定必须实行监理的其他工程。	《建设工程质量管理条例》

序号	检查内容	检查要点	检查依据
18	监理委托	2.3.1 建设单位按照相关规定选择监理单位，双方平等签订委托监理合同，认真履行各自义务，承担相应责任。 2.3.2 建设单位依法保障监理单位合法权益，提供必要的项目批复文件、设计文件、工程承包合同、采购技术协议及必要的工作条件，为项目监理单位开展监理工作提供必要的支持与协作。 2.3.3 建设单位负责依据合同，定期对监理单位履约情况进行考核和评价。	《中国石化工程建设监理管理办法》
19	分包管理	第十八条　勘察、设计单位不得转包或者违法分包所承揽的工程。 第二十五条　施工单位不得转包或者违法分包工程。 第二十七条　总承包单位依法将建设工程分包给其他单位的，分包单位应当按照分包合同的约定对其分包工程的质量向总承包单位负责，总承包单位与分包单位对分包工程的质量承担连带责任。	《建设工程质量管理条例》
		7.4.4 分包合同实施应符合法律法规和组织有关合同管理制度的要求。 10.3.7 分包的质量控制应纳入项目质量控制范围，分包人应按分包合同的约定对其分包的工程质量向项目管理机构负责。	《建设工程项目管理规范》GB/T 50326—2017
		2.5.2 建设单位对分包工作实施全过程监管。督促承包人做好分包工程 HSSE、质量、进度、现场人员实名制管理以及农民工工资专项管理等工作，对承包人的人员、设备机具、HSSE、质量、进度等要素实施全过程的管理和检查。 2.5.4 建设单位负责对承包单位及从业人员进行记分及量化考核。	《中国石化建设工程分包管理办法》
20	工程质量缺陷管控	第六十一条　交付竣工验收的建筑工程，必须符合规定的建筑工程质量标准，有完整的工程技术经济资料和经签署的工程保修书，并具备国家规定的其他竣工条件。 建筑工程竣工经验收合格后，方可交付使用；未经验收或者验收不合格的，不得交付使用。	《中华人民共和国建筑法》
		10.1.2 项目质量管理应坚持缺陷预防的原则，按照策划、实施、检查、处置的循环方式进行系统运作。 10.4.3 项目管理机构对不合格品控制应符合下列规定： ①对检验和监测中发现的不合格品，按规定进行标识、记录、评价、隔离，防止非预期的使用或交付； ②采用返修、加固、返工、让步接受和报废措施，对不合格品进行处置。	《建设工程项目管理规范》GB/T 50326—2017
		8.7.1 对不符合要求的输出进行识别和控制，以防止非预期的使用和交付。	《质量管理体系要求》GB/T 19001—2016

续表

序号	检查内容	检查要点	检查依据
21	工程质量事故管控	第五十二条　建设工程发生质量事故，有关单位应当在24小时内向当地建设行政主管部门和其他有关部门报告。对重大质量事故，事故发生地的建设行政主管部门和其他有关部门应当按照事故类别和等级向当地人民政府和上级建设行政主管部门和其他有关部门报告。特别重大质量事故的调查程序按照国务院有关规定办理。	《建设工程质量管理条例》
		1.2 质量事故的分级 工程质量事故按照直接经济损失及影响程度分为以下等级： 1.2.1 特别重大工程质量事故。直接经济损失在1亿元及以上；在社会上造成恶劣影响，严重损害公司形象；造成重大工程(装置或设备)报废或原定设计使用功能严重降低。 1.2.2 重大工程质量事故。直接经济损失在5000万元及以上，1亿元以下；在社会上造成重大影响，损害公司整体形象；在国家组织的质量监督抽查中发现产品质量不合格；中国石化组织的质量监督抽查中同一单位同种产品连续两次质量不合格；造成不可挽救的永久性质量缺陷或隐患，影响工程的使用功能，或造成整个工程停工6天以上。 1.2.3 较大工程质量事故。直接经济损失在1000万元及以上，5000万元以下；在省(自治区、市)、中国石化组织的质量监督抽查中发现产品质量不合格；造成整个工程停工3~5天。 1.2.4 一般工程质量事故。直接经济损失在50万元及以上，1000万元以下的质量事故；造成整个工程停工2天以下。 3.1 质量事故的管理按照事故的报告、调查、处理、分析、改进程序进行。 3.2 质量事故报告 3.2.1 各企业发生质量事故应按规定定期向上级部门报告；质量事故涉及两家及以上单位的，应分别上报。 3.2.2 各企业发生重大、特别重大质量事故，应在24小时内向管理部门(专业公司)和科技部口头、传真、书面报告，事故性质确定后补报质量事故报告单。 3.3.7 质量事故处理应坚持“四不放过”的原则。即事故原因分析不清不放过，事故责任者和群众没有受到教育不放过，防范改进措施没有落实不放过，事故责任者没有严肃处理不放过。	《中国石化质量事故管理规定》
22	施工质量验收	7.1.1 施工质量验收应按单项工程进行，并应按检验批、分项工程、分部工程、单位工程/子单位工程、工程交工验收顺序逐级进行验收。建设工程项目有多个单项工程时应逐个单项进行验收。 7.1.2 施工质量验收应在专业工程施工质量验收规范规定的检验项目检验合格后(除本标准7.3.1条i)项规定外)，由施工单位/总承包单位向建设单位/监理单位提交申请报告，建设单位/监理单位按下列规定组织、施工单位/总承包单位参加进行施工质量验收，并填写验收记录。	《石油化工安装工程施工质量验收统一标准》SH/T 3508—2011

续表

序号	检查内容	检查要点	检查依据
23	工程中间交接	7.1.3 单项工程施工质量符合本标准 7.3.1 条、7.3.2 条要求时，应进行工程中间交接。工程中间交接由施工单位/总包单位向建设单位提交申请报告，由建设单位组织实施。 7.3.3 单项工程中间交接应由建设单位组织总承包单位、设计单位、监理单位、施工单位、检测单位等按单位工程分专业进行。 7.3.4 建设单位组织召开总承包单位、设计单位、监理单位、施工单位、检测单位等参加的中间交接会议，相关单位在中间交接证书及附件上签字。	《石油化工安装工程施工质量验收统一标准》SH/T 3508—2011
		3.4.2 一类、二类工程建设项目中间交接前，建设单位应组织开展“三查四定”工作，即“查设计漏项、查质量隐患、查未完工程”，对检查出的问题“定任务、定人员、定措施、定时间”落实整改。 3.4.3 工程建设项目达到中间交接标准的，建设单位应组织相关单位分单元、分专业开展中间验收，并在验收合格的基础上，共同签署工程中间交接证书及其附件。	《中国石化建设项目实施管理规定》
		4.1.2 工程按设计内容安装结束、质量验收合格后，建设单位(或总承包单位)组织施工、设计、监理等单位按单元和系统，分专业进行“三查四定”。 4.3.4 工程中间交接先由建设单位组织总承包、设计、施工、监理单位按单元、分专业进行中间验收合格，再组织总承包、设计、施工、监理、质监单位参加中间交接会议，签订工程中间交接证书。	《中国石化建设项目生产准备与试车管理规定》
		3.5.1 建设单位应督促相关责任单位限时完成“三查四定”中施工质量隐患整改，并组织验收。	《中国石化工程质量管理规定》
24	生产准备与试车管理	3.5.1 建设单位应将生产准备工作贯穿于工程建设项目实施全过程。 3.5.2 重点工程建设项目生产准备工作纲要、公用工程试车方案、总体试车方案由工程部组织审查，其他工程建设项目由建设单位自行审查。	《中国石化建设项目实施管理规定》
		5.4.1 联动试车由建设单位负责编制方案并组织实施，总承包、设计、施工、监理和制造商参加。 6.4.1 投料试车应由建设单位负责编制方案并组织实施，设计、施工单位参加。 6.6.1 生产装置投料试车，应组成以建设单位为主，总承包单位、设计单位、施工单位、专家组以及开车队参加的试车队伍。 6.6.2 建设单位在投料试车期间，应建立统一的试车指挥组织机构，负责组织指挥试车工作；总承包单位、设计单位、施工单位根据建设单位组织安排，做好相关试车服务保障工作。	《中国石化建设项目生产准备与试车管理规定》

续表

序号	检查内容	检查要点	检查依据
25	工程竣工验收	第十六条　建设单位收到建设工程竣工报告后，应当组织设计、施工、工程监理等有关单位进行竣工验收。建设工程竣工验收应当具备下列条件： (一)完成建设工程设计和合同约定的各项内容； (二)有完整的技术档案和施工管理资料； (三)有工程使用的主要建筑材料、建筑构配件和设备的进场试验报告； (四)有勘察、设计、施工、工程监理等单位分别签署的质量合格文件； (五)有施工单位签署的工程保修书。建设工程经验收合格的，方可交付使用。	《建设工程质量管理条例》
		5.2.3 在一个总体建设项目中包含多个单项工程的，每个单项工程应单独办理交工验收。 5.2.4 以单位工程或某专业工程内容为对象，独立签订建设工程施工合同的，可单独办理交工验收。 5.2.5 建设单位在受理施工单位或总承包单位提交的交工验收申请后，应在规定期间内组织生产单位、总承包、设计、施工、监理及有关单位对工程项目进行检查、验收。 5.2.6 交工验收后应办理交工验收手续，签署“工程交工证书”。	《石油化工建设工程项目竣工验收规定》SH/T 3904—2014
		6.1.3 g)建设单位或项目管理单位负责交工技术文件的审查，建设单位负责交工技术文件的接收。	《石油化工建设工程项目交工技术文件规定》SH/T 3503—2017
		3.6.1 工程建设项目竣工验收管理包括交工验收、生产考核、消防设施验收、防雷设施验收、安全设施验收、职业病防护设施验收、环境保护设施验收、竣工决算与审计、档案验收、综合竣工验收等工作。 3.6.2 建设单位组织工程建设项目竣工验收。重点工程建设项目竣工验收申请应报工程部审批，其他工程建设项目竣工验收申请由建设单位自行审批。一类、二类工程建设项目管理总结、竣工验收证书、竣工验收报告、重点大修改造项目总结应报工程部备案。	《中国石化建设项目实施管理规定》

3.1.2　总承包单位

序号	检查内容	检查要点	检查依据
1	总承包单位资质	第十三条　从事建筑活动的建筑施工企业、勘察单位、设计单位和工程监理单位，按照其拥有的注册资本、专业技术人员、技术装备和已完成的建筑工程业绩等资质条件，划分为不同的资质等级，经资质审查合格，取得相应等级的资质证书后，方可在其资质等级许可的范围内从事建筑活动。 第二十六条　禁止建筑施工企业超越本企业资质等级许可的业务范围或者以任何形式用其他建筑施工企业的名义承揽工程。禁止建筑施工企业以任何形式允许其他单位或者个人使用本企业的资质证书、营业执照，以本企业的名义承揽工程。	《中华人民共和国建筑法》

续表

序号	检查内容	检查要点	检查依据
1	总承包单位资质	5.1.1 工程总承包项目的设计应由具备相应设计资质和能力的企业承担。 7.1.1 工程总承包项目的施工应由具备相应施工资质和能力的企业承担。	《建设项目工程总承包管理规范》GB/T 50358—2017
		3.1 中国石化按照承包商资质、资格及业务范畴，分为一类承包商、二类承包商和检维修类承包商。 4.3 下列大型(甲级、一级)石油化工工程中的主要工程的工程总承包、施工总承包以及相关的勘察、设计、监理、无损检测工作，建设单位应当发包给一类承包商承担： (1)油田地面工程、气田地面工程、海洋石油工程。 (2)管道输送工程、油气库工程、LNG 储运工程。 (3)炼油工程、化工工程。 主要工程是指实现工程主要功能的工程内容。	《中国石化工程建设及检维修承包商管理规定》
2	总承包项目组织机构建立	3.1.1 工程总承包企业应建立与工程总承包相适应的项目管理组织，并行使项目管理职能，实行项目经理负责制。 3.2.2 项目部的设立应包括下列主要内容： 1)根据工程总承包企业管理规定，结合项目特点，确定组织形式，组建项目部，确定项目部的职能； 2)根据工程总承包合同和企业有关管理规定，确定项目部的管理范围和任务； 3)确定项目部的组成人员、职责和权限； 4)工程总承包企业与项目经理签订项目管理目标责任书。 3.2.3 项目部的人员配置和管理规定应满足工程总承包项目管理的需要。 3.4.1 根据工程总承包合同范围和工程总承包企业的有关管理规定，项目部可在项目经理以下设置控制经理、设计经理、采购经理、施工经理、试运行经理、财务经理、质量经理、安全经理、商务经理、行政经理等职能经理和进度控制工程师、质量工程师、安全工程师、合同管理工程师、费用估算师、费用控制工程师、材料控制工程师、信息管理工程师和文件管理控制工程师等管理岗位。根据项目具体情况，相关岗位可进行调整。 3.4.2 项目部应明确所设置岗位职责。	《建设项目工程总承包管理规范》GB/T 50358—2017
3	项目管理人员资格	第十四条　从事建筑活动的专业技术人员，应当依法取得相应的执业资格证书，并在执业资格证书许可的范围内从事建筑活动。	《中华人民共和国建筑法》

续表

序号	检查内容	检查要点	检查依据
3	项目管理人员资格	第九条　国家对从事建设工程勘察、设计活动的专业技术人员，实行执业资格注册管理制度。未经注册的建设工程勘察、设计人员，不得以注册执业人员的名义从事建设工程勘察、设计活动。 第十条　建设工程勘察、设计注册执业人员和其他专业技术人员只能受聘于一个建设工程勘察、设计单位；未受聘于建设工程勘察、设计单位的，不得从事建设工程的勘察、设计活动。	《建设工程勘察设计管理条例》
		3.1.2 工程总承包企业宜采用项目管理目标责任书的形式，并明确项目目标和项目经理的职责、权限和利益。 3.1.3 项目经理应根据工程总承包企业法定代表人授权的范围、时间和项目管理目标责任书中规定的内容，对工程总承包项目，自项目启动至项目收尾，实行全过程管理。 3.2.1 工程总承包企业应在工程总承包合同生效后，任命项目经理，并由工程总承包企业法定代表人签发书面授权委托书。 3.5.2 工程总承包项目经理应具备下列条件： 1)取得工程建设类注册执业资格或高级专业技术职称。	《建设项目工程总承包管理规范》GB/T 50358—2017
		3.2.5 承包商项目关键人员参加中国石化直属建设单位组织的考核，合格后方可从事相应岗位的工作，考核合格有效期3年，在中国石化范围内有效。 3.2.7 承包商项目关键人员除了通过中国石化组织的本项考核外，上岗前，还应按照国家法律法规和合同要求取得相应的执业资格和考核合格证明。 3.2.7.1 施工承包商项目负责人应取得建造师执业资格和行政主管部门组织的安全生产考核合格证书(B证)，项目HSE负责人应取得安全生产考核合格证书(C证)。 3.2.7.3 炼化工程集团、石油工程建设公司所属企业项目关键人员还应取得中国石化HSE资格证。	《中国石化工程建设承包商项目人员培训考核管理办法》
		6.7 承包商关键人员未经建设单位批准不得更换。	《中国石化工程建设及检维修承包商管理规定》
4	项目策划	4.1.1 项目部应在项目初始阶段开展项目策划工作，并编制项目管理计划和项目实施计划。 4.1.2 项目策划应结合项目特点，根据合同和工程总承包企业管理的要求，明确项目目标和工作范围，分析项目风险以及采取的应对措施，确定项目各项管理原则、措施和进程。 4.1.3 项目策划的范围宜涵盖项目活动的全过程所涉及的全要素。 4.3.3 项目管理计划应包括下列主要内容： ①项目概况；②项目范围；③项目管理目标；④项目实施条件分析；⑤项目的管理模式、组织机构和职责分工；⑥项目实施的基本原则；⑦项目协调程序；⑧项目的资源配置计划；⑨项目风险分析与对策；⑩合同管理。 4.3.1 项目管理计划应由项目经理组织编制，并由工程总承包企业相关负责人审批。 4.4.3 项目实施计划应包括下列主要内容： ①概述；②总体实施方案；③项目实施要点；④项目初步进度计划等。 4.4.1 项目实施计划应由项目经理组织编制，并经项目发包人认可。	《建设项目工程总承包管理规范》GB/T 50358—2017

续表

序号	检查内容	检查要点	检查依据
5	合同管理	第十五条　建筑工程的发包单位与承包单位应当依法订立书面合同，明确双方的权利和义务。发包单位和承包单位应当全面履行合同约定的义务。不按照合同约定履行义务的，依法承担违约责任。	《中华人民共和国建筑法》
		第四条　建设单位与承包单位应严格依法签订合同，明确双方权利、义务、责任，严禁违法发包、转包、违法分包和挂靠，确保工程质量和施工安全。	《建筑工程施工发包与承包违法行为认定查处管理办法》
6	分包发包管理	第二十八条　禁止承包单位将其承包的全部建筑工程转包给他人，禁止承包单位将其承包的全部建筑工程肢解以后以分包的名义分别转包给他人。 第二十九条　建筑工程总承包单位可以将承包工程中的部分工程发包给具有相应资质条件的分包单位；但是，除总承包合同中约定的分包外，必须经建设单位认可。施工总承包的，建筑工程主体结构的施工必须由总承包单位自行完成。禁止总承包单位将工程分包给不具备相应资质条件的单位。禁止分包单位将其承包的工程再分包。	《中华人民共和国建筑法》
		第二十七条　总承包单位依法将建设工程分包给其他单位的，分包单位应当按照分包合同的约定对其分包工程的质量向总承包单位负责，总承包单位与分包单位对分包工程的质量承担连带责任。	《建设工程质量管理条例》
		6.8 与建设单位有直接合同关系的承包商，应当将分包方案报建设单位批准，并将分包结果、分包合同(不带价格)报建设单位备案。 6.10 承包商不得非法转让、出借资质或者以其他方式允许他人以本单位名义承揽工程；不得转包、违法分包和挂靠，不得分包给不具备相应资质条件的单位；不得以劳务分包名义进行专业分包；不得以包代管，不履行管理职责。	《中国石化工程建设及检维修承包商管理规定》
		3.1.2 工程总承包再发包 (1)工程总承包单位具备相应的设计和施工资质的，可以自行实施工程的设计和施工业务，也可以将工程的全部设计或者全部施工工作再发包给具备相应资质条件的设计单位或者施工承包单位。 (2)工程总承包单位仅具备相应的设计或者施工资质的，应当自行实施其资质承揽范围内的设计或者施工业务，并将其资质承揽范围外的全部施工或者全部设计业务再发包给具备相应资质条件的施工单位或者设计单位。 (3)工程总承包单位可以将工程的全部勘察业务再发包给具备相应资质条件的勘察单位。 (4)工程总承包单位不得将工程总承包项目进行转包，不得将工程总承包项目中设计和施工全部业务一并或者分别再发包给其他单位。	《中国石化建设工程分包管理办法》

续表

序号	检查内容	检查要点	检查依据
6	分包发包管理	6.2.4 承包商应当对其分包商的 QHSE 管理体系运行情况进行审核，重点对分包商在项目执行过程中的 QHSE 体系运行情况进行符合性评审，评审结果报建设单位备案。 6.9 承包商应当将其分包商纳入本单位管理体系，严格分包商选择、教育培训及日常监督管理，加强分包商考核及评价结果应用，对分包商实施有效管理。分包商就其完成的工作成果与总包商向建设单位承担连带责任。	《中国石化工程建设及检维修承包商管理规定》
7	设计管理	第二十二条　设计单位在设计文件中选用的建筑材料、建筑构配件和设备，应当注明规格、型号、性能等技术指标，其质量要求必须符合国家规定的标准。除有特殊要求的建筑材料、专用设备、工艺生产线等外，设计单位不得指定生产厂、供应商。 第二十三条　设计单位应当就审查合格的施工图设计文件向施工单位作出详细说明。	《建设工程质量管理条例》
		第三十条　建设工程勘察、设计单位应当在建设工程施工前，向施工单位和监理单位说明建设工程勘察、设计意图，解释建设工程勘察、设计文件。 建设工程勘察、设计单位应当及时解决施工中出现的勘察、设计问题。 第三十三条　施工图设计文件未经审查批准的，不得使用。	《建设工程勘察设计管理条例》
		5.1.2 设计应满足合同约定的技术性能、质量标准和工程的可施工性、可操作性及可维修性的要求。 5.3.6 初步设计文件应满足主要设备、材料订货和编制施工图设计文件的需要；施工图设计文件应满足设备、材料采购，非标准设备制作和施工以及试运行的需要。 5.3.7 设计选用的设备、材料，应在设计文件中注明其规格、型号、性能、数量等技术指标，其质量要求应符合合同要求和国家现行相关标准的有关规定。 5.3.8 在施工前，项目部应组织设计交底或培训。 5.3.9 设计组应依据合同约定，承担施工和试运行阶段的技术支持和服务。 5.4.2 设计质量应按项目质量管理体系要求进行控制，制定控制措施。设计经理及各专业负责人应填写规定的质量记录，并向工程总承包企业职能部门反馈项目设计质量信息。 5.4.3 设计组应按合同变更程序进行设计变更管理。 5.4.4 设计变更应对技术、质量、安全和材料数量等提出要求。	《建设项目工程总承包管理规范》GB/T 50358—2017

序号	检查内容	检查要点	检查依据
8	采购管理	第二十六条　建设工程勘察、设计、施工、设备采购的一项或者多项实行总承包的，总承包单位应当对其承包的建设工程或者采购的设备的质量负责。	《建设工程质量管理条例》
		5.1.4 工程总承包项目应将采购纳入设计程序。设计组应负责请购文件的编制、报价技术评审和技术谈判、供应商图纸资料的审查和确认等工作。 5.4.5 设计组应按设备、材料控制程序，统计设备、材料数量，并提出请购文件。请购文件应包括下列主要内容： ①请购单；②设备材料规格书和数据表；③设计图纸；④适用的标准规范；⑤其他有关的资料和文件。 6.1.2 采购工作应按项目的技术、质量、安全、进度和费用要求，获得所需的设备、材料及有关服务。 6.1.3 工程总承包企业宜对供应商进行资格预审。 6.2.1 采购工作应按下列程序实施： ①根据项目采购策划，编制项目采购执行计划；②采买；③对所订购的设备、材料及其图纸、资料进行催交；④依据合同约定进行检验；⑤运输与交付；⑥仓储管理；⑦现场服务管理；⑧采购收尾。 6.2.2 采购组可根据采购工作的需要对采购工作程序及其内容进行调整，并应符合项目合同要求。 6.5.1 采购经理应组织相关人员，根据设备、材料的重要性划分催交与检验等级，确定催交与检验方式和频度，制定催交与检验计划并组织实施。 6.6.6 设备、材料运至指定地点后，接收人员应对照送货单清点、签收、注明设备和材料到货状态及其完整性，并填写接收报告并归档。	《建设项目工程总承包管理规范》GB/T 50358—2017
9	设备监造	6.5.4 依据采购合同约定，采购组应按检验计划，组织具备相应资格的检验人员，根据设计文件和标准规范的要求确定其检验方式，并进行设备、材料制造过程中以及出厂前的检验。重要、关键设备应驻厂监造。 6.5.5 对于有特殊要求的设备、材料，可与有相应资格和能力的第三方检验单位签订检验合同，委托其进行检验。采购组检验人员应依据合同约定对第三方的检验工作实施监督和控制。合同有约定时，应安排项目发包人参加相关的检验。 6.5.6 检验人员应按规定编制驻厂监造及出厂检验报告。检验报告宜包括下列主要内容： ①合同号、受检设备、材料的名称、规格和数量； ②供应商的名称、检验场所和起止时间；	《建设项目工程总承包管理规范》GB/T 50358—2017

续表

序号	检查内容	检查要点	检查依据
9	设备监造	③各方参加人员； ④供应商使用的检验、测量和试验设备的控制状态并应附有关记录； ⑤检验记录； ⑥供应商出具的质量检验报告； ⑦检验结论。	《建设项目工程总承包管理规范》GB/T 50358—2017
		3.4.1 按照“谁采购，谁负责”的原则，在采购策略和物资质量控制计划中应当具体明确需要委托监造的物资类别和明细；在编制物资招标文件、采购询价书等采购文件时，应当明确需要委托实施监造的要求，并将委托实施监造作为物资采购合同的必要条款。 3.4.3 在需要实施监造的设备材料采购合同签订后，及时签订监造合同(订单)，并在其中明确设备材料(含主要外购原材料、外协件)明细、监造范围、监造内容、监造方式、技术保密要求、监造人员名单、违约及质量连带责任等内容。 3.4.4.5 物资供应部门及时接收监造周报、日报和关键点监造报告等监造过程信息，协调解决制造过程中出现的质量、进度问题，确保监造工作有效进行、制造质量受控。 3.4.4.6 建立设备材料监造质量合格放行制度。在设备材料制造完毕，检验试验合格，涂漆包装满足采购文件技术要求，且整个制造过程质量控制内容均已完成、质量异常问题均已封闭的情况下，由监造商对设备开具监造质量合格放行单。未开具监造质量合格放行单的设备原则上不能出厂，不能进行到货(入库)质量验收。	《中国石化设备材料监造管理办法》
10	仓储管理	6.8.1 项目部应在施工现场设置仓储管理人员，负责仓储管理工作。 6.8.2 设备、材料正式入库前，依据合同约定应组织开箱检验。 6.8.3 开箱检验合格的设备、材料，具备规定的入库条件，应提出入库申请，办理入库手续。 6.8.4 仓储管理工作应包括物资接收、保管、盘库和发放，以及技术档案、单据、账目和仓储安全管理等。仓储管理应建立物资动态明细台账，所有物资应注明货位、档案编号和标识码等。仓储管理员应登账并定期核对，使账物相符。 6.8.5 采购组应制定并执行物资发放制度，根据批准的领料申请单发放设备、材料，办理物资出库交接手续。	《建设项目工程总承包管理规范》CB/T 50358—2017
		工业管道及设备金属材料的到货检验应按《金属材料验证性检验导则》Q/SH 0706—2016 执行。	《金属材料验证性检验导则》Q/SH 0706—2016

序号	检查内容	检查要点	检查依据
11	施工管理	7.5 施工质量控制 7.5.1 施工组应监督施工过程的质量，并对特殊过程和关键工序进行识别与质量控制，并应保存质量记录。 7.5.2 施工组应对供货质量按规定进行复验并保存活动结果的证据。 7.5.3 施工组应监督施工质量不合格品的处置，并验证其实施效果。 7.5.4 施工组应对所需的施工机械、装备、设施、工具和器具的配置以及使用状态进行有效性和安全性检查，必要时进行试验。操作人员应持证上岗，按操作规程作业，并在使用中做好维护和保养。 7.5.5 施工组应对施工过程的质量控制绩效进行分析和评价，明确改进目标，制定纠正措施，进行持续改进。 7.5.6 施工组应根据施工质量计划，明确施工质量标准和控制目标。 7.5.7 施工组应组织对项目分包人的施工组织设计和专项施工方案进行审查。 7.5.8 施工组应按规定组织或参加工程质量验收。 7.5.9 当实行施工分包时，项目部应依据施工分包合同约定，组织项目分包人完成并提交质量记录和竣工文件，并进行评审。 7.5.10 当施工过程中发生质量事故时，应按国家现行有关规定处理。	《建设项目工程总承包管理规范》GB/T 50358—2017
12	质量管理	第二十六条　建设工程实行总承包的，总承包单位应当对全部建设工程质量负责；建设工程勘察、设计、施工、设备采购的一项或者多项实行总承包的，总承包单位应当对其承包的建设工程或者采购的设备的质量负责。	《建设工程质量管理条例》
		11.1.1 工程总承包企业应按质量管理体系要求，规范工程总承包项目的质量管理。 11.1.2 项目质量管理应贯穿项目管理的全过程，按策划、实施、检查、处置循环的工作方法进行全过程的质量控制。 11.1.3 项目部应设专职质量管理人员，负责项目的质量管理工作。 11.1.4 项目质量管理应按下列程序进行： ①明确项目质量目标； ②建立项目质量管理体系； ③实施项目质量管理体系； ④监督检查项目质量管理体系的实施情况； ⑤收集、分析和反馈质量信息，并制定纠正措施。	《建设项目工程总承包管理规范》GB/T 50358—2017

续表

序号	检查内容	检查要点	检查依据
12	质量管理	11.2.1 项目策划过程中应由质量经理负责组织编制质量计划，经项目经理批准发布。 11.2.2 项目质量计划应体现从资源投入到完成工程交付的全过程质量管理与控制要求。 11.2.4 项目质量计划应包括下列主要内容： ①项目的质量目标、指标和要求； ②项目的质量管理组织与职责； ③项目质量管理所需要的过程、文件和资源； ④实施项目质量目标和要求采取的措施。 11.3.2 项目部应根据项目质量计划对设计、采购、施工和试运行阶段接口的质量进行重点控制。 11.3.3 项目质量经理应负责组织检查、监督、考核和评价项目质量计划的执行情况，验证实施效果并形成报告。对出现的问题、缺陷或不合格，应召开质量分析会，并制定整改措施。 11.3.4 项目部按规定应对项目实施过程中形成的质量记录进行标识、收集、保存和归档。 11.3.5 项目部应根据项目质量计划对分包工程项目质量进行控制。	《建设项目工程总承包管理规范》GB/T 50358—2017
13	质量验收	7.1.1 施工质量验收应按单项工程进行，并应按检验批、分项工程、分部工程、单位工程/子单位工程、工程交工验收顺序逐级进行验收。建设工程项目有多个单项工程时应逐个单项进行验收。 7.1.2 施工质量验收应在专业工程施工质量验收规范规定的检验项目检验合格后(除本标准 7.3.1 条 i)项规定外)，由施工单位/总承包单位向建设单位/监理单位提交申请报告，建设单位/监理单位组织、施工单位/总承包单位参加进行施工质量验收，并填写验收记录。	《石油化工安装工程施工质量验收统一标准》SH/T 3508—2011
14	单机试运与“三查四定”	7.2.2 单机试运转由建设单位组织，成立试运转小组，施工单位编制试运转方案并实施，设计单位、监理单位、采购单位、制造单位等参加，生产单位配合，并对试运转过程及结果进行记录和确认。实行总承包的项目由总承包单位组织。	《石油化工安装工程施工质量验收统一标准》SH/T 3508—2011
		4.1.1 在工程安装基本结束时，施工单位应抓收尾、保试车，按照设计和试车要求，合理组织力量，认真清理未完工程和工程尾项，并负责整改消缺。 4.1.2 工程按设计内容安装结束、质量验收合格后，建设单位(或总承包单位)组织施工、设计、监理等单位按单元和系统，分专业进行“三查四定”(三查：查设计漏项、查施工质量隐患、查未完工程；四定：对检查出的问题定任务、定人员、定措施、定整改时间)。	《中国石化工程建设项目生产准备与试车管理规定》

续表

序号	检查内容	检查要点	检查依据
15	中间交接	7.1.3 单项工程施工质量符合本标准 7.3.1 条、7.3.2 条要求时，应进行工程中间交接。工程中间交接由施工单位/总承包单位向建设单位提交申请报告，由建设单位组织实施。 7.3.3 单项工程中间交接应由建设单位组织总承包单位、设计单位、监理单位、施工单位、检测单位等按单位工程分专业进行。 7.3.4 建设单位组织召开总承包单位、设计单位、监理单位、施工单位、检测单位等参加的中间交接会议，相关单位在中间交接证书及附件上签字。	《石油化工安装工程施工质量验收统一标准》SH/T 3508—2011
		4.3.1 工程中间交接是总承包单位(施工单位)向建设单位办理工程交接的必要程序，是指装置保管、使用责任的移交，不解除总承包、施工单位对工程质量、竣工验收应负的责任。 4.3.4 工程中间交接先由建设单位组织总承包、设计、施工、监理单位按单元、分专业进行中间验收合格，再组织总承包、设计、施工、监理、质监单位参加中间交接会议，签订工程中间交接证书。 4.3.6 建设单位应组织由总承包、设计、施工、监理等单位参加的保运领导班子，统一指挥联动试车和投料试车期间的保运工作。本着“谁安装，谁保运”的原则，建设单位应提出试车保运所需工种、人数，与施工单位签订保运合同，并承担费用。	《中国石化工程建设项目生产准备与试车管理规定》
16	联动试车、投料试车	5.3.14 总承包、设计、监理、制造商、保运队伍已到位。 5.4.1 联动试车由建设单位负责编制方案并组织实施，总承包、设计、施工、监理和制造商参加。 6.4.1 投料试车应由建设单位负责编制方案并组织实施，设计、施工单位参加。 6.6.1 生产装置投料试车，应组成以建设单位为主，总承包单位、设计单位、施工单位、专家组以及开车队参加的试车队伍。 6.6.2 建设单位在投料试车期间，应建立统一的试车指挥组织机构，负责组织指挥试车工作；总承包单位、设计单位、施工单位根据建设单位组织安排，做好相关试车服务保障工作。	《中国石化工程建设项目生产准备与试车管理规定》
17	交工验收	6.1.3 建设工程项目的参建单位应与工程进度同步形成、积累、编制交工技术文件，并应符合下列规定： a)施工单位负责施工部分交工技术文件的编制，包括各专业的工程材料质量证明文件、工程检测报告、工程设计变更一览表、工程联络单一览表的汇编； b)设计单位负责竣工图的编制和移交； c)采购单位负责锅炉、起重机械、塔、容器、反应器、冷换设备、动设备、成套设备等具有特定设备位号的设备出厂资料的编制和移交； d)检测单位负责无损检测报告和其他检测报告的编制，交由被检测工程的施工单位汇入相关工程卷； e)实行工程总承包的项目，工程总承包单位负责组织各承包单位交工技术文件的编制和移交。	《石油化工建设工程项目交工技术文件规定》SH/T 3503—2017

续表

序号	检查内容	检查要点	检查依据
17	交工验收	5.2.1 建设工程项目交工验收应符合下列规定： a)全部工程内容已按工程合同完成，验收合格； b)按 SH/T 3503 规定及工程合同约定向建设单位移交了建设工程交工技术文件； c)工程质量保修书已出具； d)工程交工验收申请已向建设单位提交； e)工程项目经投料试车产出合格产品或具备使用条件。 5.2.5 建设单位在受理施工单位或总承包单位提交的交工验收申请后，应在规定期间内组织生产使用单位、总承包、设计、施工、监理及有关单位对工程项目进行检查、验收。 5.2.6 交工验收后应办理交工验收手续，签署“工程交工证书”。 5.2.7 自签署“工程交工证书”之日，承包商开始履行保修责任。	《石油化工建设工程项目竣工验收规定》SH/T 3904—2014

3.1.3 勘察单位

序号	检查内容	检查要点	检查依据
1	勘察合同管理	第二十三条　建设工程勘察、设计的发包方与承包方应当签订建设工程勘察、设计合同。	《建设工程勘察设计管理条例》
		第十条　建设单位应当对建设工程勘察、设计和施工全过程负责，在勘察、设计和施工合同中明确拟采用的抗震设防强制性标准，按照合同要求对勘察设计成果文件进行核验，组织工程验收，确保建设工程符合抗震设防强制性标准。 建设单位不得明示或者暗示勘察、设计、施工等单位和从业人员违反抗震设防强制性标准，降低工程抗震性能。	《建设工程抗震管理条例》
2	勘察单位资质	第十八条　从事建设工程勘察、设计的单位应当依法取得相应等级的资质证书，并在其资质等级许可的范围内承揽工程。 禁止勘察、设计单位超越其资质等级许可的范围或者以其他勘察、设计单位的名义承揽工程。禁止勘察、设计单位允许其他单位或者个人以本单位的名义承揽工程。	《建设工程质量管理条例》
		第六条　工程勘察企业必须依法取得工程勘察资质证书，并在资质等级许可的范围内承揽勘察业务。 工程勘察企业不得超越其资质等级许可的业务范围或者以其他勘察企业的名义承揽勘察业务；不得允许其他企业或者个人以本企业的名义承揽勘察业务；不得转包或者违法分包所承揽的勘察业务。	《建设工程勘察质量管理办法》

续表

序号	检查内容	检查要点	检查依据
3	勘察人员资格	第九条　国家对从事建设工程勘察、设计活动的专业技术人员，实行执业资格注册管理制度。 未经注册的建设工程勘察、设计人员，不得以注册执业人员的名义从事建设工程勘察、设计活动。 第十条　建设工程勘察、设计注册执业人员和其他专业技术人员只能受聘于一个建设工程勘察、设计单位；未受聘于建设工程勘察、设计单位的，不得从事建设工程的勘察、设计活动。	《建设工程勘察设计管理条例》
		第十一条　工程勘察项目负责人、审核人、审定人及有关技术人员应当具有相应的技术职称或者注册资格。 第十六条　工程勘察企业应当加强职工技术培训和职业道德教育，提高勘察人员的质量责任意识。司钻员、描述员、土工试验员等人员应当按照有关规定接受安全生产、职业道德、理论知识和操作技能等方面的专业培训。 第十二条　工程勘察企业法定代表人应当建立健全并落实本单位质量管理制度，授权具备相应资格的人员担任项目负责人。 工程勘察企业项目负责人应当签署质量终身责任承诺书，执行勘察纲要和工程建设强制性标准，落实本单位勘察质量管理制度，制定项目质量保证措施，组织开展工程勘察各项工作。	《建设工程勘察质量管理办法》
		第三条　未取得注册证书及执业印章的人员，不得以注册工程师的名义从事建设工程勘察、设计及有关业务活动。 第六条　注册工程师实行注册执业管理制度。取得资格证书的人员，必须经过注册方能以注册工程师的名义执业。 第十八条　取得资格证书的人员，应受聘于一个具有建设工程勘察、设计、施工、监理、招标代理、造价咨询等一项或多项资质的单位，经注册后方可从事相应的执业活动。但从事建设工程勘察、设计执业活动的，应受聘并注册于一个具有建设工程勘察、设计资质的单位。	《勘察设计注册工程师管理规定》
		第二条　建筑工程开工建设前，建设、勘察、设计、施工、监理单位法定代表人应当签署授权书，明确本单位项目负责人。	《建筑工程五方责任主体项目负责人质量终身责任追究暂行办法》
		4.4.1 勘察企业法定代表人、项目负责人等相关人员应在工程勘察设计文件上签章或签字，并应对工程勘察文件负相应的质量责任。	《工程建设勘察企业质量管理标准》GB/T 50379—2018

续表

序号	检查内容	检查要点	检查依据
4	工程勘察文件	第五十六条　建筑工程的勘察、设计单位必须对其勘察、设计的质量负责。勘察、设计文件应当符合有关法律、行政法规的规定和建筑工程质量、安全标准、建筑工程勘察、设计技术规范以及合同的约定。	《中华人民共和国建筑法》
		第二十条　勘察单位提供的地质测量、水文等勘察成果必须真实、准确。	《建设工程质量管理条例》
		第二十六条　编制建设工程勘察文件，应当真实、准确，满足建设工程规划、选址、设计、岩土治理和施工的需要。 第二十九条　建设工程勘察、设计文件中规定采用的新技术、新材料，可能影响建设工程质量和安全，又没有国家技术标准的，应当由国家认可的检测机构进行试验、论证，出具检测报告，并经国务院有关部门或者省、自治区、直辖市人民政府有关部门组织的建设工程技术专家委员会审定后，方可使用。	《建设工程勘察设计管理条例》
		第十一条　建设工程勘察文件中应当说明抗震场地类别，对场地地震效应进行分析，并提出工程选址、不良地质处置等建议。	《建设工程抗震管理条例》
		第三条　工程勘察企业应当按照有关建设工程质量的法律、法规、工程建设强制性标准和勘察合同进行勘察工作，并对勘察质量负责。 勘察文件应当符合国家规定的勘察深度要求，必须真实、准确。	《建设工程勘察质量管理办法》
		第六条　勘察单位应当根据工程实际及工程周边环境资料，在勘察文件中说明地质条件可能造成的工程风险。	《危险性较大的分部分项工程安全管理规定》
		第二十条　建设工程勘察、设计活动中形成的勘察、设计文件由相应专业注册工程师按照规定签字盖章后方可生效。各专业注册工程师签字盖章的勘察、设计文件种类及办法由国务院建设主管部门会同有关部门规定。	《勘察设计注册工程师管理规定》
		6.2.1 工程勘察报告应资料真实、内容完整，有明确的工程针对性。 6.2.2 工程勘察报告应包括文字部分和图表部分，并应符合下列规定： ①勘察报告应有单位公章、相关责任人签章； ②图表应有名称、项目名称及相关责任人签字。	《工程勘察通用规范》GB 55017—2021

续表

序号	检查内容	检查要点	检查依据
5	勘察文件交底	第三十条　建设工程勘察、设计单位应当在建设工程施工前，向施工单位和监理单位说明建设工程勘察、设计意图，解释建设工程勘察、设计文件。	《建设工程勘察设计管理条例》
		第九条　工程勘察企业应当向设计、施工和监理等单位进行勘察技术交底，参与施工验槽，及时解决工程设计和施工中与勘察工作有关的问题，按规定参加工程竣工验收。 第二十四条　违反本办法规定，工程勘察企业有下列行为之一的，由工程勘察质量监督部门责令改正，处1万元以上3万元以下的罚款： (三)未按规定参加建设单位组织的勘察技术交底或者验槽。	《建设工程勘察质量管理办法》
		9.3.5 勘察企业成果报告交付后的服务可包括下列内容： ①参与设计施工交底； ②参与地基检验； ③参与相关工程验收； ④参与相关工程问题的处理。	《工程建设勘察企业质量管理标准》GB/T 50379—2018
6	地基验槽	第九条　工程勘察企业应当向设计、施工和监理等单位进行勘察技术交底，参与施工验槽，及时解决工程设计和施工中与勘察工作有关的问题，按规定参加工程竣工验收。 第二十四条　违反本办法规定，工程勘察企业有下列行为之一的，由工程勘察质量监督部门责令改正，处1万元以上3万元以下的罚款： (三)未按规定参加建设单位组织的勘察技术交底或者验槽。	《建设工程勘察质量管理办法》
		A.1.1 勘察、设计、监理、施工、建设各方相关技术人员应共同参加验槽。	《建筑地基与基础工程施工质量验收标准》GB 50202—2018
		2.0.4 勘察单位应参与施工验槽，检验开挖揭露的地质条件与工程勘察报告的一致性。如有异常情况，应提出处理措施或修改设计的建议。	《工程勘察通用规范》GB 55017—2021
7	分部工程验收	6.0.3 勘察、设计单位的项目负责人和施工单位的技术、质量部门的负责人应参加地基与基础分部工程的验收。	《建筑工程施工质量验收统一标准》GB 50300—2013

续表

序号	检查内容	检查要点	检查依据
8	勘察问题、工程质量事故处理	第三十条　建设工程勘察、设计单位应当及时解决施工中出现的勘察、设计问题。	《建设工程勘察设计管理条例》
		第十条　工程勘察企业应当参与建设工程质量事故的分析，并对因勘察原因造成的质量事故，提出相应的技术处理方案。	《建设工程勘察质量管理办法》
9	竣工验收	第九条　工程勘察企业应当向设计、施工和监理等单位进行勘察技术交底，参与施工验槽，及时解决工程设计和施工中与勘察工作有关的问题，按规定参加工程竣工验收。	《建设工程勘察质量管理办法》

3.1.4 设计单位

序号	检查内容	检查要点	检查依据
1	设计合同管理	第二十三条　建设工程勘察、设计的发包方与承包方应当签订建设工程勘察、设计合同。	《建设工程勘察设计管理条例》
		第十条　建设单位应当对建设工程勘察、设计和施工全过程负责，在勘察、设计和施工合同中明确拟采用的抗震设防强制性标准，按照合同要求对勘察设计成果文件进行核验，组织工程验收，确保建设工程符合抗震设防强制性标准。 建设单位不得明示或者暗示勘察、设计、施工等单位和从业人员违反抗震设防强制性标准，降低工程抗震性能。	《建设工程抗震管理条例》
2	设计单位资质	第十八条　从事建设工程勘察、设计的单位应当依法取得相应等级的资质证书，并在其资质等级许可的范围内承揽工程。禁止勘察、设计单位超越其资质等级许可的范围或者以其他勘察、设计单位的名义承揽工程。禁止勘察、设计单位允许其他单位或者个人以本单位的名义承揽工程。	《建设工程质量管理条例》
		第二条　特种设备的生产(包括设计、制造、安装、改造、修理)、经营、使用、检验、检测和特种设备安全的监督管理，适用本法。 第十八条　国家按照分类监督管理的原则对特种设备生产实行许可制度。特种设备生产单位应当具备下列条件，并经负责特种设备安全监督管理的部门许可，方可从事生产活动： (一)有与生产相适应的专业技术人员； (二)有与生产相适应的设备、设施和工作场所； (三)有健全的质量保证、安全管理和岗位责任等制度。	《中华人民共和国特种设备安全法》

<table>
<tr><th>序号</th><th>检查内容</th><th>检查要点</th><th>检查依据</th></tr>
<tr><td>2</td><td>设计单位资质</td><td>第八条　建设工程勘察、设计单位应当在其资质等级许可的范围内承揽建设工程勘察、设计业务。
禁止建设工程勘察、设计单位超越其资质等级许可的范围或者以其他建设工程勘察、设计单位的名义承揽建设工程勘察、设计业务。禁止建设工程勘察、设计单位允许其他单位或者个人以本单位的名义承揽建设工程勘察、设计业务。</td><td>《建设工程勘察设计管理条例》</td></tr>
<tr><td rowspan="2">3</td><td rowspan="2">设计分包管理</td><td>第十八条　设计单位不得转包或者违法分包所承揽的工程。</td><td>《建设工程质量管理条例》</td></tr>
<tr><td>3.1.1 一般规定
(4)承包人按照合同约定或者经建设单位同意，可以将承包项目的部分非主体工程、非关键工作分包给具备相应资质条件的单位完成。
(5)建设单位、分包发包单位、再发包单位应当依据国家法律法规和本办法规定，在招标文件、采购文件及合同中明确主体工程、关键工作和分包、再发包要求。
(6)承包人按照承包合同约定对建设单位负责；分包单位按照分包合同的约定对分包发包单位负责；分包发包单位与分包单位就分包工程对建设单位承担连带责任。
3.1.3 勘察设计分包
(1)工程设计中的关键工作是指工艺生产装置、热电中心、火炬系统、烃类罐区等设施的设计工作；不涉及以上工作内容的建设项目，工程设计关键工作以合同约定为准。
(3)设计分包单位的设计成果文件应采用其设计图签。
(4)设计单位应对其设计分包单位的设计过程进行监督管理，并对设计成果关键内容进行审核。设计单位项目各级审核人员应当按照本企业规定的设计文件审核内容对设计分包单位的设计文件进行审核，审核范围包括但不限于设计方案、应力计算、设备选型、材料选择、桩位图、大型构(框)架设计、机组土建设计、关键计算数据等。</td><td>《中国石化建设工程分包管理办法》</td></tr>
<tr><td rowspan="2">4</td><td rowspan="2">设计文件及设计交底</td><td>第十九条　勘察、设计单位必须按照工程建设强制性标准进行勘察、设计，并对其勘察、设计的质量负责。注册建筑师、注册结构工程师等注册执业人员应当在设计文件上签字，对设计文件负责。
第二十一条　设计单位应当根据勘察成果文件进行建设工程设计。设计文件应当符合国家规定的设计深度要求，注明工程合理使用年限。</td><td>《建设工程质量管理条例》</td></tr>
<tr><td>第十三条　设计单位应当考虑施工安全操作和防护的需要，对涉及施工安全的重点部位和环节在设计文件中注明，并对防范生产安全事故提出指导意见。</td><td>《建设工程安全生产管理条例》</td></tr>
</table>

续表

序号	检查内容	检查要点	检查依据
4	设计文件及设计交底	第二十三条　设计单位应当就审查合格的施工图设计文件向施工单位作出详细说明。	《建设工程质量管理条例》
		第三十条　建设工程勘察、设计单位应当在建设工程施工前，向施工单位和监理单位说明建设工程勘察、设计意图，解释建设工程勘察、设计文件。	《建设工程勘察设计管理条例》
		第五条　勘察、设计单位以下情况应予以记录： 11)设计单位对经施工图审查批准的设计文件，在施工前拒绝向施工单位进行设计交底的；拒绝参与建设工程质量事故分析的。	《建设工程质量责任主体和有关机构不良记录管理办法(试行)》
5	建筑材料、构配件选用	第五十七条　建筑设计单位对设计文件选用的建筑材料、建筑构配件和设备，不得指定生产厂、供应商。	《中华人民共和国建筑法》
		第二十七条　设计文件中选用的材料、构配件、设备，应当注明其规格、型号、性能等技术指标，其质量要求必须符合国家规定的标准。 除有特殊要求的建筑材料、专用设备和工艺生产线等外，设计单位不得指定生产厂、供应商。	《建设工程勘察设计管理条例》
6	新结构、新材料、新工艺采用	第十三条　采用新结构、新材料、新工艺的建设工程和特殊结构的建设工程，设计单位应当在设计中提出保障施工作业人员安全和预防生产安全事故的措施建议。	《安全生产管理条例》
		第五条　勘察、设计单位以下情况应予以记录： 4)勘察、设计中采用可能影响工程质量和安全，且没有国家技术标准的新技术、新工艺、新材料，未按规定审定的。	《建设工程质量责任主体和有关机构不良记录管理办法(试行)》
7	抗震设防	第三十八条　设计单位应当按照抗震设防要求和工程建设强制性标准进行抗震设计，并对抗震设计的质量以及出具的施工图设计文件的准确性负责。	《中华人民共和国防震减灾法》

续表

序号	检查内容	检查要点	检查依据
7	抗震设防	第九条　新建、扩建、改建建设工程，应当符合抗震设防强制性标准。 第十一条　建设工程勘察文件中应当说明抗震场地类别，对场地地震效应进行分析，并提出工程选址、不良地质处置等建议。 建设工程设计文件中应当说明抗震设防烈度、抗震设防类别以及拟采用的抗震设防措施。采用隔震减震技术的建设工程，设计文件中应当对隔震减震装置技术性能、检验检测、施工安装和使用维护等提出明确要求。 第十二条　对位于高烈度设防地区、地震重点监视防御区的下列建设工程，设计单位应当在初步设计阶段按照国家有关规定编制建设工程抗震设防专篇，并作为设计文件组成部分： (一)重大建设工程； (二)地震时可能发生严重次生灾害的建设工程； (三)地震时使用功能不能中断或者需要尽快恢复的建设工程。	《建设工程抗震管理条例》
8	消防设计	第九条　建设工程的消防设计、施工必须符合国家工程建设消防技术标准。建设、设计、施工、工程监理等单位依法对建设工程的消防设计、施工质量负责。	《中华人民共和国消防法》
9	压力管道设计	A2.2 审查设计文件，包括以下内容： (1)设计文件批准程序是否符合安全技术规范以及质量保证体系文件的规定； (4)设计文件上注明的无损检测要求、热处理要求、耐压试验和泄漏试验要求是否符合安全技术规范以及相关标准、合同的要求，设计图样批准程序是否符合规定； (6)设计变更(含材料代用)，是否有设计单位的书面批准文件。	《压力管道监督检验规则》TSG D 7006—2020
10	装修工程设计	第四十九条　涉及建筑主体和承重结构变动的装修工程，建设单位应当在施工前委托原设计单位或者具有相应资质条件的设计单位提出设计方案；没有设计方案的，不得施工。	《中华人民共和国建筑法》
		3.3.7 装饰装修工程施工应符合下列规定： 当既有建筑装饰装修工程设计涉及主体结构和承重结构变动时，应在施工前委托原结构设计单位或具有相应资质等级的设计单位提出设计方案，或由鉴定单位对建筑结构的安全性进行鉴定，依据鉴定结果确定设计方案。	《建筑与市政工程施工质量控制通用规范》GB 55032—2022

续表

序号	检查内容	检查要点	检查依据
11	设计变更	7.2.9 设计企业应建立工程设计更改控制程序。控制程序应包括责任人和签发人，更改的设计文件的发放途径，牵涉多专业的设计更改的控制方法、设计更改通知单的格式等。设计更改应形成书面文件。 工程设计更改包括设计修改和设计变更，工程设计更改包括下列内容： 1)设计修改是指工程设计文件没有满足合同或法律法规要求时，设计企业依据相关审查结果，对工程设计文件进行的更改。包括： ——根据初步设计审查会会议纪要的修改。 ——根据施工图审查机构对施工图的审查意见的修改。 ——根据顾客按照合同要求对设计文件的审查结果的修改。 ——根据施工现场反馈的由于设计原因的修改。 ——根据企业自查结果的修改等。 2)设计变更是指设计企业满足合同和法律法规要求后，因非设计原因引起的设计更改。	《工程建设设计企业质量管理规范》GB/T 50380—2006
		2.0.5 工程项目各方不得擅自修改工程设计，确需修改的应报建设单位同意，由设计单位出具设计变更文件，并应按原审批程序办理变更手续。	《建筑与市政工程施工质量控制通用规范》GB 55032—2022
		4.3.4 单位工程完工后，各相关单位应按下列要求进行竣工验收： 2)设计单位应对设计文件及施工过程的设计变更进行检查，并应编制设计工程质量检查报告，按规定程序审批后向建设单位提交。	《建筑与市政工程施工质量控制通用规范》GB 55032—2022
12	设计现场服务	7.2.10 设计企业应建立现场服务程序。程序应包括现场服务阶段工作的主要责任人和参与现场服务的其他人员的资格与职责、工作内容和方法、现场质量或安全事故的报告途径，现场服务报告的内容、深度与格式等。现场服务的主要责任人应定期编制现场服务报告。	《工程建设设计企业质量管理规范》GB/T 50380—2006
		5.3.9 设计组应依据合同约定，承担施工和试运行阶段的技术支持和服务。	《建设项目工程总承包管理规范》GB/T 50358—2017
13	地基验槽	A.1.1 勘察、设计、监理、施工、建设各方相关技术人员应共同参加验槽。	《地基与基础工程施工质量验收规范》GB 50202—2018

续表

序号	检查内容	检查要点	检查依据
14	分部工程验收	4.3.3 分部工程应由总监理工程师组织施工单位项目负责人和项目技术负责人等进行验收。勘察、设计单位项目负责人和施工单位技术、质量部门负责人应参加地基与基础分部工程的验收，设计单位项目负责人和施工单位技术、质量部门负责人应参加主体结构、节能分部工程的验收。	《建筑与市政工程施工质量控制通用规范》GB 55032—2022
15	设计问题、工程质量事故处理	第三十条　建设工程勘察、设计单位应当及时解决施工中出现的勘察、设计问题。	《建设工程勘察设计管理条例》
		第二十四条　设计单位应当参与建设工程质量事故分析，并对因设计造成的质量事故，提出相应的技术处理方案。	《建设工程质量管理条例》
		第五条　勘察、设计单位以下情况应予以记录： 11)设计单位对经施工图审查批准的设计文件，在施工前拒绝向施工单位进行设计交底的；拒绝参与建设工程质量事故分析的。	《建设工程质量责任主体和有关机构不良记录管理办法(试行)》
16	中间交接	7.3.3 单项工程的中间交接应由建设单位组织总承包单位、设计单位、监理单位、施工单位、检测单位等按单位工程分专业进行验收。 7.3.4 单项工程符合标准 SH/T 3508—2011 7.3.1 条、7.3.2 条的要求后，建设单位组织召开总承包单位、设计单位、监理单位、施工单位、检测单位等参加的中间交接会议，相关单位在工程中间交接证书及附件上签字。	《石油化工安装工程施工质量验收统一标准》SH/T 3508—2011
		4.1.2 工程按设计内容安装结束、质量验收合格后，建设单位(或总承包单位)组织施工、设计、监理等单位按单元和系统，分专业进行“三查四定”(三查：查设计漏项、查施工质量隐患、查未完工程；四定：对检查出的问题定任务、定人员、定措施、定整改时间)。	《中国石化工程建设项目生产准备与试车管理规定》
		3.5.2 建设单位应通过组织或者设计方案评审、设计审查等方式，对设计质量进行监控；监督检查设计单位对设计评审、审查意见和“三查四定”涉及有关设计问题的整改落实。	《中国石化建设项目设计管理规定》
		4.3.4 工程中间交接先由建设单位组织总承包、设计、施工、监理单位按单元、分专业进行中间验收合格，再组织总承包、设计、施工、监理、质监单位参加中间交接会议，签订工程中间交接证书。	《中国石化工程建设项目生产准备与试车管理规定》

续表

序号	检查内容	检查要点	检查依据
17	交工验收	5.2.5 建设单位在受理施工单位或总承包单位提交的交工验收申请后，应在规定期间内组织生产使用单位、总承包、设计、施工、监理及有关单位对工程项目进行检查、验收。 5.2.6 交工验收后应办理工程交工验收手续，签署“工程交工证书”。	《石油化工建设工程项目竣工验收规定》SH/T 3904—2014
18	档案验收	5.6.1 设计、采购、施工等承包商应按 GB/T 50328、SH/T 3503 和工程合同规定向建设单位移交经整理组卷的交工技术文件。	《石油化工建设工程项目竣工验收规定》SH/T 3904—2014

3.1.5 监理单位

序号	检查内容	检查要点	检查依据
1	监理合同管理	1.0.3 实施建设工程监理前，建设单位应委托具有相应资质的工程监理单位，并以书面形式与工程监理单位订立建设工程监理合同，合同中应包括监理工作的范围、内容、服务期限和酬金，双方的义务、违约责任等相关条款。 在订立建设工程监理合同时，建设单位将勘察、设计、保修阶段等相关服务一并委托的，应在合同中明确相关服务的工作范围、内容、服务期限和酬金等相关条款。	《建设工程监理规范》GB/T 50319—2013
		3.1.2 监理单位承担监理业务，应与建设单位签订建设工程监理合同。因工程建设需要，需扩大监理范围和工作内容，要按程序及时签订补充合同。	《中国石化工程建设监理管理办法》
2	监理单位资质	第十三条　从事建筑活动的建筑施工企业、勘察单位、设计单位和工程监理单位，按照其拥有的注册资本、专业技术人员、技术装备和已完成的建筑工程业绩等资质条件，划分为不同的资质等级，经资质审查合格，取得相应等级的资质证书后，方可在其资质等级许可的范围内从事建筑活动。 第三十四条　工程监理单位应当在其资质等级许可的监理范围内，承担工程监理业务。 工程监理单位应当根据建设单位的委托，客观、公正地执行监理任务。 工程监理单位与被监理工程的承包单位以及建筑材料、建筑构配件和设备供应单位不得有隶属关系或者其他利害关系。 工程监理单位不得转让工程监理业务。	《中华人民共和国建筑法》

续表

序号	检查内容	检查要点	检查依据
2	监理单位资质	第三十四条　工程监理单位应当依法取得相应等级的资质证书，并在其资质等级许可的范围内承担工程监理业务。 禁止工程监理单位超越本单位资质等级许可的范围或者以其他工程监理单位的名义承担工程监理业务。禁止工程监理单位允许其他单位或者个人以本单位的名义承担工程监理业务。 工程监理单位不得转让工程监理业务。	《建设工程质量管理条例》
		3.1.1 建设单位按照有关规定和程序选择监理单位。监理单位应具备相应资质，具有承担类似项目的业绩及能力。 4.1.1 监理单位不得超越其资质等级许可范围承揽业务，不得转让或分包监理业务。不得与被监理工程的承包单位(含分包单位)及设备材料制造商存在隶属关系或其他利害关系等。	《中国石化工程建设监理管理办法》
3	项目监理机构组建	3.1.1 工程监理单位实施监理时，应在施工现场派驻项目监理机构。项目监理机构的组织形式和规模，可根据建设工程监理合同约定的服务内容、服务期限，以及工程特点、规模、技术复杂程度、环境等因素确定。 3.1.2 项目监理机构的监理人员应由总监理工程师、专业监理工程师和监理员组成，且专业配套、数量应满足建设工程监理工作需要，必要时可设总监理工程师代表。	《建设工程监理规范》GB/T 50319—2013
		5.1.1 监理单位应在施工现场建立项目监理机构，直至完成建设工程监理合同约定的监理工作内容。 5.1.2 项目监理机构的组织形式和规模应根据建设工程监理合同约定的服务内容、服务期限，以及工程特点、规模、技术复杂程度、环境等因素确定。 5.1.4 监理单位应在建设工程监理合同约定的时间内将项目监理机构的组织形式、人员构成及对总监理工程师的任命书面通知建设单位，任命的总监理工程师应与监理合同相符。	《石油化工建设工程项目监理规范》SH/T 3903—2017
		3.2.1 监理单位应根据所承担的监理任务及委托监理合同的要求，组建专业配套、优质高效的项目监理机构，按照合同要求配备必要的监理人员和监理设施。 3.2.2 项目监理机构的监理人员应包括总监理工程师、专业监理工程师和监理员，必要时可配备总监理工程师代表；监理人员应持证上岗。	《中国石化工程建设监理管理办法》
4	监理人员资质及配备	第十四条　从事建筑活动的专业技术人员，应当依法取得相应的执业资格证书，并在执业资格证书许可的范围内从事建筑活动。	《中华人民共和国建筑法》

续表

序号	检查内容	检查要点	检查依据
4	监理人员资质及配备	5.1.3 项目监理机构的监理人员应包括总监理工程师、专业监理工程师和监理员，必要时可配备总监理工程师代表。监理人员应持证上岗，其专业和数量的配置应满足建设工程项目监理工作的需要。 3.1 总监理工程师 由工程监理单位法定代表人书面授权任命，全面负责建设工程监理合同的履行、主持项目监理机构工作并具有5年及以上石油化工建设工程实践经验的注册监理工程师。 3.2 总监理工程师代表 经工程监理单位法定代表人同意，由总监理工程师书面授权，代表总监理工程师行使其部分职责和权力，具有工程类注册执业资格或具有中级及以上专业技术职称、3年及以上石油化工建设工程实践经验并经监理业务培训的人员。 3.3 专业监理工程师 由总监理工程师授权，负责实施某专业的监理工作，有相应监理文件签署权，具有工程类注册执业资格或具有中级及以上专业技术职称、2年及以上石油化工建设工程实践经验并经监理业务培训的人员。	《石油化工建设工程项目监理规范》SH/T 3903—2017
		4.1.2 建设单位负责根据合同和投标承诺要求，核查实际到位监理人员、设备等资源配置情况。原则上监理单位承诺配备的总监理工程师、总监理工程师代表等主要管理人员不允许更换，如有特殊原因必须更换的，按照建设单位管理规定和合同要求履行相关手续，报建设单位审批。 4.1.3 建设单位负责监督、检查监理人员持证上岗情况。总监理工程师应取得注册监理工程师执业资格。总监理工程师代表和专业监理工程师应具有工程类注册执业资格(含注册监理工程师)或石化监理工程师证书或石油化工行业监理工程师证书。HSSE 监理工程师应具有注册安全工程师执业资格证书或具有中级及以上工程类专业技术职称、2年及以上石油化工建设工程实践经验并经 HSSE 监理业务培训。	《中国石化工程建设监理管理办法》
5	法人授权书	第二条　建筑工程开工建设前，建设、勘察、设计、施工、监理单位法定代表人应当签署授权书，明确本单位项目负责人。	《建筑工程五方责任主体项目负责人质量终身责任追究暂行办法》
		4.4 石油化工建设工程项目监理应实行总监理工程师负责制。	《石油化工建设工程项目监理规范》SH/T 3903—2017
		3.1.3 工程监理单位在建设工程监理合同签订后，应及时将项目监理机构的组织形式、人员构成及对总监理工程师的任命书面通知建设单位。	《建设工程监理规范》GB/T 50319—2013

续表

<table>
<tr><th>序号</th><th>检查内容</th><th>检查要点</th><th>检查依据</th></tr>
<tr><td>5</td><td>法人授权书</td><td>5.1.4 监理单位应在建设工程监理合同约定的时间内将项目监理机构的组织形式、人员构成及对总监理工程师的任命书面通知建设单位，任命的总监理工程师应与监理合同相符。当总监理工程师需要调整时，监理单位应书面报建设单位，并征得建设单位同意。专业监理工程师更换应通知建设单位和承包单位。</td><td>《石油化工建设工程项目监理规范》SH/T 3903—2017</td></tr>
<tr><td>6</td><td>检测设备和工具配备</td><td>5.3.2 项目监理机构应按建设工程监理合同的约定，配备满足监理工作需要的检测设备和工具。</td><td>《石油化工建设工程项目监理规范》SH/T 3903—2017</td></tr>
<tr><td rowspan="2">7</td><td rowspan="2">监理规划</td><td>4.1.1 监理规划应结合工程实际情况，明确项目监理机构的工作目标，确定具体的监理工作制度、内容、程序、方法和措施。
4.1.2 监理实施细则应符合监理规划的要求，并应具有可操作性。</td><td>《建设工程监理规范》GB/T 50319—2013</td></tr>
<tr><td>6.2.1 监理规划的编制应针对建设工程项目的实际情况，明确项目监理机构的工作目标，确定具体的监理工作制度、内容、程序、方法和措施，并具有指导性。
6.2.2 监理规划的编制应依据下列资料：
a)建设工程项目执行的相关法律法规及相关标准；
b)项目的审批文件、勘察设计文件及其他相关技术资料；
c)监理大纲、监理合同以及其他相关合同文件。
6.2.3 监理规划应包括下列主要内容：
a)工程概况；
b)监理工作范围、内容、目标；
c)监理工作依据；
d)项目监理机构的组织形式、人员配备及进退场计划，监理人员岗位职责；
e)工程质量控制；
f)工程造价控制；
g)工程进度控制；
h)合同与信息管理；
i)组织协调；
j)HSE 管理的监理工作；
k)监理工作制度；
l)监理工作设施；
m)其他监理文件编制计划。</td><td>《石油化工建设工程项目监理规范》SH/T 3903—2017</td></tr>
</table>

续表

序号	检查内容	检查要点	检查依据
7	监理规划	6.2.4 监理规划应在签订建设工程监理合同及收到工程勘察设计文件、其他相关资料后编制，在召开第一次工地会议前报建设单位。 6.2.6 监理规划应由总监理工程师组织专业监理工程师编制，经总监理工程师审核签字后由工程监理单位技术负责人批准。	《石油化工建设工程项目监理规范》SH/T 3903—2017
		3.3.1 结合工程实际编制监理规划和监理实施细则，按要求进行审批，并将监理规划报送建设单位。 4.4.1 建设单位负责审查监理规划、监理实施细则等监理文件是否满足监理规范要求，并符合监理工程的特点。监理规划由总监理工程师组织编制，需经总监理工程师签字并由监理单位技术负责人审批后，在召开第一次工地会议前报送建设单位。	《中国石化工程建设监理管理办法》
8	监理实施细则	4.3.1 对专业性较强、危险性较大的分部分项工程，项目监理机构应编制监理实施细则。 4.3.2 监理实施细则应在相应工程施工开始前由专业监理工程师编制，并应报总监理工程师审批。 4.3.4 监理实施细则应包括下列主要内容： ①专业工程特点； ②监理工作流程； ③监理工作要点； ④监理工作方法及措施。 4.3.5 在实施建设工程监理过程中，监理实施细则可根据实际情况进行补充、修改，并应经总监理工程师批准后实施。	《建设工程监理规范》GB/T 50319—2013
		6.3.1 监理实施细则应符合监理规划的要求，并应结合建设工程的专业特点，具有可操作性。 6.3.5 在监理工作方法及措施中，可单独编制旁站监理方案和平行检验计划。 6.3.6 监理实施细则应在相应工程施工开始前由专业监理工程师编制，并报总监理工程师审批。	《石油化工建设工程项目监理规范》SH/T 3903—2017
		3.3.2.7 项目监理机构应根据工程特点、专业要求，以及建设工程监理合同约定，制定平行检验计划，对施工质量进行平行检验。	《中国石化工程建设监理管理办法》
		第十八条　监理单位应当结合危大工程专项施工方案编制监理实施细则，并对危大工程施工实施专项巡视检查。	《危险性较大的分部分项工程安全管理规定》

续表

序号	检 查 内 容	检 查 要 点	检 查 依 据
9	设计交底及施工图会审	5.1.2 监理人员应熟悉工程设计文件，并应参加建设单位主持的图纸会审和设计交底会议，会议纪要应由总监理工程师签认。	《建设工程监理规范》GB/T 50319—2013
		7.1.5 项目监理机构应参加建设单位组织的施工图纸会审，当建设单位委托项目监理机构组织承包单位图纸会审时，应由总监理工程师组织。图纸会审宜在设计交底前完成，分批提供施工图时，亦应分批组织图纸会审。项目边界及专业衔接部位为图纸会审的重点。图纸会审纪要应由建设单位、承包单位的代表和总监理工程师共同签认。 7.1.6 项目监理人员应参加由建设单位组织的设计交底会议，会议纪要应由各参会单位负责人签认。	《石油化工建设工程项目监理规范》SH/T 3903—2017
10	施工组织设计/施工技术方案	7.1.7 总监理工程师应组织专业监理工程师审查承包单位报送的施工组织设计/施工技术方案，经专业监理工程师审查、总监理工程师审核同意后报建设单位。施工组织设计/施工技术方案的审查应符合下列要求： a)内容完整，编制依据正确，采用的标准规范版本有效，编审程序应符合 SH/T 3550 的规定； b)施工进度、施工技术方案及工程质量保证措施应符合施工合同要求； c)重点部位、关键工序的质量控制点一览表的内容完整； d)HSE 管理体系完善，安全技术措施具体，与正在运行生产装置的隔离措施可靠，HSE 应急预案内容完整、可操作性强； e)劳动力、施工机械、计量与检试验设备、措施用料等资源供应计划满足施工需要； f)项目管理人员和工程技术人员的配备与专业配套，质检员、安全员数量满足工程需要； g)施工总平面布置科学合理； h)施工过程中各专业之间、与其他标段的承包单位之间的衔接配合措施适宜。	《石油化工建设工程项目监理规范》SH/T 3903—2017
		4.4.2 工程项目开工前，总监理工程师负责组织审查承包单位报审的施工组织设计/施工技术方案，提出审查意见，经总监理工程师审核、签署后报建设单位。对规模大、结构复杂或新结构、特种结构的工程的重大/专项施工方案，项目监理机构审查后，宜报送监理单位技术负责人审查，其审查意见由总监理工程师签发，必要时与建设单位协商，组织有关专家会审。	《中国石化工程建设监理管理办法》
		第十一条　专项施工方案应当由施工单位技术负责人审核签字、加盖单位公章，并由总监理工程师审查签字、加盖执业印章后方可实施。 第十二条　对于超过一定规模的危大工程，施工单位应当组织召开专家论证会对专项施工方案进行论证。实行施工总承包的，由施工总承包单位组织召开专家论证会。专家论证前专项施工方案应当通过施工单位审核和总监理工程师审查。	《危险性较大的分部分项工程安全管理规定》

续表

序号	检查内容	检查要点	检查依据
10	施工组织设计/施工技术方案	三、关于专家论证会参会人员 超过一定规模的危大工程专项施工方案专家论证会的参会人员应当包括： (一)专家； (二)建设单位项目负责人； (三)有关勘察、设计单位项目技术负责人及相关人员； (四)总承包单位和分包单位技术负责人或授权委派的专业技术人员、项目负责人、项目技术负责人、专项施工方案编制人员、项目专职安全生产管理人员及相关人员； (五)监理单位项目总监理工程师及专业监理工程师。	住房城乡建设部办公厅关于实施《危险性较大的分部分项工程安全管理规定》有关问题的通知
11	开工条件审查	7.1.10 总监理工程师应组织专业监理工程师审查承包单位报送的工程施工开工报审表及相关资料；工程施工开工报审表格式见本规范附录 B.2。当同时具备下列条件时，总监理工程师应签署审核意见和工程施工开工报告，并报建设单位批准。 a)图纸会审和设计交底已完成； b)施工组织设计、施工技术方案已经批准； c)承包单位现场质量、HSE 管理体系已建立，管理及施工人员已到位，施工机械具备使用条件，主要工程材料已落实； d)进场道路及水、电、通信已满足开工条件； e)现场 HSE 保证措施已落实； f)现场一级控制网坐标、标高测量成果已经过查验。	《石油化工建设工程项目监理规范》SH/T 3903—2017
		4.3.1 项目监理机构要按照相关要求严格审查承包单位报送的工程开工报审表及相关资料，具备以下开工条件时，由总监理工程师签署审核意见，并报建设单位审批。 a)设计交底和图纸会审已完成； b)施工组织设计已由总监理工程师签认； c)承包单位现场质量、安全生产管理体系已建立，管理及施工人员已到位，施工机具具备使用条件，主要工程材料已落实； d)进场道路及水、电、通信等已满足开工要求。	《中国石化工程建设监理管理办法》

续表

序号	检查内容	检查要点	检查依据
12	第一次工地会议	7.1.2 工程施工开工前，监理人员应参加由建设单位主持召开的第一次工地会议，会议纪要应由项目监理机构负责整理，与会各方代表会签。第一次工地会议应包括下列内容： a)建设单位、承包单位和监理单位分别介绍各自驻现场的组织机构、人员及其分工； b)建设单位根据建设工程监理合同宣布对总监理工程师的授权； c)建设单位介绍工程施工开工准备情况； d)承包单位介绍施工准备情况； e)建设单位和总监理工程师对施工准备情况提出意见和要求； f)总监理工程师介绍监理规划的内容； g)确定各方在施工过程中参加监理例会的人员，召开监理例会周期、地点及议题； h)其他需要说明的事项。	《石油化工建设工程项目监理规范》SH/T 3903—2017
13	监理例会、专题会议	7.1.3 项目监理机构应定期召开监理例会，并组织有关单位研究解决与监理单位相关的问题。项目监理机构可根据工程需要，主持或参加专题会议，解决监理工作范围内工程专项问题。监理例会以及由项目监理机构主持召开的专题会议的会议纪要，应由项目监理机构负责整理，与各方代表会签。监理例会应包括下列内容： a)检查上次例会议定事项的落实情况，分析未完事项原因； b)检查分析工程项目质量状况，HSE 管理情况，针对不合格的原因是出纠正措施，并识别和确定潜在的不合格及其原因，提出预防措施； c)检查工程进度计划完成情况，提出下一阶段进度目标及其落实措施； d)检查材料计划申报、审核情况，对接设备、物资到货情况应满足现场需求； e)解决需要协调的有关事项。	《石油化工建设工程项目监理规范》SH/T 3903—2017
14	监理月报	8.4.1 监理月报的编制应依据监理合同约定，由总监理程师组织编制，签署后及时上报建设单位和本监理单位。 8.4.2 监理月报应包括下列主要内容： a)本月工程实施情况； b)本月监理工作情况； c)本月施工中存在的问题及处理情况； d)下月监理工作重点及建议。	《石油化工建设工程项目监理规范》SH/T 3903—2017

续表

序号	检查内容	检查要点	检查依据
15	施工过程监理一般规定	7.1.1 项目监理机构应按建设工程监理合同约定和监理策划文件，制定和实施相应的监理措施，采用文件资料审查、旁站、见证取样、巡视和平行检验等方式对工程实施监理。 7.2.1.2 当承包单位采用新材料、新工艺、新技术、新设备时，专业监理工程师应审查承包单位报送的质量认证材料和相关验收标准的适用性，必要时，要求承包单位组织专题论证，审查合格后报总监理工程师签认。 7.2.1.3 专业监理工程师应按下列要求对承包单位报送的测量放线控制成果复核及保护措施进行检查，符合要求时，还应对承包单位报送的施工测量成果报验申请表予以签认。 a)检查承包单位专职测量人员的资格证书及测量设备检定证书； b)复核控制桩的校核成果、平面控制网、高程控制网和临时水准点的测量成果，并检查控制桩的保护措施。 7.2.1.4 专业监理工程师应检查承包单位为工程提供服务的试验室。试验室的检查应包括下列内容： a)试验室的资质等级及其试验范围； b)法定计量部门对检试验设备出具的计量检定证明； c)试验室的管理制度； d)试验人员的资格证书。 7.2.1.5 项目监理机构应对承包单位报送的工程材料、构配件和设备及其质量证明文件进行审查，并按监理规划/监理实施细则等规定，进行见证取样或平行检验，合格后签署报审。	《石油化工建设工程项目监理规范》SH/T 3903—2017
16	旁站	7.2.2.1 项目监理机构应根据工程特点和承包单位报送的施工组织设计、施工技术方案，确定旁站的关键部位、关键工序、隐蔽工程，制定旁站方案，安排监理人员进行旁站，并应记录旁站情况及控制指标实际控制结果。除建设工程监理合同另有约定外，下列施工过程但不仅限于应进行旁站监理： a)预应力钢筋张拉； b)成孔桩的砼浇筑和成品桩沉桩过程的重直度、焊接接桩及贯入度控制； c)大体积混凝土浇筑； d)大机组找正、二次灌浆； e)现场组焊设备产品焊接试板的焊接过程； f)现场设备强度及严密性试验； g)大型设备吊装； h)设计出口压力不小于 10MPa 或转速大于 10000r/min 的机组调试； i)6kV 以上电机受电前检查确认，空载运行及其驱动的泵单机试车；	《石油化工建设工程项目监理规范》SH/T 3903—2017

续表

序号	检查内容	检查要点	检查依据
16	旁站	j)SHAI、SHBI、SHC1 管道上的阀门试验； k)管道补偿装置安装调试； l)压力管道系统压力试验； m)变压器冲击试验； n)35kV 以上高压电器和高压电缆耐压试验； o)仪表间或机组控制系统接地电阻测试； p)仪表连锁报警调试。	《石油化工建设工程项目监理规范》SH/T 3903—2017
17	巡视	7.2.2.2 项目监理机构应安排监理人员对工程施工质量进行巡视。巡视应包括下列主要内容： a)承包单位按设计文件、施工规范和批准的施工组织设计、施工技术方案施工符合性； b)使用的工程材料、构配件和设备符合性； c)现场管理人员到岗情况，特种作业人员资质许可与作业符合性； d)施工作业环境符合规定要求情况； e)施工作业过程符合性； f)已形成工程实体的质量； g)施工机具及测量设备性能符合性。	《石油化工建设工程项目监理规范》SH/T 3903—2017
18	平行检验	7.2.2.3 平行检验应包括下列主要内容： a)工程定位测量； b)结构位置及尺寸偏差； c)基础复测； d)动设备无应力配管； e)动设备安装水平度、同心度； f)静设备安装水平度、垂直度； g)静设备内件安装水平度、位置尺寸等； h)压力管道组成件几何尺寸； i)对有疑义的材料复核； j)射线检测底片复审； k)防腐层漆膜厚度； l)绝热层厚度；	《石油化工建设工程项目监理规范》SH/T 3903—2017

续表

序号	检查内容	检查要点	检查依据
18	平行检验	m)盘柜安装水平度、重直度； n)母线连拉的拙矩、搭接长度。 7.2.2.5 在设备安装工程设备试运转前，专业监理工程师应检查落实试运转各项准备工作，并应参与单机试车，对单机试车各项指标进行考核并予以签认。	《石油化工建设工程项目监理规范》SH/T 3903—2017
		5.2.9 项目监理机构应审查施工单位报送的用于工程的材料、构配件、设备的质量证明文件，并应按有关规定、建设工程监理合同约定，对用于工程的材料进行见证取样，平行检验。 项目监理机构对已进场经检验不合格的工程材料，构配件、设备，应要求施工单位限期将其撤出施工现场。 5.2.10 专业监理工程师应审查施工单位定期提交影响工程质量的计量设备的检查和检定报告。	《建设工程监理规范》GB/T 50319—2013
19	质量验收	7.2.3.1 工程项目施工开工前，承包单位应根据项目特点、难点和同类工程施工经验，编制工程质量检验试验计划并设置质量控制点，报项目监理机构。项目监理机构应组织审查承包单位工程质量控制点的全面性、符合性，并确定B级质量控制点，提出A级质量控制点的设置建议报建设单位批准。 7.2.3.2 质量控制点的实施遵循逐级检查验收的原则。承包单位应对所有的工程质量控制点进行自行检查验收；对其中所包含的A级、B级质量控制点，承包单位自检合格后应在规定时间内提前向项目监理机构报验，项目监理机构在约定时间内复查验收，对其中所包含的A级质量控制点，项目监理机构验收合格后应及时通知建设单位检查验收。对于C级质量控制点的自查情况项目监理机构还应进行抽查。 7.2.3.3 不宜逐级检查验收的质量控制点，可由相关单位共同检查验收。 7.2.3.4 质量控制点未按程序报验合格，承包单位不得进行下一道工序施工；监理机构或建设单位验收不合格的质量控制点，由项目专业监理工程师书面要求承包单位限期整改，整改完成后按本规范7.2.3.2条重新报验。	《石油化工建设工程项目监理规范》SH/T 3903—2017
		6.0.1 检验批应由专业监理工程师组织施工单位项目专业质量检查员、专业工长等进行验收。 6.0.2 分项工程应由专业监理工程师组织施工单位项目专业技术负责人等进行验收。 6.0.3 分部工程应由总监理工程师组织施工单位项目负责人和项目技术负责人等进行验收。 勘察、设计单位项目负责人和施工单位技术、质量部门负责人应参加地基与基础分部工程的验收。 设计单位项目负责人和施工单位技术、质量部门负责人应参加主体结构、节能分部工程的验收。 6.0.4 单位工程中的分包工程完工后，分包单位应对所承包的工程项目进行自检，并应按本标准规定的程序进行验收。 6.0.5 单位工程完工后，施工单位应组织有关人员进行自检。总监理工程师应组织各专业监理工程师对工程质量进行竣工预验收。存在施工质量问题时，应由施工单位整改。整改完毕后，由施工单位向建设单位提交工程竣工报告，申请工程竣工验收。	《建筑工程施工质量验收统一标准》GB 50300—2013

续表

序号	检查内容	检查要点	检查依据
19	质量验收	7.2.2.6 项目监理机构应对承包单位报验的隐蔽工程、检验批、分项工程和分部工程进行验收，对验收合格的应给予签认，对验收不合格的应书面要求承包单位限期整改并重新报验。	《石油化工建设工程项目监理规范》SH/T 3903—2017
		附录 A.1.1 勘察、设计、监理、施工、建设各方相关技术人员应共同参加验槽。	《建筑地基基础工程施工质量验收标准》GB 50202—2018
		七、关于验收人员 危大工程验收人员应当包括： (一)总承包单位和分包单位技术负责人或授权委派的专业技术人员、项目负责人、项目技术负责人、专项施工方案编制人员、项目专职安全生产管理人员及相关人员； (二)监理单位项目总监理工程师及专业监理工程师； (三)有关勘察、设计和监测单位项目技术负责人。	住房城乡建设部办公厅关于实施《危险性较大的分部分项工程安全管理规定》有关问题的通知
20	质量问题、质量缺陷处理	5.2.15 项目监理机构发现施工存在质量问题的，或施工单位采用不适当的施工工艺，或施工不当，造成工程质量不合格的，应及时签发监理通知单，要求施工单位整改。整改完毕后，项目监理机构应根据施工单位报送的监理通知回复单对整改情况进行复查，提出复查意见。 5.2.16 对需要返工处理或加固补强的质量缺陷，项目监理机构应要求施工单位报送经设计等相关单位认可的处理方案，并应对质量缺陷的处理过程进行跟踪检查，同时应对处理结果进行验收。	《建设工程监理规范》GB/T 50319—2013
		7.2.2.7 对已覆盖的工程隐蔽部位质量有疑问的，或发现承包单位私自覆盖工程隐蔽部位的，项目监理机构应要求承包单位对该隐蔽部位采取适当方法进行重新检验。 7.2.2.8 项目监理机构发现施工存在质量问题的，或承包单位采用不适当的施工工艺或施工不当造成工程质量不合格的，专业监理工程师应签发监理通知单，要求承包单位整改。整改完毕后，项目监理机构应根据承包单位报送的监理通知回复单对整改情况进行复查，提出复查意见。	《石油化工建设工程项目监理规范》SH/T 3903—2017
21	重大质量隐患、质量事故处理	5.2.17 对需要返工处理或加固补强的质量事故，项目监理机构应要求施工单位报送质量事故调查报告和经设计等相关单位认可的处理方案，并应对质量事故的处理过程进行跟踪检查，同时应对处理结果进行验收。 项目监理机构应及时向建设单位提交质量事故书面报告，并应将完整的质量事故处理记录整理归档。	《建设工程监理规范》GB/T 50319—2013

续表

序号	检查内容	检查要点	检查依据
21	重大质量隐患、质量事故处理	7.2.2.9 对需要返工处理或加固补强的质量事故，总监理工程师应责令承包单位报送质量事故调查报告和经设计等相关单位认可的处理方案，项目监理机构应在工程质量事故处理方案报审表上签署审查意见并对质量事故的处理过程和处理结果进行跟踪检查和验收。 7.2.2.10 项目监理机构发现施工存在重大质量隐患，可能造成质量事故或已经造成质量事故时，应通过总监理工程师下达工程施工暂停令，要求承包单位停工纠正；承包单位纠正完毕并经监理人员复查，符合规定要求后，总监理工程师应签署工程施工复工报审表和签发工程施工复工令。总监理工程师下达工程施工暂停令和签署工程施工复工报审表时，宜事先向建设单位报告。 7.2.2.11 总监理工程师应及时向建设单位及本监理单位提交有关质量事故的书面报告，并应将完整的质量事故处理记录整理归档。	《石油化工建设工程项目监理规范》SH/T 3903—2017
22	"三查四定"	7.2.4.1 对"三查四定"中查出的工程质量隐患，总监理工程师应组织承包单位制定整改措施，并安排专业监理工程师对整改过程进行跟踪检查和验收。	《石油化工建设工程项目监理规范》SH/T 3903—2017
		4.1.2 工程按设计内容安装结束、质量验收合格后，建设单位(或总承包单位)组织施工、设计、监理等单位按单元和系统，分专业进行"三查四定"(三查：查设计漏项、查施工质量隐患、查未完工程；四定：对检查出的问题定任务、定人员、定措施、定整改时间)。	《中国石化工程建设项目生产准备与试车管理规定》
23	单位工程预验收	7.2.4.2 总监理工程师应组织专业监理工程师审查承包单位提交的单位工程预验收报审表及相关资料，组织单位工程预验收。存在问题的，应要求承包单位及时整改；合格的，总监理工程师签认单位工程预验收报审表。	《石油化工建设工程项目监理规范》SH/T 3903—2017
24	工程变更管理	7.6.3.1 工程变更申请应包括工程变更要求、工程变更说明、工程变更费用和工期的影响程度分析及必要的附件等内容，有设计变更文件的工程变更应附设计变更文件。项目监理机构处理工程变更的程序和要求，应符合下列规定： a)承包单位提出工程变更时，应提交项目监理理机构，由总监理工程师组织专业监理工程师审查，监理机构审查同意后，应提交建设单位审批； e)项目监理机构应根据工程变更单或设计变更文件监督承包单位实施。	《石油化工建设工程项目监理规范》SH/T 3903—2017

续表

序号	检查内容	检查要点	检查依据
25	中间交接	7.7.4 项目监理机构接到承包单位提出工程中间交接申请后，总监理工程师应组织专业监理工程师对工程进行全面检查，按下述规定核实中间交接条件，并签署意见，报建设单位。 a)工程按设计内容完成施工； b)工程质量符合国家和行业标准； c)工艺、动力管道的压力试验完成，系统清洗、吹扫完成，保温基本完成； d)静设备无损检验、强度试验、清扫完成；安全附件(安全阀、防爆门)已调试合格； e)动设备单机试车合格(需实物料或特殊介质而未试车的除外)； f)大机组空负荷试车完成，机组保护性联锁和报警等自控系统静态调试联校合格； g)装置电气、仪表、计算机、防毒、防火、防爆等系统调试联校合格； h)装置区取施工临时设施已拆除，工完、料净、场地清，竖向工程施工完成； i)对联动试车有影响的"三查四定"项目及设计变更处理完成，其他未完施工尾项责任、完成时间已明确。 7.7.5 项目监理机构应参加建设单位组织的中间交接，并在工程中间交接证书上会签。工程中间交接包括下列内容： a)按设计内容对工程实物量的核实交接； b)工程质量资料及有关调试记录的审核验证与交接； c)安装专用工具和剩余随机备件、材料交接； d)工程尾项清理，明确实施方案及完成时间； e)随机技术资料的交接。 7.7.6 项目监理机构应对工程中间交接时遗留的工程尾项继续进行监理工作，直至全部尾项实施完毕通过建设单位的确认。	《石油化工建设工程项目监理规范》SH/T 3903—2017
26	交工验收	7.9.1 工程符合下列条件后，总监理工程师应在承包单位提交的工程交工验收申请表上签署意见，报建设单位。 a)全部工程已按承包合同规定和设计文件内容施工完成、验收合格； b)按 SH/T 3503 规定及承包合同约定向建设单位移交了交工技术文件； c)工程质量保修书已出具； d)工程项目经投料试车产出合格产品或具备使用条件； e)项目监理机构已按合同要求向建设单位移交监理资料。 7.9.2 项目监理机构应参加建设单位组织的工程交工验收，并在工程交工验收证书上会签。	《石油化工建设工程项目监理规范》SH/T 3903—2017

续表

序号	检查内容	检查要点	检查依据
27	工程质量评估报告	7.2.4.3 各单位工程预验收合格后，项目监理机构应出具工程项目质量评估报告，经监理单位技术负责人审批后报建设单位。 8.5.2 工程质量评估报告应包括下列主要内容： a)工程概况； b)工程各参建单位； c)工程质量验收情况； d)工程质量事故及其处理情况； e)施工资料审查情况； f)工程质量评估结论。	《石油化工建设工程项目监理规范》SH/T 3903—2017
28	监理资料	8.1.2 项目监理机构应及时、准确、完整地收集、整理、编制，传递监理文件资料，做到真实完整、分类有序。 8.1.3 项目监理机构宜健全信息管理系统，建立信息编码体系，明确信息流程，制定信息采集制度，利用高效信息处理手段。 8.1.4 项目监理机构应对承包单位报审报验的文件资料及其与建设单位、设计单位和承包单位的来往文件留档备查。	《石油化工建设工程项目监理规范》SH/T 3903—2017

3.1.6 施工单位

序号	检查内容	检查要点	检查依据
1	施工单位资质	第十三条　从事建筑活动的建筑施工企业、勘察单位、设计单位和工程监理单位，按照其拥有的注册资本、专业技术人员、技术装备和已完成的建筑工程业绩等资质条件，划分为不同的资质等级，经资质审查合格，取得相应等级的资质证书后，方可在其资质等级许可的范围内从事建筑活动。 第二十六条　禁止建筑施工企业超越本企业资质等级许可的业务范围或者以任何形式用其他建筑施工企业的名义承揽工程。禁止建筑施工企业以任何形式允许其他单位或者个人使用本企业的资质证书、营业执照，以本企业的名义承揽工程。	《中华人民共和国建筑法》
		第二十五条　施工单位应当依法取得相应等级的资质证书，并在其资质等级许可的范围内承揽工程。	《建设工程质量管理条例》

续表

序号	检查内容	检查要点	检查依据
1	施工单位资质	4.1.2 从事石油化工建设工程项目安装工程施工的单位应具备相应的资质等级；工程项目中从事特种设备安装、检测和消防设施等有专项资质要求的施工单位应持有相应的资质许可证。	《石油化工安装工程施工质量验收统一标准》SH/T 3508—2011
2	项目经理资格及变更管理	第十四条　从事建筑活动的专业技术人员，应当依法取得相应的执业资格证书，并在执业资格证书许可的范围内从事建筑活动。	《中华人民共和国建筑法》
		第三条　本规定所称注册建造师，是指通过考核认定或考试合格取得中华人民共和国建造师资格证书(以下简称资格证书)，并按照本规定注册，取得中华人民共和国建造师注册证书(以下简称注册证书)，担任施工单位项目负责人、项目技术负责人及从事相关活动的专业技术人员。 未取得注册证书的，不得担任建设工程项目的施工单位技术负责人、项目负责人和项目技术负责人，不得以注册建造师的名义从事相关活动。	《注册建造师管理规定》
		第二条　建筑工程开工建设前，建设、勘察、设计、施工、监理单位法定代表人应当签署授权书，明确本单位项目负责人。	《建筑工程五方责任主体项目负责人质量终身责任追究暂行办法》
		4.1.4 建设工程项目各实施主体和参与方法定代表人应书面授权委托项目管理机构负责人，并实行项目负责人责任制。 4.1.5 项目管理机构负责人应根据法定代表人的授权范围、期限和内容，履行管理职责。 4.1.6 项目管理机构负责人应取得相应资格，并按规定取得安全生产考核合格证书。 4.1.7 项目管理机构负责人应按相关约定在岗履职，对项目实施全过程及全面管理。	《建设工程项目管理规范》GB/T 50326—2017
		1.3.2 本办法所称承包商项目关键人员，是指承包商项目管理组织机构中承担关键管理职责的人员，包括项目主要负责人，项目 HSE、质量、施工、技术负责人。 3.2.5 承包商项目关键人员参加中国石化直属建设单位组织的考核，合格后方可从事相应岗位的工作，考核合格有效期 3 年，在中国石化范围内有效。 3.2.7 承包商项目关键人员除了通过中国石化组织的本项考核外，上岗前，还应按照国家法律法规和合同要求取得相应的执业资格和考核合格证明。 3.2.7.1 施工承包商项目负责人应取得建造师执业资格和行政主管部门组织的安全生产考核合格证书(B 证)，项目 HSE 负责人应取得安全生产考核合格证书(C 证)。 3.2.7.3 炼化工程集团、石油工程建设公司所属企业项目关键人员还应取得中国石化 HSE 资格证。	《中国石化工程建设承包商项目人员培训考核管理办法》

续表

序号	检查内容	检查要点	检查依据
2	项目经理资格及变更管理	6.7 承包商关键人员未经建设单位批准不得更换。	《中国石化工程建设及检维修承包商管理规定》
3	项目部组织机构及专业人员配置	第十四条　从事建筑活动的专业技术人员，应当依法取得相应的执业资格证书，并在执业资格证书许可的范围内从事建筑活动。	《中华人民共和国建筑法》
		第二十六条　施工单位对建设工程的施工质量负责。 施工单位应当建立质量责任制，确定工程项目的项目经理、技术负责人和施工管理负责人。	《建设工程质量管理条例》
		4.3.3 项目管理机构应在项目启动前建立，在项目完成后或按合同约定解体。 4.3.4 建立项目管理机构应遵循下列规定： ①结构应符合组织制度和项目实施要求； ②应有明确的管理目标、运行程序和责任制度； ③机构成员应满足项目管理要求及具备相应资格； ④组织分工应相对稳定并可根据项目实施变化进行调整； ⑤应确定机构成员的职责、权限、利益和需承担的风险。	《建筑工程项目管理规范》GB/T 50326—2017
		4.2.2 项目部应根据工程需要和规定要求，设置相应的质量管理部门或岗位。	《工程建设施工企业质量管理规范》GB/T 50430—2017
		1.3.2 本办法所称承包商项目关键人员，是指承包商项目管理组织机构中承担关键管理职责的人员，包括项目主要负责人，项目 HSE、质量、施工、技术负责人。 3.2.5 承包商项目关键人员参加中国石化直属建设单位组织的考核，合格后方可从事相应岗位的工作，考核合格有效期 3 年，在中国石化范围内有效。 3.2.7 承包商项目关键人员除了通过中国石化组织的本项考核外，上岗前，还应按照国家法律法规和合同要求取得相应的执业资格和考核合格证明。 3.2.7.1 施工承包商项目负责人应取得建造师执业资格和行政主管部门组织的安全生产考核合格证书（B 证），项目 HSE 负责人应取得安全生产考核合格证书（C 证）。 3.2.7.3 炼化工程集团、石油工程建设公司所属企业项目关键人员还应取得中国石化 HSE 资格证。	《中国石化工程建设承包商项目人员培训考核管理办法》
		6.7 承包商关键人员未经建设单位批准不得更换。	《中国石化工程建设及检维修承包商管理规定》

续表

序号	检查内容	检查要点	检查依据
4	质量检查、验收及特殊工种作业人员资格	第三十三条　施工单位应当建立、健全教育培训制度，加强对职工的教育培训；未经教育培训或者考核不合格的人员，不得上岗作业。	《建设工程质量管理条例》
		11.1.3 实施工程质量检查、验收、检测和相关资料管理的人员应具备相应的资格和能力。	《工程建设施工企业质量管理规范》GB/T 50430—2017
		4.1.3 参加安装工程施工质量验收的人员应具备相应的资格。 4.3.3 参建单位的作业人员均应具备安装工程所要求的技能，其中特种设备作业人员及电气、仪表试验人员应有相应的资格，并应经建设单位代表/监理工程师核查认可。	《石油化工安装工程施工质量验收统一标准》SH/T 3508—2011
		3.4.1 承包商特种作业人员和特种设备作业人员进场作业前，应取得相应有效资格。 3.4.2 建设单位在项目现场就近组织对承包商特种作业人员和特种设备作业人员技能验证考核并建立台账，合格后方可从事相应特种作业。验证考核可委托培训机构或其他具备相应能力的单位提供支持和服务。 3.4.3 特种作业人员和特种设备作业人员技能验证考核有效期为项目建设期且不超过其相应资格证的有效期，项目建设期不足3年的以3年计。 3.4.4 特种设备焊工经技能验证考核合格后，建设单位发放《焊工上岗证》，有效期为项目建设期且不超过《特种设备作业人员证》有效期，项目建设期不足3年的以3年计。《焊工上岗证》仍在有效期的焊工，到中国石化其他工程建设项目作业，首件现场焊口经射线检测合格的，可不再进行技能验证考核。	《中国石化工程建设承包商项目人员培训考核管理办法》
5	质量管理体系建立	第二十六条　施工单位应当建立质量责任制，确定工程项目的项目经理、技术负责人和施工管理负责人。	《建设工程质量管理条例》
		3.1.1 施工企业应结合自身特点、相关方期望、应对风险和机遇及质量管理需要，建立质量管理体系并形成文件。 3.1.2 施工企业应对质量管理体系的各项活动进行策划，并确保质量管理体系有效运行。	《工程建设施工企业质量管理规范》GB/T 50430—2017
		3.0.1 施工现场具有健全的质量管理体系、相应的施工技术标准、施工质量检验制度和综合施工质量水平评定考核制度。	《建筑工程施工质量验收统一标准》GB 50300—2013

续表

序号	检查内容	检查要点	检查依据
5	质量管理体系建立	4.2.1 参建单位应进行安装工程施工过程的质量管理，建立符合 GB/T 19001 要求的质量管理体系和质量管理制度。 4.2.2 从事特种设备安装的施工、检测单位应建立符合 TSG Z0004 要求的相应特种设备质量保证体系。	《石油化工安装工程施工质量验收统一标准》SH/T 3508—2011
		2.3.2 负责督促各参建单位建立项目的质量管理体系，并对其有效性进行检查和评价。 3.3.3 建设单位应根据招标文件和工程合同的要求，对承包商的项目质量管理体系人员的资格、数量、专业和到位情况进行审核。	《中国石化工程质量管理规定》
6	合同管理	第十五条　建筑工程的发包单位与承包单位应当依法订立书面合同，明确双方的权利和义务。发包单位和承包单位应当全面履行合同约定的义务。不按照合同约定履行义务的，依法承担违约责任。	《中华人民共和国建筑法》
		第十条　建设工程发包单位，不得迫使承包方以低于成本的价格竞标，不得任意压缩合理工期。 建设单位不得明示或者暗示设计单位或者施工单位违反工程建设强制性标准，降低建设工程质量。	《建设工程质量管理条例》
		第四条　建设单位与承包单位应严格依法签订合同，明确双方权利、义务、责任，严禁违法发包、转包、违法分包和挂靠，确保工程质量和施工安全。	《建筑工程施工发包与承包违法行为认定查处管理办法》
		4.9 企业应当加强工程建设及检维修合同管理，按照国家有关法律法规、集团公司合同管理制度和本规定签订书面合同，合同的标的、价款、质量、HSE、履行期限、失信行为处理等主要条款应当与招标文件和中标人的投标文件的内容一致。企业应当按照合同约定行使权利和履行义务，及时、规范处理合同变更。	《中国石化工程建设及检维修承包商管理规定》
7	分包管理	第二十八条　禁止承包单位将其承包的全部建筑工程转包给他人，禁止承包单位将其承包的全部建筑工程肢解以后以分包的名义分别转包给他人。 第二十九条　施工总承包的，建筑工程主体结构的施工必须由总承包单位自行完成。 禁止总承包单位将工程分包给不具备相应资质条件的单位。禁止分包单位将其承包的工程再分包。	《中华人民共和国建筑法》
		第二十七条　总承包单位依法将建设工程分包给其他单位的，分包单位应当按照分包合同的约定对其分包工程的质量向总承包单位负责，总承包单位与分包单位对分包工程的质量承担连带责任。	《建设工程质量管理条例》

续表

序号	检查内容	检查要点	检查依据
7	分包管理	9.1.1 施工企业应建立并实施分包管理制度，对分包方选择、分包项目实施过程管理、分包工程验收作出规定。 9.1.2 施工企业应将分包工程的管理纳入质量管理体系，确保分包工程符合设计、国家现行标准和分包合同的要求。 9.1.4 施工企业应对分包方实施管理、检查，监督分包合同履行情况、项目部应对分包项目实施现场检查。	《工程建设施工企业质量管理规范》GB/T 50430—2017
		6.8 与建设单位有直接合同关系的承包商，应当将分包方案报建设单位批准，并将分包结果、分包合同(不带价格)报建设单位备案。 6.10 承包商不得非法转让、出借资质或者以其他方式允许他人以本单位名义承揽工程；不得转包、违法分包和挂靠，不得分包给不具备相应资质条件的单位；不得以劳务分包名义进行专业分包；不得以包代管，不履行管理职责。	《中国石化工程建设及检维修承包商管理规定》
		3.1.1 一般规定 (1)建设单位、分包发包单位、再发包单位应当规范工程分包方案、分包结果和分包合同审批、备案工作程序，依法依规进行分包管理。 (2)参与建设项目建设活动的承包单位、分包单位应当是中国石化建设工程市场诚信体系合格成员。 (4)承包人按照合同约定或者经建设单位同意，可以将承包项目的部分非主体工程、非关键工作分包给具备相应资质条件的单位完成。 3.1.4 施工分包 (1)工程施工中的主体工程、关键工作包括：功率 500kW 及以上或吨位 80t 及以上的大型机组安装；单件吊装重量 100t 及以上的大型吊装工作；石油化工生产装置的 DCS 调试工作(不含组态工作)；Ⅲ类压力容器、GC1 级管道的焊接工作。不涉及以上工作内容的建设项目，主体工程和关键工作以合同约定为准。 (2)施工总承包单位可以按照国家法律法规、本办法及合同约定，将其承包的部分非主体工程、非关键工作，进行专业工程分包。施工专业分包单位不得将其承包的工程再进行专业工程分包。 (3)施工承包单位可以将劳务作业进行劳务分包(专业作业分包)。 (4)施工单位可通过自有劳务人员或劳务分包、劳务派遣等多种方式完成劳务作业。	《中国石化建设工程分包管理办法》

续表

序号	检查内容	检查要点	检查依据
7	分包管理	(5)进行劳务分包时，施工现场管理机构应当由施工分包发包单位组建，技术文件由施工分包发包单位负责编制，构成实体工程的主要材料、主要周转材料、大中型施工机械设备、安全劳动保护用品等均应由施工分包发包单位负责提供。 (6)劳务分包合同的内容应当至少包括约定劳务分包发包单位的主要材料、施工机械设备供应方式，劳务单位提供的技术工人的工种、数量以及报酬和相关费用的计取方式。 (7)劳务作业人员在施工劳务作业(专业作业)分包发包单位的管理下开展作业工作。	《中国石化建设工程分包管理办法》
		6.10 承包商不得非法转让、出借资质或者以其他方式允许他人以本单位名义承揽工程；不得转包、违法分包和挂靠，不得分包给不具备相应资质条件的单位；不得以劳务分包名义进行专业分包；不得以包代管，不履行管理职责。 6.9 承包商应当将其分包商纳入本单位管理体系，严格分包商选择、教育培训及日常监督管理，加强分包商考核及评价结果应用，对分包商实施有效管理。分包商就其完成的工作成果与总包商向建设单位承担连带责任。	《中国石化工程建设及检维修承包商管理规定》
8	施工组织设计、施工方案编制、审批及交底	3.0.5 施工组织设计应由项目负责人主持编制；施工组织总设计应由总承包单位技术负责人审批；单位工程施工组织设计应由施工单位技术负责人或技术负责人授权的技术人员审批；施工方案应由项目技术负责人审批。 3.0.6 经修改或补充的施工组织设计应重新审批后实施。	《建筑施工组织设计规范》GB/T 50502—2009
		4.4.1 施工组织设计及专项施工组织设计应由施工单位项目经理组织编制，施工单位技术或生产总负责人批准，其他人员批准时应有技术或生产总负责人的授权。 4.4.2 重大施工技术方案应由施工单位技术负责人组织项目专业技术人员编制，施工单位技术总负责人批准。 4.4.3 专项工程施工技术方案应由施工单位项目经理组织项目有关管理人员和专业技术人员编制，安全主管部门参与审核，施工单位技术总负责人批准。 4.4.4 一般施工技术方案由项目技术人员编制，项目技术负责人批准。 4.4.5 施工作业指导书应由专业技术人员编制，项目或专业技术负责人批准。	《石油化工建设工程项目施工技术文件编制规范》SH/T 3550—2012

续表

序号	检查内容	检查要点	检查依据
8	施工组织设计、施工方案编制、审批及交底	5.5.2 项目施工前应进行施工组织设计交底，项目施工过程中，施工单位应对施工组织设计执行情况进行监督、检查。 6.4.2 施工技术方案实施前施工单位应组织施工技术方案交底，涉及方案实施的施工及管理人员参加。 7.3.2 施工作业指导书应发放至相关专业技术人员和作业人员，施工作业前专业技术人员应向作业人员进行交底。	《石油化工建设工程项目施工技术文件编制规范》SH/T 3550—2012
9	危大工程施工方案管理	第十条　施工单位应当在危大工程施工前组织工程技术人员编制专项施工方案。 危大工程实行分包的，专项施工方案可以由相关专业分包单位组织编制。 第十一条　专项施工方案应当由施工单位技术负责人审核签字、加盖单位公章，并由总监理工程师审查签字、加盖执业印章后方可实施。 危大工程实行分包并由分包单位编制专项施工方案的，专项施工方案应当由总承包单位技术负责人及分包单位技术负责人共同审核签字并加盖单位公章。 第十二条　对于超过一定规模的危大工程，施工单位应当组织召开专家论证会对专项施工方案进行论证。实行施工总承包的，由施工总承包单位组织召开专家论证会。专家论证前专项施工方案应当通过施工单位审核和总监理工程师审查。 第十三条　专家论证会后，应当形成论证报告，对专项施工方案提出通过、修改后通过或者不通过的一致意见。专家对论证报告负责并签字确认。 专项施工方案经论证需修改后通过的，施工单位应当根据论证报告修改完善后，重新履行本规定第十一条的程序。 专项施工方案经论证不通过的，施工单位修改后应当按照本规定的要求重新组织专家论证。	《危险性较大的分部分项工程安全管理规定》
10	工程建设标准、规范实施管理	第三条　建设单位、勘察单位、设计单位、施工单位、工程监理单位依法对建设工程质量负责。 第十条　建设单位不得明示或者暗示设计单位或者施工单位违反工程建设强制性标准，降低建设工程质量。	《建设工程质量管理条例》
		第二条　在中华人民共和国境内从事新建、扩建、改建等工程建设活动，必须执行工程建设强制性标准。 第三条　本规定所称工程建设强制性标准是指直接涉及工程质量、安全、卫生及环境保护等方面的工程建设标准强制性条文。 国家工程建设标准强制性条文由国务院住房城乡建设主管部门会同国务院有关主管部门确定。 第六条　工程质量监督机构应当对工程建设施工、监理、验收等阶段执行强制性标准的情况实施监督。 第十八条　施工单位违反工程建设强制性标准的，责令改正，处工程合同价款 2% 以上 4% 以下的罚款；造成建设工程质量不符合规定的质量标准的，负责返工、修理，并赔偿因此造成的损失；情节严重的，责令停业整顿，降低资质等级或者吊销资质证书。	《实施工程建设强制性标准监督规定》

续表

序号	检查内容	检查要点	检查依据
10	工程建设标准、规范实施管理	3.5.2.3 应识别并获取相关法律法规、标准规范及其他外来文件，确保在使用场所所获得的所需文件的适用版本。	《工程建设施工企业质量管理规范》GB/T 50430—2017
		4.3.1 参建单位应根据工程合同范围和设计文件进行质量策划，配置相应的施工标准规范，编制工程实现过程实施质量控制的技术文件，并按本单位质量管理程序批准。	《石油化工安装工程施工质量验收统一标准》SH/T 3508—2011
11	检测设备配置与管理	11.4.1 根据工程质量检查和验收需要，施工企业应确定和配备相应的检测设备。 11.4.2 施工企业对检测设备的管理应符合下列规定： ①应根据需要采购或租赁检测设备，并对检测设备供应方进行评价； ②使用前应对检测设备进行检查验收； ③应按规定的周期检定或校准检测设备，标识相应状态，确保其在有效期内使用，并保存检定或校准记录； ④应对国家或地方没有校准标准的检测设备制定相应的校准依据； ⑤应对检测设备进行维护和保养，在使用期间保持其完好状态； ⑥应在发现检测设备失准时评价和记录已测结果的有效性，并对检测设备产生的质量问题采取适当措施； ⑦对应用于质量检测的计算机软件在使用前的确认与再确认进行要求。	《工程建设施工企业质量管理规范》GB/T 50430—2017
		3.0.3 建设工程的施工质量控制应符合下列规定： ①建设工程采用的主要材料、半成品、成品、建筑构配件、器具和设备应进行进场检验。	《建筑工程施工质量验收统一标准》GB 50300—2013
		4.3.4 安装工程使用的施工机具、工装设施、检验试验设备等应处于完好状态。 4.3.5 用于安装工程施工质量检验的计量器具，应经计量检定或校准并在检定有效期内。	《石油化工安装工程施工质量验收统一标准》SH/T 3508—2011
12	参加设计交底和施工图会审	第二十三条　设计单位应当就审查合格的施工图设计文件向施工单位作出详细说明。 第二十八条　施工单位必须按照工程设计图纸和施工技术标准施工，不得擅自修改工程设计，不得偷工减料。施工单位在施工过程中发现设计文件和图纸有差错的，应当及时提出意见和建议。	《建设工程质量管理条例》

续表

序号	检查内容	检查要点	检查依据
12	参加设计交底和施工图会审	第二十八条　施工单位、监理单位发现建设工程勘察、设计文件不符合工程建设强制性标准、合同约定的质量要求的，应当报告建设单位，建设单位有权要求建设工程勘察、设计单位对建设工程勘察、设计文件进行补充、修改。 第三十条　建设工程勘察、设计单位应当在建设工程施工前，向施工单位和监理单位说明建设工程勘察、设计意图，解释建设工程勘察、设计文件。	《建设工程勘察设计管理条例》
		10.4.1 项目部应根据约定接收设计文件、参加设计交底和图纸会审，并对结果进行确认。	《工程建设施工企业质量管理规范》GB/T 50430—2017
		3.4.3 建设单位收到详细设计文件后，应组织采购、施工、生产、监理等单位的技术人员对详细设计文件进行审查，并按照《建设项目详细工程设计交底工作规定》的要求，组织设计单位进行技术交底及图纸会审。	《中国石化建设项目设计管理办法》
13	开工报告报审	10.4.2 项目部应确认施工现场已具备开工条件，进行报审、报验，提出开工申请，经批准后方能开工。	《工程建设施工企业质量管理规范》GB/T 50430—2017
		7.1.10 总监理工程师应组织专业监理工程师审查承包单位报送的工程施工开工报审表及相关资料。当同时具备下列条件时，总监理工程师应签署审核意见和工程施工开工报告，并报建设单位批准。 a)图纸会审和设计交底已完成； b)施工组织设计、施工技术方案已经批准； c)承包单位现场质量、HSE 管理体系已建立，管理及施工人员已到位，施工机械具备使用条件，主要工程材料已落实； d)进场道路及水、电、通信已满足开工条件； e)现场 HSE 保证措施已落实； f)现场一级控制网坐标、标高测量成果已经过查验。	《石油化工建设工程项目监理规范》SH/T 3903—2017
14	原材料、构配件及设备进场、检验	第五十九条　建筑施工企业必须按照工程设计要求、施工技术标准和合同的约定，对建筑材料、建筑构配件和设备进行检验，不合格的不得使用。	《中华人民共和国建筑法》
		第二十九条　施工单位必须按照工程设计要求、施工技术标准和合同约定，对建筑材料、建筑构配件、设备和商品混凝土进行检验，检验应当有书面记录和专人签字；未经检验或者检验不合格的，不得使用。 第三十一条　施工人员对涉及结构安全的试块、试件以及有关材料，应当在建设单位或者工程监理单位监督下现场取样，并送具有相应资质等级的质量检测单位进行检测。	《建设工程质量管理条例》

续表

序号	检查内容	检查要点	检查依据
14	原材料、构配件及设备进场、检验	8.3.1 项目部应对进场的工程材料、构配件和设备进行验收，并保存适宜的验收记录。验收的过程、记录和标识应符合相关要求。未经验收或验收不合格的工程材料、构配件和设备，不得用于工程施工。 8.5.1 经验收不合格的工程材料、构配件和设备，施工企业应采取记录、标识、隔离措施，防止其被误用的可能，并应按规定的程序进行处理，记录处理结果。 8.5.2 当发现发包方提供的工程材料、构配件和设备不符合设计要求和国家现行相关标准规定时，施工企业应向发包方报告，并进行处理，形成记录。	《工程建设施工企业质量管理规范》GB/T 50430—2017
		3.0.3 建筑工程采用的主要材料、半成品、成品、建筑构配件、器具和设备应进行进场检验。	《建筑工程施工质量验收统一标准》GB 50300—2013
		4.3.2 安装工程采用的材料和设备的检验及复验应符合各专业工程施工质量验收规范规定，并经建设单位代表/监理工程师检查确认。建设单位代表/监理工程师的检查确认不能免除采购单位的质量责任。	《石油化工安装工程施工质量验收统一标准》SH/T 3508—2011
		3.4.2 检验、试验应委托相应资质的单位进行。 3.4.3 施工工序间的检试验未完成或结果不合格，不得进行下道工序的施工。 3.4.4 工程验收、交接的检试验相关方，应共同参加检试验过程。	《中国石化建设项目检试验管理办法》
15	工程质量检查、检验控制	第三十条　施工单位必须建立、健全施工质量的检验制度，严格工序管理，做好隐蔽工程的质量检查和记录。隐蔽工程在隐蔽前，施工单位应当通知建设单位和建设工程质量监督机构。	《建设工程质量管理条例》
		10.4.2 对项目质量计划设置的质量控制点，项目管理机构应按规定进行检验和监测。	《建设工程项目管理规范》GB/T 50326—2017
		11.1.2 施工企业应对工程质量检查与验收活动进行策划，内容包括检查和验收的依据、内容、步骤、对象、人员、职责、时间、抽样、方法和记录。 11.2.1 项目部应根据工程质量检查策划的安排，对工程质量实施检查，跟踪整改情况，并保存相应的检查记录。 11.2.2 施工企业应实施工程质量检查，并对项目部的工程质量检查活动进行监控。 11.3.1 施工企业应按设计文件和质量验收标准、规范、规程实施质量内部验收。过程验收和竣工验收应符合要求，项目部应在自检合格后报验。未经验收或验收不合格的工程不得转入下道工序或交付。	《工程建设施工企业质量管理规范》GB/T 50430—2017

续表

序号	检查内容	检查要点	检查依据
15	工程质量检查、检验控制	3.0.6 5)隐蔽工程在隐蔽前应由施工单位通知监理单位进行验收，并应形成验收文件，验收合格后方可继续施工。	《建筑工程施工质量验收统一标准》GB 50300—2013
		4.2 施工过程技术文件的形成应符合下列规定： c)质量控制记录在转入下道工序前确认。	《石油化工建设工程项目施工过程技术文件规定》SH/T 3543—2017
		4.4.5 隐蔽工程在隐蔽前应由施工单位报验，建设单位/监理单位组织验收，并形成验收文件。	《石油化工安装工程施工质量验收统一标准》SH/T 3508—2011
16	质量问题、质量事故处理	第五十一条　施工中发生事故时，建筑施工企业应当采取紧急措施减少人员伤亡和事故损失，并按照国家有关规定及时向有关部门报告。	《中华人民共和国建筑法》
		第三十二条　施工单位对施工中出现质量问题的建设工程或者竣工验收不合格的建设工程，应当负责返修。 第四十一条　建设工程在保修范围和保修期限内发生质量问题的，施工单位应当履行保修义务，并对造成的损失承担赔偿责任。 第五十二条　建设工程发生质量事故，有关单位应当在24小时内向当地建设行政主管部门和其他有关部门报告。对重大质量事故，事故发生地的建设行政主管部门和其他有关部门应当按照事故类别和等级向当地人民政府和上级建设行政主管部门和其他有关部门报告。特别重大质量事故的调查程序按照国务院有关规定办理。	《建设工程质量管理条例》
		10.5.7 施工企业应建立和保持施工过程中的质量记录，记录的形成应与工程施工过程同步，包括下列内容：⑨质量问题的整改、复查记录。 11.5.1 施工企业应对工程质量问题进行分析处理。发生质量事故时，应报告相关方，并配合事故调查处理。 11.5.2 施工企业应对影响工程结构安全和使用功能的质量问题，制定专项整改方案，并经相关方确认后实施。质量问题的整改处理结果应进行检查。 11.5.4 施工企业应保存质量问题和事故处理相关记录，作为工程质量改进的信息。	《工程建设施工企业质量管理规范》GB/T 50430—2017
		1.2 质量事故的分级 工程质量事故按照直接经济损失及影响程度分为以下等级： 1.2.1 特别重大工程质量事故。直接经济损失在1亿元及以上；在社会上造成恶劣影响，严重损害公司形象；造成重大工程(装置或设备)报废或原定设计使用功能严重降低。 1.2.2 重大工程质量事故。直接经济损失在5000万元及以上，1亿元以下；在社会上造成重大影响，损害公司整体形象；在国家组织的质量监督抽查中发现产品质量不合格；中国石化组织的质量监督抽查中同一单位同种产品连续两次质量不合格；造成不可挽救的永久性质量缺陷或隐患，影响工程的使用功能，或造成整个工程停工6天以上。	《中国石化质量事故管理规定》

续表

序号	检查内容	检查要点	检查依据
16	质量问题、质量事故处理	1.2.3 较大工程质量事故。直接经济损失在1000万元及以上，5000万元以下；在省（自治区、市）、中国石化组织的质量监督抽查中发现产品质量不合格；造成整个工程停工3~5天。 1.2.4 一般工程质量事故。直接经济损失在50万元及以上，1000万元以下的质量事故；造成整个工程停工2天以下。 3.1 质量事故的管理按照事故的报告、调查、处理、分析、改进程序进行。 3.2 质量事故报告 3.2.1 各企业发生质量事故应按规定定期向上级部门报告；质量事故涉及两家及以上单位的，应分别上报。 3.2.2 各企业发生重大、特别重大质量事故，应在24小时内向管理部门（专业公司）和科技部口头、传真、书面报告，事故性质确定后补报质量事故报告单。 3.3.7 质量事故处理应坚持“四不放过”的原则。即事故原因分析不清不放过，事故责任者和群众没有受到教育不放过，防范改进措施没有落实不放过，事故责任者没有严肃处理不放过。	《中国石化质量事故管理规定》
		7.2 工程建设活动中发生上报集团公司级事故、事件，现场负责人或有关人员以及企业应当按照集团公司事故管理有关规定向总部生产调度指挥中心进行报告，并在半小时内向总部工程部报告。	《中国石化工程建设及检维修承包商管理规定》
17	单机试运	7.2.2 单机试运转由建设单位组织，成立试运转小组，施工单位编制试运转方案并实施，设计单位、监理单位、采购单位、制造单位等参加，生产单位配合，并对试运转过程及结果进行记录和确认。实行总承包的项目由总承包单位组织。	《石油化工安装工程施工质量验收统一标准》SH/T 3508—2011
18	“三查四定”	7.7.1 由建设单位（总承包单位）组织生产、施工、设计、监理等单位按单元和系统分专业进行“三查四定”。	《石油化工建设工程项目监理规范》SH/T 3903—2017
		4.1.1 在工程安装基本结束时，施工单位应抓收尾、保试车，按照设计和试车要求，合理组织力量，认真清理未完工程和工程尾项，并负责整改消缺。 4.1.2 工程按设计内容安装结束、质量验收合格后，建设单位（或总承包单位）组织施工、设计、监理等单位按单元和系统，分专业进行“三查四定”（三查：查设计漏项、查施工质量隐患、查未完工程；四定：对检查出的问题定任务、定人员、定措施、定整改时间）。 4.3.2.9 对联动试车有影响的“三查四定”项目及设计变更已处理完成，其他未完施工尾项责任人、完成时间已明确。	《中国石化工程建设项目生产准备与试车管理规定》

续表

序号	检查内容	检查要点	检查依据
19	中间交接	7.1.3 单项工程施工质量符合本标准 7.3.1 条、7.3.2 条要求时，应进行工程中间交接。工程中间交接由施工单位/总包单位向建设单位提交申请报告，由建设单位组织实施。 7.3.3 单项工程的中间交接应由建设单位组织总承包单位、设计单位、监理单位、施工单位、检测单位等按单位工程分专业进行。 7.3.4 建设单位组织召开总承包单位、设计单位、监理单位、施工单位、检测单位等参加的中间交接会议，相关单位在中间交接证书及附件上签字。	《石油化工安装工程施工质量验收统一标准》SH/T 3508—2011
		3.4.3 工程建设项目达到中间交接标准的，建设单位应组织相关单位分单元、分专业开展中间验收，并在验收合格的基础上，共同签署工程中间交接证书及其附件。	《中国石化建设项目实施管理规定》
		4.3.4 工程中间交接先由建设单位组织总承包、设计、施工、监理单位按单元、分专业进行中间验收合格，再组织总承包、设计、施工、监理、质监单位参加中间交接会议，签订工程中间交接证书。	《中国石化建设项目生产准备与试车管理规定》
20	联动试车、投料试车	5.4.1 联动试车由建设单位负责编制方案并组织实施，总承包、设计、施工、监理和制造商参加。 6.4.1 投料试车应由建设单位负责编制方案并组织实施，设计、施工单位参加。 6.6.1 生产装置投料试车，应组成以建设单位为主，总承包单位、设计单位、施工单位、专家组以及开车队参加的试车队伍。 6.6.2 建设单位在投料试车期间，应建立统一的试车指挥组织机构，负责组织指挥试车工作；总承包单位、设计单位、施工单位根据建设单位组织安排，做好相关试车服务保障工作。	《中国石化建设项目生产准备与试车管理规定》
21	交工验收	5.2.1 建设工程项目交工验收应符合下列规定： a)全部工程内容已按工程合同完成，验收合格； b)按 SH/T 3503 规定及工程合同约定向建设单位移交了建设工程交工技术文件； c)工程质量保修书已出具； d)工程交工验收申请已向建设单位提交； e)工程项目经投料试车产出合格产品或具备使用条件。 5.2.5 建设单位在受理施工单位或总承包单位提交的交工验收申请后，应在规定期间内组织生产使用单位、总承包、设计、施工、监理及有关单位对工程项目进行检查、验收。 5.2.6 交工验收后应办理交工验收手续，签署“工程交工证书”。	《石油化工建设工程项目竣工验收规定》SH/T 3904—2014

3.1.7 质量检测单位

序号	检查内容	检查要点	检查依据
1	通用要求	3.4.1 建设单位应委托具备相应资质的第三方检测机构进行工程质量检测，检测项目和数量应符合抽样检验要求。非建设单位委托的检测机构出具的检测报告不得作为工程质量验收依据。 3.4.4 检测机构应独立出具检验检测数据和结果。检测机构应对检测数据和检测报告的真实性和准确性负责。对检测结果不合格的报告严禁抽撤、替换或修改。 3.4.5 检测机构严禁出具虚假检测报告。	《建筑与市政工程施工质量控制通用规范》GB 55032—2022
2	检测机构资质	第五条　检测机构资质分为综合类资质、专项类质。 检测机构资质标准和业务范围，由国务院住房和城乡建设主管部分制度。 第六条　申请检测机构资质的单位应当是具有独立法人资格的企业、事业单位，或者依法设立的合伙企业，并具备相应的人员、仪器设备、检测场所、质量保证体系等条件。 第十条　检测机构资质证书实行电子证照，由国务院住房和城乡建设主管部门制定格式。资质证书有效期为5年。	《建设工程质量检测管理办法》
		第二条　资质认定包括检验检测机构计量认证。 第三条　检验检测机构从事下列活动，应当取得资质认定： （四）为社会经济、公益活动出具具有证明作用的数据、结果的； （五）其他法律法规规定应当取得资质认定的。	《检验检测机构资质认定管理办法》
		3.0.2 建设工程质量检测机构（以下简称检测机构）应取得建设主管部门颁发的相应资质证书。 3.0.3 检测机构必须在技术能力和资质规定范围内开展检测工作。	《房屋建筑和市政基础设施工程质量检测技术管理规范》GB 50618—2011
3	检测人员执业资格	第三十一条　检测人员不得有以下行为： （一）同时受聘于两家或者两家以上的检测机构； （二）违反工程建设强制性标准进行检测； （三）出具虚假的检测数据； （四）建反工程建设强制性标准进行结论判定或者出具虚假判定结论。	《建设工程质量检测管理办法》
		第三十二条　检验检测机构及其人员应当对其在检验检测活动中所知悉的国家秘密、商业秘密和技术秘密负有保密义务，并制定实施相应的保密措施。	《检验检测机构资质认定管理办法》
		4.1.5 检测操作人员应经技术培训、通过建设主管部门或委托有关机构的考核，方可从事检测工作。 5.3.6 检测前应确认检测人员的岗位资格，检测操作人员应熟识相应的检测操作规程和检测设备使用、维护技术手册等。	《房屋建筑和市政基础设施工程质量检测技术管理规范》GB 50618—2011

续表

序号	检查内容	检查要点	检查依据
4	检测试验仪器、设备	4.2.14 检测机构的所有设备均应标有统一的标识，在用的检测设备均应标有校准或检测有效期的状态标识。	《房屋建筑和市政基础设施工程质量检测技术管理规范》CB 50618—2011
		5.2.3 施工现场试验环境及设施应满足检测试验工作的要求。	《建筑工程检测试验技术管理规范》JGJ 190—2010
5	标准养护	4.4.1 试件的标准养护应符合下列规定： ①试件成型抹面后应立即用塑料薄膜覆盖表面，或采取其他保持试件表面湿度的方法； ②试件成型后应在温度为20℃±5℃、相对湿度大于50%的室内静置1d~2d，试件静置期间应避免受到振动和冲击，静置后编号标记、拆模，当试件有严重缺陷时，应按废弃处理； ③试件拆模后应立即放入温度为20℃±2℃，相对湿度为95%以上的标准养护室中养护，或在温度为20℃±2℃的不流动氢氧化钙饱和溶液中养护。标准养护室内的试件应放在支架上，彼此间隔10mm~20mm，试件表面应保持潮湿，但不得用水直接冲淋试件； ④试件的养护龄期可分为1d、3d、7d、28d、56d或60d、84d或90d、180d等，也可根据设计龄期或需要进行确定，龄期应从搅拌加水开始计时，养护龄期的允许偏差宜符合本规范表4.4.1的规定。	《混凝土物理力学性能试验方法标准》GB/T 50081—2019
6	见证取样和送检	5.8.5 见证人员应对见证取样和送检的全过程进行见证并填写见证记录。 5.8.6 检测机构接收试样时应核实见证人员及见证记录，见证人员与备案见证人员不符或见证记录无备案见证人员签字时不得接收试样。 5.8.7 见证人员应核查见证检测的检测项目、数量和比例是否满足有关规定。	《建筑工程检测试验技术管理规范》JGJ 190—2010
7	检测报告	第十五条　检验检测机构资质认定标志，由 China Inspection Body and Laboratory Mandatory Approval 的英文缩写CMA形成的图案和资质认定证书编号组成。式样如下： XXXXXXXXXXXX 第十九条　检验检测机构应当在资质认定证书规定的检验检测能力范围内，依据相关标准或者技术规范规定的程序和要求，出具检验检测数据、结果。 第二十一条　检验检测机构向社会出具具有证明作用的检验检测数据、结果的，应当在其检验检测报告上标注资质认定标志。	《检验检测机构资质认定管理办法》

续表

序号	检查内容	检查要点	检查依据
7	检测报告	第十四条　检测机构完成检测业务后，应当及时出具检测报告、检测报告经检测人员签字、检测机构法定代表人或者其授权的签字人签署，并加盖检测机构公章或者检测专用章后方可生效。检测报告经建设单位或者工程监理单位确认后，由施工单位归档。 见证取样检测的检测报告中应当注明见证人单位及姓名。	《建设工程质量检测管理办法》
		4.1.3 检测报告批准人、检测报告审核人应经检测机构技术负责人授权。 5.5.1 检测项目的检测周期应对外公示，检测工作完成后，应及时出具检测报告。 5.5.4 检测报告至少应由检测操作人签字、检测报告审核人签字、检测报告批准人签发，并加盖检测专用章，多页检测报告还应加盖骑缝章。 5.5.6 检测报告结论应符合下列规定： ①材料的试验报告结论应按相关材料、质量标准给出明确的判定； ②当仅有材料试验方法而无质量标准，材料的试验报告结论应按设计要求或委托方要求给出明确的判定； ③现场工程实体的检测报告结论应根据设计及鉴定委托要求给出明确的判定。	《房屋建筑和市政基础设施工程质量检测技术管理规范》GB 50618—2011

3.1.8　无损检测单位

序号	检查内容	检查要点	检查依据
1	检测单位资质	1.4 特种设备检测机构应当经过核准，取得《中华人民共和国特种设备检测机构核准证》，方可在核准项目范围内从事特种设备检测工作。 核准证有效期 4 年。	《特种设备检测机构核准规则》TSG Z7002—2022
		第六条　从事射线检测的检测单位应持有省、自治区、直辖市人民政府生态环境主管部门审批颁发"辐射安全许可证"。	《放射性同位素与射线装置安全和防护条例》
		1.2 向社会出具具有证明作用的数据、结果的检验检测机构应通过资质认定评审。	《检验检测机构资质认定评审准则》

续表

序号	检查内容	检查要点	检查依据
2	检测人员执业资格	第五十一条　特种设备检验、检测机构的检验、检测人员应当经考核，取得检验、检测人员资格，方可从事检验、检测工作。 特种设备检验、检测机构的检验、检测人员不得同时在两个以上检验、检测机构中执业；变更执业机构的，应当依法办理变更手续。	《中华人民共和国特种设备安全法》
		第四十四条　从事本条例规定的监督检验、定期检验、型式试验的特种设备检验检测人员应当经国务院特种设备安全监督管理部门组织考核合格，取得检验检测人员证书，方可从事检验检测工作。检验检测人员从事检验检测工作，必须在特种设备检验检测机构执业，但不得同时在两个以上检验检测机构中执业。 第四十五条　特种设备检验检测机构和检验检测人员进行特种设备检验检测，应当遵循诚信原则和方便企业的原则，为特种设备生产、使用单位提供可靠、便捷的检验检测服务。 第四十六条　特种设备检验检测机构和检验检测人员对涉及的被检验检测单位的商业秘密，负有保密义务。	《特种设备安全监察条例》
		第二条　无损检测人员应当按照本规则的要求，取得相应的《特种设备检验检测人员证(无损检测人员)》，方可从事相应的无损检测工作。 第五条　《检测人员证》有效期为5年。	《特种设备无损检测人员考核规则》TSG Z8001—2019
		4.1.1 从事承压设备无损检测的人员，应按照国家特种设备无损检测人员考核的相关规定取得相应无损检测人员资格。 4.1.2 无损检测人员资格级别分为Ⅰ级(初级)、Ⅱ级(中级)和Ⅲ级(高级)。 4.1.3 取得不同无损检测方法不同资格级别的人员，只能从事与该方法和该资格级别相应的无损检测工作。	《承压设备无损检测　第1部分：通用要求》NB/T 47013.1—2015
3	管理制度	6.1 无损检测单位应建立无损检测质量管理制度，加强无损检测质量控制。 6.2 无损检测质量管理应包括如下内容： a)无损检测人员； b)无损检测设备器材； c)无损检测工艺文件； d)无损检测场所和环境； e)无损检测的实施； f)无损检测资料和档案。	《承压设备无损检测　第1部分：通用要求》NB/T 47013.1—2015

续表

序号	检查内容	检查要点	检查依据
3	管理制度	D. 5. 2 项目部的成立经过批准，项目部资源(包括管理人员、关键岗位人员、检测人员、检测设备、检测设施及场地、质量管理体系文件等)配置满足合同及检测工作的需要，任命管理人员、关键岗位人员。	《特种设备检测机构核准规则》TSG Z7002—2022
4	检测方法和工艺文件	4. 3. 1 无损检测方法的选用 4. 3. 1. 1 本标准涉及的无损检测方法包括射线检测、超声检测、磁粉检测、渗透检测、涡流检测、泄漏检测、目视检测、声发射检测、衍射时差法超声检测、X 射线数字成像检测、磁粉检测和脉冲涡流检测等。 4. 3. 2 无损检测工艺文件 4. 3. 2. 1 检测单位应制定无损检测工艺文件，无损检测工艺文件包括工艺规程和操作指导书。 4. 3. 2. 2 应根据相关法规、产品标准、有关的技术文件和本标准的要求，并针对本检测单位的特点和技术条件编制工艺规程；工艺规程应按本部分和 NB/T 47013. 2~47013. 13 的规定明确其相关因素的具体范围或要求，如相关因素的变化超出规定时，应重新编制或修订。 4. 3. 2. 3 应根据工艺规程并结合检测对象的具体检测要求编制操作指导书；操作指导书中的内容应完整、明确和具体；操作指导书在首次应用时应进行工艺验证，验证可采用对比试块、模拟试块或直接在检测对象上进行。	《承压设备无损检测　第 1 部分：通用要求》NB/T 47013. 1—2015
5	检测设备和器材	4. 2. 1 检测设备和主要器材应附有产品质量合格证明文件。 4. 2. 2 检测设备和器材应符合其相应的产品标准规定。 4. 2. 3 对于可反复使用的无损检测设备和灵敏度相关器材，为确保其工作性能符合本标准的有关要求，承担无损检测的单位(即检验检测机构或企业的检测部门)应定期(每年或更长周期)进行检定、校准或核查，并在检测单位的工艺规程中予以规定。	《承压设备无损检测　第 1 部分：通用要求》NB/T 47013. 1—2015
6	检测场所和环境	4. 4. 1 检测场所和环境包括但不限于能源、照明和环境条件(包括风速、温度、湿度等因素)，应有助于无损检测的有效实施。 4. 4. 2 检测场所和环境除应符合国家和地方有关环境卫生和劳动保护的法规外，还应尽量避免对人体有较大影响可能干扰正常操作、观察和判断的场所和环境。	《承压设备无损检测　第 1 部分：通用要求》NB/T 47013. 1—2015

<table>
<tr><th>序号</th><th>检查内容</th><th>检查要点</th><th>检查依据</th></tr>
<tr><td>6</td><td>检测场所和环境</td><td>4.4.3 若检测场所和环境对检测质量有影响时，应采取有效的控制措施，同时检测和记录环境条件；当环境条件危及到检测结果时，应停止检测。
4.4.4 应将不相容活动的相邻区域进行有效隔离，采取措施防止相互干扰。</td><td>《承压设备无损检测　第1部分：通用要求》NB/T 47013.1—2015</td></tr>
<tr><td rowspan="3">7</td><td rowspan="3">检测报告</td><td>第五十三条　特种设备检验、检测机构及其检验、检测人员应当客观、公正、及时地出具检验、检测报告，并对检验、检测结果和鉴定结论负责。
特种设备检验、检测机构及其检验、检测人员在检验、检测中发现特种设备存在严重事故隐患时，应当及时告知相关单位，并立即向负责特种设备安全监督管理的部门报告。</td><td>《中华人民共和国特种设备安全法》</td></tr>
<tr><td>第七条　Ⅱ级无损检测人员工作职责：(五)按照规范、标准规定，评定检测结果，编制或者审核无损检测报告。
第三十四条　(三)客观、公正、真实地出具检测报告，并且对检测结果和鉴定结论负责。</td><td>《特种设备无损检测人员考核规则》TSG Z8001—2019</td></tr>
<tr><td>7.4.1 无损检测报告至少应包含以下内容：
a)报告编号；
b)检测技术要求：执行标准和合格级别；
c)检测对象：承压设备类别，检测对象的名称、编号、规格尺寸、材质和热处理状态、检测部位和检测比例、检测时的表面状态、检测时机等；
d)检测设备和器材：名称和规格型号；
e)检测工艺参数；
f)检测部位示意图；
g)检测结果和检测结论；
h)编制者(级别)和审核者(级别)；
i)编制日期。
7.4.2 无损检测报告还应符合 NB/T 47013.2~47013.13 的有关要求。
7.4.3 无损检测报告的编制、审核应符合相关法规或标准的规定。
7.4.4 无损检测报告的保存期应符合相关法规标准的要求，且不得少于7年。</td><td>《承压设备无损检测》NB/T 47013.1—2015</td></tr>
</table>

3.2 乙烯裂解装置勘察工程质量监督检查要点

<table>
<tr><th>序号</th><th>检查内容</th><th>检查要点</th><th>检查依据</th></tr>
<tr><td colspan="4">一、专业管理行为</td></tr>
<tr><td rowspan="2">1</td><td rowspan="2">勘察合同管理</td><td>建设工程勘察、设计的发包方与承包方应当签订建设工程勘察、设计合同。</td><td>《建设工程勘察设计管理条例》第二十三条</td></tr>
<tr><td>建设单位应当对建设工程勘察、设计和施工全过程负责，在勘察、设计和施工合同中明确拟采用的抗震设防强制性标准，按照合同要求对勘察设计成果文件进行核验，组织工程验收，确保建设工程符合抗震设防强制性标准。
建设单位不得明示或者暗示勘察、设计、施工等单位和从业人员违反抗震设防强制性标准，降低工程抗震性能。</td><td>《建设工程抗震管理条例》第十条</td></tr>
<tr><td rowspan="2">2</td><td rowspan="2">勘察单位资质</td><td>从事建设工程勘察、设计的单位应当依法取得相应等级的资质证书，并在其资质等级许可的范围内承揽工程。
禁止勘察、设计单位超越其资质等级许可的范围或者以其他勘察、设计单位的名义承揽工程。禁止勘察、设计单位允许其他单位或者个人以本单位的名义承揽工程。</td><td>《建设工程质量管理条例》第十八条</td></tr>
<tr><td>工程勘察企业必须依法取得工程勘察资质证书，并在资质等级许可的范围内承揽勘察业务。
工程勘察企业不得超越其资质等级许可的业务范围或者以其他勘察企业的名义承揽勘察业务；不得允许其他企业或者个人以本企业的名义承揽勘察业务；不得转包或者违法分包所承揽的勘察业务。</td><td>《建设工程勘察质量管理办法》第六条</td></tr>
<tr><td rowspan="2">3</td><td rowspan="2">质量管理体系和质量责任制</td><td>工程勘察企业应当健全勘察质量管理体系和质量责任制度，建立勘察现场工作质量责任可追溯制度。
工程勘察企业将勘探、试验、测试等技术服务工作交由具备相应技术条件的其他单位承担的，工程勘察企业对相关勘探、试验、测试工作成果质量全面负责。</td><td>《建设工程勘察质量管理办法》第七条</td></tr>
<tr><td>工程勘察企业法定代表人应当建立健全并落实本单位质量管理制度，授权具备相应资格的人员担任项目负责人。
工程勘察企业项目负责人应当签署质量终身责任承诺书，执行勘察纲要和工程建设强制性标准，落实本单位勘察质量管理制度，制定项目质量保证措施，组织开展工程勘察各项工作。</td><td>《建设工程勘察质量管理办法》第十二条</td></tr>
</table>

续表

序号	检查内容	检查要点	检查依据
4	勘察人员资格	国家对从事建设工程勘察、设计活动的专业技术人员，实行执业资格注册管理制度。 未经注册的建设工程勘察、设计人员，不得以注册执业人员的名义从事建设工程勘察、设计活动。	《建设工程勘察设计管理条例》第九条
		建设工程勘察、设计注册执业人员和其他专业技术人员只能受聘于一个建设工程勘察、设计单位；未受聘于建设工程勘察、设计单位的，不得从事建设工程的勘察、设计活动。	《建设工程勘察设计管理条例》第十条
		①工程勘察项目负责人、审核人、审定人及有关技术人员应当具有相应的技术职称或者注册资格。 ②工程勘察企业应当加强职工技术培训和职业道德教育，提高勘察人员的质量责任意识。司钻员、描述员、土工试验员等人员应当按照有关规定接受安全生产、职业道德、理论知识和操作技能等方面的专业培训。	《建设工程勘察质量管理办法》第十一条、第十六条
		①未取得注册证书及执业印章的人员，不得以注册工程师的名义从事建设工程勘察、设计及有关业务活动。 ②注册工程师实行注册执业管理制度。取得资格证书的人员，必须经过注册方能以注册工程师的名义执业。 ③取得资格证书的人员，应受聘于一个具有建设工程勘察、设计、施工、监理、招标代理、造价咨询等一项或多项资质的单位，经注册后方可从事相应的执业活动。但从事建设工程勘察、设计执业活动的，应受聘并注册于一个具有建设工程勘察、设计资质的单位。	《勘察设计注册工程师管理规定》第三条、第六条、第十八条
		建筑工程开工建设前，建设、勘察、设计、施工、监理单位法定代表人应当签署授权书，明确本单位项目负责人。	《建筑工程五方责任主体项目负责人质量终身责任追究暂行办法》第二条
		工程勘察企业法定代表人应当建立健全并落实本单位质量管理制度，授权具备相应资格的人员担任项目负责人。 工程勘察企业项目负责人应当签署质量终身责任承诺书，执行勘察纲要和工程建设强制性标准，落实本单位勘察质量管理制度，制定项目质量保证措施，组织开展工程勘察各项工作。	《建设工程勘察质量管理办法》第十二条
		勘察企业法定代表人、项目负责人等相关人员应在工程勘察设计文件上签章或签字，并应对工程勘察文件负相应的质量责任。	《工程建设勘察企业质量管理标准》GB/T 50379—2018 4.4.1
5	勘察仪器、设备的配备	工程勘察企业应当确保仪器、设备的完好。钻探、取样的机具设备、原位测试、室内试验及测量仪器等应当符合有关规范、规程的要求。	《建设工程勘察质量管理办法》第十五条
		勘探、取样、测试和试验仪器设备应保持正常使用状态。测试和试验仪器应在标定的有效期内使用。	《工程勘察通用规范》GB 55017—2021 2.0.3

续表

序号	检查内容	检查要点	检查依据
6	勘察分包管理	①发包方不得将建设工程勘察、设计业务发包给不具有相应勘察、设计资质等级的建设工程勘察、设计单位。 ②除建设工程主体部分的勘察、设计外，经发包方书面同意，承包方可以将建设工程其他部分的勘察、设计再分包给其他具有相应资质等级的建设工程勘察、设计单位。 ③建设工程勘察、设计单位不得将所承揽的建设工程勘察、设计转包。	《建设工程勘察设计管理条例》第十七条、第十九条、第二十条
		①不得转包或者违法分包所承揽的勘察业务。 ②工程勘察企业将勘探、试验、测试等技术服务工作交由具备相应技术条件的其他单位承担的，工程勘察企业对相关勘探、试验、测试工作成果质量全面负责。	《建设工程勘察质量管理办法》第六条、第七条
		工程勘察不得进行专业分包，但工程总承包和设计合同中的勘察除外。	《中石化建设工程项目分包发包管理规定》4.5.1
		①勘察企业应建立并实施分包管理制度，对专业分包或劳务分包进行管理和控制，对分包的范围及分包管理过程中相关岗位的职责和权限作出规定。 ②勘察企业应在分包管理制度中规定评价、选择、绩效监视和再评价的准则。 ③在分包项目实施前，勘察企业应对分包方进行技术交底，并应对分包方的作业人员和设备进行验证或确认。 ④勘察企业应根据分包管理制度和分包合同中规定的技术质量监管要求，对分包项目现场实施监督和检查，发现问题应督促分包方整改并跟踪复查。 ⑤勘察企业应按合同或协议中规定的质量验收标准和验收要求，对分包项目进行验收。对未达到要求的，应按不合格控制要求处置。 ⑥勘察企业应保存分包过程的记录。	《工程建设勘察企业质量管理标准》GB/T 50379—2018 8.1.1、8.1.2、8.3.1~8.3.4
二、勘察策划			
1	勘察资料收集	①工程勘察应根据工程建设不同阶段的要求，进行策划、实施，勘察成果应正确反映工程地质条件，查明不良地质作用，提供资料真实、结构完整、评价合理、结论可靠、建议可行的勘察报告。 ②工程勘察应取得拟建工程设计资料，搜集与工程建设相关的地质资料和环境资料，编制勘察纲要。	《工程勘察通用规范》GB 55017—2021 1.0.3、2.0.1.1
2	勘察等级划分	岩土工程勘察等级应根据工程重要性等级、场地复杂程度等级和地基复杂程度等级划分，分为一级、二级、三级。 石油化工、煤化工主装置，大型储罐，球罐，长输管线工程等岩土工程勘察等级为一级。	《石油化工岩土工程勘察规范》SH/T 3159—2019 4.1

续表

序号	检查内容	检查要点	检查依据
3	勘察阶段划分	①岩土工程勘察宜分为可行性研究勘察、初步勘察和详细勘察三个阶段。场地条件复杂或有新增特殊要求工程，可进行针对性的补充或施工勘察。 ②可行性研究勘察应符合可行性研究阶段和总体设计阶段的设计要求；初步勘察应符合基础设计的要求；详细勘察应符合详细设计的要求；补充和施工勘察应符合设计变更和专门目的的要求。 ③当厂址已经确定时，可直接进行初步勘察。对于工程场地已确定且范围不大的改扩建工程，在场地和附近已有勘察资料时，可直接进行详细勘察。	《石油化工岩土工程勘察规范》SH/T 3159—2019 4.2.1、4.2.2、4.2.3
4	勘察纲要编制	勘察企业在项目实施前应对项目实施进行策划，并应与质量管理体系其他要求相一致，形成勘察纲要等策划文件，策划文件应经过审批后实施。	《工程建设勘察企业质量管理标准》GB/T 50379—2018 9.2.1
		①工程勘察应根据工程建设不同阶段的要求，进行策划、实施，勘察成果应正确反映工程地质条件，查明不良地质作用，提供资料真实、结构完整、评价合理、结论可靠、建议可行的勘察报告。 ②工程勘察应在收集、分析已有资料和现场踏勘的基础上，根据勘察目的、任务和现行相应技术标准的要求，针对拟建工程特点和场地工程地质条件编制勘察纲要。 ③当勘察纲要中拟定的勘察工作不能满足任务要求时，应及时调整勘察纲要或编制补充勘察纲要。 ④勘察纲要及其变更应由勘察项目负责人签字。	《工程勘察通用规范》GB 55017—2021 1.0.3、3.1.1、3.1.3、3.1.4
		勘察工作开展前应编制勘察纲要，勘察纲要的编制宜综合考虑下列内容： a)工程概况、勘察阶段与等级、编制依据； b)场地地形地貌、主要岩性与地质构造、工程地质、水文地质条件，场地、地基复杂程度及当地的勘察和施工经验； c)建(构)筑物特点和工程重要性等级，地基基础设计和施工的特殊要求及其他收集到的相关资料； d)勘察工作的主要内容与原则，各项工作的技术要求； e)项目组织机构、人员及设备配备； f)勘察工作的 HSE 保障措施； g)勘察工作的质量目标和质量管理； h)勘察工作的进度安排及保证措施； i)勘察成果报告要求。	《石油化工岩土工程勘察规范》SH/T 3159—2019 4.2.4

续表

序号	检查内容	检查要点	检查依据
三、生产装置区岩土工程勘察			
1	可行性研究勘察	①可行性研究阶段的勘察，宜取得至少两个场地或较大区域范围内的主要岩土工程资料，及进行拟建生产装置区可行性研究所需的相关资料，以配合选场组其他专业选定场址。 ②可行性研究勘察的主要工作应包括以下内容：应搜集区域地质、地形地貌、地震、矿产、水文、气象以及当地的工程地质、岩土工程和建筑经验等资料。	《石油化工岩土工程勘察规范》SH/T 3519—2019 5.1.1、5.1.3
2	初步勘察	①初步勘察宜以钻探、原位测试为主要手段，场地复杂程度为中等复杂以上时，宜进行工程地质测绘，并视具体条件采用工程物探初步了解地层、地质构造等。当场地为丘陵或者山区时，应在场地平整前，进行工程地质测绘工作，绘制比例尺宜选择1：2000~1：5000。 ②初步勘察勘探线、点的布置原则： a)勘探线应垂直地貌单元、地质构造、地层界线布置，平原区勘探线可均匀布置； b)土质地基沿勘探线布置勘探点，分控制性勘探点和一般性勘探点，控制性勘探点数量应不少于勘探点总数的1/3，且每个地貌单元不少于1个。勘探线间距和勘探点的间距可按表5.2.4确定； c)对岩质地基，勘探线和勘探点的布置，应根据地质构造、岩体特性、风化情况等，按地方标准或当地经验确定； d)在地貌单元交界处、破碎带和地层变化较大处，以及可能设置重大建(构)筑物的地段，应布置勘探点。 ③初步勘察勘探孔的深度应根据拟建建(构)筑物重要性等级和地基复杂程度确定，控制性勘探孔深度不宜小于30m，一般性勘探孔深度不宜小于15m。 勘探孔的深度尚应满足场地稳定性评价与抗震评价等要求。 ④初步勘察取土和原位测试的要求 a)取土试样的勘探孔和原位测试的勘探孔应在平面上均匀分布，其数量可占勘探孔总数的1/2~1/4； b)采取土试样或进行原位测试的竖向间距，应视地层的厚度、分布和土的均匀性确定； c)用于物理力学性质试验的土试样，应在每一土层中选取，且每一主要土层应不少于6件。	《石油化工岩土工程勘察规范》SH/T 3159—2019 5.2.3、5.2.4、5.2.5、5.2.6
3	详细勘察	①详勘阶段勘探点布置应符合下列规定： a)勘探点在平面上应能控制建(构)筑物的地基范围； b)重大设备基础应布置勘探点； c)堤坝工程坝肩部分应布置勘探点； d)控制性勘探孔不应少于勘探孔总数的1/3；	《工程勘察通用规范》GB 55017—2021 3.2.2~3.2.8

续表

序号	检查内容	检查要点	检查依据
3	详细勘察	e)单栋高层建筑勘探孔不应少于4个，控制性勘探孔不应少于2个；对高层建筑群每栋建筑物至少应有1个控制性勘探点。 ②控制性勘探孔深度应满足场地和地基稳定性分析、变形计算的要求；一般性勘探孔深度应满足承载力评价的要求。 ③除在下列规定深度内遇基岩或厚层碎石土等稳定地层允许调整外，天然地基勘探孔深度应符合下列规定： a)勘探深度应自基础底面起算。当基础底面宽度不大于5m时，勘探孔的深度对条形基础不应小于基础底面宽度的3倍，对独立柱基不应小于基础底面宽度的1.5倍，且不应小于5m； b)当需确定场地类别而邻近无可靠的覆盖层厚度资料及区域资料时，勘探孔应满足确定场地类别的要求。 ④桩基础的勘探孔深度应符合下列规定： a)一般性勘探孔深度应进入预计桩端平面以下岩土层不小于3*d*(*d*为桩身设计桩径)，且不应小于3m；对桩身直径大于或等于800mm的桩，不应小于5m； b)控制性勘探孔深度应满足下卧层验算要求；对需验算沉降的桩基，应满足地基变形计算深度要求； c)对嵌岩桩，控制性勘探孔深度应进入预计桩端平面以下岩层不小于3*d*，一般性勘探孔深度应进入预计桩端平面以下岩层不小于1*d*，且应穿过溶洞、破碎带到达稳定岩层。 ⑤地基处理勘察工作内容应根据拟采用的地基处理方法、工程地质条件和荷载条件等综合确定，勘探孔深度应满足地基承载力、变形计算和稳定性分析评价要求。 ⑥当需进行抗浮设计时，勘探孔深度应满足抗浮设计要求。 ⑦采取岩土试样和原位测试应满足分析评价要求，并应符合下列规定： a)采取土试样和原位测试的勘探孔数量，应根据地层结构、地基土的均匀性和工程特点确定，且不应少于勘探孔总数的1/2； b)每个场地每一主要土层的不扰动试样或原位测试数据不应少于6件(组)，当采用连续记录的静力触探或动力触探时，每个场地不应少于3个勘探孔； c)湿陷性黄土场地应布置探井采取不扰动土试样； d)评价场地类别的剪切波速孔测试深度不应小于20m或覆盖层深度； e)采用标准贯入试验锤击数进行液化判别时，每个场地标贯试验勘探孔数量不应少于3个。	《工程勘察通用规范》GB 55017—2021 3.2.2~3.2.8

续表

序号	检查内容	检查要点	检查依据
4	勘探和取样	勘探： ①现场勘探应进行危险源识别，应针对地下管线、地下构筑物及架空电力线路等，制定勘探作业安全保证措施。 ②勘察项目负责人应对勘探作业人员进行技术、环境保护、职业健康和安全交底。 ③勘察现场作业应采取保护生态环境、预防场地污染的措施，严禁遗弃泥浆、油污、塑料、电池及其他废弃物。 ④勘探工作完成后，除需要水位观测等特殊要求的钻孔、探井、探槽、探洞外，应按规定及时回填。需保留的钻孔、探井、探槽、探洞，应设置防护装置。 ⑤钻探应进行编录，并应在钻探作业过程中同步完成。编录应按钻进回次逐项填写，不得事后追记。 ⑥现场钻探编录应由经过专业培训的描述员或工程技术人员承担，司钻员和描述员应在钻探记录上签字，并应由勘察项目负责人签字验收。	《工程勘察通用规范》GB 55017—2021 4. 1. 1、4. 1. 2、4. 1. 4、4. 1. 5、4. 3. 2、4. 3. 3
		取样： ①岩土试样和水试样的采取，应符合勘察目的、场地地质情况和合同约定的技术标准。 ②水试样不应超过试验项目要求的放置时间。 ③岩土试样采取后应及时密封，并应填贴标签，标签上下应与土试样上下一致。 ④岩土试样密封后，应置于温度和湿度稳定的环境中，不得曝晒或受冻。土试样应直立放置，严禁倒置或平放。 ⑤运输岩土试样时，应将试样装入箱内，并用柔软缓冲材料填实。	《工程勘察通用规范》GB 55017—2021 4. 4. 1、4. 4. 3、4. 4. 4、4. 4. 5、4. 4. 6
5	原位测试和室内试验	①原位测试和室内试验的项目、方法和依据的技术标准应根据勘察目的、场地地质情况、任务书或项目合同确定。非标准的试验应有试验设计。同一试验项目有多种试验方法时，试验报告中应注明试验方法。 ②原位测试和室内试验应保留前期准备和试验过程的数据和信息。试验操作、记录和计算的责任人应在测试、试验记录和成果中签字。 ③原位测试和室内试验报告应包括测试、试验内容，测试及试验方法所依据的技术标准，测试、试验负责人应在成果报告中签字。当原位测试、室内试验委托外单位时，测试、试验的承担单位应在成果报告中签字盖章。	《工程勘察通用规范》GB 55017—2021 5. 0. 1、5. 0. 2、5. 0. 4

续表

序号	检查内容	检查要点	检查依据
6	分析评价	①工程勘察分析评价应在勘探、测试及岩土指标统计分析等工作的基础上，结合工程特点和要求进行。评价应针对拟建场地和地基基础进行，应评价场地稳定性和工程建设适宜性，以及地质条件可能造成的工程风险，提出防治措施的建议，提供设计所需的岩土参数。 ②工程勘察分析评价应包括下列内容： a)场地稳定性、适宜性评价； b)场地地震效应评价； c)地基基础评价。	《工程勘察通用规范》GB 55017—2021 6.1.1、6.1.2
7	工程勘察报告	建筑工程的勘察、设计单位必须对其勘察、设计的质量负责。勘察、设计文件应当符合有关法律、行政法规的规定和建筑工程质量、安全标准、建筑工程勘察、设计技术规范以及合同的约定。	《中华人民共和国建筑法》第五十六条
		勘察单位提供的地质、测量、水文等勘察成果必须真实、准确。	《建设工程质量管理条例》第二十条
		①编制建设工程勘察文件，应当真实、准确，满足建设工程规划、选址、设计、岩土治理和施工的需要。 ②建设工程勘察、设计文件中规定采用的新技术、新材料，可能影响建设工程质量和安全，又没有国家技术标准的，应当由国家认可的检测机构进行试验、论证，出具检测报告，并经国务院有关部门或者省、自治区、直辖市人民政府有关部门组织的建设工程技术专家委员会审定后，方可使用。	《建设工程勘察设计管理条例》第二十六条、第二十九条
		工程勘察企业应当按照有关建设工程质量的法律、法规、工程建设强制性标准和勘察合同进行勘察工作，并对勘察质量负责。 勘察文件应当符合国家规定的勘察深度要求，必须真实、准确。	《建设工程勘察质量管理办法》第三条
		勘察单位应当根据工程实际及工程周边环境资料，在勘察文件中说明地质条件可能造成的工程风险。	《危险性较大的分部分项工程安全管理规定》第六条
		①工程勘察报告应资料真实、内容完整，有明确的工程针对性。 ②工程勘察报告应包括文字部分和图表部分，并应符合下列规定： a)勘察报告应有单位公章、相关责任人签章； b)图表应有名称、项目名称及相关责任人签字。	《工程勘察通用规范》GB 55017—2021 6.2.1、6.2.2、6.2.3

续表

序号	检查内容	检查要点	检查依据
7	工程勘察报告	③工程勘察报告应根据任务要求、勘察阶段、工程特点和地质条件等编写，并应包括下列内容： a)拟建工程概况； b)勘察目的、任务要求和依据的技术标准； c)勘察方法和勘察工作布置； d)场地地形、地貌、地层、地质构造、岩土性质及其均匀性； e)场地各岩土层的物理力学性质指标，提供设计所需岩土参数； f)地下水埋藏情况、类型、水位及其变化，需要地下水控制时提供相关水文地质参数； g)土和水的腐蚀性评价； h)可能影响工程稳定的不良地质作用和对工程危害程度的评价； i)场地的地震效应评价； g)场地稳定性和适宜性的评价； k)地基基础分析评价； l)结论与建议； m)相关图表。	《工程勘察通用规范》GB 55017—2021 6.2.1、6.2.2、6.2.3
		①成果报告应附下列图表：勘探点平面布置图；工程地质柱状图；工程地质剖面图；原位测试成果图表；室内试验成果图表。 ②当工程地质条件复杂或工程需求时，还应附下列图表或资料：重点层位层面等高线图和等厚度线图；综合工程地质图；工程地质分区图；综合地质柱状图；地下水等水位线图；特殊土或特殊地质问题的专门性图件；岩土工程计算简图及计算成果图表；素描、照片等。	《石油化工工程岩土工程勘察规范》SH/T 3159—2019 10.2.3、10.2.4
8	勘察档案	①工程勘察企业应当建立工程勘察档案管理制度。工程勘察企业应当在勘察报告提交建设单位后20日内将工程勘察文件和勘探、试验、测试原始记录及成果、质量安全管理记录归档保存。归档资料应当经项目负责人签字确认，保存期限应当不少于工程的设计使用年限。 国家鼓励工程勘察企业推进传统载体档案数字化。电子档案与传统载体档案具有同等效力。 ②违反本办法规定，工程勘察企业有下列行为之一的，由工程勘察质量监督部门责令改正，处1万元以上3万元以下的罚款： (五)未将钻探、取样、原位测试、室内试验等主要过程的影像资料留存备查； (六)未按规定及时将工程勘察文件和勘探、试验、测试原始记录及成果、质量安全管理记录归档保存。	《建设工程勘察质量管理办法》第十七条、第二十四条

续表

序号	检查内容	检查要点	检查依据
四、后期服务			
1	勘察技术交底	建设工程勘察、设计单位应当在建设工程施工前，向施工单位和监理单位说明建设工程勘察、设计意图，解释建设工程勘察、设计文件。	《建设工程勘察设计管理条例》第三十条
		工程勘察企业应当向设计、施工和监理等单位进行勘察技术交底，参与施工验槽，及时解决工程设计和施工中与勘察工作有关的问题，按规定参加工程竣工验收。	《建设工程勘察质量管理办法》第九条
2	地基验槽	工程勘察企业应当向设计、施工和监理等单位进行勘察技术交底，参与施工验槽，及时解决工程设计和施工中与勘察工作有关的问题，按规定参加工程竣工验收。	《建设工程勘察质量管理办法》第九条
		勘察、设计、监理、施工、建设各方相关技术人员应共同参加验槽。	《地基与基础工程施工质量验收规范》GB 50202—2018 附录 A. 1. 1
3	分部工程验收	勘察、设计单位的项目负责人和施工单位的技术、质量部门负责人应参加地基与基础分部工程的验收。	《建筑工程施工质量验收统一标准》GB 50300—2013 6.0.3
4	工程质量事故处理	工程勘察企业应当参与建设工程质量事故的分析，并对因勘察原因造成的质量事故，提出相应的技术处理方案。	《建设工程勘察质量管理办法》第十条
5	竣工验收	工程勘察企业应当向设计、施工和监理等单位进行勘察技术交底，参与施工验槽，及时解决工程设计和施工中与勘察工作有关的问题，按规定参加工程竣工验收。	《建设工程勘察质量管理办法》第九条

3.3 乙烯裂解装置桩基工程质量监督检查要点

序号	检查内容	检查要点	检查依据
一、专业管理行为			
1	质量控制措施	结构应按照设计文件施工。施工过程应采取保证施工质量和施工安全的技术措施和管理措施。	GB 55001—2021 2. 1. 6
		桩基施工前，应编制桩基工程施工组织设计或桩基工程施工方案，其内容应包括：桩基施工技术参数、桩基施工工艺流程、桩基施工方法、桩基施工安全技术措施、应急预案、工程监测要求等。	GB 55003—2021 5. 4. 1 1

序号	检查内容	检查要点	检查依据
2	设计文件	结构部件与结构的安全等级不一致或设计工作年限不一致的，应在设计文件中明确标明。	GB 55001—2021 2.2.4
		灌注桩的桩身混凝土强度等级不应低于 C25；桩的纵向受力钢筋的混凝土保护层厚度不应小于 50mm，腐蚀环境中桩的纵向受力钢筋的混凝土保护层厚度不应小于 55mm。	GB 55003—2021 5.2.11
		预制桩的桩身混凝土强度等级不应低于 C30；预制桩的纵向受力钢筋混凝土保护层厚度不应小于 45mm；预应力混凝土桩的钢筋保护层厚度不应小于 35mm，地基处理和临时性建筑用预应力混凝土桩的钢筋保护层厚度不应小于 25mm。	GB 55003—2021 5.2.12
3	承载力计算和稳定性验算	桩基应根据具体条件分别进行下列承载能力计算和稳定性验算： a)应根据桩基的使用功能和受力特征分别进行桩基的竖向承载力计算和水平承载力计算； b)应对桩身和承台结构承载力进行计算；对于桩侧土不排水抗剪强度小于 10kPa 且长径比大于 50 的桩，应进行桩身压屈验算；对于混凝土预制桩，应按吊装、运输和锤击作用进行桩身承载力验算；对于钢管桩，应进行局部压屈验算； c)当桩端平面以下存在软弱下卧层时，应进行软弱下卧层承载力验算； d)对位于坡地、岸边的桩基，应进行整体稳定性验算； e)对于抗浮、抗拔桩基，应进行基桩和群桩的抗拔承载力计算； f)对于抗震设防区的桩基，应进行抗震承载力验算。	JGJ 94—2008 3.1.3
		下列建筑桩基应进行沉降计算： a)设计等级为甲级的非嵌岩桩和非深厚坚硬持力层的建筑桩基； b)设计等级为乙级的体型复杂、荷载分布显著不均匀或桩端平面以下存在软弱土层的建筑桩基； c)软土地基多层建筑减沉复合疏桩基础。	JGJ 94—2008 3.1.4
		对受水平荷载较大，或对水平位移有严格限制的建筑桩基，应计算其水平位移。	JGJ 94—2008 3.1.5
		应根据桩基所处的环境类别和相应的裂缝控制等级，验算桩和承台正截面的抗裂和裂缝宽度。	JGJ 94—2008 3.1.6
		建筑桩基沉降变形计算值不应大于桩基沉降变形允许值。	JGJ 94—2008 5.5.1
		建筑桩基沉降变形允许值，应按表 5.5.4 规定采用。	JGJ 94—2008 5.5.4

续表

序号	检查内容	检查要点	检查依据
3	承载力计算和稳定性验算	桩基承台厚度应满足柱(墙)对承台的冲切和基桩对承台的冲切承载力要求。	JGJ 94—2008 5.9.6
		柱(墙)下桩基承台，应分别对柱(墙)边、变阶处和桩边联线形成的贯通承台的斜截面的受剪承载力进行验算。当承台悬挑边有多排基桩形成多个斜截面时，应对每个斜截面的受剪承载力进行验算。	JGJ 94—2008 5.9.9
		对于柱下桩基，当承台混凝土强度等级低于柱或桩的混凝土强度等级时，应验算柱下或桩上承台的局部受压承载力。	JGJ 94—2008 5.9.15
4	材料、设备	地基基础工程施工应采用经质量检验合格的材料、构件和设备，应根据设计要求和工程需要制定施工方案，并进行工程施工质量控制和工程监测。工程监测应确保数据的完整性、真实性和可靠性。	GB 55003—2021 2.1.6
		对施工中使用的材料、构件和设备应进行检验，材料、构件以及试块、试件等应有检验报告。	GB 55003—2021 2.3.5 1
		工程采用的主要材料、半成品、成品、构配件、器具和设备应进行进场检验。涉及安全、节能、环境保护和主要使用功能的重要材料、产品应按各专业相关规定进行复验，并应经监理工程师检查认可。	GB 55032—2022 3.2.1
		对涉及结构安全、节能、环境保护和主要使用功能的试块、试件及材料，应按规定进行见证检验。见证检验应在建设单位或者监理单位的监督下现场取样、送检，检测试样应具有真实性和代表性。	GB 55032—2022 3.2.2
		进口产品应符合合同规定的质量要求，并附有中文说明书和商检证明，经进场验收合格后方可使用。	GB 55032—2022 3.2.3
		施工现场的材料、半成品、成品、构配件、器具和设备，在运输和储存时应采取确保其质量和性能不受影响的储存及防护措施。	GB 55032—2022 3.2.4
二、桩基施工			
1	一般规定	桩基工程施工前应对放好的轴线和桩位进行复核。群桩桩位的放样允许偏差应为20mm，单排桩桩位的放样允许偏差应为10mm。	GB 50202—2018 5.1.1
		混凝土预制桩和钢柱的起吊、运输和堆放应符合设计要求，严禁拖拉取桩。	GB 55003—2021 5.4.1.3
		在湿陷性黄土场地、膨胀土场地进行灌注桩施工时，应采取防止地表水、场地雨水渗入桩孔内的措施。	GB 55003—2021 5.4.1.5
		在季节性冻土地区进行桩基施工时，应采取防止或减小桩身与冻土之间产生切向冻胀力的防护措施。	GB 55003—2021 5.4.1.6

续表

序号	检查内容	检查要点	检查依据
2	桩基沉降观测	下列桩基工程应在施工期间及使用期间进行沉降观测，直至沉降达到稳定标准为止： a)对桩基沉降有控制要求的桩基； b)非嵌岩桩和非深厚坚硬持力层的桩基； c)结构体型复杂、荷载分布不均匀或桩端平面下存在软弱土层的桩基； d)施工过程中可能引起地面沉降、隆起、位移、周边建(构)筑物和地下管线变形、地下水位变化及土体位移的桩基。	GB 55003—2021 5.4.2
3	灌注桩	配筋率：当桩身直径为300~2000mm时，正截面配筋率可取0.65%~0.2%(小直径桩取高值)；对受荷载特别大的桩、抗拔桩和嵌岩端承桩应根据计算确定配筋率，并不应小于上述规定值。 配筋长度： 1)端承型桩和位于坡地岸边的基桩应沿桩身等截面或变截面通长配筋； 2)桩径大于600mm的摩擦型桩配筋长度不应小于2/3桩长；当受水平荷载时，配筋长度尚不宜小于4.0/α(α为桩的水平变形系数)； 3)对于受地震作用的基桩，桩身配筋长度应穿过可液化土层和软弱土层，进入稳定土层的深度，对于碎石土，砾、粗、中砂，密实粉土，坚硬黏性土不应小于2~3倍桩身直径，对其它非岩石土不宜小于4~5倍桩身直径； 4)受负摩阻力的桩、因先成桩后开挖基坑而随地基土回弹的桩，其配筋长度应穿过软弱土层并进入稳定土层，进入的深度不应小于2~3倍桩身直径； 5)专用抗拔桩及因地震作用、冻胀或膨胀力作用而受拔力的桩，应等截面或变截面通长配筋。 对于受水平荷载的桩，主筋不应小于8ϕ12；对于抗压桩和抗拔桩，主筋不应少于6ϕ10；纵向主筋应沿桩身周边均匀布置，其净距不应小于60mm。 箍筋应采用螺旋式，直径不应小于6mm，间距宜为200~300mm；受水平荷载较大桩基、承受水平地震作用的桩基以及考虑主筋作用计算桩身受压承载力时，桩顶以下5d范围内的箍筋应加密，间距不应大于100mm；当桩身位于液化土层范围内时箍筋应加密；当考虑箍筋受力作用时，箍筋配置应符合现行国家标准GB 50010的有关规定；当钢筋笼长度超过4m时，应每隔2m设一道直径不小于12mm的焊接加劲箍筋。	JGJ 94—2008 4.1.1 1 JGJ 94—2008 4.1.1 2 JGJ 94—2008 4.1.1 3 JGJ 94—2008 4.1.1 4

序号	检查内容	检查要点	检查依据
3	灌注桩	桩身混凝土及混凝土保护层厚度应符合下列要求： ①桩身混凝土强度等级不得小于 C25，混凝土预制桩尖强度等级不得小于 C30； ②灌注桩主筋的混凝土保护层厚度不应小于 35mm，水下灌注桩的主筋混凝土保护层厚度不得小于 50mm； ③四类、五类环境中桩身混凝土保护层厚度应符合国家现行标准《港口工程混凝土结构设计规范》JTJ 267、《工业建筑防腐蚀设计规范》GB 50046 的相关规定。	JGJ 94—2008 4. 1. 2
		扩底灌注桩扩底端尺寸应符合下列规定： ①对于持力层承载力较高、上覆土层较差的抗压桩和桩端以上有一定厚度较好土层的抗拔桩，可采用扩底；扩底端直径与桩身直径之比 D/d，应根据承载力要求及扩底端侧面和桩端持力层土性特征以及扩底施工方法确定；挖孔桩的 D/d 不应大于 3，钻孔桩的 D/d 不应大于 2. 5； ②扩底端侧面的斜率应根据实际成孔及土体自立条件确定，a/h_c 可取 1/4～1/2，砂土可取 1/4，粉土、黏性土可取 1/3～1/2； ③抗压桩扩底端底面宜呈锅底形，矢高 h_b 可取(0. 15～0. 20)D。	JGJ 94—2008 4. 1. 3
		灌注桩成孔施工的允许偏差应满足 JGJ 94—2008 表 6. 2. 4 的要求。	JGJ 94—2008 6. 2. 4
		钢筋笼制作、安装的质量应符合下列要求： ①钢筋笼的材质、尺寸应符合设计要求，制作允许偏差应符合 JGJ 94—2008 表 6. 2. 5 的规定； ②分段制作的钢筋笼，其接头宜采用焊接或机械式接头(钢筋直径大于 20mm)，并应遵守国家现行标准《钢筋机械连接通用技术规程》JGJ 107、《钢筋焊接及验收规程》JGJ 18 和《混凝土结构工程施工质量验收规范》GB 50204 的规定； ③加劲箍宜设在主筋外侧，当因施工工艺有特殊要求时也可置于内侧； ④导管接头处外径应比钢筋笼的内径小 100mm 以上； ⑤搬运和吊装钢筋笼时，应防止变形，安放应对准孔位，避免碰撞孔壁和自由落下，就位后应立即固定。	JGJ 94—2008 6. 2. 5
		粗骨料可选用卵石或碎石，其骨料粒径不得大于钢筋间距最小净距的 1/3。	JGJ 94—2008 6. 2. 6

续表

序号	检查内容	检查要点	检查依据
3	灌注桩	灌注桩施工前应进行下列检验： ①混凝土拌制应对原材料质量与计量、混凝土配合比、坍落度、混凝土强度等级等进行检查； ②钢筋笼制作应对钢筋规格、焊条规格、品种、焊口规格、焊缝长度、焊缝外观和质量、主筋和箍筋的制作偏差等进行检查。	JGJ 94—2008 9.2.3
4	预应力混凝土空心桩	预应力混凝土桩的连接可采用端板焊接连接、法兰连接、机械啮合连接、螺纹连接。每根桩的接头数量不宜超过3个。	JGJ 94—2008 4.1.12
		桩端嵌入遇水易软化的强风化岩、全风化岩和非饱和土的预应力混凝土空心桩，沉桩后，应对桩端以上约2m范围内采取有效的防渗措施，可采用微膨胀混凝土填芯或在内壁预涂柔性防水材料。	JGJ 94—2008 4.1.13
5	砂石桩复合地基	砂石桩复合地基质量检验标准应符合GB 50202—2018表4.9.4的规定。	GB 50202—2018 4.9.4
6	高压喷射注浆复合地基	①复合地基承载力不小于设计值； ②单桩承载力不小于设计值； ③水泥用量不小于设计值； ④桩长不小于设计值； ⑤桩身强度不小于设计值。	GB 50202—2018 4.10.4
7	水泥土搅拌桩复合地基	①复合地基承载力不小于设计值； ②单桩承载力不小于设计值； ③水泥用量不小于设计值； ④搅拌叶回转直径允许偏差±20mm； ⑤桩长不小于设计值； ⑥桩身强度不小于设计值。	GB 50202—2018 4.11.4

序号	检查内容	检查要点	检查依据
8	水泥粉煤灰碎石桩复合地基	①复合地基承载力不小于设计值； ②单桩承载力不小于设计值； ③桩长不小于设计值； ④桩径允许偏差+50mm，-0mm； ⑤桩身强度不小于设计值。	GB 50202—2018 4. 13. 4
9	沉管灌注桩	①桩基承载力不小于设计值； ②混凝土强度不小于设计值； ③桩长不小于设计值。	GB 50202—2018 5. 9. 4
10	泥浆护壁成孔灌注桩	泥浆护壁应符合下列规定： ①施工期间护筒内的泥浆面应高出地下水位 1. 0m 以上，在受水位涨落影响时，泥浆面应高出最高水位 1. 5m 以上； ②在清孔过程中，应不断置换泥浆，直至灌注水下混凝土； ③灌注混凝土前，孔底 500mm 以内的泥浆相对密度应小于 1. 25；含砂率不得大于 8%；黏度不得大于 28s； ④在容易产生泥浆渗漏的土层中应采取维持孔壁稳定的措施。	JGJ 94—2008 6. 3. 2
		钻孔达到设计深度，灌注混凝土之前，孔底沉渣厚度指标应符合下列规定： ①对端承型桩，不应大于 50mm； ②对摩擦型桩，不应大于 100mm； ③对抗拔、抗水平力桩，不应大于 200mm。	JGJ 94—2008 6. 3. 9
		①桩基承载力不小于设计值； ②孔深不小于设计值； ③混凝土强度不小于设计值； ④嵌岩深度不小于设计值。	GB 50202—2018 5. 6. 4

续表

序号	检查内容	检查要点	检查依据
10	泥浆护壁成孔灌注桩	施工中应对成孔、钢筋笼制作与安装、水下混凝土灌注等各项质量指标进行检查验收；嵌岩桩应对桩端的岩性和入岩深度进行检验。	GB 50202—2018 5. 6. 2
11	干作业成孔灌注桩	灌注混凝土前，应在孔口安放护孔漏斗，然后放置钢筋笼，并应再次测量孔内虚土厚度。扩底桩灌注混凝土时，第一次应灌到扩底部位的顶面，随即振捣密实；浇筑桩顶以下 5m 范围内混凝土时，应随浇筑随振捣，每次浇筑高度不得大于 1. 5m。	JGJ 94—2008 6. 6. 4
		人工挖孔桩的孔径(不含护壁)不得小于 0. 8m，且不宜大于 2. 5m；孔深不宜大于 30m。当桩净距小于 2. 5m 时，应采用间隔开挖。相邻排桩跳挖的最小施工净距不得小于 4. 5m。	JGJ 94—2008 6. 6. 5
		人工挖孔桩混凝土护壁的厚度不应小于 100mm，混凝土强度等级不应低于桩身混凝土强度等级，并应振捣密实；护壁应配置直径不小于 8mm 的构造钢筋，竖向筋应上下搭接或拉接。	JGJ 94—2008 6. 6. 6
		人工挖孔桩第一节井圈护壁应符合下列规定： ①井圈中心线与设计轴线的偏差不得大于 20mm； ②井圈顶面应比场地高出 100~150mm，壁厚应比下面井壁厚度增加 100~150mm。	JGJ 94—2008 6. 6. 9
		钢筋骨架的主筋连接宜采用对焊和电弧焊，当钢筋直径不小于 20mm 时，宜采用机械接头连接。主筋接头配置在同一截面内的数量，应符合下列规定： ①当采用对焊或电弧焊时，对于受拉钢筋，不得超过 50%； ②相邻两根主筋接头截面的距离应大于 $35d_g$(主筋直径)，并不应小于 500mm。	JGJ 94—2008 7. 1. 3
		①桩基承载力不小于设计值； ②孔深及孔底土岩性不小于设计值； ③混凝土强度不小于设计值； ④桩径允许偏差≥0mm。	GB 50202—2018 5. 7. 4

续表

序号	检查内容	检查要点	检查依据
12	混凝土预制桩	混凝土预制桩的截面边长不应小于200mm；预应力混凝土预制实心桩的截面边长不宜小于350mm。	JGJ 94—2008 4.1.4
		预制桩的混凝土强度等级不宜低于C30；预应力混凝土实心桩的混凝土强度等级不应低于C40；预制桩纵向钢筋的混凝土保护层厚度不宜小于30mm。	JGJ 94—2008 4.1.5
		预制桩的桩身配筋应按吊运、打桩及桩在使用中的受力等条件计算确定。采用锤击法沉桩时，预制桩的最小配筋率不宜小于0.8%。静压法沉桩时，最小配筋率不宜小于0.6%，主筋直径不宜小于ϕ14，打入桩桩顶以下4~5倍桩身直径长度范围内箍筋应加密，并设置钢筋网片。	JGJ 94—2008 4.1.6
		预制桩的分节长度应根据施工条件及运输条件确定；每根桩的接头数量不宜超过3个。	JGJ 94—2008 4.1.7
		施工中应检验接桩质量、锤击及静压的技术指标、垂直度以及桩顶标高等。	GB 50202—2018 5.5.2
		重叠法制作预制桩时，应符合下列规定： ①桩与邻桩及底模之间的接触面不得粘连； ②上层桩或邻桩的浇注，必须在下层桩或邻桩的混凝土达到设计强度的30%以上时，方可进行； ③桩的重叠层数不应超过4层。	JGJ 94—2008 7.1.9
		采用焊接接桩应符合下列规定： ①下节桩段的桩头宜高出地面0.5m； ②下节桩的桩头处宜设导向箍；接桩时上下节桩段应保持顺直，错位偏差不宜大于2mm；接桩就位纠偏时，不得采用大锤横向敲打； ③桩对接前，上下端板表面应采用铁刷子清刷干净，坡口处应刷至露出金属光泽； ④焊接宜在桩四周对称地进行，待上下桩节固定后拆除导向箍再分层施焊；焊接层数不得少于2层，第一层焊完后必须把焊渣清理干净，方可进行第二层(的)施焊，焊缝应连续、饱满； ⑤焊好后的桩接头应自然冷却后方可继续锤击，自然冷却时间不宜少于8min；严禁采用水冷却或焊好即施打； ⑥雨天焊接时，应采取可靠的防雨措施； ⑦焊接接头的质量检查宜采用探伤检测，对于同一工程探伤抽样检验不得少于3个接头。	JGJ 94—2008 7.3.3

续表

序号	检查内容	检查要点	检查依据
12	混凝土预制桩	钢结构焊接工程用钢材及焊接材料应符合设计文件的要求，并应具有钢厂和焊接材料厂出具的产品质量证明书或检验报告，其化学成分、力学性能和其他质量要求应符合国家现行有关标准的规定。	GB 50661—2011 4.0.1
		抽验检验应按下列规定进行结果判定： ①抽样检验的焊缝数不合格率小于2%时，该批验收合格； ②抽样检验的焊缝数不合格率大于5%时，该批验收不合格； ③除本条第五款情况外抽样检验的焊缝数不合格率为2%~5%时，应加倍抽检，且必须在原不合格部位两侧的焊缝延长线各增加一处，在所有抽检焊缝中不合格率不大于3%时，该批验收合格，大于3%时，该批验收不合格； ④批量验收不合格时，应对该批余下的全部焊缝进行检验； ⑤检验发现1处裂纹缺陷时，应加倍抽检，在加倍抽检焊缝中未再检查出裂纹缺陷时，该批验收合格；检验发现多于1处裂纹缺陷或加倍抽查又发现裂纹缺陷时，该批验收不合格，应对该批余下焊缝的全数进行检查。	GB 50661—2011 8.1.8
		采用机械快速螺纹接桩的操作与质量应符合下列规定： ①接桩前应检查桩两端制作的尺寸偏差及连接件，无受损后方可起吊施工，其下节桩端宜高出地面0.8m； ②接桩时，卸下上下节桩两端的保护装置后，应清理接头残物，涂上润滑脂； ③应采用专用接头锥度对中，对准上下节桩进行旋紧连接； ④可采用专用链条式扳手进行旋紧，（臂长1m，卡紧后人工旋紧再用铁锤敲击板臂），锁紧后两端板尚应有1~2mm的间隙。	JGJ 94—2008 7.3.4
		静力压桩施工的质量控制应符合下列规定： ①第一节桩下压时垂直度偏差不应大于0.5%； ②宜将每根桩一次性连续压到底，且最后一节有效桩长不宜小于5m； ③抱压力不应大于桩身允许侧向压力的1.1倍。	JGJ 94—2008 7.5.8
		桩基承载力不小于设计值。	GB 50202—2018 5.5.4

续表

序号	检查内容	检查要点	检查依据
13	现浇混凝土大直径管桩复合地基	现浇混凝土大直径管桩桩顶标高、桩长、桩位、垂直度偏差、混凝土充盈系数、混凝土强度、拔管速度等应按表5.1.2的规定进行检查，并应按本规程附录B表B的要求作好记录。	JGJ/T 213—2010 5.1.2
		每个台班应留置不少于3组混凝土试块。	JGJ/T 213—2010 5.1.3
		现浇混凝土大直径管桩的桩身质量检测标准应符合表5.2.4的规定，并应按本规程附录B表B的要求作好记录。	JGJ/T 213—2010 5.2.4
14	大直径扩底灌注桩	灌注桩成孔施工的允许误差应符合JGJ/T 225—2010表7.1.5的规定。	JGJ/T 225—2010 7.1.5
		钢筋笼制作、安装的质量应符合下列规定： ①钢筋的材质、数量、尺寸应符合设计要求； ②制作允许偏差应符合JGJ/T 225—2010表7.1.6的规定； ③分段制作的钢筋笼，宜采用焊接或机械连接接头，并应符合现行GB 50204、JGJ 107、JGJ 18的有关规定； ④加劲箍筋宜设在主筋外侧，当施工工艺有特殊要求时也可置于内侧； ⑤灌注混凝土的导管接头处外径应比钢筋笼的内径小100mm以上； ⑥搬运和吊装钢筋笼时，应防止变形；安放时应对准孔位，自由落下，避免碰撞孔壁，就位后应立即固定。	JGJ/T 225—2010 7.1.6
		桩体混凝土粗骨料可选用卵石或碎石，其骨料粒径不得大于50mm，且不宜大于主筋最小净距的1/3。	JGJ/T 225—2010 7.1.7
		灌注混凝土前孔底沉渣厚度应符合下列规定： 竖向承载的扩底桩，不应大于50mm； 抗拔或抗水平力的扩底桩，不应大于200mm。	JGJ/T 225—2010 7.3.12
		大直径扩底桩质量检验要求，应符合JGJ/T 225—2010表8.1.2的规定。	JGJ/T 225—2010 8.1.2
		大直径扩底桩钢筋笼质量检验要求，应符合JGJ/T 225—2010表8.1.3的规定。	JGJ/T 225—2010 8.1.3
		大直径扩底桩成孔施工前，应试成孔，其数量在每个场地不应少于2个。对于有经验的建筑场地，试成孔可结合工程桩进行。	JGJ/T 225—2010 8.2.1
		成孔质量检验应包括：孔深、孔径、垂直度、扩大端尺寸、孔底沉渣厚度等。	JGJ/T 225—2010 8.2.2

续表

序号	检查内容	检查要点	检查依据
15	静压桩	压桩前，应对每个桩位进行放样和复核，桩位偏差应小于 20mm。	JGJ/T 394—2017 5.2.3
		桩位和桩身垂直度检查应符合下列规定： 复核桩位，群桩的允许偏差应为±20mm，单排桩的允许偏差应为±10mm，并应妥善保护桩位标记； 首节桩垂直度允许偏差应为±0.5%，送桩前应测量桩身垂直度。	JGJ/T 394—2017 7.2.2
		焊接接头质量检查和检验应符合下列规定： 焊缝直观检查应无气孔、无焊瘤、无裂缝、焊缝饱满。	JGJ/T 394—2017 7.2.3.2
		桩位应逐根检查，并应符合下列规定： 桩身垂直度允许偏差应为±1%； 桩顶标高和桩顶平面位置的允许偏差应符合现行国家标准《建筑地基基础工程施工质量验收标准》GB 50202 的规定。	JGJ/T 394—2017 7.3.3
16	预应力混凝土管桩	用于桩基础、地基处理及基坑支护工程的管桩几何尺寸和桩身力学性能宜符合本标准附录 A 的规定。	JGJ/T 406—2017 3.0.1
		管桩混凝土及桩身防腐要求应符合表 3.0.9-1 和表 3.0.9-2 的规定。	JGJ/T 406—2017 3.0.9
		桩位偏差不应大于 50mm，垂直度偏差不应大于 1/100，桩底标高应符合设计要求。	JGJ/T 406—2017 7.2.1.2
		施工前应检查管桩外观质量，校核桩位，施工中应检查焊接质量、垂直度；施工后应检测桩身完整性。	JGJ/T 406—2017 7.2.1.5
		管桩基础承台施工前，应对工程桩桩身垂直度进行检查，垂直度偏差应为±1%。	JGJ/T 406—2017 9.1.3.4
		应对桩顶标高和桩位偏差进行检测，检测结果应符合现行国家标准《建筑地基基础工程施工质量验收标准》GB 50202 的有关规定。	JGJ/T 406—2017 9.1.8
17	长螺旋钻孔压灌桩	长螺旋钻孔压灌桩质量检验标准应符合表 6.1.4-1 和表 6.1.4-2 的规定。	JGJ/T 419—2018 6.1.4
		钢筋笼在同一断面主筋的接头数量不应超过主筋总数的 50%。主筋接头质量应符合国家现行标准《混凝土结构工程施工质量验收规范》GB 50204、《钢筋焊接及验收规程》JGJ 18 和《钢筋机械连接技术规程》JGJ 107 的规定。	JGJ/T 419—2018 6.2.3
		①桩基承载力不小于设计值； ②混凝土强度不小于设计值； ③桩长不小于设计值； ④桩径不小于设计值。	GB 50202—2018 5.8.4

续表

序号	检查内容	检查要点	检查依据
17	长螺旋钻孔压灌桩	钻机定位后，应进行复检，钻头与桩位点偏差不得大于20mm，开孔时下钻速度应缓慢；钻进过程中，不宜反转或提升钻杆。	JGJ 94—2008 6.4.2
		混凝土压灌结束后，应立即将钢筋笼插至设计深度。钢筋笼插设宜采用专用插筋器。	JGJ 94—2008 6.4.13
18	强夯地基	施工前应检查夯锤质量和尺寸、落距控制方法、排水设施及被夯地基的土质。	GB 50202—2018 4.6.1
		施工中应检查夯锤落距、夯点位置、夯击范围、夯击击数、夯击遍数、每击夯沉量、最后两击的平均夯沉量、总夯沉量和夯点施工起止时间等。	GB 50202—2018 4.6.2
		强夯地基质量检验标准应符合 GB 50202—2018 表 4.6.4 的规定。	GB 50202—2018 4.6.4
19	承台	桩基承台的构造，应满足抗冲切、抗剪切、抗弯承载力和上部结构要求，尚应符合下列要求： ①柱下独立桩基承台的最小宽度不应小于500mm，边桩中心至承台边缘的距离不应小于桩的直径或边长，且桩的外边缘至承台边缘的距离不应小于150mm。对于墙下条形承台梁，桩的外边缘至承台梁边缘的距离不应小于75mm。承台的最小厚度不应小于300mm； ②高层建筑平板式和梁板式筏形承台的最小厚度不应小于400mm，墙下布桩的剪力墙结构筏形承台的最小厚度不应小于200mm； ③高层建筑箱形承台的构造应符合《高层建筑筏形与箱形基础技术规范》JGJ 6 的规定。	JGJ 94—2008 4.2.1
		承台混凝土材料及其强度等级应符合结构混凝土耐久性的要求和抗渗要求。	JGJ 94—2008 4.2.2
		承台的钢筋配置应符合下列规定： ①柱下独立桩基承台钢筋应通长配置，对四桩以上(含四桩)承台宜按双向均匀布置，对三桩的三角形承台应按三向板带均匀布置，且最里面的三根钢筋围成的三角形应在柱截面范围内。钢筋锚固长度自边桩内侧(当为圆桩时，应将其直径乘以0.8等效为方桩)算起，不应小于$35d_g$(d_g为钢筋直径)；当不满足时应将纵向钢筋向上弯折，此时水平段的长度不应小于$25d_g$，弯折段长度不应小于$10d_g$。承台纵向受力钢筋的直径不应小于12mm，间距不应大于200mm。柱下独立桩基承台的最小配筋率不应小于0.15%； ②柱下独立两桩承台，应按现行国家标准《混凝土结构设计规范》(GB 50010)中的深受弯构件配置纵向受拉钢筋、水平及竖向分布钢筋。承台纵向受力钢筋端部的锚固长度及构造应与柱下多桩承台的规定相同；	JGJ 94—2008 4.2.3

续表

序号	检查内容	检查要点	检查依据
19	承台	③条形承台梁的纵向主筋应符合现行国家标准《混凝土结构设计规范》(GB 50010)关于最小配筋率的规定，主筋直径不应小于12mm，架立筋直径不应小于10mm，箍筋直径不应小于6mm。承台梁端部纵向受力钢筋的锚固长度及构造应与柱下多桩承台的规定相同； ④筏形承台板或箱形承台板在计算中当仅考虑局部弯矩作用时，考虑到整体弯曲的影响，在纵横两个方向的下层钢筋配筋率不宜小于0.15%；上层钢筋应按计算配筋率全部连通。当筏板的厚度大于2000mm时，宜在板厚中间部位设置直径不小于12mm、间距不大于300mm的双向钢筋网； ⑤承台底面钢筋的混凝土保护层厚度，当有混凝土垫层时，不应小于50mm，无垫层时不应小于70mm；此外尚不应小于桩头嵌入承台内的长度。	JGJ 94—2008 4.2.3
		桩与承台的连接构造应符合下列规定： ①桩嵌入承台内的长度对中等直径桩不宜小于50mm；对大直径桩不宜小于100mm； ②混凝土桩的桩顶纵向主筋应锚入承台内，其锚入长度不宜小于35倍纵向主筋直径。对于抗拔桩，桩顶纵向主筋的锚固长度应按现行国家标准《混凝土结构设计规范》(GB 50010)确定； ③对于大直径灌注桩，当采用一柱一桩时可设置承台或将桩与柱直接连接。	JGJ 94—2008 4.2.4
		柱与承台的连接构造应符合下列规定： ①对于一柱一桩基础，柱与桩直接连接时，柱纵向主筋锚入桩身内长度不应小于35倍纵向主筋直径； ②对于多桩承台，柱纵向主筋应锚入承台不应小于35倍纵向主筋直径；当承台高度不满足锚固要求时，竖向锚固长度不应小于20倍纵向主筋直径，并向柱轴线方向呈90°弯折； ③当有抗震设防要求时，对于一、二级抗震等级的柱，纵向主筋锚固长度应乘以1.15的系数；对于三级抗震等级的柱，纵向主筋锚固长度应乘以1.05的系数。	JGJ 94—2008 4.2.5
		承台与承台之间的连接构造应符合下列规定： ①一柱一桩时，应在桩顶两个主轴方向上设置联系梁。当桩与柱的截面直径之比大于2时，可不设联系梁； ②两桩桩基的承台，应在其短向设置联系梁； ③有抗震设防要求的柱下桩基承台，宜沿两个主轴方向设置联系梁；	JGJ 94—2008 4.2.6

续表

序号	检查内容	检查要点	检查依据
19	承台	④联系梁顶面宜与承台顶面位于同一标高。联系梁宽度不宜小于 250mm，其高度可取承台中心距的 1/10~1/15，且不宜小于 400mm； ⑤联系梁配筋应按计算确定，梁上下部配筋不宜小于 2 根直径 12mm 钢筋；位于同一轴线上的相邻跨联系梁纵筋应连通。	JGJ 94—2008 4. 2. 6
		承台和地下室外墙与基坑侧壁间隙应灌注素混凝土，或采用灰土、级配砂石、压实性较好的素土分层夯实，其压实系数不宜小于 0. 94。	JGJ 94—2008 4. 2. 7
三、桩基检测			
1	检测方案	检测方案的内容宜包括：工程概况、地基条件、桩基设计要求、施工工艺、检测方法和数量、受检桩选取原则、检测进度以及所需的机械或人工配合。	JGJ 106—2014 3. 2. 3
2	检测设备	基桩检测用仪器设备应在检定或校准的有效期内；基桩检测前，应对仪器设备进行检查调试。	JGJ 106—2014 3. 2. 4
3	检测要求	工程桩应进行承载力与桩身质量检验。	GB 55003—2021 5. 1. 3
		验收检测时，宜先进行桩身完整性检测，后进行承载力检测。桩身完整性检测应在基坑开挖至基底标高后进行。承载力检测时，宜在检测前、后，分别对受检桩、锚桩进行桩身完整性检测。	JGJ 106—2014 3. 2. 7
		对散体材料复合地基增强体应进行密实度检验；对有粘结强度复合地基增强体应进行强度及桩身完整性检验。	GB 55003—2021 4. 4. 8-5
		复合地基承载力的验收检验应采用复合地基静载荷试验，对有粘结强度的复合地基增强体尚应进行单桩静载荷试验。	GB 55003—2021 4. 4. 8-6
		地基承载力检验时，静载试验最大加载量不应小于设计要求的承载力特征值的 2 倍。	GB 50202—2018 4. 1. 3
4	检测方法和检测数量	为设计提供依据的试验桩检测应依据设计确定的基桩受力状态，采用相应的静载试验方法确定单桩极限承载力，检测数量应满足设计要求，且在同一条件下不应少于 3 根；当预计工程桩总数小于 50 根时，检测数量不应少于 2 根。	JGJ 106—2014 3. 3. 1

续表

序号	检查内容	检查要点	检查依据
4	检测方法和检测数量	打入式预制桩有下列要求之一时，应采用高应变法进行试打桩的打桩过程监测。在相同施工工艺和相近地基条件下，试打桩数量不应少于 3 根。 ①控制打桩过程中的桩身应力； ②确定沉桩工艺参数； ③选择沉桩设备； ④选择桩端持力层。	JGJ 106—2014 3. 3. 2
		混凝土桩的桩身完整性检测数量应符合下列规定： ①建筑桩基设计等级为甲级，或地基条件复杂、成桩质量可靠性较低的灌注桩工程，检测数量不应少于总桩数的 30%，且不应少于 20 根；其他桩基工程，检测数量不应少于总桩数的 20%，且不应少于 10 根； ②除符合本条上款规定外，每个柱下承台检测桩数不应少于 1 根； ③大直径嵌岩灌注桩或设计等级为甲级的大直径灌注桩，应在本条第 1、2 款规定的检测桩数范围内，按不少于总桩数 10%的比例采用声波透射法或钻芯法检测。	JGJ 106—2014 3. 3. 3
		当符合下列条件之一时，应采用单桩竖向抗压静载试验进行承载力验收检测。检测数量不应少于同一条件下桩基分项工程总桩数的 1%，且不应少于 3 根；当总桩数小于 50 根时，检测数量不应少于 2 根。 ①设计等级为甲级的桩基； ②施工前未进行单桩静载试验的工程； ③施工前进行了单桩静载试验，但施工过程中变更了工艺参数或施工质量出现了异常； ④地基条件复杂、桩施工质量可靠性低； ⑤本地区采用的新桩型或新工艺； ⑥施工过程中产生挤土上浮或偏位的群桩。	JGJ 106—2014 3. 3. 4
		对设计有抗拔或水平力要求的桩基工程，单桩承载力验收检测应采用单桩竖向抗拔或单桩水平静载试验。检测数量不应少于同一条件下桩基分项工程总桩数的 1%，且不应少于 3 根；当总桩数小于 50 根时，检测数量不应少于 2 根。	JGJ 106—2014 3. 3. 8

续表

序号	检查内容	检查要点	检查依据
4	检测方法和检测数量	砂石桩、高压喷射注浆桩、水泥土搅拌桩、土和灰土挤密桩、水泥粉煤灰碎石桩、夯实水泥土桩等复合地基的承载力必须达到设计要求。 地基承载力的检验数量每 300m^2 不应少于点，超过 3000m^2 部分每 500m^2 不应少于 1 点。每单位工程不应少于 3 点。	GB 50202—2018 4.1.5、4.1.4
5	检测验证和扩大检测	单桩竖向抗压承载力验证应采用单桩竖向抗压静载试验。	JGJ 106—2014 3.4.1
		桩身浅部缺陷可采用开挖验证。	JGJ 106—2014 3.4.2
		桩身或接头存在裂隙的预制桩可采用高应变法验证，管桩可采用孔内摄像的方式验证。	JGJ 106—2014 3.4.3
		单孔钻芯检测发现桩身混凝土存在质量问题时，宜在同一基桩增加钻孔验证，并根据前、后钻芯结果对受检桩重新评价。	JGJ 106—2014 3.4.4
		对低应变法检测中不能明确桩身完整性类别的桩或Ⅲ类桩，可根据实际情况采用静载法、钻芯法、高应变法、开挖等方法进行验证检测。	JGJ 106—2014 3.4.5
		桩身混凝土实体强度可在桩顶浅部钻取芯样验证。	JGJ 106—2014 3.4.6
		当采用低应变法、高应变法和声波透射法检测桩身完整性发现有Ⅲ、Ⅳ类桩存在，且检测数量覆盖的范围不能为补强或设计变更方案提供可靠依据时，宜采用原检测方法，在未检桩中继续扩大检测。当原检测方法为声波透射法时，可改用钻芯法。	JGJ 106—2014 3.4.7
		当单桩承载力或钻芯法检测结果不满足设计要求时，应分析原因并扩大检测。 验证检测或扩大检测采用的方法和检测数量应得到工程建设有关方的确认。	JGJ 106—2014 3.4.8
6	检测结果评价和检测报告	桩身完整性检测结果评价，应给出每根受检桩的桩身完整性类别。	JGJ 106—2014 3.5.1
		工程桩承载力验收检测应给出受检桩的承载力检测值，并评价单桩承载力是否满足设计要求。	JGJ 106—2014 3.5.2

续表

<table>
<tr><th>序号</th><th>检查内容</th><th>检查要点</th><th>检查依据</th></tr>
<tr><td>6</td><td>检测结果评价和检测报告</td><td>检测报告应包含下列内容：
①委托方名称，工程名称、地点，建设、勘察、设计、监理和施工单位，基础、结构形式，层数，设计要求，检测目的，检测依据，检测数量，检测日期；
②地基条件描述；
③受检桩的桩型、尺寸、桩号、桩位、桩顶标高和相关施工记录；
④检测方法，检测仪器设备，检测过程叙述；
⑤受检桩的检测数据，实测与计算分析曲线、表格和汇总结果；
⑥与检测内容相应的检测结论。</td><td>JGJ 106—2014 3. 5. 3</td></tr>
<tr><td rowspan="6">7</td><td rowspan="6">单桩竖向抗压静载试验</td><td>处理后的地基应进行地基承载力和变形评价、处理范围和有效加固深度内地基均匀性评价。复合地基应进行增强体强度及桩身完整性和单桩竖向承载力检验以及单桩或多桩复合地基载荷试验，施工工艺对桩间土承载力有影响时尚应进行桩间土承载力检验。</td><td>GB 55003—2021 4. 1. 3</td></tr>
<tr><td>工程桩验收检测时，加载量不应小于设计要求的单桩承载力特征值的 2 倍。</td><td>JGJ 106—2014 4. 1. 3</td></tr>
<tr><td>试验桩的桩型尺寸、成桩工艺和质量控制标准应与工程桩一致。</td><td>JGJ 106—2014 4. 3. 1</td></tr>
<tr><td>试验加、卸载方式应符合下列规定：
①加载应分级进行，且采用逐级等量加载；分级荷载宜为最大加载值或预估极限承载力的 1/10，其中，一级加载量可取分级荷载的 2 倍；
②载应分级进行，每级卸载量宜取加载时分级荷载的 2 倍，且应逐级等量卸载；
③加、卸载时，应使荷载传递均匀、连续、无冲击，且每级荷载在维持过程中的变化幅度不得超过分级荷载的±10%。</td><td>JGJ 106—2014 4. 3. 3</td></tr>
<tr><td>为设计提供依据的单桩竖向抗压静载试验应采用慢速维持荷载法。</td><td>JGJ 106—2014 4. 3. 4</td></tr>
<tr><td>当出现下列情况之一时，可终止加载：
①某级荷载作用下，桩顶沉降量大于前一级荷载作用下的沉降量的 5 倍，且桩顶总沉降量超过 40mm；</td><td>JGJ 106—2014 4. 3. 7</td></tr>
</table>

续表

序号	检查内容	检查要点	检查依据
7	单桩竖向抗压静载试验	②某级荷载作用下，桩顶沉降量大于前一级荷载作用下的沉降量的 2 倍，且经 24h 尚未达到相对稳定标准； ③已达到设计要求的最大加载值且桩顶沉降达到相对稳定标准； ④工程桩作锚桩时，锚桩上拔量已达到允许值； ⑤荷载-沉降曲线呈缓变型时，可加载至桩顶总沉降量 60~80mm；当桩端阻力尚未充分发挥时，可加载至桩顶累计沉降量超过 80mm。	JGJ 106—2014 4. 3. 7
		单桩竖向抗压承载力特征值应按单桩竖向抗压极限承载力的 50%取值。	JGJ 106—2014 4. 4. 4
		检测报告除应包括本规范第 3. 5. 3 条规定的内容外，尚应包括下列内容： ①受检桩桩位对应的地质柱状图； ②受检桩和锚桩的尺寸、材料强度、配筋情况以及锚桩的数量； ③加载反力种类，堆载法应指明堆载重量，锚桩法应有反力梁布置平面图； ④加、卸载方法； ⑤竖向荷载-沉降（Q-s）曲线、沉降-时间对数（s-lg$t$）曲线及其他辅助分析曲线； ⑥承载力判定依据； ⑦当进行分层侧阻力和端阻力测试时，应包括传感器类型、安装位置，轴力计算方法，各级荷载作用下的桩身轴力曲线，各土层的桩侧极限侧阻力和桩端阻力。	JGJ 106—2014 4. 4. 5
8	单桩竖向抗拔静载试验	为设计提供依据的试验桩，应加载至桩侧岩土阻力达到极限状态或桩身材料达到设计强度；工程桩验收检测时，施加的上拔荷载不得小于单桩竖向抗拔承载力特征值的 2 倍或使桩顶产生的上拔量达到设计要求的限值。 当抗拔承载力受抗裂条件控制时，可按设计要求确定最大加载值。	JGJ 106—2014 5. 1. 2
		检测时的抗拔桩受力状态，应与设计规定的受力状态一致。	JGJ 106—2014 5. 1. 3
		预估的最大试验荷载不得大于钢筋的设计强度。	JGJ 106—2014 5. 1. 4

续表

序号	检查内容	检查要点	检查依据
8	单桩竖向抗拔静载试验	对混凝土灌注桩、有接头的预制桩，宜在拔桩试验前采用低应变法检测受检桩的桩身完整性。为设计提供依据的抗拔灌注桩，施工时应进行成孔质量检测，桩身中、下部位出现明显扩径的桩，不宜作为抗拔试验桩；对有接头的预制桩，应复核接头强度。	JGJ 106—2014 5.3.1
		当出现下列情况之一时，可终止加载： ①在某级荷载作用下，桩顶上拔量大于前一级上拔荷载作用下的上拔量5倍； ②按桩顶上拔量控制，累计桩顶上拔量超过100mm； ③按钢筋抗拉强度控制，钢筋应力达到钢筋强度设计值，或某根钢筋拉断； ④对于工程桩验收检测，达到设计或抗裂要求的最大上拔量或上拔荷载值。	JGJ 106—2014 5.3.3
		检测报告除应包括本规范第3.5.3条规定的内容外，尚应包括下列内容： ①临近受检桩桩位的代表性地质柱状图； ②受检桩尺寸(灌注桩宜标明孔径曲线)及配筋情况； ③加、卸载方法； ④上拔荷载-桩顶上拔量(U-δ)关系曲线和桩顶上拔量-时间对数(δ-lg$t$)关系曲线； ⑤承载力判定依据； ⑥当进行抗拔侧阻力测试时，应包括传感器类型、安装位置、轴力计算方法、各级荷载作用下的桩身轴力曲线，各土层的抗拔极限侧阻力。	JGJ 106—2014 5.4.6
9	单桩水平静载试验	为设计提供依据的试验桩，宜加载至桩顶出现较大水平位移或桩身结构破坏；对工程桩抽样检测，可按设计要求的水平位移允许值控制加载。	JGJ 106—2014 6.1.2
		当出现下列情况之一时，可终止加载： ①桩身折断； ②水平位移超过30~40mm，软土中的桩或大直径桩时可取高值； ③水平位移达到设计要求的水平位移允许值。	JGJ 106—2014 6.3.3

续表

序号	检查内容	检查要点	检查依据
9	单桩水平静载试验	检测报告除应包括本规范 3.5.3 条规定的内容外，尚应包括下列内容： ①受检桩桩位对应的地质柱状图； ②受检桩的截面尺寸及配筋情况； ③加、卸载方法； ④各级水平力作用下的桩身弯矩分布图、水平力-最大弯矩截面钢筋拉应力(H-σ_s)曲线； ⑤承载力判定依据； ⑥当进行钢筋应力测试并由此计算桩身弯矩时，应包括传感器类型、安装位置、内力计算方法以及本规范第 6.4.2 条要求的计算结果。	JGJ 106—2014 6.4.8
10	钻芯法	每根受检桩的钻芯孔数和钻孔位置，应符合下列规定： ①桩径小于 1.2m 的桩的钻孔数量可为 1~2 个孔，桩径为 1.2~1.6m 的桩的钻孔数量宜为 2 个孔，桩径大于 1.6m 的桩的钻孔数量宜为 3 个孔； ②当钻芯孔为 1 个时，宜在距桩中心 10~15cm 的位置开孔； ③当钻芯孔为 2 个或 2 个以上时，开孔位置宜在距桩中心 0.15D~0.25D 范围内均匀对称布置； ④对桩端持力层的钻探，每根受检桩不应少于 1 个孔。	JGJ 106—2014 7.1.2
		当选择钻芯法对桩身质量、桩底沉渣、桩端持力层进行验证检测时，受检桩的钻芯孔数可为 1 孔。	JGJ 106—2014 7.1.3
		基桩桩身混凝土钻芯检测，应采用单动双管钻具钻取芯样，严禁使用单动单管钻具。	JGJ 106—2014 7.2.2
		钻芯结束后，应对芯样和钻探标示牌的全貌进行拍照。	JGJ 106—2014 7.3.4
		截取混凝土抗压芯样试件应符合下列规定： ①当桩长小于 10m 时，每孔应截取 2 组芯样；当桩长为 10~30m 时，每孔应截取 3 组芯样，当桩长大于 30m 时，每孔应截取芯样不少于 4 组； ②上部芯样位置距桩顶设计标高不宜大于 1 倍桩径或超过 2m，下部芯样位置距桩底不宜大于 1 倍桩径或超过 2m，中间芯样宜等间距截取； ③缺陷位置能取样时，应截取 1 组芯样进行混凝土抗压试验； ④同一基桩的钻芯孔数大于 1 个，且某一孔在某深度存在缺陷时，应在其他孔的该深度处，截取 1 组芯样进行混凝土抗压强度试验。	JGJ 106—2014 7.4.1

续表

序号	检查内容	检查要点	检查依据
10	钻芯法	每组混凝土芯样应制作 3 个抗压试件。	JGJ 106—2014 7.4.3
		在混凝土芯样试件抗压强度试验中，当发现试件内混凝土粗骨料最大粒径大于 0.5 倍芯样试件平均直径，且强度值异常时，该试件的强度值不得参与统计平均。	JGJ 106—2014 7.5.2
		每根受检桩混凝土芯样试件抗压强度的确定应符合下列规定： ①取一组 3 块试件强度值的平均值，作为该组混凝土芯样试件抗压强度检测值； ②同一受检桩同一深度部位有两组或两组以上混凝土芯样试件抗压强度检测值时，取其平均值作为该桩该深度处混凝土芯样试件抗压强度检测值； ③取同一受检桩不同深度位置的混凝土芯样试件抗压强度检测值中的最小值，作为该桩混凝土芯样试件抗压强度检测值。	JGJ 106—2014 7.6.1
		成桩质量评价应按单根受检桩进行。当出现下列情况之一时，应判定该受检桩不满足设计要求： ①混凝土芯样试件抗压强度检测值小于混凝土设计强度等级； ②桩长、桩底沉渣厚度不满足设计要求； ③桩底持力层岩土性状(强度)或厚度不满足设计要求。 当桩基设计资料未作具体规定时，应按国家现行标准判定成桩质量。	JGJ 106—2014 7.6.4
		检测报告除应包括 JGJ 106—2014 第 3.5.3 条规定的内容外，尚应包括下列内容： ①钻芯设备情况； ②检测桩数、钻孔数量、开孔位置，架空高度、混凝土芯进尺、持力层进尺、总进尺，混凝土试件组数、岩石试件个数、圆锥动力触探或标准贯入试验结果； ③每孔柱状图； ④芯样单轴抗压强度试验结果； ⑤芯样彩色照片； ⑥异常情况说明。	JGJ 106—2014 7.6.5

续表

序号	检查内容	检查要点	检查依据
11	低应变法	检测报告除应包括 JGJ 106—2014 第 3. 5. 3 条规定的内容外，尚应包括下列内容： ①桩身波速取值； ②桩身完整性描述、缺陷的位置及桩身完整性类别； ③时域信号时段所对应的桩身长度标尺、指数或线性放大的范围及倍数；或幅频信号曲线分析的频率范围、桩底或桩身缺陷对应的相邻谐振峰间的频差。	JGJ 106—2014 8. 4. 9
12	高应变法	高应变检测专用锤击设备应具有稳固的导向装置。重锤应形状对称，高径(宽)比不得小于 1。	JGJ 106—2014 9. 2. 3
		采用高应变法进行承载力检测时，锤的重量与单桩竖向抗压承载力特征值的比值不得小于 0. 02。	JGJ 106—2014 9. 2. 5
		高应变实测的力和速度信号第一峰起始段不成比例时，不得对实测力或速度信号进行调整。	JGJ 106—2014 9. 4. 5
		高应变检测报告应给出实测的力与速度信号曲线。	JGJ 106—2014 9. 4. 14
		检测报告除应包括 JGJ 106—2014 第 3. 5. 3 条规定的内容外，尚应包括下列内容： ①计算中实际采用的桩身波速值和 J_c 值； ②实测曲线拟合法所选用的各单元桩和土的模型参数、拟合曲线、土阻力沿桩身分布图； ③实测贯入度； ④试打桩和打桩监控所采用的桩锤型号、桩垫类型，以及监测得到的锤击数、桩侧和桩端静阻力、桩身锤击拉应力和压应力、桩身完整性以及能量传递比随入土深度的变化。	JGJ 106—2014 9. 4. 15
13	验收	地基工程的质量验收宜在施工完成并在间歇期后进行，间歇期应符合国家现行标准的有关规定和设计要求。	GB 50202—2018 4. 1. 1
		工程施工质量应符合国家现行强制性工程建设规范的规定，并应符合工程勘察设计文件的要求和合同约定。	GB 55032—2022 4. 2. 1
		检验批质量应按主控项目和一般项目验收，并应符合下列规定： ①主控项目和一般项目的确定应符合国家现行强制性工程建设规范和现行相关标准的规定； ②主控项目的质量经抽样检验应全部合格； ③一般项目的质量应符合国家现行相关标准的规定； ④应具有完整的施工操作依据和质量验收记录。	GB 55032—2022 4. 2. 2

续表

序号	检查内容	检查要点	检查依据
13	验收	分项工程质量验收合格应符合下列规定： ①所含检验批的质量应验收合格； ②所含检验批的质量验收记录应完整、真实。	GB 55032—2022 4.2.4
		分部工程质量验收合格应符合下列规定： ①所含分项工程的质量应验收合格； ②质量控制资料应完整、真实； ③有关安全、节能、环境保护和主要使用功能的抽样检验结果应符合要求； ④观感质量应符合要求。	GB 55032—2022 4.2.5
		各施工工序应进行质量自检，施工工序之间应进行交接质量检验。	GB 55003—2021 2.3.5-2
		质量验收应在自检合格的基础上进行，隐蔽工程在隐蔽前应进行验收，并形成检查或验收文件。	GB 55003—2021 2.3.5-3
		桩基工程施工验收检验，应符合下列规定： ①施工完成后工程桩应进行竖向承载力检验，承受水平力较大的桩应进行水平承载力检验，抗拔桩应进行抗拔承载力检验； ②灌注桩应对孔深、桩径、桩位偏差、桩身完整性进行检验，嵌岩桩应对桩端的岩性进行检验，灌注桩混凝土强度检验的试件应在施工现场随机留取； ③混凝土预制桩应对桩位偏差、桩身完整性进行检验； ④钢桩应对桩位偏差、断面尺寸、桩长和矢高进行检验； ⑤人工挖孔桩终孔时，应进行桩端持力层检验； ⑥单柱单桩的大直径嵌岩桩，应视岩性检验孔底下 3 倍桩身直径或 5m 深度范围内有无溶洞、破碎带或软弱夹层等不良地质条件。	GB 55003—2021 5.4.3

3.4 乙烯裂解装置土建工程质量监督检查要点

序号	检查内容	检查要点	检查依据
一、专业管理行为			
1	开工报告	①专业工程开工条件已具备。 ②工程施工开工报告(SH/T 3503—J105)已签署。	SH/T 3500—2016 7.2.1 e) SH/T 3503—2017 6.2.8
2	施工组织设计、方案及技术交底	施工单位应按工程合同和质量管理的要求，编制下列技术文件，文件发布前应按 SH/T 3550 和本单位文件管理程序得到批准： ①施工组织设计； ②施工技术方案或技术措施； ③施工工艺文件或作业指导书； ④检验试验计划或工序质量控制计划； ⑤分部、分项工程的划分。	SH/T 3543—2017 4.1
		施工前应对施工管理人员和作业人员进行技术交底，交底的内容应包括施工作业条件、施工方法、技术措施、质量标准以及安全与环保措施等，并应保留相关记录。	GB 55032—2022 3.1.5
3	危险性较大分部分项工程施工方案审批	①施工单位应当在危大工程施工前组织工程技术人员编制专项施工方案。实行施工总承包的，专项施工方案应当由施工总承包单位组织编制。危大工程实行分包的，专项施工方案可以由相关专业分包单位组织编制。 ②对于超过一定规模的危大工程，施工单位应当组织召开专家论证会对专项施工方案进行论证。实行施工总承包的，由施工总承包单位组织召开专家论证会。 ③专项施工方案实施前，编制人员或者项目技术负责人应当向施工现场管理人员进行方案交底。	《危险性较大的分部分项工程安全管理规定》第十条、第十二条、第十五条
4	图纸会审、设计交底/勘察技术交底	工程项目中使用的施工图纸及其他有关设计文件应合格有效。施工前应进行勘察说明、设计交底、图纸会审，并应保留记录。	GB 55032—2022 3.1.1

续表

序号	检查内容	检查要点	检查依据
4	图纸会审、设计交底/勘察技术交底	项目监理机构应参加建设单位组织的施工图纸会审，当建设单位委托项目监理机构组织承包单位图纸会审时，应由总监理工程师组织。图纸会审宜在设计交底前完成，分批提供施工图时，亦应分批组织图纸会审。项目边界及专业衔接部位为图纸会审的重点。图纸会审纪要应由建设单位、承包单位的代表和总监理工程师共同签认。	SH/T 3903—2017 7. 1. 5
		项目监理人员应参加由建设单位组织的设计交底会议，会议纪要应由各参会单位负责人签认。	SH/T 3903—2017 7. 1. 6
		工程勘察企业应当向设计、施工和监理等单位进行勘察技术交底，参与施工验槽，及时解决工程设计和施工中与勘察工作有关的问题，按规定参加工程竣工验收。	《建设工程勘察质量管理办法》第九条
5	设备、材料	工程采用的主要材料、半成品、成品、构配件、器具和设备应进行进场检验。涉及安全、节能、环境保护和主要使用功能的重要材料、产品应按各专业相关规定进行复验，并应经监理工程师检查认可。	GB 55032—2022 3. 2. 1
		进口产品应符合合同规定的质量要求，并附有中文说明书和商检证明，经进场验收合格后方可使用。	GB 55032—2022 3. 2. 3
		施工现场的材料、半成品、成品、构配件、器具和设备，在运输和储存时应采取确保其质量和性能不受影响的储存及防护措施。	GB 55032—2022 3. 2. 4
6	施工机具与设施	施工企业应建立并实施施工机具与设施管理制度，对施工机具与设施的配备、安装、拆除与验收，使用与维护作出规定。	GB/T 50430—2017 7. 1. 1
		施工机具与设施的配置数量、技术性能、使用与维护管理应符合配置计划、国家现行相关标准的规定。	GB/T 50430—2017 7. 1. 2
		施工企业应对施工机具与设施的使用过程进行定期检查，保持其技术性能安全可靠，并保存相关记录。	GB/T 50430—2017 7. 4. 2
		施工使用的测量与计量设备、仪器应经计量检定、校准合格，并在有效期内。监理单位应定期检查设备、仪器的检定和校准报告。	GB 55032—2022 3. 1. 7
7	人员资质	特种作业人员必须经专门的安全技术培训并考核合格，取得《中华人民共和国特种作业操作证》后，方可上岗作业。	《特种作业人员安全技术培训考核管理规定》第五条

续表

序号	检查内容	检查要点	检查依据
7	人员资质	施工管理人员和现场作业人员应进行全员质量培训，并应考核合格。质量培训应保留培训记录。应对人员教育培训情况实行动态管理。	GB 55032—2022 2. 0. 11
8	首件样板	分项工程施工，应实施样板示范制度，以多种形式直观展示关键部位、关键工序的做法与要求。	GB 55032—2022 3. 1. 6
9	工序交接	施工工序间的衔接，应符合下列规定： ①每道施工工序完成后，施工单位应进行自检，并应保留检查记录； ②各专业工种之间的相关工序应进行交接检验，并应保留检查记录； ③对监理规划或监理实施细则中提出检查要求的重要工序，应经专业监理工程师检查合格并签字确认后，进行下道工序施工； ④隐蔽工程在隐蔽前应由施工单位通知监理单位进行验收，并应留存现场影像资料，形成验收文件，经验收合格后方可继续施工。	GB 55032—2022 3. 3. 4
10	检验	对涉及结构安全、节能、环境保护和主要使用功能的试块、试件及材料，应按规定进行见证检验。见证检验应在建设单位或者监理单位的监督下现场取样、送检，检测试样应具有真实性和代表性。	GB 55032—2022 3. 2. 2
		建设单位应委托具备相应资质的第三方检测机构进行工程质量检测，检测项目和数量应符合抽样检验要求。非建设单位委托的检测机构出具的检测报告不得作为工程质量验收依据。	GB 55032—2022 3. 4. 1
11	质量验收	工程施工质量应符合国家现行强制性工程建设规范的规定，并应符合工程勘察设计文件的要求和合同约定。	GB 55032—2022 4. 2. 1
		检验批质量应按主控项目和一般项目验收，并符合下列规定： ①主控项目和一般项目的确定应符合国家现行强制性工程建设规范和现行相关标准的规定； ②主控项目的质量经抽检检验应全部合格； ③一般项目的质量应符合国家现行相关标准的规定； ④应具有完整的施工操作依据和质量验收记录。	GB 55032—2022 4. 2. 2

序号	检查内容	检查要点	检查依据
11	质量验收	分项工程质量验收合格应符合下列规定： ①所含检验批的质量应验收合格； ②所含检验批的质量验收记录应完整、真实。	GB 55032—2022 4.2.4
		分部工程质量验收合格应符合下列规定： ①所含分项工程的质量应验收合格； ②质量控制资料应完整、真实； ③有关安全、节能、环境保护和主要使用功能的抽样检验应符合要求； ④观感质量应符合要求。	GB 55032—2022 4.2.5
		单位工程质量验收合格应符合下列规定： ①所含分部工程的质量应全部验收合格； ②质量控制资料应完整、真实； ③所含分部工程中有关安全、节能、环境保护和主要使用功能的检验资料应完整； ④主要使用功能的抽查结果应符合国家现行强制性工程建设规范的规定； ⑤观感质量应符合要求。	GB 55032—2022 4.2.6
12	交工技术文件	施工单位应参照附录 B《中国石化建设工程项目文件材料归档范围参考表 I》和 SH/T 3503—2017、SH/T 3543—2017 要求收集归档。	Q/SH 0704—2016 5.1.3
		土建工程中的钢结构、房屋建筑工程及其附属建筑电气、暖通、建筑智能化等工程的施工过程技术文件内容应执行建设工程项目所在地建设行政主管部门的规定，设备基础、构筑物等工程施工过程技术文件内容执行本标准。	SH/T 3543—2017 4.7
		土建工程中的钢结构、房屋建筑工程及其附属建筑电气、暖通、建筑智能化等交工技术文件内容应执行建设工程项目所在地建设行政主管部门的规定，设备基础、构筑物等工程交工技术文件内容执行本标准。	SH/T 3503—2017 4.5

续表

序号	检查内容	检查要点	检查依据
二、土方工程			
1	测量放线	①施工项目宜先建立场区控制网，再分别建立建筑物施工控制网；小规模或精度高的独立施工项目可直接布设建筑物施工控制网。 ②控制网点应根据设计总平面图和施工总布置图布设，并应满足建筑物施工测设的需要。	GB 50026—2020 8.1.3 GB 50026—2020 8.1.7
		施工单位应对施工平面控制网和高程控制点进行复测，其复测成果应经监理单位查验合格，并应对控制网进行定期校核。重要线位、控制点和定位点测设完成后应经复测无误后方可使用。	GB 55032—2022 3.3.1
		施工单位应保留工程测量原始观测数据的现场记录及测量成果交付记录，并应对测量结果进行校核。	GB 55032—2022 3.3.2
2	土方开挖	基坑开挖与支护结构施工、基坑工程监测应严格按设计要求进行，并应实施动态设计和信息化施工。	GB 55003—2021 7.1.4
		①基坑土方开挖的顺序应与设计工况相一致，严禁超挖；基坑开挖应分层进行，内支撑结构基坑开挖尚应均衡进行；基坑开挖不得损坏支护结构、降水设施和工程桩等； ②基坑周边施工材料、设施或车辆荷载严禁超过设计要求的地面荷载限值； ③基坑开挖至坑底标高时，应及时进行坑底封闭，并采取防止水浸、暴露和扰动基底原状土的措施。	GB 55003—2021 7.4.3 1~3
		土方工程施工应采取保护周边环境、支护结构、工程桩及降水井点等设施的技术措施。	GB 51004—2015 8.1.7
		土石方开挖的顺序、方法必须与设计工况和施工方案相一致，并应遵循“开槽支撑，先撑后挖，分层开挖，严禁超挖”的原则。	GB 50202—2018 9.1.3
		基坑、管沟边沿及边坡等危险地段施工时，应设置安全护栏和明显的警示标志。夜间施工时，现场照明条件应满足施工要求。	GB 55003—2021 7.4.2
3	地基验槽	施工结束后应检查平面几何尺寸、水平标高、边坡坡率、表面平整度和基底土性等。	GB 50202—2018 9.2.3
		基坑、基槽、沟槽开挖后，建设单位应会同勘察、设计、施工和监理单位实地验槽，并应会签验槽记录。	GB 55032—2022 3.3.5

续表

序号	检查内容	检查要点	检查依据
3	地基验槽	天然地基验槽应检验下列内容： ①根据勘察、设计文件核对基坑的位置、平面尺寸、坑底标高； ②根据勘察报告核对基坑底、坑边岩土体和地下水情况； ③检查空穴、古墓、古井、暗沟、防空掩体及地下埋设物的情况，并应查明其位置、深度和性状； ④检查基坑底土质的扰动情况以及扰动的范围和程度； ⑤检查基坑底土质受到冰冻、干裂、受水冲刷或浸泡等扰动情况，并应查明影响范围和深度。	GB 50202—2018 A. 2. 1
		①对于换填地基、强夯地基，应现场检查处理后的地基均匀性、密实度等检测报告和承载力检测资料。 ②对于增强体复合地基，应现场检查桩位、桩头、桩间土情况和复合地基施工质量检测报告。 ③对于特殊土地基，应现场检查处理后地基的湿陷性、地震液化、冻土保温、膨胀土隔水、盐渍土改良等方面的处理效果检测资料。 ④经过地基处理的地基承载力和沉降特性，应以处理后的检测报告为准。	GB 50202—2018 A. 3. 2 GB 50202—2018 A. 3. 3 GB 50202—2018 A. 3. 4 GB 50202—2018 A. 3. 5
		①设计计算中考虑桩筏基础、低桩承台等桩间土共同作用时，应在开挖清理至设计标高后对桩间土进行检验。 ②在试桩或桩基施工过程中，应根据岩土工程勘察报告对出现的异常情况、桩端岩土层的起伏变化及桩周岩土层的分布进行判别。	GB 50202—2018 A. 4. 1 GB 50202—2018 A. 4. 3
4	土方回填	施工前应检查基底的垃圾、树根等杂物清除情况，测量基底标高、边坡坡率，检查验收基础外墙防水层和保护层等。回填料应符合设计要求，并应确定回填料含水量控制范围、铺土厚度、压实遍数等施工参数。	GB 50202—2018 9. 5. 1
		基坑回填应排除积水，清除虚土和建筑垃圾，填土应按设计要求选料，分层填筑压实，对称进行，且压实系数应满足设计要求。	GB 55003—2021 7. 4. 3 4

续表

序号	检查内容	检查要点	检查依据
5	填筑厚度、压实遍数	施工中应检查排水系统，每层填筑厚度、辗迹重叠程度、含水量控制、回填土有机质含量、压实系数等。回填施工的压实系数应满足设计要求。当采用分层回填时，应在下层的压实系数经试验合格后进行上层施工。	GB 50202—2018 9.5.2
6	填土质量检验	施工结束后，应进行标高及压实系数检验等。	GB 50202—2018 9.5.3
三、基础工程			
1	模板工程基本要求	模板及支架应根据施工过程中的各种控制工况进行设计，并应满足承载力、刚度和整体稳固性要求。	GB 55008—2021 5.2.1
		后浇带处的模板及支架应独立设置。	GB 50204—2015 4.2.3
2	模板安装	模板及支架应保证混凝土结构和构件各部分形状、尺寸和位置准确。	GB 55008—2021 5.2.2
		模板安装后应检查尺寸偏差。固定在模板上的预埋件、预留孔和预留洞，应检查其数量和尺寸。	GB 50666—2011 4.6.2
		固定在模板上的预埋件和预留孔洞不得遗漏，且应安装牢固。有抗渗要求的混凝土结构中的预埋件，应按设计及施工方案的要求采取防渗措施。	GB 50204—2015 4.2.9
3	模板拆除	模板拆除、预制构件起吊、预应力筋张拉和放张时，同条件养护的混凝土试件应达到规定强度。	GB 55008—2021 5.1.4
		当混凝土强度能保证其表面及棱角不受损伤时，方可拆除侧模。	GB 50666—2011 4.5.3
4	钢筋进场检验、复验	材料、构配件、器具和半成品应进行进场验收，合格后方可使用。	GB 55008—2021 5.1.2
		①钢筋应按批进行检查和验收，每批由同一牌号、同一炉罐号、同一规格的钢筋组成。每批重量通常不大于60t。超过60t的部分，每增加40t(或不足40t的余数)，增加一个拉伸试验试样和一个弯曲试验试样。 ②测量钢筋重量偏差时，试样应从不同根钢筋上截取，数量不少于5支，每支试样长度不小于500mm。长度应逐支测量，应精确到1mm。测量试样总重量时，应精确到不大于总重量的1%。	GB 1499.2—2018 9.3.2.1 GB 1499.2—2018 8.4.1

续表

序号	检查内容	检查要点	检查依据
4	钢筋进场检验、复验	对按一、二、三级抗震等级设计的房屋建筑框架和斜撑构件，其纵向受力普通钢筋性能应符合下列规定： ①抗拉强度实测值与屈服强度实测值的比值不应小于1.25； ②屈服强度实测值与屈服强度标准值的比值不应大于1.30； ③最大力总延伸率实测值不应小于9%。	GB 55008—2021 3.2.3
		钢筋进场质量检查应符合下列规定： ①应检查钢筋的质量证明文件； ②应按国家现行有关标准的规定抽样检验屈服强度、抗拉强度、伸长率、弯曲性能及单位长度重量偏差； ③经产品认证符合要求的钢筋，其检验批量可扩大一倍。在同一工程中，同一厂家、同一牌号、同一规格的钢筋连续三次进场检验均一次检验合格时，其后的检验批量可扩大一倍； ④钢筋的外观质量； ⑤当无法准确判断钢筋品种、牌号时，应增加化学成分、晶粒度等检验项目。	GB 50666—2011 5.5.1
5	钢筋加工	纵向受力钢筋的弯折后平直段长度应符合设计要求。光圆钢筋末端作180°弯钩时，弯钩的平直段长度不应小于钢筋直径的3倍。 检查数量：按每工作班同一类型钢筋、同一加工设备抽查不应少于3件。 检验方法：尺量。	GB 50204—2015 5.3.2
		箍筋、拉筋的末端应按设计要求作弯钩，并应符合下列规定： ①对一般结构构件，箍筋弯钩的弯折角度不应小于90°，弯折后平直段长度不应小于箍筋直径的5倍；对有抗震设防要求或设计有专门要求的结构构件，箍筋弯钩的弯折角度不应小于135°，弯折后平直段长度不应小于箍筋直径的10倍； ②圆形箍筋的搭接长度不应小于其受拉锚固长度，且两末端弯钩的弯折角度不应小于135°，弯折后平直段长度对一般结构构件不应小于箍筋直径的5倍，对有抗震设防要求的结构构件不应小于箍筋直径的10倍。	GB 50204—2015 5.3.3

续表

序号	检查内容	检查要点	检查依据
6	钢筋连接	钢筋的连接方式应符合设计要求。	GB 50204—2015 5.4.1
		钢筋机械连接或焊接连接接头试件应从完成的实体中截取，并应按规定进行性能检验。	GB 55008—2021 5.3.1
		在钢筋工程焊接施工前，参与该项工程施焊的焊工应进行现场条件下的焊接工艺试验，经试验合格后，方可进行焊接。焊接过程中，如果钢筋牌号、直径发生变更，应再次进行焊接工艺试验。工艺试验使用的材料、设备、辅料及作业条件均应与实际施工一致。	GB 50666—2011 5.4.3
		钢筋连接施工的质量检查应符合下列规定： ①钢筋焊接和机械连接施工前均应进行工艺检验。机械连接应检查有效的型式检验报告； ②钢筋焊接接头和机械连接接头应全数检查外观质量，搭接连接接头应抽检搭接长度； ③螺纹接头应抽检拧紧扭矩值； ④施工中应检查钢筋接头百分率。	GB 50666—2011 5.5.5
		接头现场抽检项目应包括极限抗拉强度试验、加工和安装质量检验。抽检应按验收批进行，同钢筋生产厂、同强度等级、同规格、同类型和同型式接头应以 500 个为一个验收批进行检验与验收，不足 500 个也应作为一个验收批。	JGJ 107—2016 7.0.5
		对接头的每一验收批，应在工程结构中随机截取 3 个接头试件做极限抗拉强度试验，按设计要求的接头等级进行评定。当仅有 1 个试件的极限抗拉强度不符合要求，应再取 6 个试件进行复检。复检中仍有 1 个试件的极限抗拉强度不符合要求，该验收批应评为不合格。	JGJ 107—2016 7.0.7
		闪光对焊接头在同一台班内，由同一个焊工完成的 300 个同牌号、同直径钢筋焊接接头应作为一批。当同一台班内焊接的接头数量较少，可在一周之内累计计算，累计仍不足 300 个接头时，应按一批计算。	JGJ 18—2012 5.3.1
		箍筋闪光对焊接头在同一台班内，由同一焊工完成的 600 个同牌号、同直径箍筋闪光对焊接头作为一个检验批；如超出 600 个接头，其超出部分可以与下一台班完成接头累计计算。	JGJ 18—2012 5.4.1
		电弧焊接头在现浇混凝土结构中，应以 300 个同牌号钢筋、同形式接头作为一批；在房屋结构中，应在不超过连续二楼层中 300 个同牌号钢筋、同形式接头作为一批；每批随机切取 3 个接头，做拉伸试验。	JGJ 18—2012 5.5.1

续表

序号	检查内容	检查要点	检查依据
6	钢筋连接	电渣压力焊接头在现浇钢筋混凝土结构中，应以300个同牌号钢筋接头作为一批；在房屋结构中，应在不超过连续二楼层中300个同牌号钢筋接头作为一批；当不足300个接头时，仍应作为一批。	JGJ 18—2012 5.6.1
		气压焊接头在现浇钢筋混凝土结构中，应以300个同牌号钢筋接头作为一批；在房屋结构中，应在不超过连续二楼层中300个同牌号钢筋接头作为一批；当不足300个接头时，仍应作为一批。	JGJ 18—2012 5.7.1
		预埋件钢筋T形接头的力学性能检验，应以300件同类型预埋件作为一批。一周内连续焊接时，可累计计算。当不足300件时，亦应按一批计算。	JGJ 18—2012 5.8.4
		当纵向受力钢筋采用机械连接接头或焊接接头时，同一连接区段内纵向受力钢筋的接头面积百分率应符合设计要求；当设计无具体要求时，应符合下列规定： ①受拉接头，不宜大于50%；受压接头，可不受限制； ②直接承受动力荷载的结构构件中，不宜采用焊接；当采用机械连接时，不应超过50%。	GB 50204—2015 5.4.6
		当纵向受力钢筋采用绑扎搭接接头时，接头的设置应符合下列规定： ①接头的横向净间距不应小于钢筋直径，且不应小于25mm； ②同一连接区段内，纵向受拉钢筋的接头面积百分率应符合设计要求；当设计无具体要求时，应符合下列规定： 1)梁类、板类及墙类构件，不宜超过25%；基础筏板，不宜超过50%； 2)柱类构件，不宜超过50%； 3)当工程中确有必要增大接头面积百分率时，对梁类构件，不应大于50%。	GB 50204—2015 5.4.7
7	钢筋安装	当施工中进行混凝土结构构件的钢筋、预应力筋代换时，应符合设计规定的构件承载能力、正常使用、配筋构造及耐久性能要求，并应取得设计变更文件。	GB 55008—2021 2.0.11
		受力钢筋的安装位置、锚固方式应符合设计要求。	GB 50204—2015 5.5.2
		马凳等技措用钢筋不得代替受力钢筋使用。	SH/T 3510—2017 7.3.14

续表

序号	检查内容	检查要点	检查依据
7	钢筋安装	钢筋绑扎应符合下列规定： ①钢筋的绑扎搭接接头应在接头中心和两端用铁丝扎牢； ②墙、柱、梁钢筋骨架中各竖向面钢筋网交叉点应全数绑扎板上部钢筋网的交叉点应全数绑扎，底部钢筋网除边缘部分外可间隔交错绑扎； ③梁、柱的箍筋弯钩及焊接封闭箍筋的焊点应沿纵向受力钢筋方向错开设置； ④构造柱纵向钢筋宜与承重结构同步绑扎； ⑤梁及柱中箍筋、墙中水平分布钢筋、板中钢筋距构件边缘的起始距离宜为50mm。	GB 50666—2011 5.4.7
8	预埋件	①预埋螺栓应进行防锈保护及防止机械损伤的保护。 ②预埋螺栓和预埋螺栓套管宜用钢材制作的定距模板和定位支架固定，定距模板和定位支架应有足够的强度和刚度，定距模板螺栓孔径宜比螺栓直径大2mm。	SH/T 3510—2017 9.1.4 SH/T 3510—2017 9.2.8
9	混凝土外加剂	混凝土外加剂进场时，应对其品种、性能、出厂日期等进行检查，并应对外加剂的相关性能指标进行检验，检验结果应符合现行国家标准《混凝土外加剂》GB 8076和《混凝土外加剂应用技术规范》GB 50119的规定。 检查数量：按同一厂家、同一品种、同一性能、同一批号且连续进场的混凝土外加剂，不超过50t为一批，每批抽样数量不应少于一次。 检验方法：检查质量证明文件和抽样检验报告。	GB 50204—2015 7.2.2
		外加剂进场时，供方应向需方提供下列质量证明文件： ①型式检验报告； ②出厂检验报告与合格证； ③产品说明书。	GB 50119—2013 3.3.1
10	混凝土浇筑	应对结构混凝土强度等级进行检验评定，试件应在浇筑地点随机抽取。	GB 55008—2021 5.4.2
		在混凝土浇筑同时，应制作供结构或构件出池、拆模、吊装、张拉、放张和强度合格评定用的同条件养护试件，并应按设计要求制作抗冻、抗渗或其他性能检验用的试件。	GB 50164—2011 6.6.15

续表

序号	检查内容	检查要点	检查依据
10	混凝土浇筑	混凝土运输、输送、浇筑过程中严禁加水；运输、输送、浇筑过程中散落的混凝土严禁用于结构浇筑。	GB 55008—2021 5.4.1
		结构混凝土浇筑应密实，浇筑后应及时进行养护。	GB 55008—2021 5.4.3
11	大体积混凝土施工	大体积混凝土施工应采取混凝土内外温差控制措施。	GB 55008—2021 5.4.4
		大体积混凝土施工宜采用整体分层或推移式连续浇筑施工。	GB 50496—2018 5.1.4
		大体积混凝土应采取保温保湿养护。在每次混凝土浇筑完毕后，除应按普通混凝土进行常规养护外，保温养护应符合下列规定： ①应专人负责保温养护工作，并应进行测试记录； ②保湿养护持续时间不宜少于14d，应经常检查塑料薄膜或养护剂涂层的完整情况，并应保持混凝土表面湿润； ③保温覆盖层拆除应分层逐步进行，当混凝土表面温度与环境最大温差小于20℃时，可全部拆除。	GB 50496—2018 5.5.1
12	外观质量	现浇结构的外观质量不应有严重缺陷。对已经出现的严重缺陷，应由施工单位提出技术处理方案，并经监理单位认可后进行处理；对裂缝、连接部位出现的严重缺陷及其他影响结构安全的严重缺陷，技术处理方案尚应经设计单位认可。对经处理的部位应重新验收。 检查数量：全数检查。 检验方法：观察，检查处理记录。	GB 50204—2015 8.2.1
		现浇结构的外观质量不应有一般缺陷。对已经出现的一般缺陷，应由施工单位按技术处理方案进行处理。对经处理的部位应重新验收。 检查数量：全数检查。 检验方法：观察，检查处理记录。	GB 50204—2015 8.2.2
13	尺寸偏差	现浇结构不应有影响结构性能或使用功能的尺寸偏差；混凝土设备基础不应有影响结构性能和设备安装的尺寸偏差。对超过尺寸允许偏差且影响结构性能和安装、使用功能的部位，应由施工单位提出技术处理方案，经监理、设计单位认可后进行处理。对经处理的部位应重新验收。 检查数量：全数检查。 检验方法：量测，检查处理记录。	GB 50204—2015 8.3.1

续表

序号	检查内容	检查要点	检查依据
14	实体检验	对涉及混凝土结构安全的有代表性的部位应进行结构实体检验。包括混凝土强度、钢筋保护层厚度、结构位置与尺寸偏差以及合同约定的项目。	GB 50204—2015 10.1.1
15	沉降观测基准点布设	沉降观测应设置沉降基准点。特等、一等沉降观测，基准点不应少于 4 个；其他等级沉降观测，基准点不应少于 3 个。基准点之间应形成闭合环。	JGJ 8—2016 5.2.1
16	基础及上部结构沉降观测	沉降观测应测定建筑的沉降量、沉降差及沉降速率，并应根据需要计算基础全心倾斜、局部倾斜、相对弯曲及构件倾斜。	JGJ 8—2016 7.1.1
		①建筑的四角、核心筒四角、大转角处及沿外墙每 10~20m 处或每隔 2~3 根柱基上； ②高低层建筑、新旧建筑和纵横墙等交接处的两侧； ③建筑裂缝、后浇带两侧、沉降缝两侧、基础埋深相差悬殊处、人工地基与天然地基接壤处、不同结构的分界处及填挖方分界处以及地质条件变化处两侧； ④框架结构及钢结构建筑的每个或部分柱基上或沿纵横轴线上； ⑤重型设备基础和动力设备基础的四角、基础形式或埋深改变处； ⑥对烟囱、水塔、油罐、炼油塔、高炉等大型或高耸建筑，监测点应设在沿周边与基础轴线相交的对称位置上，点数不应少于 4 个。	JGJ 8—2016 7.1.2
17	沉降观测周期和时间	建筑施工阶段的观测应符合下列规定： ①宜在基础完工后或地下室砌完后开始观测； ②观测次数与间隔时间应视地基与荷载增加情况确定。民用高层建筑宜每加高 2~3 层观测 1 次，工业建筑宜按回填基坑、安装柱子和屋架、砌筑墙体、设备安装等不同施工阶段分别进行观测。若建筑施工均匀增高，应至少在增加荷载的 25%、50%、75%和 100%时各测 1 次； ③施工过程中若暂时停工，在停工时及重新开工时应各观测 1 次，停工期间可每隔 2 月~3 月观测 1 次。	JGJ 8—2016 7.1.5-1
		建筑运营阶段的观测次数，应视地基土类型和沉降速率大小确定。除有特殊要求外，可在第一年观测 3~4 次，第二年观测 2~3 次，第三年后每年观测 1 次，至沉降达到稳定状态或满足观测要求为止。	JGJ 8—2016 7.1.5-2

续表

序号	检查内容	检查要点	检查依据
17	沉降观测周期和时间	观测过程中，若发现大规模沉降、严重不均匀沉降或严重裂缝等，或出现基础附近地面荷载突然增减、基础四周大量积水、长时间连续降雨等情况，应提高观测频率，并应实施安全预案。	JGJ 8—2016 7.1.5-3
		建筑沉降达到稳定状态可由沉降量与时间关系曲线判定。当最后 100d 的最大沉降速率小于 0.01～0.04mm/d 时，可认为已达到稳定状态。	JGJ 8—2016 7.1.5-4
18	储罐沉降观测	储罐基础沉降观测点应沿圆周方向均匀设置，当设计文件无要求时，测点数量按表 7.1.1 设置。	SH/T 3528—2014 7.1.1
		储罐基础沉降应由具备资质的测量人员观测，每天不少于 2 次，沉降观测应包括储罐充水前、充水过程中、充水后、放射放水过程中、放水后 48h 内的全过程，且应进行记录。	SH/T 3528—2014 7.1.3
		沉降观测测量器具宜采用水准仪和钢尺，并在有效鉴定期内，测量精度宜为Ⅱ级水准测量。	SH/T 3528—2014 7.1.4
		储罐充水及沉降观测标准应符合表 7.1.5 规定。	SH/T 3528—2014 7.1.5
		基础顶面高出地坪不应小于 300mm，泄漏孔应在地坪以上。	SH/T 3528—2014 7.2.1
		任意直径方向最终的沉降差允许值不应超过表 7.2.2 的规定。	SH/T 3528—2014 7.2.2
19	沉降观测成果整理	每次变形观测结束后，应及时进行整理。并应符合 JGJ 8 第 8.1.1 条规定。	JGJ 8—2016 8.1.1
		每期变形观测结束后，应依据测量误差理论和统计检验原理对获得的观测数据及时进行平差计算处理，并计算各种变形量。	JGJ 8—2016 8.2.1
20	基础灌浆前处理	灌浆部位处理当设计文件或产品技术文件无规定时，应符合下列规定： a)螺栓及设备底面应无油污； b)预留孔中的油、水等杂物应清除干净； c)沾污、疏松的混凝土及表面浮浆应剔除； d)采用水泥基灌浆材料时，混凝土表面应全部凿毛，用水冲洗干净，保持湿润 24h 以上，灌浆前无积水。	SH/T 3510—2017 10.2.12

续表

序号	检查内容	检查要点	检查依据
21	基础灌浆	设备基础灌浆应在设备、螺栓和灌浆部位检查验收合格后进行，同一部位灌浆应连续完成。	SH/T 3510—2017 10.1.1
		二次灌浆层的厚度应符合设计文件要求，且最小厚度不得小于 30mm；灌浆顶面宜高于底座底面；设计文件无规定时，二次灌浆层外缘至设备底座外缘的距离不宜小于 60mm，且不宜小于灌浆层的厚度。	SH/T 3510—2017 10.1.4
		灌浆材料进场应查验和收存型式检验报告、使用说明书、出厂检验报告等质量证明文件。	SH/T 3510—2017 10.2.1
		环氧基灌浆料首次进场应复验，复验应包含灌浆料性能和净含量，性能复验结果应与产品型式检验一致。	SH/T 3510—2017 10.2.3
		检验灌浆质量的试件留置应符合下列规定： a)标准养护强度检验试件，每个检验批不应少于一组；每 50t 为一个留样检验批，不足 50t 时应按一个检验批计； b)同条件养护试件，根据现场需要留设； c)试件的尺寸及试验方法应符合 GB/T 50448 的规定； d)环氧基灌浆料，当设计文件无规定时可只检验 28d 抗压强度。 检验方法：检查施工记录及试验报告。	SH/T 3510—2017 10.2.6
22	施工验收	基础工程施工验收检验，应符合下列规定： ①扩展基础应对轴线位置，钢筋、模板、混凝土强度进行检验； ②筏形基础应对轴线位置，钢筋、模板与支架、后浇带和施工缝、混凝土强度进行检验； ③扩展基础、筏形基础的混凝土强度检验的试件应在施工现场随机留取。	GB 55003—2021 6.4.2
四、建筑防腐蚀工程			
1	基层处理材料	进入现场的建筑防腐蚀材料应有产品质量合格证、质量技术指标及检测方法和质量检验报告或技术鉴定文件。	GB 50212—2014 1.0.3
		需现场配制使用的材料应经试验确定。经试验确定的配合比不得任意改变。	GB 50212—2014 1.0.4
		建筑防腐蚀工程的施工，应按设计文件规定进行。当需要变更设计、材料代用或采用新材料时，应征得设计部门的同意。	GB 50212—2014 1.0.5

续表

序号	检查内容	检查要点	检查依据
2	混凝土基层要求	基层应密实，不得有裂纹、脱皮、麻面、起砂、空鼓等现象。强度应经过检测并应符合设计要求，不得有地下水渗漏、不均匀沉陷。	GB 50212—2014 3.2.3-1
		基层的表面平整度，应采用2m靠尺检查。	GB 50212—2014 3.2.3-2
		基层坡度应符合设计要求。	GB 50212—2014 3.2.3-3
		经过养护的基层表面，不得有白色析出物。	GB 50212—2014 3.2.3-6
		经过养护的找平层表面不得出现裂纹、脱皮、麻面、起砂、空鼓等缺陷。	GB 50212—2014 3.2.3-7
3	钢结构基层要求	表面应平整、洁净，不得有焊渣、焊疤或毛刺等缺陷。	GB 50212—2014 3.2.4-2
		焊缝应饱满，不得有气孔、夹渣等缺陷。	GB 50212—2014 3.2.4-3
		已处理的钢结构表面不得再次污染，当受到二次污染时，应再次进行表面处理。	GB 50212—2014 4.3.4
		经过处理的钢结构基面应及时涂刷底层涂料，间隔时间不应超过5h。	GB 50212—2014 4.3.5
4	块材防腐蚀工程	块材的质量指标应符合设计要求。	GB 50212—2014 8.2.1
		天然石材应组织均匀，结构致密，无风化。不得有裂纹或不耐腐蚀的夹层，不得有缺棱掉角等现象。	GB 50212—2014 8.2.1-3
		铺砌顺序应由低往高，先地坑、地沟，后地面、踢脚板或墙裙。阴角处立面块材应压住平面块材，阳角处平面块材应盖住立面块材，块材铺砌不应出现十字通缝，多层块材不得出现重叠缝。	GB 50212—2014 8.1.6
		板材的灰缝应清洁、干燥。灌缝时，宜分次进行，灰缝应密实，表面平整光滑。	GB 50212—2014 8.4.6
		块材面层平整度的允许空隙不应大于下列数值： ①耐酸砖、耐酸耐温砖和防腐蚀炭砖的面层：4.0mm； 机械切割天然石材的面层(厚度不大于30mm)：4.0mm； 人工加工或机械刨光天然石材的面层(厚度大于30mm)：6.0mm。 ②块材面层相邻块材之间高差不应大于下列数值： 耐酸砖、耐酸耐温砖和防腐蚀炭砖的面层：1.5mm； 机械切割天然石材的面层(厚度不大于30mm)：2.0mm； 人工加工或机械刨光天然石材的面层(厚度大于30mm)：3.0mm。	GB 50212—2014 8.5.4
		做泼水实验时，水应能顺利排除。	GB 50212—2014 8.5.5

续表

序号	检查内容	检查要点	检查依据
5	树脂类防腐蚀工程	施工环境温度宜为15~30℃，相对湿度不宜大于80%。施工环境温度低于10℃时，应采取加热保温措施。原材料使用时的温度，不应低于允许的施工环境温度。	GB 50212—2014 5.1.2
		施工中严禁使用明火或蒸汽直接加热。	GB 50212—2014 5.1.8
6	聚合物水泥砂浆防腐蚀工程	聚合物水泥砂浆施工环境温度宜为10~35℃，当施工环境温度低于5℃时，应采取加热保温措施。不宜在大风、雨天或阳光直射的高温环境中施工。	GB 50212—2014 7.1.2
		聚合物水泥砂浆整体面层应与基层粘结牢固，表面应平整，无裂缝、空鼓等缺陷。	GB 50212—2014 7.5.2
		整体面层平整度的允许空隙不应大于4mm。	GB 50212—2014 7.5.4
7	涂料类防腐蚀工程	施工环境相对湿度宜小于85%，被涂覆钢结构表面的温度应大于露点温度3℃。	GB 50212—2014 10.1.4
		当在密闭或有限空间施工时，必须采取强制通风。	GB 50212—2014 10.1.11
		防腐蚀涂料和稀释剂在运输、贮存、施工及养护过程中，严禁明火，并应防尘、防暴晒，不得与酸、碱等化学介质接触。	GB 50212—2014 10.1.12
		涂层与钢铁基层的附着力不宜低于5MPa；与水泥基层的附着力不宜低于1.5MPa。采用划格法检查时，其附着力不宜大于1级。	GB 50212—2014 10.3.3
		涂层应光滑平整，颜色应均匀一致，并应无泛锈、气泡、流挂、开裂、剥落等缺陷。	GB 50212—2014 10.3.4
8	沥青类防腐蚀工程	施工的环境温度不宜低于5℃；施工时的工作面应保持清洁干燥。	GB 50212—2014 11.1.2
		铺压完的沥青砂浆和沥青混凝土，应与基层结合牢固。其面层应密实、平整不得有裂纹、起鼓和脱层等现象，并不得用沥青做表面处理。	GB 50212—2014 11.6.1
9	腐蚀环境下混凝土的要求	钢筋混凝土保护层最小厚度应符合现行《工业建筑防腐蚀设计标准》的要求。	GB/T 50046—2018 4.2.5
		结构混凝土的基本要求（指最低强度等级、最小水泥用量、最大水灰比）应符合现行《工业建筑防腐蚀设计标准》要求。	GB/T 50046—2018 4.2.3

序号	检查内容	检查要点	检查依据
10	防腐蚀验收	工程验收时，应提交下列资料： ①各种防腐蚀材料、成品、半成品的出厂合格证明、材料检测报告或现场抽样的复验报告； ②耐腐蚀胶泥砂浆、细石混凝土凝土、树脂胶料、涂料等的配合比和主要技术性能的试验报告； ③设计变更通知单、材料代用的技术文件及施工过程中对重大技术问题的处理记录； ④修补或返工记录； ⑤隐蔽工程施工和验收记录； ⑥建筑防腐蚀工程交工汇总表。	GB/T 50224—2018 13. 0. 3
五、建筑防水防渗工程			
1	防水材料要求	地下工程所用防水材料的品种、规格、性能等必须符合现行国家或行业产品和设计要求。	GB 50208—2011 3. 0. 5
		防水材料必须经具备相应资质的检测单位进行抽样检验，并出具产品性能检测报告。	GB 50208—2011 3. 0. 6
		防水材料的进场验收应符合下列规定： ①对材料的外观、品种、规格、包装、尺寸和数量等进行检查验收，并经监理单位或建设单位代表检查确认，形成相应验收记录； ②对材料的质量证明文件进行检查，并经监理单位或建设单位代表检查确认，纳入工程技术档案； ③材料进场后应按本规范附录 A 和附录 B 的规定抽样检验，检验应执行见证取样送检制度，并出具材料进场检验报告； ④材料的物理性能检验项目全部指标达到标准规定时，即为合格；若有一项指标不符合标准规定，应在受检产品中重新取样进行该项指标复验，复验结果符合标准规定，则判定该批材料为合格。	GB 50208—2011 3. 0. 7
		防水混凝土的原材料、配合比及坍落度必须符合设计要求。	GB 50208—2011 4. 1. 14
		防水混凝土的抗压强度和抗渗性能必须符合设计要求。	GB 50208—2011 4. 1. 15
2	地下降水	地下防水工程施工期间，必须保持地下水位稳定在工程底部最低高程 500mm 以下，必要时应采取降水措施。对采用明沟排水的基坑，应保持基坑干燥。	GB 50208—2011 3. 0. 10

续表

序号	检查内容	检查要点	检查依据
3	构造要求	防水混凝土结构的施工缝、变形缝、后浇带、穿墙管、埋设件等设置和构造必须符合设计要求。	GB 50208—2011 4. 1. 16
		防水混凝土结构厚度不应小于 250mm，其允许偏差应为+8mm、-5mm；主体结构迎水面钢筋保护层厚度不应小于 50mm，其允许偏差应为±5mm。	GB 50208—2011 4. 1. 19
4	防水砂浆	①防水砂浆的原材料及配合比必须符合设计规定。 检验方法：检查产品合格证、产品性能检测报告、计量措施和材料进场检验报告。	GB 50208—2011 4. 2. 7
		②防水砂浆的粘结强度和抗渗性能必须符合设计规定。 检验方法：检查砂浆粘结强度、抗渗性能检验报告。	GB 50208—2011 4. 2. 8
		③水泥砂浆防水层与基层之间应结合牢固，无空鼓现象。 检验方法：观察和用小锤轻击检查。	GB 50208—2011 4. 2. 9
5	卷材防水	卷材防水层应采用高聚物改性沥青类防水卷材和合成高分子类防水卷材。所选用的基层处理剂、胶粘剂、密封材料等均应与铺贴的卷材相匹配。	GB 50208—2011 4. 3. 2
6	涂料防水层	涂料防水层的平均厚度应符合设计要求，最小厚度不得小于设计厚度的 90%。	GB 50208—2011 4. 4. 8
7	变形缝	中埋式止水带埋设位置应准确，其中间空心圆环与变形缝的中心线应重合。	GB 50208—2011 5. 2. 3
8	后浇带	采用掺膨胀剂的补偿收缩混凝土，其抗压强度、抗渗性能和限制膨胀率必须符合设计要求。	GB 50208—2011 5. 3. 4
9	防水验收	地下防水工程应对下列部位做好隐蔽工程验收记录： ①防水层的基层； ②防水混凝土结构和防水层被掩盖的部位； ③施工缝、变形缝、后浇带等防水构造做法； ④管道穿过防水层的封固部位； ⑤渗排水层、盲沟和坑槽； ⑥结构裂缝注浆处理部位； ⑦衬砌前围岩渗漏水处理部位； ⑧基坑的超挖和回填。	GB 50208—2011 9. 0. 6

续表

序号	检查内容	检查要点	检查依据
9	防水验收	地下防水工程的观感质量检查应符合下列规定： ①防水混凝土应密实，表面应平整，不得有露筋、蜂窝等缺陷；裂缝宽度不得大于 0.2mm，并不得贯通； ②水泥砂浆防水层应密实、平整，粘结牢固，不得有空鼓、裂纹、起砂、麻面等缺陷； ③卷材防水层接缝应粘贴牢固，封闭严密，防水层不得有损伤、空鼓、折皱等缺陷； ④涂料防水层应与基层粘结牢固，不得有脱皮、流淌、鼓泡、露胎、折皱等缺陷； ⑤塑料防水板防水层应铺设牢固、平整，搭接焊缝严密不得有下垂、绷紧破损现象； ⑥金属板防水层焊缝不得有裂纹、未熔合、夹渣、焊瘤咬边、烧穿、弧坑、针状气孔等缺陷； ⑦施工缝、变形缝、后浇带、穿墙管、埋设件、预留通道接头、桩头、孔口、坑、池等防水构造应符合设计要求； ⑧锚喷支护、地下连续墙、盾构隧道、沉井、逆筑结构等防水构造应符合设计要求； ⑨排水系统不淤积、不堵塞，确保排水畅通； ⑩结构裂缝的注浆效果应符合设计要求。	GB 50208—2011 9.0.7
10	防渗材料要求	抗渗混凝土用的水泥宜采用普通硅酸盐水泥。	GB/T 50934—2013 6.0.2
		水泥基渗透结晶型防水材料除应满足现行国家标准《水泥基渗透结晶型防水材料》GB 18445 的有关要求外，还应符合下列规定： ①可自我修复不应小于 0.40mm 的裂缝； ②有抗冻要求时，应满足相应的冻融循环次数。	GB/T 50934—2013 6.0.6
		成品防渗材料进场时应提供产品技术文件和复验报告。	GB/T 50934—2013 7.1.3
11	混凝土防渗层	防渗层的地基和垫层应平整、均匀密实，压实系数应满足设计要求。	GB/T 50934—2013 7.1.2
		混凝土防渗层养护期满后，应将缩缝、胀缝、衔接缝槽清理干净，并应进行填缝。	GB/T 50934—2013 7.3.2

续表

序号	检查内容	检查要点	检查依据
11	混凝土防渗层	水泥基渗透结晶型防水涂料层的施工应符合下列规定： ①施工前应清除基层表面浮浆杂质，对气孔、蜂窝麻面等缺陷进行修补；光滑的混凝土表面应打毛，并用高压水冲洗干净；混凝土基层应充分润湿，不应有明水； ②施工环境温度应在5～35℃，不宜在雨天、五级及以上大风环境下施工；涂料固化前应采取防雨措施； ③涂层应分层刷涂或喷涂，涂层应均匀； ④涂层施工完毕后应覆盖，并喷水养护，每天喷水养护不应少于3次，时间不应少于5d。	GB/T 50934—2013 7.3.5
12	高密度聚乙烯防渗层	高密度聚乙烯(HDPE)膜防渗层应由具有特种防渗资质的施工单位进行施工。	GB/T 50934—2013 7.1.1
		高密度聚乙烯(HDPE)膜的铺设应符合下列规定： ①合理布置膜片，坡度大于30°时不应有水平接缝； ②采用热熔焊接时的搭接宽度不应小于80mm，挤压焊接时的搭接宽度不应小于55mm； ③焊接前应清除接缝处的油污、灰尘、泥沙等杂物，并应进行试焊，确定焊接温度、速度和压力等参数； ④当天铺设的膜应当天完成焊接； ⑤焊接完毕应采取保护措施，防止高密度聚乙烯(HDPE)膜受风力影响而破坏。	GB/T 50934—2013 7.4.4
		高密度聚乙烯(HDPE)膜焊接质量检测应符合下列规定： ①热熔焊接的焊缝应进行气压检测，合格率应为100%； ②挤压焊接的焊缝应进行真空检测或电火花检测，合格率应为100%； ③焊缝破坏性检测，按每1000m焊缝取一个600mm×300mm样品做剥离和剪切强度测试，合格率应为100%。	GB/T 50934—2013 7.4.11
六、混凝土结构工程			
1	模板基本要求	模板及支架应根据施工过程中的各种控制工况进行设计，并应满足承载力、刚度和整体稳固性要求。	GB 55008—2021 5.2.1
2	模板安装	①对跨度不小于4m的梁、板，其模板施工起拱高度宜为梁、板跨度的1/1000～3/1000。起拱不得减少构件的截面高度。	GB 50666—2011 4.4.6

续表

序号	检查内容	检查要点	检查依据
2	模板安装	②固定在模板上的预埋件和预留孔洞不得遗漏，且应安装牢固。有抗渗要求的混凝土结构中的预埋件，应按设计及施工方案的要求采取防渗措施。	GB 50204—2015 4.2.9
		③模板安装质量应符合下列规定： a)模板的接缝应严密； b)模板内不应有杂物、积水或冰雪等； c)模板与混凝土的接触面应平整、清洁； d)用作模板的地坪、胎膜等应平整、清洁，不应有影响构件质量的下沉、裂缝、起砂或起鼓； e)对清水混凝土及装饰混凝土构件，应使用能达到设计效果的模板。	GB 50204—2015 4.2.5
3	模板拆除	模板拆除、预制构件起吊、预应力筋张拉和放张时，同条件养护的混凝土试件应达到规定强度。	GB 55008—2021 5.1.4
		①模板拆除时，可采取先支的后拆、后支的先拆，先拆非承重模板、后拆承重模板的顺序，并应从上而下进行拆除。 ②底模及支架应在混凝土强度达到设计要求后，方可再拆除。 ③当混凝土强度能保证其表面及棱角不受损伤时，方可拆除侧模。	GB 50666—2011 4.5.1~4.5.3
4	钢筋进场检验、复验	材料、构配件、器具和半成品应进行进场验收，合格后方可使用。	GB 55008—2021 5.1.2
		①钢筋应按批进行检查和验收，每批由同一牌号、同一炉罐号、同一规格的钢筋组成。每批重量通常不大于60t。超过60t的部分，每增加40t(或不足40t的余数)，增加一个拉伸试验试样和一个弯曲试验试样。 ②测量钢筋重量偏差时，试样应从不同根钢筋上截取，数量不少于5支，每支试样长度不小于500mm。长度应逐支测量，应精确到1mm。测量试样总重量时，应精确到不大于总重量的1%。	GB 1499.2—2018 9.3.2.1 GB 1499.2—2018 8.4.1
		对按一、二、三级抗震等级设计的房屋建筑框架和斜撑构件，其纵向受力普通钢筋性能应符合下列规定： ①抗拉强度实测值与屈服强度实测值的比值不应小于1.25； ②屈服强度实测值与屈服强度标准值的比值不应大于1.30； ③最大力总延伸率实测值不应小于9%。	GB 55008—2021 3.2.3

续表

序号	检查内容	检查要点	检查依据
4	钢筋进场检验、复验	钢筋进场检查应符合下列规定： ①应检查钢筋的质量证明文件； ②应按国家现行有关标准的规定抽样检验屈服强度、抗拉强度、伸长率、弯曲性能及单位长度重量偏差； ③经产品认证符合要求的钢筋，其检验批量可扩大一倍。在同一工程中，同一厂家、同一牌号、同一规格的钢筋连续三次进场检验均一次检验合格时，其后的检验批量可扩大一倍； ④钢筋的外观质量； ⑤当无法准确判断钢筋品种、牌号时，应增加化学成分、晶粒度等检验项目。	GB 50666—2011 5. 5. 1
5	钢筋加工	纵向受力钢筋的弯折后平直段长度应符合设计要求。光圆钢筋末端作 180°弯钩时，弯钩的平直段长度不应小于钢筋直径的 3 倍。 检查数量：按每工作班同一类型钢筋、同一加工设备抽查不应少于 3 件。 检验方法：尺量。	GB 50204—2015 5. 3. 2
		箍筋、拉筋的末端应按设计要求作弯钩，并应符合下列规定： ①对一般结构构件，箍筋弯钩的弯折角度不应小于 90°，弯折后平直段长度不应小于箍筋直径的 5 倍；对有抗震设防要求或设计有专门要求的结构构件，箍筋弯钩的弯折角度不应小于 135°，弯折后平直段长度不应小于箍筋直径的 10 倍； ②圆形箍筋的搭接长度不应小于其受拉锚固长度，且两末端弯钩的弯折角度不应小于 135°，弯折后平直段长度对一般结构构件不应小于箍筋直径的 5 倍，对有抗震设防要求的结构构件不应小于箍筋直径的 10 倍； ③梁、柱复合箍筋中的单肢箍筋两端弯钩的弯折角度均不应小于 135°，弯折后平直段长度应符合本条第 1 款对箍筋的有关规定。 检查数量：按每工作班同一类型钢筋、同一加工设备抽查不应少于 3 件。 检验方法：尺量。	GB 50204—2015 5. 3. 3

续表

序号	检查内容	检查要点	检查依据
6	钢筋连接	钢筋的连接方式应符合设计要求。	GB 50204—2015 5.4.1
		钢筋机械连接或焊接连接接头试件应从完成的实体中截取，并应按规定进行性能检验。	GB 55008—2021 5.3.1
		钢筋采用机械连接或焊接连接时，钢筋机械连接接头、焊接接头的力学性能、弯曲性能应符合国家现行相关标准的规定。接头试件应从工程实体中截取。 检查数量：按现行行业标准《钢筋机械连接技术规程》JGJ 107 和《钢筋焊接及验收规程》JGJ 18 的规定确定。 检验方法：检查质量证明文件和抽样检验报告。	GB 50204—2015 5.4.2
		在钢筋工程焊接施工前，参与该项工程施焊的焊工应进行现场条件下的焊接工艺试验，经试验合格后，方可进行焊接。焊接过程中，如果钢筋牌号、直径发生变更，应再次进行焊接工艺试验。工艺试验使用的材料、设备、辅料及作业条件均应与实际施工一致。	GB 50666—2011 5.4.3
		钢筋连接施工的质量检查应符合下列规定： ①钢筋焊接和机械连接施工前均应进行工艺检验。机械连接应检查有效的型式检验报告； ②钢筋焊接接头和机械连接接头应全数检查外观质量，搭接连接接头应抽检搭接长度； ③螺纹接头应抽检拧紧扭矩值； ④施工中应检查钢筋接头百分率。	GB 50666—2011 5.5.5
		接头现场抽检项目应包括极限抗拉强度试验、加工和安装质量检验。抽检应按验收批进行，同钢筋生产厂、同强度等级、同规格、同类型和同型式接头应以 500 个为一个验收批进行检验与验收，不足 500 个也应作为一个验收批。	JGJ 107—2016 7.0.5
		对接头的每一验收批，应在工程结构中随机截取 3 个接头试件做极限抗拉强度试验，按设计要求的接头等级进行评定。当仅有 1 个试件的极限抗拉强度不符合要求，应再取 6 个试件进行复检。复检中仍有 1 个试件的极限抗拉强度不符合要求，该验收批应评为不合格。	JGJ 107—2016 7.0.7

续表

序号	检查内容	检查要点	检查依据
6	钢筋连接	闪光对焊接头在同一台班内，由同一个焊工完成的300个同牌号、同直径钢筋焊接接头应作为一批。当同一台班内焊接的接头数量较少，可在一周之内累计计算；累计仍不足300个接头时，应按一批计算。	JGJ 18—2012 5.3.1
		箍筋闪光对焊接头在同一台班内，由同一焊工完成的600个同牌号、同直径箍筋闪光对焊接头作为一个检验批；如超出600个接头，其超出部分可以与下一台班完成接头累计计算。	JGJ 18—2012 5.4.1
		电弧焊接头在现浇混凝土结构中，应以300个同牌号钢筋、同形式接头作为一批在房屋结构中，应在不超过连续二楼层中300个同牌号钢筋、同形式接头作为一批；每批随机切取3个接头，做拉伸试验。	JGJ 18—2012 5.5.1
		电渣压力焊接头在现浇钢筋混凝土结构中，应以300个同牌号钢筋接头作为一批；在房屋结构中，应在不超过连续二楼层中300个同牌号钢筋接头作为一批；当不足300个接头时，仍应作为一批。	JGJ 18—2012 5.6.1
		气压焊接头在现浇钢筋混凝土结构中，应以300个同牌号钢筋接头作为一批；在房屋结构中，应在不超过连续二楼层中300个同牌号钢筋接头作为一批；当不足300个接头时，仍应作为一批。	JGJ 18—2012 5.7.1
		预埋件钢筋T形接头的力学性能检验，应以300件同类型预埋件作为一批。一周内连续焊接时，可累计计算。当不足300件时，亦应按一批计算。	JGJ 18—2012 5.8.4
		当纵向受力钢筋采用机械连接接头或焊接接头时，同一连接区段内纵向受力钢筋的接头面积百分率应符合设计要求；当设计无具体要求时，应符合下列规定： ①受拉接头，不宜大于50%；受压接头，可不受限制； ②直接承受动力荷载的结构构件中，不宜采用焊接；当采用机械连接时，不应超过50%。	GB 50204—2015 5.4.6
		当纵向受力钢筋采用绑扎搭接接头时，接头的设置应符合下列规定： ①接头的横向净间距不应小于钢筋直径，且不应小于25mm； ②同一连接区段内，纵向受拉钢筋的接头面积百分率应符合设计要求；当设计无具体要求时，应符合下列规定： 1)梁类、板类及墙类构件，不宜超过25%；基础筏板，不宜超过50%； 2)柱类构件，不宜超过50%； 3)当工程中确有必要增大接头面积百分率时，对梁类构件，不应大于50%。	GB 50204—2015 5.4.7

续表

序号	检查内容	检查要点	检查依据
7	钢筋安装	当施工中进行混凝土结构构件的钢筋、预应力筋代换时，应符合设计规定的构件承载能力、正常使用、配筋构造及耐久性能要求，并应取得设计变更文件。	GB 55008—2021 2.0.11
		受力钢筋的安装位置、锚固方式应符合设计要求。	GB 50204—2015 5.5.2
		钢筋绑扎应符合下列规定： ①钢筋的绑扎搭接接头应在接头中心和两端用铁丝扎牢； ②墙、柱、梁钢筋骨架中各竖向面钢筋网交叉点应全数绑扎板上部钢筋网的交叉点应全数绑扎，底部钢筋网除边缘部分外可间隔交错绑扎； ③梁、柱的箍筋弯钩及焊接封闭箍筋的焊点应沿纵向受力钢筋方向错开设置； ④构造柱纵向钢筋宜与承重结构同步绑扎； ⑤梁及柱中箍筋、墙中水平分布钢筋、板中钢筋距构件边缘的起始距离宜为50mm。	GB 50666—2011 5.4.7
8	混凝土外加剂	混凝土外加剂进场时，应对其品种、性能、出厂日期等进行检查，并应对外加剂的相关性能指标进行检验，检验结果应符合现行国家标准《混凝土外加剂》GB 8076 和《混凝土外加剂应用技术规范》GB 50119的规定。 检查数量：按同一厂家、同一品种、同一性能、同一批号且连续进场的混凝土外加剂，不超过 50t 为一批，每批抽样数量不应少于一次。 检验方法：检查质量证明文件和抽样检验报告。	GB 50204—2015 7.2.2
		外加剂进场时，供方应向需方提供下列质量证明文件： ①型式检验报告； ②出厂检验报告与合格证； ③产品说明书。	GB 50119—2013 3.3.1
9	混凝土浇筑	应对结构混凝土强度等级进行检验评定，试件应在浇筑地点随机抽取。	GB 55008—2021 5.4.2
		在混凝土浇筑同时，应制作供结构或构件出池、拆模、吊装、张拉、放张和强度合格评定用的同条件养护试件，并应按设计要求制作抗冻、抗渗或其他性能试验用的试件。	GB 50164—2011 6.6.15

序号	检查内容	检查要点	检查依据
9	混凝土浇筑	混凝土运输、输送、浇筑过程中严禁加水；运输、输送、浇筑过程中散落的混凝土严禁用于结构浇筑。	GB 55008—2021 5.4.1
		结构混凝土浇筑应密实，浇筑后应及时进行养护。	GB 55008—2021 5.4.3
		混凝土强度应分批进行检验评定。一个检验批的混凝土应由强度等级相同、试验龄期相同、生产工艺条件和配合比基本相同的混凝土组成。	GB/T 50107—2010 3.0.3
		当检验结果满足第5.1.2条或第5.1.3条或第5.2.2条的规定时，则该批混凝土强度应评定为合格；当不能满足上述规定时，该批混凝土强度应评定为不合格。	GB/T 50107—2010 5.3.1
		对评定为不合格批的混凝土，可按国家现行的有关标准进行处理。	GB/T 50107—2010 5.3.2
10	现浇结构外观质量	现浇结构的外观质量不应有严重缺陷。对已经出现的严重缺陷，应由施工单位提出技术处理方案，并经监理单位认可后进行处理；对裂缝、连接部位出现的严重缺陷及其他影响结构安全的严重缺陷，技术处理方案尚应经设计单位认可。对经处理的部位应重新验收。 检查数量：全数检查。 检验方法：观察，检查处理记录。	GB 50204—2015 8.2.1
		现浇结构的外观质量不应有一般缺陷。对已经出现的一般缺陷，应由施工单位按技术处理方案进行处理。对经处理的部位应重新验收。 检查数量：全数检查。 检验方法：观察，检查处理记录。	GB 50204—2015 8.2.2
11	现浇结构尺寸偏差	现浇结构不应有影响结构性能或使用功能的尺寸偏差；混凝土设备基础不应有影响结构性能和设备安装的尺寸偏差。 对超过尺寸允许偏差且影响结构性能和安装、使用功能的部位，应由施工单位提出技术处理方案，经监理、设计单位认可后进行处理。对经处理的部位应重新验收。 检查数量：全数检查。 检验方法：量测，检查处理记录。	GB 50204—2015 8.3.1

续表

序号	检查内容	检查要点	检查依据
		装配式结构连接节点及叠合构件浇筑混凝土之前，应进行隐蔽工程验收。隐蔽工程验收应包括下列主要内容： ①混凝土粗糙面的质量，键槽的尺寸、数量、位置； ②钢筋的牌号、规格、数量、位置、间距，箍筋弯钩的弯折角度及平直段长度； ③钢筋的连接方式、接头位置、接头数量、接头面积百分率、搭接长度、锚固方式及锚固长度； ④预埋件、预留管线的规格、数量、位置。	GB 50204—2015 9. 1. 1
12	预制构件	混凝土预制构件专业企业生产的预制构件进场时，预制构件结构性能检验应符合下列规定： ①梁板类简支受弯预制构件进场时应进行结构性能检验，并应符合下列规定： a) 结构性能检验应符合国家现行相关标准的有关规定及设计的要求，检验要求和试验方法应符合本规范附录 B 的规定； b) 钢筋混凝土构件和允许出现裂缝的预应力混凝土构件应进行承载力、挠度和裂缝宽度检验；不允许出现裂缝的预应力混凝土构件应进行承载力、挠度和抗裂检验； c) 对大型构件及有可靠应用经验的构件，可只进行裂缝宽度、抗裂和挠度检验； d) 对使用数量较少的构件，当能提供可靠依据时，可不进行结构性能检验； ②对其他预制构件，除设计有专门要求外，进场时可不做结构性能检验； ③对进场时不做结构性能检验的预制构件，应采取下列措施： a) 施工单位或监理单位代表应驻厂监督制作过程； b) 当无驻厂监督时，预制构件进场时应对预制构件主要受力钢筋数量、规格、间距及混凝土强度等进行实体检验。 检验数量：每批进场不超过 1000 个同类型预制构件为一批，在每批中应随机抽取一个构件进行检验。 检验方法：检查结构性能检验报告或实体检验报告。	GB 50204—2015 9. 2. 2
		预制构件的外观质量不应有严重缺陷，且不应有影响结构性能和安装、使用功能的尺寸偏差。	GB 50204—2015 9. 2. 3
13	结构实体检验	对涉及混凝土结构安全的有代表性的部位应进行结构实体检验。包括混凝土强度、钢筋保护层厚度、结构位置与尺寸偏差以及合同约定的项目。	GB 50204—2015 10. 1. 1

序号	检查内容	检查要点	检查依据
14	混凝土水池基本规定	用于水池的材料和制品应具有质量证明文件，并应按相关标准的规定进行复验。	SH/T 3535—2012 3.2
		水池底板位于地下水位以下时应验算施工阶段的抗浮稳定性，当不能满足时应采取施工期临时抗浮措施。	SH/T 3535—2012 3.3
		水池永久观测点，当设计文件无规定时，应按下述规定在池壁设置沉降观测点： a)沉降观测点位置应便于观测； b)沉降观测点应对称布置，其间距不应大于20m且不少于4点，圆形水池均布，矩形水池布置于长面两端； c)伸缩缝、后浇带两侧应各增加一个观测点，且对称布置； d)在异形水池的拐角处两侧应各增加一个观测点。	SH/T 3535—2012 3.6
		水池池体混凝土全部浇筑完毕后蓄水试验前，做一次沉降观测。	SH/T 3535—2012 3.7
15	池体施工	土方开挖完成后应验槽，经验槽需进行地基处理时，由设计单位或施工单位提出处理方案；当采用施工单位提出的处理方案时应经设计单位批准。	SH/T 3535—2012 4.1.2
		当池壁与池顶盖板连续施工时，池顶盖板的模板支架应有独立稳定的结构体系。	SH/T 3535—2012 4.2.2
		金属止水带接头应采用搭接，搭接长度不小于30mm；接头均应双面满焊，对焊缝抽检不少于一处，采用有色稀料渗透检查。	SH/T 3535—2012 4.3.2 a)
16	蓄水试验	水池施工完毕，结构尺寸、外观质量检验合格，池内、外清理干净，并符合下列规定时应及时进行蓄水试验： a)混凝土已达到设计强度等级； b)留置的试件试验合格； c)土方未进行回填； d)试验用水温度与环境温度差不宜大于20℃。	SH/T 3535—2012 6.1

续表

序号	检查内容	检查要点	检查依据
16	蓄水试验	水池蓄水试验应符合下列要求： a)平衡层位于底板上面时，应先进行蓄水试验，合格后施工平衡层； b)有防水层或防腐层的水池，应先进行蓄水试验，合格后施工防水层或防腐层； c)多格水池蓄水试验顺序应按设计文件规定进行。	SH/T 3535—2012 6.2
		水池蓄水试验应按防水等级进行渗漏检查。	SH/T 3535—2012 6.3
		水池蓄水试验时应测定其沉降量。	SH/T 3535—2012 6.4
		水池地基的不均匀沉降应符合设计文件规定。	SH/T 3535—2012 6.5
七、砌体结构工程			
1	砌体结构砌筑顺序	①基底标高不同时，应从低处砌起，并应由高处向低处搭砌。 ②砌体的转角处和交接处应同时砌筑。当不能同时砌筑时，应按规定留槎、接槎。	GB 50203—2011 3.0.6
2	墙脚手眼设置	不得在下列墙体或部位设置脚手眼： ①120mm 厚墙、清水墙、料石墙、独立柱和附墙柱； ②过梁上与过梁成 60°角的三角形范围及过梁净跨度 1/2 的高度范围内； ③宽度小于 1m 的窗间墙； ④门窗洞口两侧石砌体 300mm，其他砌体 200mm 范围内；转角处石砌体为 600mm，其他砌体 450mm 范围内； ⑤梁或梁垫下及其左右 500mm 范围内； ⑥设计不允许设置脚手眼的部位； ⑦轻质墙体； ⑧夹心复合墙外叶墙。	GB 50203—2011 3.0.9
3	墙体开洞	未经设计同意，不得打凿墙体和在墙体上开凿水平沟槽。宽度超过 300mm 的洞口上部，应设置钢筋混凝土过梁。不应在截面长边小于 500mm 的承重墙体、独立柱内埋设管线。	GB 50203—2011 3.0.11

续表

序号	检查内容	检查要点	检查依据
4	砌筑材料要求	砌体结构选用材料应符合下列规定： ①所用的材料应有产品出厂合格证书、产品性能型式检验报告； ②应对块材、水泥、钢筋、外加剂、预拌砂浆、预拌混凝土的主要性能进行检验，证明质量合格并符合设计要求； ③应根据块材类别和性能，选用与其匹配的砌筑砂浆。	GB 55007—2021 3.1.2
		砌体结构不应采用非蒸压硅酸盐砖、非蒸压硅酸盐砌块及非蒸压加气混凝土制品。	GB 55007—2021 3.1.3
5	预拌砂浆	干混砂浆及加气混凝土砌块专用砂浆宜按掺用外加剂的砂浆确定搅拌时间或按产品说明书采用。	GB 50203—2011 4.0.9-4
		现场拌制的砂浆应随拌随用，拌制的砂浆应在3h内使用完毕；当施工期间最高气温超过30℃时，应在2h内使用完毕。预拌砂浆及蒸压加气混凝土砌块专用砂浆的使用时间应按照厂方提供的说明书确定。	GB 50203—2011 4.0.10
		砌体结构工程使用的湿拌砂浆，除直接使用外必须储存在不吸水的专用容器内，并根据气候条件采取遮阳、保温、防雨雪等措施，砂浆在储存过程中严禁随意加水。	GB 50203—2011 4.0.11
		在砂浆中掺入的砌筑砂浆增塑剂、早强剂、缓凝剂、防冻剂、防水剂等砂浆外加剂，其品种和用量应经有资质的检测单位检验和试配确定。	GB 50203—2011 4.0.7
6	块体材料	选用的块体材料应满足抗压强度等级和变异系数的要求，对用于承重墙体的多孔砖和蒸压普通砖尚应满足抗折指标的要求。	GB 55007—2021 3.2.2
		填充墙的块材最低强度等级，应符合下列规定： ①内墙空心砖、轻骨料混凝土砌块、混凝土空心砌块应为MU3.5，外墙应为MU5； ②内墙蒸压加气混凝土砌块应为A2.5，外墙应为A3.5。	GB 55007—2021 3.2.8
		下列部位或环境中的填充墙不应使用轻骨料混凝土小型空心砌块或蒸压加气混凝土砌块砌体： ①建(构)筑物防潮层以下墙体； ②长期浸水或化学侵蚀环境； ③砌体表面温度高于80℃的部位； ④长期处于有振动源环境的墙体。	GB 55007—2021 3.2.9

续表

序号	检查内容	检查要点	检查依据
7	冬季施工材料	石灰膏、电石膏等应防止受冻，如遭冻结，应经融化后使用。 拌制砂浆用砂，不得含有冰块和大于10mm的冻结块。 砌体用块体不得遭水浸冻。	GB 50203—2011 10.0.4
8	转角处和交接处等砌筑构造	砌体砌筑时，墙体转角处和纵横交接处应同时咬槎砌筑；砖柱不得采用包心砌法；带壁柱墙的壁柱应与墙身同时咬槎砌筑；临时间断处应留槎砌筑；块材应内外搭砌、上下错缝砌筑。	GB 55007—2021 5.1.3
		砌体与构造柱的连接处以及砌体抗震墙与框架柱的连接处均应采用先砌墙后浇柱的施工顺序，并应按要求设置拉结钢筋；砖砌体与构造柱的连接处应砌成马牙槎。	GB 55007—2021 5.1.9
9	混凝土小型空心砌块工程	承重墙体使用的小砌块应完整、无破损、无裂缝。	GB 55007—2021 5.1.10
		采用小砌块砌筑时，应将小砌块生产时的底面朝上反砌于墙上。施工洞口预留直槎时，应对直槎上下搭砌的小砌块孔洞采用混凝土灌实。	GB 55007—2021 5.1.11
10	砌体芯柱	砌体结构的芯柱混凝土应分段浇筑并振捣密实。并应对芯柱混凝土浇灌的密实程度进行检测，检测结果应满足设计要求。	GB 55007—2021 5.1.12
11	挡土墙	砌体挡土墙泄水孔应满足泄排水要求。	GB 55007—2021 5.1.13
		砌筑毛石基础的第一皮石块应坐浆，并将大面向下；砌筑料石基础的第一皮石块应用丁砌层坐浆砌筑。	GB 50203—2011 7.1.4
		砌筑时，不应出现通缝、干缝、空缝和孔洞。	GB 50924—2014 8.2.4
		毛石砌体应设置拉结石，拉结石应符合下列规定： ①拉结石应均匀分布，相互错开，毛石基础同皮内宜每隔2m设置一块；毛石墙应每0.7m^2墙面至少设置一块，且同皮内的中距不应大于2m； ②当基础宽度或墙厚不大于400mm时，拉结石的长度应与基础宽度或墙厚相等；当基础宽度或墙厚大于400mm时，可用两块拉结石内外搭接，搭接长度不应小于150mm，且其中一块的长度不应小于基础宽度或墙厚的2/3。	GB 50924—2014 8.2.7

续表

序号	检查内容	检查要点	检查依据
12	填充墙砌体工程	填充墙的连接构造施工应符合设计要求。	GB 55007—2021 5.1.14
		砌筑填充墙时，轻骨料混凝土小型空心砌块和蒸压加气混凝土砌块的产品龄期不应小于28d。	GB 50203—2011 9.1.2
		在厨房、卫生间、浴室等处采用轻骨料混凝土小型空心砌块、蒸压加气混凝土砌块砌筑墙体时，墙底部宜现浇混凝土坎台，其高度宜为150mm。	GB 50203—2011 9.1.6
		烧结空心砖、小砌块和砌筑砂浆的强度等级应符合设计要求。	GB 50203—2011 9.2.1
		填充墙砌体应与主体结构可靠连接，其连接构造应符合设计要求。	GB 50203—2011 9.2.2
13	检验	对新建砌体结构，当遇到下列情况之一时，应检测砌筑砂浆强度、块材强度或砌体的抗压、抗剪强度： ①砂浆试块缺乏代表性或数量不足； ②砂浆试块强度的检验结果不满足设计要求； ③对块材或砂浆试块的检验结果有怀疑或争议； ④对施工质量有怀疑或争议，需进一步分析砂浆、块材或砌体的强度； ⑤发生工程事故，需进一步分析事故原因。	GB 55007—2021 5.2.1
14	验收	单位工程的砌体结构质量验收资料应满足工程整体验收的要求。当单位工程的砌体结构质量验收部分资料缺失时，应进行相应的实体检验或抽样试验。	GB 55007—2021 5.3.1
		砌体结构工程施工质量应满足设计要求，施工质量验收尚应包括以下内容： ①水泥的强度及安定性评定； ②块材、砂浆、混凝土的强度评定； ③钢筋的品种、规格、数量和设置部位； ④砌体水平灰缝和竖向灰缝的砂浆饱满度； ⑤砌体的转角处、交接处、构造柱马牙槎砌筑质量； ⑥挡土墙泄水孔质量； ⑦与主体结构连接的后植钢筋轴向受拉承载力。	GB 55007—2021 5.3.2
		对有可能影响结构安全性的砌体裂缝，应进行检测鉴定，需返修或加固处理的，待返修或加固处理满足使用要求后进行二次验收。	GB 55007—2021 5.3.3

续表

序号	检查内容	检查要点	检查依据
八、钢结构工程			
1	构件材料	钢结构工程所选用钢材的牌号、技术条件、性能指标均应符合国家现行有关标准的规定。	GB 55006—2021 3.0.1
		钢结构承重构件所用的钢材应具有屈服强度，断后伸长率，抗拉强度和硫、磷含量的合格保证，在低温使用环境下尚应具有冲击韧性的合格保证；对焊接结构尚应具有碳或碳当量的合格保证。铸钢件和要求抗层状撕裂(Z向)性能的钢材尚应具有断面收缩率的合格保证。焊接承重结构以及重要的非焊接承重结构所用的钢材，应具有弯曲试验的合格保证；对直接承受动力荷载或需进行疲劳验算的构件，其所用钢材尚应具有冲击韧性的合格保证。	GB 55006—2021 3.0.2
		工程用钢材与连接材料应规范管理，钢材与连接材料应按设计文件的选材要求订货。	GB 55006—2021 3.0.4
		当材料有下列情况之一时，不得使用： ①质量证明文件的特性数据不符合产品标准或订货技术条件； ②对质量证明文件的特性数据有异议； ③实物标识与质量证明文件标识不符； ④要求复验的材料未经复验或复验不合格。	SH/T 3507—2011 5.1.2
2	焊接材料	钢结构焊接材料应具有焊接材料厂出具的产品质量证明书或检验报告。	GB 55006—2021 7.2.1
		品种、规格、性能应符合现行国家产品标准和设计要求。	SH/T 3507—2011 5.2.1
		焊条外观不应有药皮脱落、焊芯生锈等缺陷。	SH/T 3507—2011 5.2.2
		焊丝表面不应有锈蚀、油污等。	SH/T 3507—2011 5.2.3
		其他材料应符合以下规定： a)焊剂不得受潮结块； b)氮气的纯度不应低于99.99%；二氧化碳气体纯度不应低于99.5%，含水量不应超过0.005%。	SH/T 3507—2011 5.2.4
		超过库存有效期的焊接材料需经使用方组织复验，复验原则上以考核可能影响焊接质量的项目为主，复验合格后需再次确认使用期限。	JB/T 3223—2017 6.9

续表

序号	检查内容	检查要点	检查依据
3	紧固件	高强度大六角头螺栓连接副和扭剪型高强度螺栓连接副出厂时应分别随箱带有扭矩系数和紧固轴力(预拉力)的检验报告，并应附有出厂质量保证书。高强度螺栓连接副应按批配套进场并在同批内配套使用。	GB 55006—2021 7.1.2
		高强度螺栓连接处的钢板表面处理方法与除锈等级应符合设计文件要求。摩擦型高强度螺栓连接摩擦面处理后应分别进行抗滑移系数试验和复验，其结果应达到设计文件中关于抗滑移系数的指标要求。	GB 55006—2021 7.1.3
4	焊接工艺评定	首次采用的钢材、焊接材料、焊接方法、接头形式、焊接位置、焊后热处理制度以及焊接工艺参数、预热和后热措施等各种参数的组合条件，应在钢结构构件制作及安装施工之前按照规定程序进行焊接工艺评定，并制定焊接操作规程，焊接施工过程应遵守焊接操作规程规定。	GB 55006—2021 7.2.2
		免予评定的焊接工艺必须由该施工单位焊接工程师和单位技术负责人签发“免予评定的焊接工艺”书面文件。	GB 50661—2011 6.6.1
5	焊工资质	焊工应经考试合格并取得合格证书，且应在其考试合格项目及其认可范围内施焊，严禁无证焊工施焊。	GB 50205—2020 5.2.2
6	焊接检验	应采用超声波探伤进行内部缺陷的检验，超声波不能对缺陷作出判断时，应采用射线探伤。 焊缝质量应符合设计要求。	GB 50205—2020 5.2.5
		全部焊缝应进行外观检查。要求全焊透的一级、二级焊缝应进行内部缺陷无损检测，一级焊缝探伤比例应为100%，二级焊缝探伤比例应不低于20%。	GB 55006—2021 7.2.3
		焊接质量抽样检验结果判定应符合以下规定： ①除裂纹缺陷外，抽样检验的焊缝数不合格率小于2%时，该批验收合格；抽样检验的焊缝数不合格率大于5%时，该批验收不合格；抽样检验的焊缝数不合格率为2%~5%时，应按不少于2%探伤比例对其他未检焊缝进行抽检，且必须在原不合格部位两侧的焊缝延长线各增加一处，在所有抽检焊缝中不合格率不大于3%时，该批验收合格，大于3%时，该批验收不合格； ②当检验有1处裂纹缺陷时，应加倍抽查，在加倍抽检焊缝中未再检查出裂纹缺陷时，该批验收合格；检验发现多处裂纹缺陷或加倍抽查又发现裂纹缺陷时，该批验收不合格，应对该批余下焊缝的全数进行检验； ③批量验收不合格时，应对该批余下的全部焊缝进行检验。	GB 55006—2021 7.2.4

续表

序号	检查内容	检查要点	检查依据
7	预热及焊后热处理	焊前预热或焊后热处理的焊缝，加热区在焊道两侧，每侧宽度均应大于焊件厚度的2倍以上，且不应小于100mm，焊后热处理的工艺应满足施工技术文件的要求。	SH/T 3507—2011 10.6
8	现场处理的构件摩擦面	应单独进行摩擦面抗滑移系数试验，其结果应符合设计要求。	SH/T 3507—2011 11.2.1
9	吊车梁和吊车桁架偏差要求	吊车梁和吊车桁架不得下挠。	SH/T 3507—2011 9.5.3
10	安装质量检查	主体钢结构整体立面偏移和整体平面弯曲的允许偏差应符合本规范表10.9.1的规定。 检查数量：对主要立面全部检查。对每个所检查的立面，除两列角柱外，尚应至少选取一列中间柱。 检验方法：采用经纬仪、全站仪、GPS等测量。	GB 50205—2020 10.9.1
		钢网架、网壳结构总拼完成后及屋面工程完成后应分别测量其挠度值，且所测的挠度值不应超过相应荷载条件下挠度计算值的1.15倍。 检查数量：跨度24m及以下钢网架、网壳结构，测量下弦中央一点跨度24m以上钢网架、网壳结构，测量下弦中央一点及各向下弦跨度的四等分点。 检验方法：用钢尺、水准仪或全站仪实测。	GB 50205—2020 11.3.1
11	螺帽防松	钢柱地脚螺栓紧固后，外露部分应采取防止螺母松动和锈蚀的措施。	GB 50755—2012 11.3.4.4
12	柱脚灌浆	在形成空间稳定单元后，应立即对柱地板和基础顶面的空间进行二次浇灌。	GB 50205—2020 10.1.7
13	钢材表面除锈	涂装前钢材表面除锈等级应满足设计要求。当设计无要求时，各种底漆或防锈漆要求最低的除锈等级分别为：油性酚醛、醇酸等底漆或防锈漆St3；高氯化聚乙烯、氯化橡胶、氯磺化聚乙烯、环氧树脂、聚氨酯等底漆或防锈漆Sa2.5；无机富锌、有机硅、过氯乙烯等底漆Sa2.5。	GB 50205—2020 13.2.1
14	涂层厚度	钢结构防腐涂料、涂装遍数、涂层厚度均应符合设计和涂料产品说明书要求。当设计对涂层厚度无要求时，涂层干漆膜总厚度：室外应为150μm，室内应为125μm，其允许偏差为-25μm。	GB 55006—2021 7.3.1

续表

序号	检查内容	检查要点	检查依据
15	构件防腐要求	腐蚀性等级为强时，桁架、柱、主梁等重要受力构件不宜采用格构式；不应采用冷弯薄壁型钢。	GB/T 50046—2018 4.3.1
		钢结构杆件截面的厚度宜符合下列规定： ①钢板组合的杆件，不宜小于6mm； ②闭口截面杆件，不宜小于4mm； ③角钢截面的厚度不宜小于5mm。	GB/T 50046—2018 4.3.4
		桁架、柱、主梁等重要钢构件和闭口截面杆件的焊缝，应采用连续焊缝。角焊缝的焊脚尺寸不宜小于8mm；当杆件厚度小于8mm时，焊脚尺寸不应小于杆件厚度；加劲肋应切角，切角的尺寸应满足排水、施工维修要求。	GB/T 50046—2018 4.3.8
		杆件应采用实腹式或闭口截面，闭口截面端部应进行封闭；对封闭截面杆件进行热浸镀锌时，应采取开孔防爆措施。	GB/T 50046—2018 4.3.3-1
		腐蚀性等级为强、中时，不宜采用由双角钢组成的T形截面或由双槽钢组成的工形截面。	GB/T 50046—2018 4.3.3-2
		构件采用高强螺栓连接的接触面的除锈等级，不应低于Sa2.5；连接处的缝隙，应嵌刮耐腐蚀密封膏。	GB/T 50046—2018 4.3.10
16	防火工程要求	下列承重钢结构，应采取耐火保护措施： ①单个容积等于或大于5m^{3}的甲、乙$_A$类液体设备的承重钢构、支架、裙座； ②在爆炸危险区范围内，且毒性为极度和高度危害的物料设备的承重钢构架、支架、裙座； ③操作温度等于或高于自燃点的单个容积等于或大于5m^{3}的乙$_B$、丙类液体设备承重钢构架、支架、裙座； ④加热炉炉底钢支架； ⑤在爆炸危险区范围内的钢管架；跨越装置区、罐区消防车道的钢管架； ⑥在爆炸危险区范围内的高径比等于或大于8，且总重量等于或大于25t的非可燃介质设备的承重钢构架、支架和裙座。	GB 50160—2008(2018年版) 5.6.1

续表

序号	检查内容	检查要点	检查依据
16	防火工程要求	①高层厂房，甲、乙类厂房的耐火等级不应低于二级，建筑面积不大于 $300m^2$ 的独立甲、乙类单层厂房可采用三级耐火等级的建筑。 ②单、多层丙类厂房和多层丁、戊类厂房的耐火等级不应低于三级。使用或产生丙类液体的厂房和有火花、赤热表面、明火的丁类厂房，其耐火等级均不应低于二级；当建筑面积不大于 $500m^2$ 的单层丙类厂房或建筑面积不大于 $1000m^2$ 的单层丁类厂房时，可采用三级耐火等级的建筑。 ③使用或储存特殊贵重的机器、仪表、仪器等设备或物品的建筑，其耐火等级不应低于二级。	GB 50016—2014（2018 年版）3. 2. 2、3. 2. 3、3. 2. 4
		高架仓库、高层仓库、甲类仓库、多层乙类仓库和储存可燃液体的多层丙类仓库，其耐火等级不应低于二级。 单层乙类仓库，单层丙类仓库，储存可燃固体的多层丙类仓库和多层丁、戊类仓库，其耐火等级不应低于三级。	GB 50016—2014（2018 年版）3. 2. 7
17	耐火极限要求	本标准第 5. 6. 1 条所述的承重钢结构的下列部位应覆盖耐火层，覆盖耐火层的钢构件，其耐火极限不应低于 2h。 ①支承设备钢构架： 1）单层构架的梁、柱； 2）多层构架的楼板为透空的钢格板时，地面以上 10m 范围的梁、柱； 3）多层构架的楼板为封闭式楼板时，地面至该层楼板面及其以上 10m 范围的梁、柱； ②支承设备钢支架； ③钢裙座外侧未保温部分及直径大于 1. 2m 的裙座内侧； ④钢管架： 1）底层支承管道的梁、柱；当底层低于 4. 5m 时，地面以上 4. 5m 内的支承管道的梁、柱； 2）上部设有空气冷却器的管架，其全部梁、柱及承重斜撑； 3）下部设有液化烃或可燃液体泵的管架，地面以上 10m 范围的梁、柱； ⑤加热炉从钢柱柱脚板到炉底板下表面 50mm 范围内的主要支承构件应覆盖耐火层，与炉底板连续接触的横梁不覆盖耐火层； ⑥液化烃球罐支腿从地面到支腿与球体交叉处以下 0. 2m 的部位。	GB 50160—2008（2018 年版）5. 6. 2

续表

序号	检查内容	检查要点	检查依据
18	防火材料要求	防火涂料、防火板、毡状防火材料等防火保护材料的质量，应符合国家现行产品标准的规定和设计要求，并应具备产品合格证、国家权威质量监督检验机构出具的检验合格报告和型式认可证书。	GB 51249—2017 9.2.1
		预应力钢结构、跨度大于或等于60m的大跨度钢结构、高度大于或等于100m的高层建筑钢结构所采用的防火涂料、防火板、毡状防火材料等防火保护材料，在材料进场后，应对其隔热性能进行见证检验。非膨胀型防火涂料和防火板、毡状防火材料等实测的等效热传导系数不应大于等效热传导系数的设计取值，其允许偏差为+10%；膨胀型防火涂料实测的等效热阻不应小于等效热阻的设计取值，其允许偏差为-10%。	GB 51249—2017 9.2.2
19	防火基层处理	钢结构表面应进行除锈，除锈等级应符合GB/T 8923《涂装前钢材表面锈蚀等级和除锈等级》规定的Sa2.5级或St3级。	SH/T 3137—2013 8.2.1
		钢结构基层经处理后，应及时刷上防腐蚀底漆，间隔时间不应超过8h。	SH/T 3137—2013 8.2.2
20	防火工程施工要求	防火涂料涂装工程应由经过专门培训的施工人员施工。	SH/T 3137—2013 8.1.2
		钢结构防火保护层，应在构件制作和安装工程的质量检验合格后进行。	SH/T 3137—2013 8.1.1
		钢结构防火保护层施工前，应先对基层检查验收，合格后办理工序交接手续。	SH/T 3137—2013 9.2
21	防火保护层质量	膨胀型防火涂料的涂层厚度应符合耐火极限的设计要求。非膨胀型防火涂料的涂层厚度，80%及以上面积应符合耐火极限的设计要求，且最薄处厚度不应低于设计要求的85%。检查数量按同类构件数抽查10%，且均不应少于3件。	GB 55006—2021 7.3.2
		钢结构防火保护层不得误涂、漏涂、不应有脱层，外观应无明显凹凸，并应粘结牢固，无粉化。	SH/T 3137—2013 8.3.1
		薄涂型防火涂料涂层表面裂纹宽度不应大于0.5mm；厚涂型防火涂料涂层表面裂纹宽度不应大于1mm。	GB 50205—2020 13.4.4
22	防火工程交工验收	钢结构防火保护工程交工验收时，应提供下列资料： a)国家质量监督检测机构对所用产品耐火极限和理化性能的检测报告； b)抽检的粘结强度、抗压强度等检测报告； c)产品的合格证、检验证； d)钢结构基层处理及其他隐蔽工程等现场检查验收记录； e)工程变更记录和设计修改通知单。	SH/T 3137—2013 9.3

续表

序号	检查内容	检查要点	检查依据
九、建筑地面及厂区竖向工程			
1	材料	应符合设计要求和国家现行有关标准的规定。无国家现行标准的，应具有省级主管部门的技术认可文件。材料进场时应有质量合格证明文件，应对型号、规格、外观等进行验收，对重要材料或产品应抽样进行复验。	GB 50209—2010 3.0.3
		厕浴间和有防滑要求的建筑地面应符合设计防滑要求。	GB 50209—2010 3.0.5
2	厕浴间、厨房和有排水(或其他液体)要求的建筑地面	面层与相连接各类面层的标高差应符合设计要求。	GB 50209—2010 3.0.18
		必须设置防水隔离层。	GB 50209—2010 4.10.11
		楼层结构必须采用现浇混凝土或整块预制混凝土板，混凝土强度等级不应小于C20；房间的楼板四周除门洞外应做混凝土翻边，高度不应小于200mm，宽同墙厚，混凝土强度等级不应小于C20。施工时结构层标高和预留孔洞位置应准确，严禁乱凿洞。	GB 50209—2010 4.10.11
		铺设前必须对立管、套管和地漏与楼板节点之间进行密封处理，并应进行隐蔽验收；排水坡度应符合设计要求。	GB 50209—2010 4.9.3
		防水隔离层严禁渗漏，排水的坡向应正确、排水通畅，且应做蓄水检验。	GB 50209—2010 4.10.13
3	不发火(防爆的)面层	碎石的不发火性必须合格；砂应质地坚硬、表面粗糙、其粒径应为0.15~5mm，含泥量不应大于3%，有机物含量不应大于0.5%；水泥应采用硅酸盐水泥、普通硅酸盐水泥；面层分格的嵌条应采用不发生火花的材料配制。配置时应随时检查，不得混入金属或其他易发生火花的杂质。	GB 50209—2010 5.7.4
		面层的强度等级应符合设计要求。	GB 50209—2010 5.7.5
		面层与下一层应结合牢固，且应无空鼓和开裂。当出现空鼓时，空鼓面积不应大于400cm^2，且每自然间或标准间不应多于2处。	GB 50209—2010 5.7.6
		不发火(防爆)面层的试件应检验合格。	GB 50209—2010 5.7.7

续表

序号	检查内容	检查要点	检查依据
4	伸缩缝、沉降缝、防震缝	水泥混凝土散水、明沟应设置伸、缩缝。水泥混凝土散水、明沟和台阶等与建筑物连接处及房屋转角处应设缝处理。上述缝的宽度应为15mm～20mm，缝内应填嵌柔性密封材料。	GB 50209—2010 3. 0. 15
		建筑地面的伸缩缝、沉降缝和防震缝应与结构相应缝的位置一致，且应贯通地面的各构造层。	GB 50209—2010 3. 0. 16-1
		沉降缝和防震缝的宽度应符合设计要求，缝内清理干净。	GB 50209—2010 3. 0. 16-2
		混凝土地面与突出地面的建筑物围墙、基础、柱及其他构筑物等之间应设置沉降缝、伸缩缝。	SH/T 3529—2018 6. 3. 2
		混凝土地面的沉降缝、胀缝应全面断开，缝宽20～30mm，且应在地面完成后填充柔性嵌缝材料，缩缝宜采用切缝机切割，切割深度不应小于面层厚度的1/3。	SH/T 3529—2018 6. 3. 2
5	地面基层填土	填土应分层摊铺、分层压(夯)实、分层检验其密实度。填土质量应符合现行国家标准GB 50202《建筑地基基础工程施工质量验收标准》的有关规定。	GB 50209—2010 4. 2. 3
		分层压实系数应不小于设计值，采用环刀法、灌水法、灌沙法等。	GB 50202—2018 9. 5. 4
6	板块面层铺设	铺设板块面层时，其水泥类基层的抗压强度不得小于1. 2MPa。	GB 50209—2010 6. 1. 2
		结合层和板块面层填缝的胶结材料应符合国家现行有关标准的规定和设计要求。	GB 50209—2010 6. 1. 4
		铺设水泥混凝土板块、水磨石板块、人造石板块、陶瓷锦砖、陶瓷地砖、缸砖、水泥花砖、料石、大理石、花岗石等面层的结合层和填缝材料采用水泥砂浆时，在面层铺设后，表面应覆盖、湿润，养护时间不应少于7d。当板块面层的水泥砂浆结合层的抗压强度达到设计要求后，方可正常使用。	GB 50209—2010 6. 1. 5
7	活动地板	活动地板面层应包括标准地板、异形地板和地板附件(即支架和横梁组件)。采用的活动地板块应平整、坚实，面层承载力不应小于7. 5MPa，A级板的系统电阻应为$1.0\times10^{5}\sim1.0\times10^{8}\Omega$；B级板的系统电阻应为$1.0\times10^{5}\sim1.0\times10^{10}\Omega$。	GB 50209—2010 6. 7. 3
8	实木地板、复合地板	木、竹地板面层下的木搁栅、垫木、垫层地板等采用木材的树种、选材标准和铺设时木材含水率以及防腐、防蛀处理等，均应符合现行国家标准《木结构工程施工质量验收规范》GB 50206的有关规定。所选用的材料应符合设计要求，进场时应对其断面尺寸、含水率等主要技术指标进行抽检，抽检数量应符合国家现行有关标准的规定。	GB 50209—2010 7. 1. 2

续表

序号	检查内容	检查要点	检查依据
8	实木地板、复合地板	实木地板、实木集成地板、竹地板面层铺设时，相邻板材接头位置应错开不小于300mm的距离；与柱、墙之间应留8~12mm的空隙。	GB 50209—2010 7.2.5
9	地面工程	位于沟槽、暗管、电缆、电气接地、给排水管道等上部的地面工程，应采取敷设钢丝网等防止地面开裂的措施。	SH/T 3529—2018 6.1.2
		混凝土地面与突出地面的建筑物、围墙、基础、柱及其他构筑物等之间应设置沉降缝、伸缩缝。	SH/T 3529—2018 6.3.2
		混凝土地面的沉降缝、伸缩缝，应在接缝处全面断开，留出20~30mm间隙，然后填塞接缝材料。	SH/T 3529—2018 6.3.2
10	厂区道路	测量控制点应进行标识、保护。施工前应对测量控制点进行复核，确认无误后方可施工。	SH/T 3529—2018 7.1.2
		厂区道路应分层验收。各层可根据需要分阶段施工，并应进行成品保护。	SH/T 3529—2018 7.1.3
		基层、面层使用的各类原材料质量及配合比应符合设计文件要求及国家现行有关标准的规定。水泥混凝土不宜掺加粉煤灰。	SH/T 3529—2018 7.1.5
		混合料接缝应设为直茬。纵缝宜设在路中线处，横缝留置应根据每日施工段确定，且应避开面层胀缝。	SH/T 3529—2018 7.3.2
		钢筋加工及安装应符合GB 50204的规定。传力杆应安装牢固，且宜采用顶头木模固定或钢筋支架固定。	SH/T 3529—2018 7.4.3
		混凝土不得出现塑性收缩裂缝。抹面宜在混凝土初凝前和终凝前，并采用机械对混凝土表面进行处理。需拉毛、压痕或刻痕的面层，其平均纹理深度宜为1~2mm。	SH/T 3529—2018 7.4.4
		混凝土养护期间应封闭交通。养护不宜少于14d。	SH/T 3529—2018 7.4.8
		混凝土养护期满后应及时填缝，缝内杂物应剔除干净，缝槽应干燥、无积水。	SH/T 3529—2018 7.4.9
11	小型构筑物	钢筋混凝土防火堤模板工程不得采用套管式对拉螺栓施工。	SH/T 3529—2018 8.2.5
		防火堤堤身应密实、闭合、不泄漏；堤身防火、防腐蚀处理应符合设计文件规定。	SH/T 3529—2018 8.1.1
		混凝土沟槽底板与沟壁宜一次浇筑成型，混凝土应从一端向前分层连续浇筑，且应振捣密实。	SH/T 3529—2018 8.4.2
		混凝土沟槽应留置伸缩缝，素混凝土沟伸缩缝间距不应大于20m，钢筋混凝土沟伸缩缝间距不应大于30m；有防水要求的沟槽伸缩缝宜埋设中埋式柔性止水带。	SH/T 3529—2018 8.4.3

续表

序号	检查内容	检查要点	检查依据
12	竖向工程验收	厂区竖向的隐蔽工程应经建设单位/监理单位确认合格后方进行后续作业的施工。	SH/T 3529—2018 9.2
		厂区竖向工程完成资料确认后，施工单位应及时向建设单位/监理单位办理交工验收手续。	SH/T 3529—2018 9.4
十、建筑屋面工程			
1	屋面工程材料要求	屋面工程所用的防水、保温材料应有产品合格证书和性能检测报告，材料的品种、规格、性能等必须符合国家现行产品标准和设计要求。产品质量应由经过省级以上建设行政主管部门对其资质认可和质量技术监督部门对其计量认证的质量检测单位进行检测。	GB 50207—2012 3.0.6
2	成品保护	当进行下道工序或相邻工程施工时，应对屋面已完成的部分采取保护措施。伸出屋面的管道、设备或预埋件等，应在保温层和防水层施工前安设完毕。屋面保温层和防水层完工后，不得进行凿孔、打洞或重物冲击等有损屋面的作业。	GB 50207—2012 3.0.11
3	防水工程验收	屋面防水工程完工后，应进行观感质量检查和雨后观察或淋水、蓄水试验，不得有渗漏和积水现象。	GB 50207—2012 3.0.12
4	找平层和找坡层	屋面找坡应满足设计排水坡度要求，结构找坡不应小于3%，材料找坡宜为2%；檐沟、天沟纵向找坡不应小于1%，沟底水落差不得超过200mm。	GB 50207—2012 4.1.3
		找坡层和找平层的排水坡度，应符合设计要求。	GB 50207—2012 4.2.6
		找坡层和找平层所用材料的质量及配合比，应符合设计要求。	GB 50207—2012 4.2.5
5	保护层	用细石混凝土做保护层时，混凝土应振捣密实，表面应抹平压光，分格缝纵横间距不应大于6m。分格缝的宽度宜为10~20mm。	GB 50207—2012 4.5.4
6	保温与隔热材料	保温材料在施工过程中应采取防潮、防水和防火等措施。	GB 50207—2012 5.1.3
		保温材料使用时的含水率，应相当于该材料在当地自然风干状态下的平衡含水率。	GB 50207—2012 5.1.6
		保温材料的导热系数、表观密度或干密度、抗压强度或压缩强度、燃烧性能，必须符合设计要求。	GB 50207—2012 5.1.7
7	保温与隔热层施工	板状材料保温层的厚度应符合设计要求，其正偏差应不限，负偏差应为5%，且不得大于4mm。	GB 50207—2012 5.2.5
		纤维材料保温层的厚度应符合设计要求，其正偏差应不限，毡不得有负偏差，板负偏差应为4%，且不得大于3mm。	GB 50207—2012 5.3.4

序号	检查内容	检查要点	检查依据
7	保温与隔热层施工	在浇筑泡沫混凝土前，应将基层上的杂物和油污清理干净；基层应浇水湿润，但不得有积水。	GB 50207—2012 5. 5. 1
		现浇泡沫混凝土保温层的厚度应符合设计要求，其正负偏差应为 5%，且不得大于 5mm。	GB 50207—2012 5. 5. 6
		现浇泡沫混凝土不得有贯通性裂缝，以及疏松、起砂、起皮现象。	GB 50207—2012 5. 5. 9
		架空隔热制品支座底面的卷材、涂膜防水层，应采取加强措施。	GB 50207—2012 5. 7. 3
8	防水层	①基层处理剂应配比准确，并应搅拌均匀；喷涂或涂刷基层处理剂应均匀一致，待其干燥后应及时进行卷材、涂膜防水层和接缝密封防水施工。 ②防水层完工并经验收合格后，应及时做好成品保护。	GB 50207—2012 6. 1. 3 GB 50207—2012 6. 1. 4
		屋面坡度大于 25%时，卷材应采取满粘和钉压固定措施。	GB 50207—2012 6. 2. 1
		卷材防水层不得有渗漏或积水现象。	GB 50207—2012 6. 2. 11
		卷材的搭接缝应粘结或焊接牢固，密封应严密，不得扭曲、皱折和翘边。	GB 50207—2012 6. 2. 13
		涂膜防水层不得有渗漏或积水现象。	GB 50207—2012 6. 3. 5
		涂膜防水层的平均厚度应符合设计要求，且最小厚度不得小于设计厚度的 80%。	GB 50207—2012 6. 3. 7
		涂膜防水层与基层应粘结牢固，表面应平整，涂布应均匀，不得有流淌、皱折、起泡和露胎体等缺陷。	GB 50207—2012 6. 3. 8
		卷材与涂料复合使用时，涂膜防水层宜设置在卷材防水层的下面。	GB 50207—2012 6. 4. 1
		复合防水层不得有渗漏或积水现象。	GB 50207—2012 6. 4. 5
		卷材与涂膜应粘贴牢固，不得有空鼓和分层现象。	GB 50207—2012 6. 4. 7
9	密封嵌填	密封防水部位的基层应符合下列要求： ①基层应牢固，表面应平整、密实，不得有裂缝、蜂窝、麻面、起皮和起砂现象； ②基层应清洁、干燥，并应无油污、无灰尘； ③嵌入的背衬材料与接缝壁间不得留有空隙； ④密封防水部位的基层宜涂刷基层处理剂，涂刷应均匀，不得漏涂。	GB 50207—2012 6. 5. 1
		密封材料嵌填应密实、连续、饱满，粘结牢固，不得有气泡、开裂、脱落等缺陷。	GB 50207—2012 6. 5. 5

续表

序号	检查内容	检查要点	检查依据
10	瓦屋面	瓦材或板材与山墙及突出屋面结构的交接处，均应做泛水处理。	GB 50207—2012 7.1.4
		瓦片必须铺置牢固。在大风及地震设防地区或屋面坡度大于100%时，应按设计要求采取固定加强措施。	GB 50207—2012 7.2.7
11	板面	金属板屋面不得有渗漏现象。	GB 50207—2012 7.4.7
		压型金属板的紧固件连接应采用带防水垫圈的自攻螺钉，固定点应设在波峰上；所有自攻螺钉外露的部位均应密封处理。	GB 50207—2012 7.4.10
12	细部构造材料	细部构造所使用卷材、涂料和密封材料的质量应符合设计要求，两种材料之间应具有相容性。	GB 50207—2012 8.1.3
13	构造要求	屋面细部构造热桥部位的保温处理，应符合设计要求。	GB 50207—2012 8.1.4
		檐口的防水构造应符合设计要求。	GB 50207—2012 8.2.1
		檐口的排水坡度应符合设计要求；檐口部位不得有渗漏和积水现象。	GB 50207—2012 8.2.2
		檐沟、天沟的防水构造应符合设计要求。	GB 50207—2012 8.3.1
		檐沟、天沟的排水坡度应符合设计要求；沟内不得有渗漏和积水现象。	GB 50207—2012 8.3.2
		女儿墙和山墙的防水构造应符合设计要求。	GB 50207—2012 8.4.1
		女儿墙和山墙的压顶向内排水坡度不应小于5%，压顶内侧下端应做成鹰嘴或滴水槽。	GB 50207—2012 8.4.2
		女儿墙和山墙的根部不得有渗漏和积水现象。	GB 50207—2012 8.4.3
		水落口的防水构造应符合设计要求。	GB 50207—2012 8.5.1
		水落口杯上口应设在沟底的最低处；水落口处不得有渗漏和积水现象。	GB 50207—2012 8.5.2
		变形缝的防水构造应符合设计要求。	GB 50207—2012 8.6.1
		变形缝处不得有渗漏和积水现象。	GB 50207—2012 8.6.2
		伸出屋面管道的防水构造应符合设计要求。	GB 50207—2012 8.7.1
		伸出屋面管道根部不得有渗漏和积水现象。	GB 50207—2012 8.7.2

续表

序号	检查内容	检查要点	检查依据
13	构造要求	屋面出入口的防水构造应符合设计要求。	GB 50207—2012 8.8.1
		屋面出入口处不得有渗漏和积水现象。	GB 50207—2012 8.8.2
		反梁过水孔的防水构造应符合设计要求。	GB 50207—2012 8.9.1
		反梁过水孔处不得有渗漏和积水现象。	GB 50207—2012 8.9.2
		设施基座的防水构造应符合设计要求。	GB 50207—2012 8.10.1
		设施基座处不得有渗漏和积水现象。	GB 50207—2012 8.10.2
		屋脊的防水构造应符合设计要求。	GB 50207—2012 8.11.1
		屋脊处不得有渗漏现象。	GB 50207—2012 8.11.2
		屋顶窗的防水构造应符合设计要求。	GB 50207—2012 8.12.1
		屋顶窗及其周围不得有渗漏现象。	GB 50207—2012 8.12.2
十一、建筑装饰装修工程			
1	工程设计	建筑装饰装修工程应进行设计，并应出具完整的施工图设计文件。	GB 50210—2018 3.1.1
		既有建筑装饰装修工程设计涉及主体和承重结构变动时，必须在施工前委托原结构设计单位或者具有相应资质条件的设计单位提出设计方案，或由检测鉴定单位对建筑结构的安全性进行鉴定。	GB 50210—2018 3.1.4
2	所用材料	建筑装饰装修工程所用材料应符合国家有关建筑装饰装修材料有害物质限量标准的规定。	GB 50210—2018 3.2.3
		建筑装饰装修工程所使用的材料应按设计要求进行防火、防腐和防虫处理。	GB 50210—2018 3.2.8
3	验收	隐蔽工程验收应有记录，记录应包含隐蔽部位照片。施工质量的检验批验收应有现场检查原始记录。	GB 50210—2018 3.3.12
4	抹灰层	外墙和顶棚抹灰层与基层之间及各抹灰层之间应粘结牢固。	GB 50210—2018 4.1.11
		抹灰工程应分层进行。当抹灰总厚度大于或等于35mm时，应采取加强措施。不同材料基体交接处表面的抹灰，应采取防止开裂的加强措施，当采用加强网时，加强网与各基体的搭接宽度不应小于100mm。	GB 50210—2018 4.2.3
		抹灰层与基层之间及各抹灰层之间应粘结牢固，抹灰层应无脱层和空鼓，面层应无爆灰和裂缝。	GB 50210—2018 4.2.4

续表

序号	检查内容	检查要点	检查依据
5	建筑门窗	建筑外门窗安装应牢固，在砌体上安装门窗严禁使用射钉固定。	GB 50210—2018 6.1.11
		推拉门窗扇必须牢固，必须安装防脱落装置。	GB 50210—2018 6.1.12
		门窗工程验收时应检查下列文件和记录： ①门窗工程的施工图、设计说明及其他设计文件； ②材料的产品合格证书、性能检验报告、进场验收记录和复验报告； ③特种门及其配件的生产许可文件； ④隐蔽工程验收记录； ⑤施工记录。	GB 50210—2018 6.1.2
		门窗工程应对下列材料及其性能指标进行复验： ①人造木板门的甲醛释放量； ②建筑外窗的气密性能、水密性能和抗风压性能。	GB 50210—2018 6.1.3
		木门窗与砖石砌体、混凝土或抹灰层接触处应进行防腐处理，埋入砌体或混凝土中的木砖应进行防腐处理。	GB 50210—2018 6.1.9
6	吊顶工程	重型设备和有振动荷载的设备严禁安装在吊顶工程的龙骨上。	GB 50210—2018 7.1.12
		吊顶工程的木龙骨和木面板应进行防火处理，并应符合有关设计防火标准的规定。	GB 50210—2018 7.1.8
		吊顶工程应对人造木板的甲醛释放量进行复验。	GB 50210—2018 7.1.3
7	饰面板工程	陶瓷板安装工程的预埋件(或后置埋件)、连接件的数量、规格、位置、连接方法和防腐处理应符合设计要求。后置埋件的现场拉拔力应符合设计要求。陶瓷板安装应牢固。	GB 50210—2018 9.3.3
		采用满粘法施工的陶瓷板工程，陶瓷板与基层之间的粘结料应饱满、无空鼓。陶瓷板粘结应牢固。	GB 50210—2018 9.3.4

续表

序号	检查内容	检查要点	检查依据
8	幕墙工程	幕墙工程验收时应检查下列文件和记录： ①幕墙工程的施工图、结构计算书、热工性能计算书、设计变更文件、设计说明及其他设计文件； ②建筑设计单位对幕墙工程设计的确认文件； ③幕墙工程所用材料、构件、组件、紧固件及其他附件的产品合格证书、性能检验报告、进场验收记录和复验报告； ④幕墙工程所用硅酮结构胶的抽查合格证明；国家批准的检测机构出具的硅酮结构胶相容性和剥离粘结性检验报告；石材用密封胶的耐污染性检验报告； ⑤后置埋件和槽式预埋件的现场拉拔力检验报告； ⑥封闭式幕墙的气密性能、水密性能、抗风压性能及层间变形性能检验报告； ⑦注胶、养护环境的温度、湿度记录；双组分硅酮结构胶的混匀性试验记录及拉断试验记录； ⑧幕墙与主体结构防雷接地点之间的电阻检测记录； ⑨隐蔽工程验收记录； ⑩幕墙构件、组件和面板的加工制作检验记录； ⑪幕墙安装施工记录； ⑫张拉杆索体系预拉力张拉记录； ⑬现场淋水检验记录。	GB 50210—2018 11. 1. 2
		玻璃幕墙采用中性硅酮结构密封胶时，其性能应符合现行国家标准《建筑用硅酮结构密封胶》GB 16776的规定；硅酮结构密封胶应在有效期内使用。	GB 50210—2018 11. 1. 8
		幕墙与主体结构连接的各种预埋件，其数量、规格、位置和防腐处理必须符合设计要求。	GB 50210—2018 11. 1. 12
10	幕墙及其连接件与主体结构安装	幕墙及其连接件应具有足够的承载力、刚度和相对主体结构的位移能力。当幕墙构架立柱的连接金属角码与其他连接件采用螺栓连接时，应有防松动措施。	GB 50210—2018 11. 1. 7
11	幕墙的防火	①幕墙的防火应符合设计要求和现行国家标准《建筑设计防火规范》GB 50016 的规定。 ②建筑外墙的装饰层应采用燃烧性能为 A 级的材料，但建筑高度不大于 50m 时，可采用 B1 级材料。	GB 50210—2018 11. 1. 11 GB 50016—2014(2018 年版)6. 7. 12

3.5 乙烯裂解装置给排水管道工程质量监督检查要点

序号	检查内容	检查要点	检查依据
一、专业管理行为			
1	开工报告	①专业工程开工条件已具备； ②工程施工开工报告(SH/T 3503-J105)已签署。	SH/T 3500—2016 7.2.1 e) SH/T 3503—2017 6.2.8
2	施工组织设计、方案审批	施工单位应按工程合同和质量管理的要求，编制下列技术文件，文件发布前应按 SH/T 3550 和本单位文件管理程序得到批准： a)施工组织设计； b)施工技术方案或技术措施； c)施工工艺文件或作业指导书； d)检验试验计划或工序质量控制计划； e)分部、分项工程的划分。	SH/T 3543—2017 4.1
3	焊接工艺文件	工程焊接前必须进行焊接工艺评定，并根据焊接工艺评定报告编制焊接工艺规程，用于指导焊工施焊作业。	GB 50236—2011 5.0.1、5.0.10
4	焊工资格证	①焊工现场作业需持有市场监管部门颁发的焊工作业证。	GB 50236—2011 6.0.1～6.0.13
		②特种设备焊工经技能验证考核合格后，建设单位发放《焊工上岗证》，有效期为项目建设期且不超过《特种设备作业人员证》有效期，项目建设期不足 3 年的以 3 年计。	《中国石化工程建设承包商项目人员培训考核管理办法》3.4.4
5	图纸会审、设计交底/勘察技术交底	①项目监理机构应参加建设单位组织的施工图纸会审，当建设单位委托项目监理机构组织承包单位图纸会审时，应由总监理工程师组织。图纸会审宜在设计交底前完成，分批提供施工图时，亦应分批组织图纸会审。项目边界及专业衔接部位为图纸会审的重点。图纸会审纪要应由建设单位、承包单位的代表和总监理工程师共同签认。	SH/T 3903—2017 7.1.5

序号	检查内容	检查要点	检查依据
5	图纸会审、设计交底/勘察技术交底	②项目监理人员应参加由建设单位组织的设计交底会议，会议纪要应由各参会单位负责人签认。	SH/T 3903—2017 7.1.6
		③工程勘察企业应当向设计、施工和监理等单位进行勘察技术交底，参与施工验槽，及时解决工程设计和施工中与勘察工作有关的问题。	《建设工程勘察质量管理办法》第九条
6	施工机具与设施	①施工企业应建立并实施施工机具与设施管理制度，对施工机具与设施的配备、安装、拆除与验收、使用与维护作出规定。	GB/T 50430—2017 7.1.1
		②施工机具与设施的配置数量、技术性能、使用与维护管理应符合配置计划、国家现行相关标准的规定。	GB/T 50430—2017 7.1.2
		③施工企业应对施工机具与设施的使用过程进行定期检查，保持其技术性能安全可靠，并保存相关记录。	GB/T 50430—2017 7.4.2
7	管道组成件、焊材验收及保管	①给水排水管道组成件及管道构筑物的主要原材料等产品进入施工现场时应进场验收。验收时应检查每批产品的质量证明文件，并按照国家有关标准的规定进行复验，验收合格后方可使用。	SH/T 3533—2013 4.1.1
		②材料使用前，应按设计文件要求核实材质、规格、型号，其尺寸公差和性能指标应符合相应产品标准。钢管和管件表面不得有裂纹、折叠、发纹、轧折、离层、结疤等缺陷，锈蚀、凹陷、划痕、机械损伤的深度不应超过壁厚负偏差。	SH/T 3533—2013 4.1.2、4.1.3
		③铸铁管和管件表面不得有裂纹或妨碍使用的凹凸不平等缺陷，采用橡胶圈接口的管子和管件承口的内工作面和插口的外工作面不得有影响接口密封性能的缺陷。	SH/T 3533—2013 4.1.4
		④混凝土管内、外表面不得有裂纹、疏松、空洞等缺陷，柔性接口的插口外部和承口(或套管)内部表面应平整，尺寸应准确，接口工作面的损坏深度应小于壁厚的1/3，宽度应小于承插口深度的1/3或抹带宽度的1/4，每个管口损坏长度总计不大于周长的1/6，并在使用前应修补合格。	SH/T 3533—2013 4.1.5
		⑤玻璃钢、塑料管和钢骨架聚乙烯复合管管子和管件颜色应一致，无色泽不均及分解变色线，内外表面应光滑、平整，不得有气泡、裂口和明显的痕纹、凹陷。复合管的管子和管件，基层与复层间不得有未贴合现象。	SH/T 3533—2013 4.1.6

序号	检查内容	检查要点	检查依据
7	管道组成件、焊材验收及保管	⑥管道设计压力小于或等于1.0MPa的阀门应从每批(同批次、同规格)中抽查10%且不少于1个，进行壳体压力试验和密封试验，若有不合格加倍抽检，如仍有不合格，应对阀门逐个试验。管道设计压力大于1.0MPa的阀门应逐个进行壳体压力试验和密封试验。公称直径大于或等于600mm的闸阀、蝶阀，宜采用色印等方法对阀板密封副进行检查，接合面上的色印以连续为合格。	SH/T 3533—2013 4.2.2、4.2.5
		⑦报警阀、雨淋阀等设计文件注明的常关控制阀门应按SH 3518的规定逐个进行压力试验。	SH/T 3533—2013 4.2.7、4.2.8
		⑧焊接材料应具有焊材质量证明文件，且标识与质量证明文件相符；焊条的药皮不得有受潮、脱落或明显裂纹，焊芯不得锈蚀；焊材的管理应符合其管理制度的要求。	SH/T 3533—2013 4.3.1、4.3.2
		⑨检查不合格的管道元件和材料不得使用，并做好标识和隔离。	GB 50235—2010 4.1.8
		⑩管子堆放宜选择平整、坚实的场地，堆放稳固且方便使用，堆放层数与层高应符合表6.1.3的规定；管口及钢管的内外防腐层应采取保护措施。	SH/T 3533—2013 6.1.2、6.1.3
二、管道安装与焊接			
1	一般规定	①管子、管件摆放应便于起吊及运送，对于做好防腐层的管子或非金属管材在吊运及下沟时，宜采用吊装带等吊具，避免对其造成损伤。	SH/T 3533—2013 6.1.4
		②管子放入沟槽时，不得与槽壁支撑及槽下的管道相互碰撞；沟内运管不得扰动原土地基。稳管时，管子中心应对准设计中心线，管底应与管基紧密接触，且应检查其坐标、标高和坡度。	SH/T 3533—2013 6.1.5、6.1.6
		③管道穿基础或构筑物时，应设预留孔或预埋套管，预留孔或套管内的管段不得有接口；管道安装时，应清除管道中的杂物。管道敷设中断时，应将口临时封堵。	SH/T 3533—2013 6.1.11、6.1.12
		④管道敷设后，在沟槽内不得有弯曲现象，并应有防止管道漂浮的措施。	SH/T 3533—2013 6.1.9

续表

序号	检查内容	检查要点	检查依据
2	钢质管道安装	①采用法兰连接的管道，应能保证螺栓自由穿入。法兰螺栓孔宜跨中安装。不得用强紧螺栓的方法来消除歪斜。法兰间应保持平行，其偏差应符合规范要求。	SH/T 3533—2013 6.2.1 GB 50235—2010 7.3.1～7.3.4
		②蝶阀宜在微开状态下安装，球阀宜在全开启状态下安装，其他阀门宜在关闭状态下安装。有介质流向要求的阀门，应按介质流向安装。	SH/T 3533—2013 6.7.1、6.7.2
		③消火栓、计量表、水锤消除器宜在管道系统水压试验合格，并经冲洗后安装。提前安装的，管道系统试压、冲洗时应采取隔离措施。	SH/T 3533—2013 6.7.3
		④安装伸缩节时，应预调好安装尺寸，并保证与管道同轴。	SH/T 3533—2013 6.7.5
		⑤穿过井壁的管子与井壁应严密、不漏水。管子与防水套管间的间隙，设计文件未作规定时，宜用纯水泥打口封堵；井室穿壁钢套管应根据井室尺寸、套管直径、管道坡度进行下料，使套管两端与井壁内、外平齐。翼形止水环与套管之间的焊缝应满焊，止水环与套管均不应涂刷防锈漆。	SH/T 3533—2013 7.1.6、7.1.8
3	钢质管道焊接	①焊接的方法应与施工方案和焊接工艺规程相同。	SH/T 3533—2013 4.3.1
		②焊材的管理应符合《焊接材料质量管理规程》JB/T 3223—2017 规范及其焊材管理规定。	SH/T 3533—2013 4.3.1、4.3.2
		③管段预制应按管道轴测图规定的数量、规格、材质选配管道组成件，焊缝焊接后及时标注焊缝信息；预制完成的管段，应将内部清理干净，并应及时封闭管口。	GB 50235—2010 7.2.1～7.2.4
		④管子组对时，不得强力组对；管子组对时纵向焊缝的位置应符合下列规定： a)水平管道的纵向焊缝宜放在管道中心垂线上半圆90°范围内； b)纵向焊缝应错开，间距不得小于100mm； c)管道任何位置不应有十字形焊缝。当无法避免十字缝时，交叉焊缝应进行射线或超声检测。	SH/T 3533—2013 6.2.4、6.2.5

续表

序号	检查内容	检查要点	检查依据
3	钢质管道焊接	⑤设计文件无要求时，坡口加工及组对应符合表6.2.8的规定，且应做到内壁平齐，内壁错边量应不超过壁厚的25%且不超过2mm。不等厚管道组成件的组对，当内壁或外壁错边量超过2mm时，应进行修整，磨削成坡度为15°的坡形过渡。	SH/T 3533—2013 6.2.8
		⑥管道焊缝表面不得有裂纹、未熔合、气孔及夹渣，焊缝上的熔渣和两侧的飞溅物应清除，焊缝表面凹陷、咬边深度应小于0.5mm，连续长度应不大于100mm，且其总长度应不大于焊缝全长的10%；设计压力小于或等于1.0MPa的管道，壁厚小于或等于6mm时，焊缝余高应小于或等于2.5mm；壁厚大于6mm时，焊缝余高应小于或等于4.5mm；设计压力大于1.0MPa的管道，壁厚小于或等于6mm时，焊缝余高应小于或等于1.5mm；壁厚大于6mm时，焊缝余高应小于或等于3mm。	SH/T 3533—2013 6.2.9
		⑦当焊件组对的局部间隙过大时，应修整到规定尺寸，并不得在间隙内添加填塞物。	GB 50236—2011 7.2.9
		⑧管子焊接时，管内防止穿堂风；多层多道焊接头应错开；每条焊缝宜一次连续焊完；对进行双面焊的焊件，应清理焊根，并应显露出正面打底的焊缝金属，清根后的坡口形状，应宽窄一致。	GB 50236—2011 7.3.6～7.3.8、7.3.11
		⑨不锈钢焊件坡口两侧各100mm范围内，在施焊前应采取防止焊接飞溅物沾污焊接表面的措施；不锈钢焊接后应及时对焊口进行酸洗、钝化处理。不锈钢管道安装完毕后，应检查其表面质量，其表面应平整、光洁，不得有超过壁厚允许偏差的机械划伤、凹瘪、异物嵌入以及飞溅物造成的污染等伤害。	GB 50236—2011 7.2.13 GB 50683—2011 6.0.7 GB 50184—2011 7.6.5
		⑩带补强的“马鞍口”焊接应按规范要求开坡口，角焊缝的厚度应符合规范要求，补强圈应在支管与主管连接焊缝检查合格后再进行焊接。	GB 50235—2010 6.0.8
4	管道焊缝检测	①设计压力大于1.0MPa且小于或等于1.6MPa的管道焊接接头无损检测比例不得低于5%，且不少于一个接头；设计压力小于或等于1.0MPa的管道焊接接头可不进行无损检测；管道公称直径大于或等于500mm时，检测比例按每个焊接接头的焊缝长度计算，检测长度不小于250mm。不合格的焊缝应进行返修，返修次数不得超过三次。	SH/T 3533—2013 6.2.10
		②局部检查时，应优先检查交叉焊缝部位。局部或抽样检查的交叉焊缝部位应包括检查长度不小于38mm的相邻焊缝；有两名或两名以上焊工焊接同一道焊口的应标注所有焊工代号，并按焊工组探伤。	SH/T 3533—2013 6.2.12、6.2.16

续表

序号	检查内容	检查要点	检查依据
5	铸铁管安装	①管及管件放入沟槽前，应清除承口内部和插口端部的油污、飞刺、铸砂及铸瘤，烤去承插部位的沥青涂层；柔性接口铸铁管及管件承口的内工作面、插口的外工作面应修整光滑，不得有沟槽、凸脊缺陷。	SH/T 3533—2013 6.4.1
		②管道沿直线安装时，宜选用管径公差组合最小的管子组对连接，接口的环向间隙应均匀，插口端部与承口底部的间隙应不小于 3mm；管道沿曲线安装时，安装接口的允许转角不得大于表 6.4.3 的规定；承插接口可用膨胀水泥、纯水泥、橡胶圈等填料。	SH/T 3533—2013 6.4.2~6.4.4
		③管道接口用橡胶圈应装填平展、压实，不得有松动、扭曲、断裂等现象；安装滑入式橡胶圈接口时，推入深度应达到标记线，并复查与其相邻已安装好的第一至第二个接口推入深度；安装柔性机械接口时，应使插口与承口法兰压盖的纵向轴线相重合；铸铁管道安装允许偏差应符合表 6.4.11 的规定。	SH/T 3533—2013 6.4.8~6.4.11
6	钢筋和预应力混凝土管安装	①混凝土管敷设前应进行外观检查，有裂缝的管不得使用，有保护层脱落、管端掉角等缺陷的管子应进行修补并经鉴定合格后，方可使用。	SH/T 3533—2013 6.5.1
		②钢筋混凝土管沿直线安装时，管口间的纵向间隙最小宜为 2mm，最大不应大于管子端面对轴线的允许倾斜值加上 5mm，管端倾斜偏差符合表 6.5.2 的规定；预应力混凝土管沿曲线安装时，管口间的纵向最小处间隙不得大于 5mm，安装接口转角不得大于表 6.5.3 的规定。	SH/T 3533—2013 6.5.2、6.5.3
		③预应力混凝土管和柔性接口的钢筋混凝土管安装时，承口内工作面、插口外工作面应清理干净，套在插口上的圆形橡胶圈应平展、无扭曲。安装时，橡胶圈应均匀滚动到位，放松外力后回弹不得大于 10mm，就位后应在承插口工作面上，位置正确。	SH/T 3533—2013 6.5.4
		④管道基础及管道安装的允许偏差应符合表 6.5.12 的规定。	SH/T 3533—2013 6.5.12

续表

序号	检查内容	检查要点	检查依据
三、管道防腐			
1	聚乙烯胶粘带外防腐层施工	①聚乙烯胶粘带可采用共挤型或涂布型。防腐内带、保护外带、补口带和底漆的性能应符合 SH/T 3606 的规定和其产品技术文件的要求。	SH/T 3533—2013 6.3.5.1
		②钢管表面除锈的质量标准应达到 GB/T 8923 中的 St3 级或 Sa2.5 级，焊缝处应处理至无焊瘤、无棱角、无毛刺。	SH/T 3533—2013 6.3.3.1
		③底漆使用前应搅拌均匀，较稠时可加入配套的稀释剂，底漆应涂敷均匀，无漏涂、气泡、凝块、流坠等缺陷，底漆干膜厚度应不小于 30μm。钢管两端应各留 100mm～150mm 不涂底漆。底漆表干后，焊缝余高大于 2mm 的焊缝两侧，应抹腻子使其平滑过渡。	SH/T 3533—2013 6.3.4.4
		④底漆表干后再缠绕胶粘带，使用机械或手动工具按搭接宽度要求缠绕(50%～55%)，缠绕时胶粘带边缝应平行，不得扭曲、皱折或不贴合，带端应压贴，使其不翘起。内带和外带的搭接缝处应相互错开，粘带始端与末端搭接长度应不小于 1/4 管子周长，且不小于 100mm。	SH/T 3533—2013 6.3.5.4
		⑤缠绕胶粘带时，焊缝两侧的空隙，可使用腻子或填充料填充，并保证粘接良好。焊缝处防腐层厚度应不小于设计厚度的 85%。在制造厂缠绕胶粘带时，可采用冷缠施工，也可采用热缠施工，管端应有 150mm 的焊接预留段。	SH/T 3533—2013 6.3.5.5
		⑥异形管件和补口的缠绕，可选用补口带，也可使用性能优于补口带的其他专用胶带。	SH/T 3533—2013 6.3.5.6
		⑦防腐层损伤修补及试压后补口时，应修整好连接部位，清理干净，涂刷底漆，使用胶粘带时采用缠绕法；使用补口带时采用贴补法，且连接部位与原防腐层的搭接宽度应不小于 50mm。	SH/T 3533—2013 6.3.5.7
2	聚乙烯胶粘带外防腐层质量检验	①粘结力采用切口撕开法检查，对聚乙烯胶粘带外防腐层，沿管子环向切开一个宽 10mm、长不小于 100mm 的条形切口，从一端用弹簧秤与管壁成 90°角，且小于 300mm/min 的速度拉开，拉力值大于等于 18N(对钢材)或等于 5N～10N(对背材)为合格。	SH/T 3533—2013 6.3.7.3

续表

序号	检查内容	检查要点	检查依据
2	聚乙烯胶粘带外防腐层质量检验	②厚度用测厚仪检查，特加强级厚度≥1.4mm；漏点检查用电火花检漏仪进行检测，探头接触防腐层表面，以0.2~0.3m/s的速度移动，特加强级在11kV的检漏电压下不打火花为合格。	SH/T 3533—2013 6.3.7.4
		③对粘结力、厚度及电火花检漏的检查数量为管子总数的5%，且不少于一根。每根管子，粘结力检查1点；厚度检测3个截面，每个截面上均布4点；电火花检漏从一端连续测至另一端。若有不合格时，再抽查两根，仍有不合格时，全部检查。	SH/T 3533—2013 6.3.7.5
		④补口、补伤处的抽查率为10%，且不少于2处。若有不合格，再抽查2处，仍有不合格时，应全部检查。	SH/T 3533—2013 6.3.7.6
3	聚乙烯防腐层施工(3PE)	①防腐层各种原材料均应有出厂质量证明文件及检验报告等资料，其性能指标应符合设计及规范要求。	GB/T 23257—2017 5.2
		②3PE防腐层为工厂化施工，涂敷厂应按照工艺评定试验确定的工艺参数进行防腐层涂敷生产；钢管的除锈、清理，防腐层的涂敷应符合规范要求。防腐层涂敷完成后，管端预留长度宜为100mm~150mm，聚乙烯层端面应形成不大于30°的倒角，聚乙烯层端部外宜保留10~30mm的环氧粉末涂层。	GB/T 23257—2017 5.3 GB/T 23257—2017 6.1~6.8
		③涂敷厂应严格按规范要求进行质量检验，现场监理人员应旁站质量检验结果，并将质量检验结果通报给工程项目有关单位；涂敷厂应将检验结果以质量证明文件的形式随防腐管提交委托单位。	GB/T 23257—2017 7.1~7.10
		④检验合格的防腐管应在距管端约400mm处标有产品标志。产品标志应包括：防腐层结构、防腐层类型、防腐等级、执行标准、制造厂名(代号)、生产日期等，并将钢管标志信息移植到防腐层表面。	GB/T 23257—2017 8.1
		⑤防腐管的吊装，应采用尼龙吊带或其他不损坏防腐层的吊具。堆放时，防腐管底部应采用两道(或以上)支垫垫起，支垫间距为4m~8m，支垫最小宽度为100mm，防腐管离地面不应少于100mm，支垫与防腐管之间以及防腐管相互之间应垫上柔性隔离物；防腐管的允许堆放层数应符合表9的规定，露天存放时间不宜超过6个月。	GB/T 23257—2017 8.2~8.5

续表

序号	检查内容	检查要点	检查依据
4	聚乙烯防腐层、补口补伤施工及质量检验	①防腐管的现场补口可采用环氧底漆/辐射交联聚乙烯热收缩带(套)方式或设计选定的其他方式，无溶剂环氧树脂底漆应由热收缩带(套)厂家配套提供或指定，底漆供应量应满足厚度大于或等于150μm的涂敷要求。	GB/T 23257—2017 9.1.1
		②辐射交联聚乙烯热收缩带(套)应按管径选用配套的规格，产品的基材边缘应平直，表面应平整、清洁、无气泡、裂口及分解变色。热收缩带(套)产品的厚度应符合表10的规定。热收缩带的周向收缩率应不小于15%；热收缩套的周向收缩率应不小于50%。其性能应符合表11的规定，并提供质量证明文件。	GB/T 23257—2017 9.1.2
		③补口施工开工前，应编制补口施工工艺规程(APS)，并按施工工艺规程进行工艺评定试验(PQT)验证。	GB/T 23257—2017 9.2.1
		④补口施工应在有效保证补口质量的措施和环境下施工；补口时应焊口进行清理，环向焊缝及其附近的毛刺、焊渣、飞溅物、焊瘤等应清理干净。补口处的污物、油和杂质应清理干净；防腐层端部有翘边、生锈、开裂等缺陷时，应进行清理；表面除锈等级应达到GB/T 8923.1规定的St2.5级。	GB/T 23257—2017 9.3.1~9.3.5
		⑤应按照产品使用说明书和补口施工工艺规程的要求调配底漆并均匀涂刷，底漆的湿膜厚度应不小于150μm。	GB/T 23257—2017 9.3.9
		⑥补口搭接部位的聚乙烯层应打磨至表面粗糙，粗糙程度应符合热收缩带(套)使用说明书的要求；按热收缩带(套)产品说明书的要求控制预热温度；热收缩带加热，宜控制火焰强度，缓慢加热收缩后，热收缩带(套)与聚乙烯层搭接宽度应不小于100mm；采用热收缩带时，应采用固定片固定，周向搭接宽度应不小于80mm。	GB/T 23257—2017 9.3.7~9.3.11
		⑦补口的外观应逐个目测检查，热收缩带(套)表面应平整、无皱折、无气泡、无空鼓、无烧焦炭化等现象；热收缩带(套)周向应有胶粘剂均匀溢出。固定片与热收缩带搭接部位的滑移量不应大于5mm。	GB/T 23257—2017 9.4 a)
		⑧每一个补口均应用电火花检漏仪进行漏点检查，检漏电压为15kV。若有漏点，应重新补口并检漏，直至合格。	GB/T 23257—2017 9.4 b)

续表

序号	检查内容	检查要点	检查依据
4	聚乙烯防腐层、补口补伤施工及质量检验	⑨补口后热收缩带(套)的剥离强度按规范附录 K 规定的方进行检测。检验时的管体温度宜为 15～25℃，对钢管和聚乙烯防腐层的剥离强度都应不小于 50N/cm 并 80%表面呈内聚破坏，当剥离强度超过 100N/cm 时，可以呈界面破坏，剥离面的底漆应完整附着在钢管表面。每 100 个补口至少抽测一个补口，如不合格，应加倍抽测。加倍抽测仍有不合格时，则对应的 100 个补口应全部返修。	GB/T 23257—2017 9.4 c)
		⑩对于不同的损伤，可按规范要求采用辐射交联聚乙烯补伤片或热熔修补棒修补。补伤片的性能应达到热收缩带的规定，补伤片对聚乙烯的剥离强度应不低于 50N/cm；并对补伤部位逐个进行外观检查和 15kV 电火花检漏。	GB/T 23257—2017 9.5.1～9.5.6
		⑪现场施工过程的补伤，每 20 个补伤抽查一处剥离强度，不合格时，应加倍抽查。加倍抽查仍出现不合格时，则对应的 20 个补伤应全部返修。	GB/T 23257—2017 9.5.8
5	聚乙烯涂塑	①公称直径大于 2400mm 的钢管、全部管件聚乙烯涂塑为工厂化施工，外覆聚乙烯应符合 GB/T 23257 对聚乙烯材料的规定。	GB/T 28897—2021 7.3.5、7.3.6 GB/T 23257—2017 5.2.4
		②钢管及管件的除锈、清理，防腐层的涂敷应符合规范要求。	GB/T 28897—2021 7.1.3、7.2
		③外表面涂塑层应光滑，不应有气泡、裂纹、脱皮、划痕、凹陷和色泽不均。	GB/T 28897—2021 7.4.2
		④外涂塑层厚度根据管径不同，其最小厚度从 0.5～1.4mm 不等。	GB/T 28897—2021 7.4.2
		⑤外涂塑层的附着力应不小于 30N/cm。	GB/T 28897—2021 7.4.6

续表

序号	检查内容	检查要点	检查依据
5	聚乙烯涂塑	⑥外表面涂覆塑层应进行电火花检测，检漏电压为最小涂塑层厚度乘以 5kV 所得到的值。	GB/T 28897—2021 7. 4. 11、8. 5
		⑦钢塑管运输应有防护措施，防止钢塑管造成损伤；管底应采用两道支垫衬垫，支垫宽度为 100mm，涂塑管应离地面不少于 100mm，支垫与涂塑钢管及涂塑钢管之间应垫柔性隔离物；涂塑管件运输及贮存过程中不应与尖锐物品碰触和抛、摔、滚、拖；距离热源不小于 1m。	GB 28897—2021 10. 1. 2、10. 1. 3、10. 2、B6. 3、B6. 4
6	环氧煤沥青防腐施工	①环氧煤沥青涂料应为甲乙双组分。施工环境温度高于 15℃时，宜采用常温固化型；施工环境温度在-8~15℃时，宜采用低温固化型。底漆、面漆、固化剂和稀释剂四种配套材料宜由同一生产厂供应，其性能应符合 SH/T 3606 的规定。	SH/T 3533—2013 6. 3. 4. 1
		②玻璃布宜采用经纬密度每平方厘米为 10 根×10 根，厚度为 0. 14~0. 18mm 的中碱、无捻、平纹、两边封边、带芯轴的玻璃布卷。	SH/T 3533—2013 6. 3. 4. 2
		③环氧煤沥青涂料的底漆和面漆使用前应搅拌均匀，按产品使用说明书中规定的比例加入固化剂，并搅拌均匀，静置熟化 15~30min。	SH/T 3533—2013 6. 3. 4. 3
		④钢管表面采用喷(抛)射除锈，除锈等级应不低于 GB/T 8923 中规定的 Sa2. 5 级；底漆应涂敷均匀，无漏涂、气泡、凝块、流坠等缺陷，底漆干膜厚度应不小于 25μm，钢管两端应各留 100~150mm 不涂底漆。底漆表干后，焊缝余高大于 2mm 的焊缝两侧，应抹腻子使其平滑过渡。	SH/T 3533—2013 6. 3. 4. 4
		⑤涂刷第一道面漆应在底漆或腻子表干后、固化前进行，且间隔时间不宜超过 24h；玻璃布的缠绕应在前一道面漆涂刷后随即进行，并在缠绕后立即进行下一道面漆的涂刷，最后一道面漆应在前一道面漆实干后再涂刷。	SH/T 3533—2013 6. 3. 4. 5、6. 3. 4. 6
		⑥补口和补伤处应除锈，手工或机械除锈等级应不低于 GB/T 8923 中规定的 St3 级，表面应清理洁净，接茬处的原防腐层用砂纸打毛，按 SH/T 3533—2013 6. 3. 4. 4 条~6. 3. 5. 6 条要求涂敷，搭接宽度应不小于 50mm。	SH/T 3533—2013 6. 3. 4. 7

续表

序号	检查内容	检查要点	检查依据
7	环氧煤沥青防腐质量检验	①外观质量用目测方法检查，逐根进行。表面应平整，搭接均匀，无气泡、皱折、流坠、破损等缺陷。	SH/T 3533—2013 6.3.7.2
		②厚度用测厚仪检查，特加强级防腐层厚度≥0.8mm；漏点检查用电火花检漏仪进行检测，探头接触防腐层表面，以0.2~0.3m/s的速度移动，特加强级的检漏电压5000V不打火花为合格。	SH/T 3533—2013 6.3.7.4
		③粘结力检查时，用锋利刀刃垂直划透防腐层，形成边长约100mm、夹角45°~60°的切口，从切口尖端撕开纤维增强材料，防腐层不应出现层间剥离和成片挑起；继续挑剥钢管表面防腐层，很难将防腐层挑起，且挑起处的防腐层呈脆性点状断裂，不出现成片挑起为合格；防腐管每20根为一组，每组抽查1根，如出现不合格再随机抽查2根，仍有不合格时，则该组防腐管应判为不合格，不合格的防腐层应铲掉全部防腐层重新施工。	SH/T 3548—2011 6.2.4 b)、6.2.6 c) SY 0447—2014 5.6.2 ~ 5.6.4
		④对SH/T 3533—2013 6.3.7.3条、6.3.7.4条检验项目的检查数量为管子总数的5%，且不少于一根。每根管子，粘结力检查一点；厚度检测3个截面，每个截面上均布4点；电火花检漏从一端连续测至另一端，若有不合格时，再抽查两根，仍有不合格时，全部检查。	SH/T 3533—2013 6.3.7.5
		⑤补口、补伤处的抽查率为10%，且不少于2处。若有不合格，再抽查2处，仍有不合格时，应全部检查。	SH/T 3533—2013 6.3.7.6
		⑥防腐管堆放时应采用宽度不小于150mm的垫木或软质隔离垫；防腐层间也应采用软垫隔离，垫具间距不应大于4m，防腐层应固化后才能叠放，防腐管堆放层数应符合表6.0.1的规定。	SY0447—2014 6.0.1
四、管道水压试验及冲洗			
1	试压一般规定	①压力试验时，管道上水应从低点处缓慢灌入，试验管段的高点及末端应设排气阀，使管内的气体排尽；冬季进行水压试验时，应采取防冻措施，试验后及时放水。	SH/T 3533—2013 8.1.2、8.1.3
		②埋地管道试压、防腐检查验收后，应进行复测，填写“隐蔽工程记录”，经建设/监理人员确认后，及时分层回填并夯实。	SH/T 3533—2013 8.1.4
		③压力试验条件应符合下列规定：a)埋地管道的轴线位置、标高、坡度及管基、垫层等复查合格；b)管道组成件、管道构筑物及所有接口外观检查合格；c)无损检测合格；d)支墩、锚固设施已达设计强度；e)不参与试验的设备、仪表、消火栓、安全阀、自动排气阀、水锤消除器等已经隔离。	SH/T 3533—2013 8.2.5

续表

序号	检查内容	检查要点	检查依据
2	水压试验及闭水试验	①压力试验的分段长度不宜大于 1.0km；试验用压力表应不少于两块，已经校验并在周检期内，其精度等级应不低于 1.6 级，量程宜为试验压力的 1.5~2 倍。	SH/T 3533—2013 8.2.3、8.2.4
		②压力试验时，应逐步升压至试验压力，保持 10min，检查管子、接口及其他附件等无破损、无渗漏等异常现象。然后降至设计压力，保持时间不少于 30min，进行外观检查，以无变形、无渗漏、不降压为合格。	SH/T 3533—2013 8.2.7
		③当同时满足下列条件时，经设计单位或建设单位同意，可先行回填，再进行压力试验：a)管子公称直径大于或等于 600mm；b)所有焊缝按照标准或设计要求无损检测合格；c)所有现场焊缝采用氩弧焊封底或双面焊焊接；d)所有现场焊缝经 100%煤油渗漏检测合格。	SH/T 3533—2013 8.2.8
		④试验管段应按井距划分，长度不宜大于 1km，且宜带井试验，试验管段闭水试验应在管道及检查井外观质量已验收合格后进行，且沟槽内无积水，并符合下列要求：a)不得有造成存水的折弯及影响水流的异物；b)混凝土管道或其他材质管道接口部位未回填土；c)两端封堵牢固。	SH/T 3533—2013 8.3.1、8.3.2
		⑤管道闭水试验水头以上游(上游指坡度的高端)检查井处设计水头加 2m 计，当超出上游检查井井口时，以井口高度为准。检查管段充满水浸泡时间符合表 8.2.6 要求，在不断补水保持试验水头恒定的条件下，观测时间不少于 30min，然后实测渗漏量。闭水试验时，应进行外观检查，不得有漏水现象。	SH/T 3533—2013 8.2.6、8.3.3、8.3.4
3	冲洗	水冲洗应连续进行，以目测排出口的水色和透明度与进入口水一致为合格。	SH/T 3533—2013 8.4.2
五、土方工程			
1	放线测量	①给水排水管道工程的放线与测量前应完成定位和高程的测量布点工作，并对基准点采用保护措施，且应作出明显标记。	SH/T 3533—2013 5.1.1
		②给水排水管道工程下列作业施工前，应校测管道中心线及高程控制桩：a)地基验槽；b)施工混凝土管基；c)管道铺设。施工测量的允许偏差，应符合表 5.1.4 的规定。	SH/T 3533—2013 5.1.3、5.1.4

续表

序号	检查内容	检查要点	检查依据
2	管沟开挖及基础处理	①开挖动土前，应办理动土手续，并根据需要制订下列措施：a)防止地面水流入的措施；b)防止附近已有建(构)筑物、道路、管道等产生沉降或变形的措施；c)排除积水的措施；d)降低地下水位的措施；e)沟壁支撑安装和拆除的措施。管道沟槽底部的开挖宽度和放坡应符合规范要求。	SH/T 3533—2013 5.2.1、5.2.9
		②在软土或其他不稳定土层中应采用钢板桩支撑和拆除，并符合规范规定。	SH/T 3533—2013 5.2.10
		③管道基础施工应控制管底高程。设计文件无规定时，管道应铺设在未经扰动的原状土上。槽底局部超挖或发生扰动时，应按以下方法处理：a)超挖深度不超过150mm时，可用挖槽原土回填夯实，其压实度不应低于原地基土的密实度；b)槽底地基土壤含水量较大，不适于压实时，应采取换填等有效措施。基础的处理应符合设计和规范要求。	SH/T 3533—2013 5.3.1~5.3.5
3	管沟回填及质量检验	①压力流管道的沟槽宜在水压试验合格后回填。	SH/T 3533—2013 5.4.1.1
		②重力流管道敷设后，除接口外，应及时回填土。当采用混凝土管时，应在闭水试验合格后，再回填沟槽。	SH/T 3533—2013 5.4.1.2
		③有闭水试验要求的排水井、室基坑，应在闭水试验合格后回填。	SH/T 3533—2013 5.4.1.3
		④回填时，沟槽内应无积水、无杂物，回填土的含水率宜按土类和所采用的压实工具控制在最佳含水率±2%范围内。	SH/T 3533—2013 5.4.2.1
		⑤槽底至管顶以上0.5m范围内，回填土料中不得含有机质、冻土以及大于50mm的砖、石等硬块，在外防腐绝缘层和抹带接口处应采用细粒土回填，并符合规范规定。	SH/T 3533—2013 5.4.2.2
		⑥管顶以上0.5m范围内，应用人工回填，回填应从管道两侧对称进行并分层夯实，不得损坏管子及防腐层。	SH/T 3533—2013 5.4.2.3
		⑦机械夯实每层虚土厚度应不大于300mm，人工夯实每层虚土厚度应不大于20mm；管顶敷土厚度小于0.7m时，不得采用大、中型机械设备压实，且不得有其他机械设备通行。	SH/T 3533—2013 5.4.2.4、5.4.2.6

续表

序号	检查内容	检查要点	检查依据
3	管沟回填及质量检验	⑧检查压实系数应设置检验批，每层每侧一组(每组3点)。检验批的设置应符合下列要求：a)管道基础每100m为一个检验批；b)回填土每1000m^{2}或每两井之间为一个检验批；c)每次回填不足1000m^{2}的，设为一个检验批。回填土厚度及压实系数应符合设计或规范要求。	SH/T 3533—2013 5.4.2.7~5.4.2.9
		⑨井室外围应围绕井室中心对称回填并分层夯实，不得漏夯。路面范围内的井室周围宜用石灰土、砂砾等材料回填并夯实。	SH/T 3533—2013 5.4.2.5

3.6 乙烯裂解装置静设备安装工程质量监督检查要点

序号	检查内容	检查要点	检查依据
一、专业管理行为			
1	企业资质证书、质量保证体系	从事压力容器安装的单位应当是取得相应资质的单位。	TSG 21—2016 5.1(1)
		安装单位应当按照相关安全技术的规范要求，建立质量保证体系并且有效运行。	SH/T 3542—2007 3.1.1、3.1.2
		安装单位及其主要负责人对压力容器的安装质量负责。	
2	压力容器安装告知手续	压力容器安装前，从事压力容器安装的单位应当向使用地的特种设备安全监管部门书面告知。	TSG 21—2016 5.1(4)
		从事压力容器安装的施工单位应当按照《特种设备安全监察条例》要求在施工前向特种设备安全监督管理部门办理书面告知，并接受特种设备检测机构的监督检验。	SH/T 3542—2007 3.1.6
3	施工方案编制及施工技术交底	①施工技术人员应根据设计文件、有关行政法规和标准规范及现场条件编制施工方案，施工方案内容应符合要求。 ②施工前应组织有关人员进行施工技术交底，使作业人员掌握施工工艺、关键工序、质量标准及安全防护要求。	SH/T 3542—2007 4.1.3、4.1.4

续表

序号	检查内容	检查要点	检查依据
4	图纸会审和设计交底	①施工单位应参加设计交底和图纸会审。 ②施工单位应熟悉设计文件的技术要求。	SH/T 3542—2007 4.1.1、4.1.2
5	焊接工艺文件	①压力容器应有按《承压设备焊接工艺评定》规定进行评定的焊接工艺，常压设备应有按 GB 50236 规定进行评定的焊接工艺，按焊接工艺评定报告编制焊接工艺文件。 ②焊接材料应符合设计文件或焊接工艺文件规定。	SH/T 3524—2009 8.1.4、8.1.5 NB/T 47014—2011
6	焊工、特种作业人员、特种设备作业人员资格	①从事设备安装相关焊接的焊工应按 GB 50236 或《锅炉压力容器压力管道焊工考试与管理规则》考试取得合格证。 ②特种作业人员应按《关于特种作业人员安全技术培训考核工作的意见》经过培训取得相应的上岗资格证。 ③特种设备作业人员应按《特种设备作业人员培训考核管理规则》的规定取得相应的上岗资格证。	SH/T 3542—2007 3.1.3
7	计量器具	①计量器具经过检定/校准及计量验证，处于合格状态，并在有效检定期内。 ②周期检定的计量器具调转时应有检定/校准合格证书。	SH/T 3542—2007 3.1.4、3.1.5
8	焊接材料库	焊接材料库应配备烘干、除湿设施，库内的温度宜为 5～30℃，相对湿度不应大于 60%，并应建立焊接材料的检验、保管、烘干、发放和回收制度。	SH/T 3542—2007 4.2.3
9	施工过程技术文件与交工验收	①设备安装应按工序和检验试验文件规定进行过程质量控制，并应按 SH/T 3543 的规定记录。 ②施工过程中应及时进行工序检查确认，并审查相关资料；为后一工序覆盖的部位必须进行隐蔽工程验收。 ③设备安装按合同和设计文件全部完成后应及时向建设单位办理交工验收。 ④设备安装交工技术文件应按合同和 SH/T 3503 的规定由责任单位编制审核，并向建设单位移交。	SH/T 3542—2007 7.1～7.4 SH/T 3503—2017 SH/T 3543—2017

续表

序号	检查内容	检查要点	检查依据
二、通用设备安装			
1	基础复测及表面处理	①基础交付安装时，基础施工单位应提交测量记录及技术资料，安装单位应按规范 SH/T 3542—2007 表 1～表 3 的要求进行相关数据的复测，并办理交接验收手续。 ②基础施工单位应在交付的基础上划出标高基准线、纵横轴线；有沉降观测要求的基础，应有沉降观测点。 ③设备基础应符合以下规定： a)混凝土基础表面不得有油渍、疏松层、裂纹、蜂窝、空洞及露筋等缺陷； b)基础各部分尺寸的偏差不得超过表 1～表 3 的规定； c)预埋地脚螺栓的螺纹应无损坏，且应有保护措施。 ④卧式设备滑动端基础预埋板的上表面应光滑平整，不得有挂渣、飞溅。水平度偏差不得大于 2mm/m。混凝土基础抹面不得高出预埋板的上表面。 ⑤混凝土基础表面应进行处理，并符合下列规定： a)放置垫铁处铲平； b)除放置垫铁处外凿成麻面，以 100mm×100mm 面积内有 3～5 个深度不小于 10mm 的麻点为宜。	SH/T 3542—2007 4.6.1～4.6.5
2	设备开箱检验	①交付安装的设备、内件及安全附件应符合设计文件及订货合同的要求。 ②开箱检验应在有关人员参加下，按照装箱单进行清点，检查产品质量证明文件及设备外观质量，并填写开箱检验记录。	SH/T 3542—2007 4.3.1、4.3.2
		③产品质量证明文件应符合下列规定： a)特性数据符合设计文件和相应制造标准的要求； b)有复验要求的材料应有复验报告； c)压力容器符合《压力容器安全技术监察规程》的规定。必须具有“锅炉压力容器产品安全性能监督检验证书”。 ④合金材料设备，壳体、封头、接管、法兰、配对法兰及短节、焊缝、内件、紧固件、设备附件等应进行合金元素定量分析。	SH/T 3542—2007 3.2.2、3.2.3 Q/SH 0706—2016 4.2.1、4.2.2

续表

序号	检查内容	检查要点	检查依据
3	设备安装基准的确认及标识	设备本体找正与找平的基准应符合下列规定： a)设备支座的底面作为安装标高的基准； b)立式设备任意两条相邻的方位线作为垂直找正基准； c)卧式设备两侧水平方位线作为水平度的测量基准。	SH/T 3542—2007 4.4.1
4	设备吊装、就位	①设备吊装前，应清除设备上的油污、泥土等脏物，吊装设备应保持平稳，不得与已安装的设备和已完成的建、构筑物碰撞。就位后应拧紧地脚螺栓。	SH/T 3542—2007 5.1.1
		②吊装带有膨胀节的设备时，膨胀节外壳上的固定板或固定螺栓不得拆除或松开，并应对膨胀节进行保护，不得使其承受附加外力。	SH/T 3542—2007 5.1.2
		③有滑动要求的设备安装时，应确认以下事项： a)膨胀(收缩)的方向； b)滑动端地脚螺栓在设备地脚螺栓孔中的位置； c)连接外部附件用的螺栓在螺栓孔中的位置。	SH/T 3542—2007 5.1.3
5	设备找正、找平	①设备的标高和方位测量应符合以下规定： a)设备的标高应以基础上的标高基准线为基准； b)设备的方位应以基础上的纵、横轴线为基准。	SH/T 3542—2007 5.1.4
		②设备找正、找平时，应用垫铁或其他专用调整件进行调整；不得用紧固或放松地脚螺栓的方法进行调整；不得用膨胀节来消除安装误差。 ③设计文件要求热态紧固或冷态紧固且无具体要求时，螺栓热态紧固或冷态紧固应符合规范的规定。	SH/T 3542—2007 5.1.5、5.1.6

续表

序号	检查内容	检查要点	检查依据
6	地脚螺栓	①预留孔地脚螺栓埋设时，应清除孔内的杂物和积水，并符合下列规定： a)地脚螺栓在预留孔中应垂直； b)地脚螺栓任一部位与孔壁的距离应不小于15mm，与孔底的距离宜大于50mm。 ②预留孔中的灌浆混凝土达到设计强度后，方可拧紧地脚螺栓。 ③设备就位时不得碰撞或损坏地脚螺栓及其螺纹。 ④地脚螺栓的螺母和垫圈应齐全，锁紧螺母与螺母、螺母与垫圈、垫圈与设备底座间的接触应良好。紧固后螺纹露出螺母应不少于2个螺距，且长度相同，螺纹外露部分应涂防锈脂。	SH/T 3542—2007 5.6.1~5.6.4
7	垫铁安装	①设备采用垫铁组找正、找平时，垫铁组位置及数量按下列规定设置，垫铁规格可按本规程附录A选用： a)裙式支座每个地脚螺栓近旁应至少设置1组垫铁； b)鞍式支座、耳式支座每个地脚螺栓应对称设置2组垫铁； c)支柱式支座每个地脚螺栓近旁宜放置1组垫铁； d)有加强筋的设备支座，垫铁应垫在加强筋下； e)裙式、鞍式支座相邻两垫铁组的中心距不应大于500mm； f)垫铁组高度宜为30~80mm； g)支柱式设备每组垫铁的块数不应超过3块，其他设备每组垫铁的块数不应超过5块。 ②设备找正后，各组垫铁均应被压紧，垫铁应露出设备支座底板外缘10~30mm，垫铁组伸入支座底板长度应超过地脚螺栓，垫铁组层间进行焊接固定。 ③每组垫铁的斜垫铁下面应有平垫铁；放置平垫铁时，最厚的放在下面，薄的放在中间；斜垫铁应成对相向使用，搭接长度应不小于全长的3/4。 ④安装在钢结构基础上的设备找正后，其垫铁与钢结构基础应焊牢。 ⑤与不锈钢、钛、镍、锆、铝制设备底座环直接接触的垫铁组，上面应有一块尺寸与垫铁相同的不锈钢、钛、镍、锆、铝制垫板或涂刷中性涂料隔离。	SH/T 3542—2007 5.7.1~5.7.5
8	无垫铁安装	无垫铁安装应符合以下规定： a)根据设备的重量和底座的结构确定临时垫铁、小型千斤顶或调整顶丝的位置和数量； b)支撑顶丝用的临时垫板顶面水平度允许偏差为2mm/m。	SH/T 3542—2007 5.7.6

续表

序号	检查内容	检查要点	检查依据
9	灌浆	①灌浆前应对基础做如下处理： a)清除预留孔中的杂物、积水； b)用水将基础表面冲洗干净，保持湿润不少于24h，灌浆前1h吸干积水。 ②地脚螺栓预留孔的灌浆工作应在设备初找正后进行，捣固时应防止地脚螺栓倾斜。 ③二次灌浆应在设备找正、找平、隐蔽工程检验合格，且记录经确认后进行。二次灌浆前，应设置外模板。 ④灌浆材料宜采用细石混凝土，其标号应比基础的混凝土标号高一级。无垫铁安装二次灌浆应采用微胀混凝土，并应制作同条件试块。 ⑤地脚螺栓预留孔或二次灌浆层灌浆应一次完成。立式设备裙座内部灌浆面应与底座环上表面平齐。设备外缘的灌浆层应压实抹光，上表面应有向外的坡度，高度应低于设备支座底板边缘的上表面。 ⑥在混凝土养护期间，当环境温度低于5℃时，应采取防冻措施。 ⑦无垫铁安装的二次灌浆层达到设计强度的75%以上时，方可松掉顶丝或取出临时支撑件，并复测设备水平度，检查地脚螺栓的紧固程度，将支撑件的空隙用与二次灌浆同样的灌浆料填实。	SH/T 3542—2007 5. 8. 1~5. 8. 7
10	立式设备安装	立式设备安装的质量标准应符合SH/T 3542—2007表5的规定。高度超过20m的设备，其垂直度的测量工作不应在一侧受阳光照射或风力大于4级的条件下进行。	SH/T 3542—2007 5. 2. 3
11	卧式设备安装	①卧式设备安装的质量标准应符合SH/T 3542—2007表6的规定。 ②轴向水平度偏差宜低向设备的排液方向；有坡度要求的设备，其坡度按设计文件要求执行。 ③滑动端支座接触面应涂润滑脂，地脚螺栓与相应的长圆孔两端间距应符合膨胀要求；工艺配管完成后，应松动滑动端支座的螺母，使其与支座板面间留有1mm~3mm的间隙，然后再安装一个锁紧螺母。	SH/T 3542—2007 5. 3. 1~5. 3. 3
12	安全附件安装	①与设备直接连接的安全阀、爆破片等安全附件，除符合《压力容器安全技术监察规程》的要求外，尚应符合下列要求： a)安全阀的试验调整与安装应符合GB/T 12241的要求； b)爆破片装置应符合GB 567的要求，爆破片安装后不得翘曲或凹陷。 ②安全附件安装检查合格后，应填写安全附件安装检验记录。 ③液面计安装应符合产品技术文件规定。压力容器用液面计尚应符合《压力容器安全技术监察规程》的规定。 ④视镜玻璃固定时应均匀、对称地紧固螺栓。	SH/T 3542—2007 5. 10

续表

序号	检查内容	检查要点	检查依据
13	设备平台、梯子安装	①栏杆应横平竖直，栏杆扶手的转弯处应圆滑，花纹板平台排水孔应钻孔。 ②平台、梯子的螺栓安装方向应一致，螺栓露出螺母的长度应均匀。 ③与设备本体相焊的焊缝，其外观质量应符合设备本体焊缝质量要求。	SH/T 3542—2007 5.11.2～5.11.5
14	清扫与封闭	①设备内部应进行清扫，内部不得有泥沙、木块、边角料和焊条头等杂物。 ②设备封闭前应进行隐蔽工程验收，隐蔽检查合格后方可封闭人孔。	SH/T 3542—2007 5.12.1、5.12.3
三、换热设备安装			
1	管壳式换热器安装	①安装换热器连接管时，不得强力装配。 ②换热器重叠安装时，应按制造厂的标识进行组装；重叠支座间的调整垫板应在试压合格后焊在下层换热设备的支座上。	SH/T 3542—2007 5.4.2.1、5.4.2.4
2	套管式换热器安装	①换热器安装时，应保证整体水平。测定水平度，应以换热器顶层换热管的上表面为基准。 ②测定换热器安装标高，应以支架底板的下平面为基准。测定单排管的垂直度，应以一根支架柱的外侧面为基准。	SH/T 3542—2007 5.4.3.1、5.4.3.2
3	板片式换热器安装	①组装时，应按产品技术文件的规定进行。 ②换热器上、下导杆的滑动表面应清洗干净，并涂润滑脂。 ③压紧板上的滚动轴承应清洁、转动灵活。检查合格后，应加润滑脂；在防爆环境中，应加防爆润滑脂。 ④组装后，管片侧面板边端应平齐。 ⑤安装夹紧螺柱前，应将夹紧螺柱清理干净，并涂上润滑脂；安装时，应交错对称均匀地拧紧夹紧螺柱，并随时检测夹紧尺寸。 ⑥安装后，两压紧板的平行度应符合 SH/T 3542—2007 表 7 的规定，且管片侧面的斜对角线标志应是一条直线。	SH/T 3542—2007 5.4.4.1～5.4.4.6

续表

序号	检查内容	检查要点	检查依据
4	板翘式换热器安装	①换热器安装时，在换热器支座与钢构架之间应按设计文件规定设置隔离垫块。 ②有脱脂要求的换热器，在气密性试验后，必须进行脱脂处理。 ③换热器安装完毕，且各通道干燥后，应用 0.02MPa 的干燥氮气密封。	SH/T 3542—2007 5.4.5.1~5.4.5.3
5	空冷式换热器安装	①空冷器安装前，应按产品技术文件和设计文件进行检查，合格后方可安装。 ②空冷器构架安装应符合以下规定： a)构架的平面对角线之差应不大于 10mm； b)立柱安装的质量标准应符合本规程表 8 的规定； c)构架顶横梁水平度允许偏差为横梁长度的 1/1000； d)风筒安装尺寸的质量标准应符合 SH/T 3542—2007 表 9 的规定； e)风机电动机座中心线位置偏差不得超过 2mm。 ③空冷器管束安装时，不得踩踏管束翅片，翅片不应有开裂、压弯等缺陷，安装后应松开侧梁上的滑动螺栓。 ④空冷器管束安装质量标准应符合 SH/T 3542—2007 表 10 的规定。 ⑤空冷器的风机叶片应按制造厂的装配标记进行组装。 ⑥电动机及传动机构的安装、调整、试车应符合产品技术文件和设计文件的规定。	SH/T 3542—2007 5.5.1~5.5.6
四、塔类设备内件安装			
1	一般规定	①塔盘安装应在塔体耐压试验合格并清扫干净后进行。塔内件表面不得有油污、挂渣、铁锈、泥沙及毛刺等杂物。 ②到货的塔盘部件应进行进场检验，质量标准应符合 SH/T 3542—2007 表 11 和表 12 的规定。 ③塔内部支撑件、降液板及受液盘安装质量应符合 SH/T 3542—2007 表 13 和表 14 的规定。	SH/T 3542—2007 5.9.1.1、5.9.1.3、5.9.1.4
2	塔盘安装	①塔盘安装前宜在塔外按设计文件进行预组装，调整并检查塔盘组装尺寸与平整度。 ②塔盘卧装应在塔体水平度、支撑圈和支撑梁垂直度等调整合格后进行。塔盘立装应在塔体垂直度与支撑圈和支撑梁水平度等调整合格后进行。	SH/T 3542—2007 5.9.2.1~5.9.2.7

续表

序号	检查内容	检查要点	检查依据
2	塔盘安装	③塔盘立装或卧装的测量工作，不应在塔体一侧受强阳光照射下进行。 ④塔盘安装人员应遵守下列规定： a)一层塔盘的承载人数应符合 SH/T 3542—2007 表 17 的规定； b)施工人员应穿干净的胶底鞋； c)人孔及人孔盖的密封面及塔底管口应采取保护措施； d)搬运和安装塔盘零部件时，应轻拿轻放，不得污染、不得变形损坏； e)施工人员除携带该层紧固件和工具外，不得携带多余的部件； f)每层塔盘安装完毕后，应进行检查，不得将工具等遗忘在塔内。 ⑤塔盘水平度可采用水准仪测量，也可采用自制的专用水平测量仪进行测量。立式安装的应逐层测量水平度，卧式安装的塔盘应在塔体安装合格后复测塔盘的水平度，并符合规范规定。 ⑥安装在塔盘上的卡子与螺栓的规格、位置、板样排列、板孔与梁距离、板与梁或支持圈搭接尺寸及密封填料等应符合设计文件的规定。	SH/T 3542—2007 5.9.2.1～5.9.2.7
3	塔盘气液分布元件安装	①F1 型浮阀安装应检查下列项目，并应符合设计文件规定： a)F1 型浮阀安装时，应检测浮阀腿的高度、弯曲矢高，且表面不得有伤痕和毛刺； b)F1 型浮阀安装后，应检查浮阀腿在塔板孔内的挂连情况、浮阀腿煨弯长度及角度(或铆固)； c)手从下面托浮阀时，上、下活动无卡涩，开度一致。 ②筛板安装应符合以下规定： a)各层筛板的孔径与孔距均应符合设计文件要求； b)筛板应无毛刺、无杂物。 ③舌形塔盘板安装应符合以下规定： a)固定舌片在任何方向上的弯曲矢高不得超过 0.5mm； b)每层的塔盘板规格及舌片方向应符合设计文件规定。 ④浮动喷射塔盘托板、浮动板安装应符合以下规定： a)托板、浮动板的弯曲矢高不大于 1mm，托板、浮动板的表面应无毛刺； b)托板安装后，梯形孔底面的水平度偏差值不大于 $2Di/1000$；托板平行度及间距偏差不大于 1mm； c)浮动板安装后，应做转动和负荷试验；用手轻轻转动浮动板便可开启，开度一致，无卡涩现象。	SH/T 3542—2007 5.9.3.1～5.9.3.9

续表

序号	检 查 内 容	检 查 要 点	检 查 依 据
3	塔盘气液分布元件安装	⑤圆泡罩安装应符合以下规定： a)圆泡罩安装时，应调节泡罩高度，使同一层塔盘所有泡罩齿根到塔盘板上表面的高度符合设计文件规定，允许偏差为±1.5mm； b)圆泡罩安装后，泡罩与升气管的同心度不大于3mm。 ⑥条形泡罩安装应符合以下规定： a)条形泡罩相邻升气槽板中心距离允许偏差为±3mm；任意中心距离允许偏差为±6mm； b)条形泡罩安装时，应调节泡罩高度，使同一层塔盘所有泡罩齿根到塔盘板上表面的高度符合设计文件规定，允许偏差为±1.5mm； c)条形泡罩安装后，泡罩与升气管的同心度不大于3mm。 ⑦S形泡罩安装应符合以下规定： a)相邻S形泡罩安装中心偏差值不大于3mm； b)S形泡罩安装时，应调整泡罩高度，使同一层塔盘所有泡罩齿根到塔盘板上表面的高度符合设计文件规定，允许偏差为±5mm。 ⑧泡罩塔盘安装后，应将所有泪孔堵死，进行充水试验，充水后10min内水面下降不大于5mm为合格，合格后将泪孔穿通。 ⑨泡罩塔盘进行鼓泡试验时，应将水不断地注入受液盘内，在塔盘下部通入空气，风压不宜大于100mm水柱，所有齿缝应均匀鼓泡，且泡罩不得有振动现象。	SH/T 3542—2007 5.9.3.1～5.9.3.9
4	填料塔内件安装	①填料支撑结构安装应符合下列规定： a)填料支撑结构安装后应平整、牢固，通道孔不得堵塞； b)规则排列填料支撑结构安装后的水平度不得大于2*Di*/1000，且不大于4mm。 ②液体分布装置安装应牢固，喷雾孔径(液流管)的大小和距离应符合设计文件要求；溢流槽支管开口下缘(齿底)应在同一水平面上，允许偏差为2mm；宝塔式喷头各个分布管应同心，分布盘底面应位于同一水平面上，并与轴线相垂直，盘表面应平整光滑、无泄漏。液体分布装置安装质量应符合SH/T 3542—2007表20的规定。	SH/T 3542—2007 5.9.4.1～5.9.4.5

续表

序号	检查内容	检查要点	检查依据
五、试验			
1	一般规定	①耐压试验应采用液压试验。 采用气压试验代替液压试验时，必须符合下列规定： a)压力容器的焊接接头进行100%射线或超声检测，检测标准和合格级别执行原设计文件的规定； b)常压设备的焊接接头应按JB/T 4730.2进行25%射线检测或按JB/T 4730.3进行超声检测；合格级别射线检测为Ⅲ级，超声检测为Ⅱ级； c)有本单位技术总负责人批准的安全措施，并接受安全部门检查监督； d)试压系统设置安全泄放装置。	SH/T 3542—2007 6.1.2
		②下列设备施工现场可不再进行耐压试验： a)同时符合以下条件的设备： 1)质量证明文件中证明已做过试验的设备； 2)在运输过程中无损伤和变形； 3)有气体保护要求的设备，处于有效保护状态。 b)符合a)项的规定，且使用正式紧固件和垫片的换热设备； c)非金属衬里设备。	SH/T 3542—2007 6.1.3
		③介质毒性程度为极度、高度危害或设计文件不允许有微量泄漏的压力容器，必须进行气密性试验。	SH/T 3542—2007 6.1.4
		④真空和外压设备以内压进行压力试验。	SH/T 3542—2007 6.1.5
2	试验条件确认	设备试验前，应对下列条件进行确认： a)已安装的设备找正、找平工作已完成； b)基础二次灌浆达到强度要求； c)质量控制记录完整。	SH/T 3542—2007 6.1.6

续表

序号	检查内容	检查要点	检查依据
3	试验用压力表	试验用压力表应检定合格并在有效期内，并应符合下列规定： a)应在设备最高处和最低处各设置一块量程相同的压力表； b)常压及低压设备压力表的精度等级不低于2.5级，中压及高压设备不低于1.5级； c)压力表的量程不应小于1.5倍且不大于3倍的试验压力； d)压力表的直径不小于100mm。	SH/T 3542—2007 6.1.7
4	试验压力	①设计文件无规定时，试验压力应符合SH/T 3542—2007表23的规定。试验压力读数以设备最高处的压力表为准。 ②立式设备卧置进行液压试验时，试验压力应为立置时的试验压力加液柱静压力，并进行顶部应力校核。	SH/T 3542—2007 6.2.1、6.2.2
5	液压试验要求	①试验介质宜采用洁净水。奥氏体不锈钢设备用水作介质时，水质氯离子含量不得超过25mg/L。 ②试验介质的温度应符合下列规定： a)碳素钢、16MnR、15MnNbR和正火15MnVR钢制设备液压试验时液体的温度不得低于5℃；其他低合金钢制设备液压试验时液体的温度不得低于15℃； b)由于板厚等因素造成材料无延性转变温度升高及其他材料制设备液压试验时，液体的温度按设计文件规定执行。 ③液压试验时，设备外表面应保持干燥，当设备壁温与液体温度接近时，缓慢升压至设计压力；确认无泄漏后继续升压至规定的试验压力，保压时间不少于30min，然后将压力降至规定试验压力的80%，对所有焊接接头和连接部位进行全面检查，符合下列条件为合格： a)无渗漏； b)无可见的变形； c)试验过程无异常的响声。 ④在基础上作液压试验且容积大于100m^3的设备，在充液前、充液1/3时、充液2/3时、充满液时、充满液后24h后和放液后应作基础沉降观测。基础沉降应均匀，不均匀沉降量应符合设计文件的规定。	SH/T 3542—2007 6.3.1

续表

序号	检查内容	检查要点	检查依据
6	气压试验要求	①气压试验所用气体应为干燥、洁净的空气、氮气或其他惰性气体。对忌油或有防湿要求的设备，所用气体应符合设计文件的要求。 ②气压试验时的气体温度应符合如下规定： a)碳素钢和低合金钢制设备不得低于15℃； b)其他材料制设备执行设计文件规定。 ③气压试验时，应按下列程序进行升压和检查： a)缓慢升压至规定试验压力的10%，且不得超过0.05MPa，保压时间不少于5min，对所有焊缝和连接部位进行初次泄漏检查； b)初次泄漏检查合格后，继续缓慢升压至规定试验压力的50%，如无异常现象，继续按规定试验压力的10%逐级升压，直到试验压力，保压时间不少于30min，然后将压力降至规定试验压力的87%，对焊接接头和连接部位进行全面检查； c)设备试验过程无异常响声、无可见的变形、焊缝和连接部位等经肥皂液或其他检漏液检查无泄漏为合格。	SH/T 3542—2007 6.3.2
7	气密性试验要求	①气密试验应在压力试验合格后进行。对作气压试验的设备，气密试验可在气压试验压力降到气密试验压力后一并进行。 ②气密试验时的气体温度应符合气压试验的规定。 ③气密试验时应将安全附件装配齐全。 ④气密试验时，压力应缓慢上升，达到试验压力后，至少保压30min，同时对焊缝和连接部位等用肥皂液或其他检漏液检查，无泄漏为合格。	SH/T 3542—2007 6.3.4
8	充水试漏或煤油试漏要求	①充水试漏应符合下列规定： a)充水试漏前应将外表面清理干净，并使之干燥； b)试漏的持续时间应根据检查所需时间决定，但不得少于1h； c)试漏时，焊接接头及连接部位无渗漏为合格。 ②煤油试漏应符合下列规定： a)试漏前应将焊接接头能够检查的一面清理干净，涂以白垩粉浆，凉干后，在焊接接头的另一面涂以煤油，使表面得到足够的浸润； b)30min后以白垩粉上没有油渍为合格。	SH/T 3542—2007 6.3.5

3.7　乙烯裂解装置动设备安装工程质量监督检查要点

序号	检查内容	检查要点	检查依据
一、专业管理行为			
1	施工方案	安装单位必须编制机器及附属设备的安装施工方案，施工方案应完整、正确且具有针对性，并履行了相应的批准手续。	SH/T 3538—2017 5.2
		重大或专项施工技术方案编制、审批应符合要求。	SH/T 3550—2012 4.4
		施工方案出现重大变更时应重新履行审批程序。	GB/T 50358—2017 7.2.4
		施工作业前，应向参与施工的人员进行技术交底。交底内容完整，记录齐全。	SH/T 3538—2017 5.2.3
2	施工图会审	有图纸核查记录及有施工单位参加的图纸会审记录、设计交底记录。	SH/T 3538—2017 5.2.2
3	技术资料	①安装的机械设备、零部件和主要材料，必须符合工程设计和其产品标准的规定，并应有合格证明。	GB 50231—2009 1.0.5
		②重要零部件材质检验报告，动、静平衡校正报告，装配记录、试运转记录、装配图纸和安装使用说明书及装箱清单等。	SH/T 3538—2017 5.2.1
4	计量器具	机械设备安装工程中采用的各种计量和检测器具、仪器、仪表和设备必须符合国家现行有关标准的规定，其精度等级应满足被检测项目的精度要求。	GB 50231—2009 1.0.6
5	安装环境	厂房内的恒温、恒湿应达到设计要求后，再安装有恒温、恒湿要求的机械设备。	GB 50231—2009 2.0.4
6	开箱检验和保管	①安装的机械设备、零部件和主要材料，必须符合工程设计和其产品标准的规定，并应有合格证明；	GB 50231—2009 1.0.5 SH/T 3538—2017 5.3
		②开箱检验记录要全面、真实；	
		③质量证明文件齐全，符合合同和规范要求；	
		④机器的备品、配件和暂时不安装的零部件，应采取适当的防护措施，妥善保管。	
7	交工技术文件	设备交工资料按 SH/T 3503—2017 进行记录，至少应包含开箱检验记录、机器安装检验记录、隐蔽工程记录、轴对中记录、试车条件确认记录、试车记录等。	SH/T 3503—2017 附录 A、附录 C

续表

序号	检查内容	检查要点	检查依据
8	基础验收	设备基础的位置、几何尺寸和质量要求，应符合 GB 50204 的规定，并应有验收资料或记录。设备安装前应按表 5.5.1 的允许偏差对设备基础位置和几何尺寸进行复检。	SH/T 3538—2017 5.5.1
		基础上应明显地标出标高基准线、纵横中心线及预留孔中心线，在建筑物上应标有坐标轴线及标高线，重要机器的基础应有沉降观测点。	SH/T 3538—2017 5.5.2
		基础外观不得有裂纹、蜂窝、空洞、露筋等缺陷。	SH/T 3538—2017 5.5.3
		混凝土基础应铲出麻面，麻点深度宜不小于 10mm，密度以每平方分米内有 3~5 个点为宜，表面不应有油污或疏松层。	SH/T 3538—2017 5.5.4
二、动设备安装一般规定			
1	安装基准线	机器就位前，应按施工图和有关建筑物的轴线及标高线，划出安装的基准线。	SH/T 3538—2017 6.2.1
		有相互连接、衔接或排列关系的设备，应划定共同的安装基准线。	SH/T 3538—2017 6.2.2
2	地脚螺栓及垫铁安装	①地脚螺栓的光杆部分应无油污或氧化皮，螺纹部分应涂上少量油脂；地脚螺栓在预留孔中应垂直；地脚螺栓不应碰孔底，螺栓上的任一部位离孔壁的距离不得小于 15mm。	SH/T 3538—2017 6.5.1
		②拧紧螺母后，螺栓应露出螺母，其露出长度宜为 2~4 个螺距；螺母与垫圈、垫圈与底座间均应接触良好。	SH/T 3538—2017 6.5.1
		③垫铁表面平整，无氧化皮、飞边等。斜垫铁的斜面粗糙度不得大于 *Ra*12.5μm，斜度宜为 1∶20~1∶10，对于重心较高或振动较大的机器采用 1∶20 的斜度为宜。	SH/T 3538—2017 6.3.2
		④在地脚螺栓两侧各放置一组，应使垫铁靠近地脚螺栓，当地脚螺栓间距小于 300 mm 时，可在各地脚螺栓的同一侧放置一组垫铁。	SH/T 3538—2017 6.3.1
		⑤斜垫铁应配对使用，与平垫铁组成垫铁组时，最多不应超过五层，薄垫铁厚度不应小于 2mm，并放在斜垫铁与厚平垫铁之间。垫铁组的高度宜为 30~70mm。	SH/T 3538—2017 6.3.4
		⑥相邻两垫铁组的间距，可根据机器的重量、底座的结构型式以及载荷分布等具体情况而定，宜为 500~1000mm。	SH/T 3538—2017 6.3.1

续表

序号	检查内容	检查要点	检查依据
2	地脚螺栓及垫铁安装	⑦用0.05mm的塞尺检查，垫铁之间及垫铁与底座底面之间的间隙，在垫铁同一断面处从两侧塞入的长度总和，不应超过垫铁长(宽)度的1/3。	SH/T 3538—2017 6.3.8
		⑧垫铁组检查合格后应在垫铁组的两侧进行层间定位焊焊牢，垫铁与机器底座之间不得焊接。	SH/T 3538—2017 6.3.9
三、泵、风机等通用机械设备安装			
1	安装找正	泵组就位找正找平应符合下列要求：水平度允许偏差：纵向为0.05mm/m、横向为0.10mm/m。	SH/T 3538—2017 6.6.4
2	安装基准选择和标记	安装基准测量点应符合产品技术文件的规定，无规定时应在机体水平或铅锤方向的主要加工面、转动部件的轴颈或外露轴的表面等位置选择。	SH/T 3538—2017 6.6.3
		调平的定位基准的面、线或点确定后，其找正、调平应在确定的测量位置上进行检验，且应做好标记。	GB 50231—2009 3.0.6
3	二次灌浆	二次灌浆应在泵组的最终找正、找平后24h内进行。	SH/T 3538—2017 6.7.1
		采用树脂基灌浆料，混凝土表面应保持干燥。当环境温度低于5℃时，灌浆层应采取保温或防冻措施。	SH/T 3538—2017 6.7.7
		二次灌浆层的灌浆施工应连续进行，不得分次浇灌。	SH/T 3538—2017 6.7.9
4	与泵组连接的管道	①与设备连接的管道均应处于无应力状态，不得强力组对焊接或连接。	SH/T 3538—2017 8.1.5
		②严禁用管路作为焊接地线。	GB 50231—2009 6.2.4
5	联轴器对中找正	轴对中时，对中偏差应符合下列要求(当机器设备工作温度与环境温度温差较大时，应考虑材料胀缩的影响)： a)凸缘联轴器装配时，两半联轴器端面应紧密接触，两轴的对中偏差应符合下列规定：1)径向位移应小于0.03mm；2)轴向倾斜应小于0.05/1000。 b)弹性套柱销联轴器装配时，两轴的对中偏差及联轴器的端面间隙，应符合表7.8.4的规定。 c)叠片挠性联轴器装配时，对中偏差应符合产品技术文件规定；若无规定，应符合表7.8.8的规定。	SH/T 3538—2017 7.8.1、7.8.4、7.8.8
6	泵拆检及组装	拆卸的零部件应分类、标识和妥善保管。	SH/T 3538—2017 7.1.1d)

续表

序号	检查内容	检查要点	检查依据
7	试运转前的条件	试运转方案编制审定完成。	SH/T 3538—2017 9.2.1
		机器入口处按规定装设过滤网(器)；按设计文件要求加注试运转用润滑油(脂)。	SH/T 3538—2017 9.2.2
8	试运转	机器单机试运转所采用的介质，应根据设计文件及实际条件决定。若无特殊规定，宜以水、空气或氮气为介质。选用试运转介质时，应符合下列要求： a)以水为介质进行试运转所需的功率不得超过额定数值； b)以空气或氮气为介质进行试运转时，所需的功率和压缩后的温升不得超过额定数值，若超过额定数值时，应调整试运转参数或采用规定的介质进行试运转。	SH/T 3538—2017 9.4.3
		在高温或低温条件下工作的机器设备，启动前应按机器设备技术文件的要求进行预热或预冷。与机器设备连接的高温或低温管道的螺栓应进行热紧或冷紧。	SH/T 3538—2017 9.4.5
		低温机泵用水试运转结束后，应进行干燥处理。	SH/T 3538—2017 9.4.8e)
四、离心通风机安装			
1	零部件清洗检查	各配合表面、机加工表面、转动部件表面、各机件的附属设备应清洗洁净；调节机构应清洗洁净，其转动应灵活。	GB 50275—2010 2.1.3
2	轴承箱的找正、调平	①整体安装的轴承箱纵向和横向安装水平偏差≤0.10/1000； ②左、右分开式轴承箱中分面的纵向安装水平偏差≤0.04/1000，横向安装水平偏差≤0.08/1000； ③主轴轴径处的安装水平偏差≤0.04/1000； ④轴承孔对主轴轴线在水平面内的对称度偏差≤0.06mm，可测量轴承箱两侧密封径向间隙之差≤0.06mm。	GB 50275—2010 2.2.1
3	机壳组装	机壳进风口与叶轮进口圈的轴向插入深度和径向间隙应符合设备技术文件规定。	GB 50275—2010 2.2.3
4	电动机与离心通风机联轴器对中找正	联轴器的径向位移、端面间隙和轴向倾斜应符合随机技术文件的规定。	GB 50275—2010 2.1.5

续表

序号	检查内容	检查要点	检查依据
五、轴流通风机安装			
1	零部件清洗检查	①各配合表面、机加工表面、转动部件表面、各机件的附属设备应清洗洁净；调节机构应清洗洁净，其转动应灵活； ②整流罩、集流器、转子叶片应无损伤，叶片的角度方向和调节范围，应符合设备随机技术文件的规定。	GB 50275—2010 2.1.3、2.3.1
2	整体机组安装	水平度和铅垂度偏差≤1/1000。	GB 50275—2010 2.3.2
3	解体机组安装	①水平剖分机组和垂直剖分机组的纵向和横向安装水平偏差≤1/1000；②对左、右分开式轴承座的风机，两轴承孔与主轴颈的同轴度≤ϕ2mm； ②各叶片的安装角度应按设备随机技术文件的规定进行复查和校正，其允许偏差为±2°； ③可调动叶片在关闭状态下与机壳间的径向间隙应符合设备技术文件规定。	GB 50275—2010 2.3.3
4	联轴器对中	①联轴器的径向位移、端面间隙和轴向倾斜应符合随机技术文件的规定； ②具有中间传动轴机组的联轴器找正时，半联轴器两端面间隙差值应符合规范要求。	GB 50275—2010 2.1.5、2.3.4
六、罗茨和叶氏鼓风机安装			
1	零部件清洗检查	各配合表面、机加工表面、转动部件表面、各机件的附属设备应清洗洁净；调节机构应清洗洁净，其转动应灵活。	GB 50275—2010 2.1.3
2	安装	①纵向和横向安装水平偏差≤0.2/1000； ②正、反两个方向转子与转子间、转子与机壳间、转子与墙板间以及齿轮副侧的间隙值均应符合随机技术文件规定。	GB 50275—2010 2.4.2
3	联轴器对中	联轴器的径向位移、端面间隙和轴向倾斜应符合随机技术文件规定；无规定时，应符合现行国家标准《机械设备安装工程施工及验收通用规范》GB 50231 的有关规定。	GB 50275—2010 2.1.5
七、离心鼓风机和离心压缩机安装			
1	零部件清洗检查	各配合表面、机加工表面、转动部件表面、各机件的附属设备应清洗洁净；调节机构应清洗洁净，其转动应灵活。	GB 50275—2010 2.1.3

续表

序号	检查内容	检查要点	检查依据
2	机组底座安装	①对于转速超过3000r/min的机组，垫铁之间和垫铁与底座之间的接触面面积均不小于结合面的70%，局部间隙≤0.05mm； ②轴承座与底座之间未拧紧螺栓时的间隙≤0.05mm； ③底座上的导向键与机体间的配合间隙应均匀，并应符合随机技术文件的规定和规范要求。	GB 50275—2010 2.5.2
3	机组中基准设备找正、调平	设备中心的标高和位置允许偏差为±2mm；以鼓风机或压缩机为基准时，纵向安装水平偏差≤0.05/1000，横向安装水平偏差≤0.10/1000。	GB 50275—2010 2.5.3
八、轴流鼓风机和轴流压缩机安装			
1	支承垫板安装	垫板厚度宜为30~50mm；每块垫板的安装水平偏差不应大于0.3/1000；每块垫板的标高允许偏差为±3mm。	GB 50275—2010 2.6.2
2	机组底座找正、调平	各支座上平面的纵向和横向安装水平偏差≤0.10/1000；各结合面上的纵向和横向安装水平偏差≤0.05/1000。	GB 50275—2010 2.6.3
3	机组主机找正、调平	纵向安装水平偏差≤0.04/1000，横向安装水平偏差≤0.06/1000。	GB 50275—2010 2.6.4
4	联轴器对中	机组找正的同轴度要求应符合随机技术文件的规定；当无规定时，联轴器的径向位移宜为0.02~0.04mm；两轴线倾斜度偏差≤0.1/1000。	GB 50275—2010 2.6.10
5	刚性中间轴连接	连接刚性的中间轴应符合规范要求。	GB 50275—2010 2.6.11
6	找正精度复检	机组配管连接后，应复测机组的找正、调平精度。	GB 50275—2010 2.6.12
九、整体出厂的压缩机安装			
1	零部件清洗检查	零部件和附属设备应清洗洁净，清洁度的检测及其限值应符合随机技术文件的规定。	GB 50275—2010 3.1.1
2	安装	检验压缩机的安装水平，其偏差不应大于0.20/1000。	GB 50275—2010 3.2.2
十、解体出厂的往复活塞式压缩机安装			
1	零部件清洗检查	零件、部件和附属设备应清洗洁净，清洁度的检测及其限值应符合随机技术文件的规定。	GB 50275—2010 3.1.1

续表

序号	检查内容	检查要点	检查依据
2	机身和中体的组装	①机身的纵、横向安装水平偏差均不应大于 0.05/1000；②两机身压缩机主轴承孔轴线的同轴度应为 ϕ0.05mm。 ②组装中体时，十字头滑道轴线的水平偏差不应大于 0.05/1000；十字头滑道轴线对曲轴轴线的垂直度偏差不应小于 0.10/1000。	GB 50275—2010 3.3.2
3	曲轴和轴承安装	①轴瓦背面与轴瓦座接触面面积应大于 70%；轴瓦与主轴颈之间的径向和轴向间隙，应符合随机技术文件的规定。 ②曲轴的安装水平，应在曲轴每转 90°的位置上的主轴颈上进行检测，其偏差不应大于 0.10/1000。 ③曲柄销对主轴颈的平行度偏差不应大于 0.15/1000。曲轴轴线对滑道轴线的垂直度偏差不应大于 0.10/1000。 ④各曲柄之间上下左右四个位置的距离偏差应符合随机技术文件的规定。	GB 50275—2010 3.3.3
4	气缸安装	气缸轴线对滑道轴线的同轴度允许偏差应符合表 3.3.4 的规定；气缸组装后，其冷却水路应按随机技术文件的规定进行严密性试验，并应无渗漏。	GB 50275—2010 3.3.4
5	连杆安装	连杆大头瓦与曲柄轴颈的径向间隙、轴向间隙，应符合随机技术文件的规定；连杆小头轴套(轴瓦)与十字销的径向间隙、轴向间隙，应符合随机技术文件的规定。	GB 50275—2010 3.3.5
6	十字头安装	十字头滑履与滑道间的间隙在行程的各位置上，应符合随机技术文件的规定。	GB 50275—2010 3.3.6
7	活塞和活塞杆安装	活塞环与活塞环槽端面之间的间隙、活塞环放入气缸的开口间隙，应符合随机技术文件的规定；活塞环在活塞环槽内应能自由转动；手压活塞环时，环应能全部沉入槽内；相邻活塞环开口的位置应互相错开；活塞与气缸镜面之间的径向间隙和活塞在气缸内的内、外止点间隙，应符合随机技术文件的规定。	GB 50275—2010 3.3.7
8	气阀	阀片和弹簧应无卡住和歪斜；气阀组装后应注入煤油进行严密性试验，并应无连续的滴状渗漏。	GB 50275—2010 3.3.9
9	试运转	曲轴箱或机身内润滑油的温度，氧气压缩机不应高于 60℃，其他压缩机不应高于 70℃。	GB 50275—2010 3.5.3

续表

序号	检查内容	检查要点	检查依据
十一、螺杆式压缩机安装			
1	安装	无公共底座机组找正时，应以驱动机或变速箱的轴线为基准，其同轴度应符合随机技术文件的规定。	GB 50275—2010 3.7.2
2	试运转	压缩机吸入口处，应装设空气过滤器和临时过滤网。	GB 50275—2010 3.7.3

3.8 乙烯裂解装置工艺管道安装工程质量监督检查要点

序号	检查内容	检查要点	检查依据
一、专业管理行为			
1	施工单位资质及质量保证体系	承担石油化工金属管道工程的施工单位、检测单位应取得相应的资质，并在资质许可范围内从事相应工作。	GB 50517—2010 3.0.1
		施工单位应建立焊接质量管理体系，对焊接活动进行控制，并应有符合本规范第3.0.2条规定的相关人员。	GB 50236—2011 3.0.4
		管道的施工单位应持有国家相关行政部门颁发的相应级别的压力管道安装许可证。	SH/T 3501—2021 4.4
		管道的制造、制作和安装单位应具有符合压力管道安全监察有关法规要求的行政许可证。管道制作和安装单位应建立相应的质量保证体系。	GB/T 20801.4—2020 4.1
2	压力管道安装告知	压力管道安装前，安装单位应当向管道使用登记的市场监督管理部门告知，并且按照规定接受监督检验。	TSG D0001—2009 第五十八条
3	施工方案及技术交底	施工技术方案应分别按专业或单位工程编制，并在专业或单位工程开工前批准。	SH/T 3550—2012 6.1.2
		重大技术方案应由施工单位项目技术负责人组织项目专业技术人员编制，施工单位技术总负责人批准。	SH/T 3550—2012 4.4.2
		专项工程施工技术方案应由施工单位项目经理组织项目有关管理人员和专业技术人员编制，安全主管部门参与审核，施工单位技术总负责人批准。实行施工总承包的，专项方案应当由总承包单位技术负责人及相关专业承包单位技术负责人签字。	SH/T 3550—2012 4.4.3

续表

序号	检查内容	检查要点	检查依据
3	施工方案及技术交底	实施前施工单位应组织施工技术方案交底，涉及方案实施的施工及管理人员参加。	SH/T 3550—2012 6.4.2
4	设计交底和图纸会审	工程设计图纸与相关技术文件齐全，并按规定程序进行设计交底和图纸会审。	GB 50235—2010 3.1.4
5	焊接工艺评定及焊接工艺规程	管道焊接应有焊接工艺评定报告，并应符合国家现行有关标准的规定。	GB 50517—2010 7.1.1
		管道施焊前，应按 NB/T 47014 评定合格的焊接工艺评定报告编制焊接工艺规程。	SH/T 3501—2021 8.1.1
6	焊工、无损检测人员资格	管道施工的焊工应按 TSG Z6002 的规定进行考核，无损检测人员应按 TSG Z8001 的规定进行考核，并取得相应资格证书。	SH/T 3501—2021 4.5
		焊工应持有效的资格证书，并在合格项目内从事管道的焊接。	SH/T 3501—2021 8.1.2
7	计量器具	用于管道施工的机械、工器具应安全可靠；计量器具应检定合格并在有效期内。	GB 50235—2010 3.1.4-5
8	焊接材料库	施工现场应建立焊接材料的保管、烘干、清洗、发放、使用和回收制度。焊接材料的储存场所和烘干、去污设施以及焊接材料的库存保管和使用过程中的管理，应符合现行行业标准《焊接材料质量管理规程》JB/T 3223 的规定。	GB 50236—2011 4.0.5
9	施工过程技术文件和交工技术文件	施工单位在施工过程中形成的施工过程技术文件应符合 SH/T 3543—2017 的规定。	SH/T 3501—2021 10.1
		管道工程交工时，施工单位及相关单位应按 SH/T 3503—2017 的规定向建设单位提交交工技术文件。	SH/T 3501—2021 10.2
二、管道组成件和支承件的到货验收			
1	管道元件制造单位资质	TSG 07 制造许可范围内的管道元件制造单位，应具有国家相关行政部门颁发的相应类别的压力管道元件制造许可证，产品上还应具有许可标志。有监督检验要求的，尚应有监督检验证明。	SH/T 3501—2021 5.1.1
2	产品质量证明书一般规定	管道组成件和支承件应符合设计文件规定及本标准的有关要求。	SH/T 3501—2021 5.1.2
		管道组成件、弹簧支吊架、低摩擦管架、阻尼装置及减振装置等产品应有质量证明书。质量证明书上应有产品标准、设计文件和订货合同中规定的各项内容和检验、试验结果。验收时应对质量证明书进行审查，并与实物标志核对。无质量证明书或与标识不符的产品不得验收。	SH/T 3501—2021 5.1.3

续表

序号	检查内容	检查要点	检查依据
2	产品质量证明书一般规定	若对产品质量证明书中的特性数据有异议，或产品不具备可追溯性，供货方应按相应标准做补充试验或追溯到产品制造单位。问题未解决前，该批产品不得验收。	SH/T 3501—2021 5.1.4
		有抗硫化氢要求的管道组成件质量证明书中应有硬度试验结果，硬度值不应超过标准的要求或设计规定值。若设计文件中要求氢致开裂(HIC)和硫化物应力开裂/应力腐蚀开裂(SSC/SCC)试验时，应提供相关的检验结果。	SH/T 3501—2021 5.1.7
		设计文件有低温冲击试验要求的材料，产品质量证明书应有低温冲击试验结果，否则应按 GB/T 229 的规定进行补项试验。	SH/T 3501—2021 5.1.9
		设计文件有晶间腐蚀倾向试验要求的不锈钢材料，产品质量证明书应注明晶间腐蚀试验的结果，否则应按 GB/T 4334 的有关规定进行补项试验。	SH/T 3501—2021 5.1.10
		设计文件有铁素体检查要求的双相不锈钢材料，产品质量证明书应有铁素体含量测定结果，否则应按 GB/T 1954 的规定方法进行补项试验。	SH/T 3501—2021 5.1.11
3	管道组成件和支承件外观质量	管道组成件和支承件在使用前应逐件进行外观检查和尺寸规格确认，其表面质量除应符合产品标准规定外，尚应符合下列要求： a)无裂纹、缩孔、夹渣、重皮等缺陷； b)锈蚀、凹陷及其他机械损伤的深度，不超过产品标准允许的壁厚负偏差； c)螺纹形式、坡口的形式和尺寸、密封面的加工粗糙度应符合设计文件和产品标准要求； d)焊缝成形良好，且与母材圆滑过渡，不得有裂纹、未熔合、未焊透等缺陷； e)金属波纹管膨胀节、弹簧支吊架等的装运固定件或定位销块齐全完整，无松动现象。	SH/T 3501—2021 5.1.5
4	材质验证性检验	铬钼合金钢、含镍低温钢、不锈钢管道组成件应按本标准规定采用光谱分析或其他方法对主要合金元素含量进行验证性检验，并做好记录和标志。	SH/T 3501—2021 5.1.6
5	硬度抽检	有硬度要求的管子、管件及法兰应进行硬度检测，每批应抽检 1%，且不应少于 1 件。	SH/T 3501—2021 5.1.8

续表

序号	检查内容	检查要点	检查依据
6	抽样检查	凡每批(同炉批号、同材质、同规格)按规定做抽样检查、检验的样品中，当有一件不合格时，应按原规定数的两倍抽检；若仍有不合格品，则该批管道组成件和支承件不得验收，或对该批产品进行逐件验收检查。但规定做合金元素验证性检验的管道组成件当第一次抽检不合格时，则该批管道组成件不得验收。验收合格的管道组成件应做好标识。	SH/T 3501—2021 5.1.12
		凡按规定做抽样检查的样品中，若有一件不合格，应按原规定数加倍抽检，若仍有不合格，则该批管道组成件不得验收。	GB 50517—2010 5.1.7
7	标识及验收	本标准未明确规定的其他管道组成件的标识及验收标准应符合设计文件及相应的产品标准的要求。由制造厂制作的弯管，验收应符合本标准第7.1条的要求。	SH/T 3501—2021 5.1.13
8	存放规定	管道组成件应分区分类存放。不锈钢与碳钢、低合金钢不得直接接触。	SH/T 3501—2021 5.1.14
		管道组成件验收后应分区存放，不锈钢、有色金属管道组成件不得与碳素钢、低合金钢接触。	GB 50517—2010 5.1.8
9	管子、管件质量证明书	管子和管件使用前，应核对质量证明书、规格、数量和标志。	SH/T 3501—2021 5.2.1
		管子的质量证明书应包括以下内容： a)制造厂名称、合同号； b)产品标准号； c)钢的牌号； d)炉号、批号和订货合同规定的其他标识； e)品种名称、规格及质量等级； f)交货状态、重量、根数或件数； g)产品标准和订货合同规定的各项检验结果； h)技术质量监督部门标记； i)质量证明书签发日期或发货日期。	SH/T 3501—2021 5.2.2

续表

序号	检查内容	检查要点	检查依据
9	管子、管件质量证明书	管件的质量证明书应包括以下内容： a)制造商名称及出厂日期； b)制造厂技术(质量)检验部门的公章； c)质量检查员的签字及检验日期； d)产品名称、规格、材料和材料标准； e)化学成分及机械性能； f)合同要求做的检验试验报告； g)交货状态。	SH/T 3501—2021 5.2.3
10	管子和管件标志	管子和管件应有清晰的标志，其内容包括制造厂代号或商标、许可标志、材料(牌号、规格、炉批号)、产品编号等，并且应当符合安全技术规范及其相应标准的要求。从产品标志应能追溯到产品质量证明书。	SH/T 3501—2021 5.2.4
11	管子和管件材质验证性检验	本标准第5.1.6条规定的管道组成件中的管子、管件应进行主要合金元素含量验证性检验，每批应抽检10%，且不应少于1件。	SH/T 3501—2021 5.2.5
12	管子和管件超声检测	SHA1(1)、SHA1(2)中极度危害介质、设计压力等于或大于10MPa管道用的管子质量证明书中应有超声检测结果，否则应按GB/T 5777的规定，逐根进行补项试验。	SH/T 3501—2021 5.2.6
		用于极度危害介质管子、管件的质量证明文件中应有超声检测结果。设计压力大于或等于10MPa管道的管子、管件，质量证明文件中应有表面无损检测结果。	GB 50517—2010 5.1.5
13	管子和管件表面检测	设计压力等于或大于10MPa的管子和管件，外表面应逐件进行表面无损检测，且不得有线性缺陷。	SH/T 3501—2021 5.2.7
		设计压力小于10MPa的输送SHA1(1)介质、SHA1(2)中极度危害介质的管子和管件，每批应抽检5%且不少于1件，进行表面无损检测，且不得有线性缺陷。抽样检测发现有超标缺陷时，应按本标准第5.1.12条的规定处理。	SH/T 3501—2021 5.2.8

续表

序号	检查内容	检查要点	检查依据
14	管子和管件表面缺陷修复	管子及管件经磁粉检测或渗透检测发现的表面超标缺陷允许修磨，修磨后的实际壁厚不得小于管子名义壁厚的90%，且不应小于相应产品标准和设计文件规定的最小壁厚。	SH/T 3501—2021 5.2.9
15	管子标签	当管子成捆供货时，应挂有两个标牌或标签，标牌或标签上应有炉号、批号、重量或根数和制造日期。	GB 50517—2010 5.2.4
16	阀门质量证明书	阀门的质量证明书应包括下列内容： a)阀门主要承压件材质证明书(材质分析报告)； b)制造单位名称及制造许可编号； c)产品名称、型号、规格； d)产品编号、执行标准及制造时间； e)适用介质及适用温度； f)检验结论及检验日期； g)阀门检验、试验文件(需要时应包括阀门监检证书)； h)检验人员签章及制造单位检验章； i)出厂合格证； j)技术文件中有特殊规定的材料及试验文件。	SH/T 3501—2021 5.3.1
		设计文件要求做晶间腐蚀试验、耐火试验的阀门，质量证明书应有相应的试验结果。耐火试验阀门应符合 GB/T 26479 的规定。	SH/T 3501—2021 5.3.2
17	氧气管线阀门	用于氧气管线的阀门应按 JB/T 12955 规定检验，并采用专用验收标识。	SH/T 3501—2021 5.3.3
18	低温阀门	低温阀门检验除应符合常规阀门的规定外，还应符合 GB/T 24925 的相关规定。设计要求做低温密封试验、低温冲击韧性试验的阀门，制造单位应提供低温密封试验或低温冲击韧性试验合格证明书。	SH/T 3501—2021 5.3.4
19	阀门本体焊缝和承压部件	低温阀门，用于 SHA1(1)、SHA1(2)中极度危害介质的阀门以及设计压力等于或大于 10MPa 的阀门，其焊缝或阀体、阀盖等承压部件，应有相应标准规定的无损检测合格证明。	SH/T 3501—2021 5.3.5
20	阀门标志	阀门阀体或铭牌上应有制造商的厂名或商标、阀门型号、公称压力、公称尺寸、阀体材料、阀芯与阀座材料等标志，且应符合 GB/T 12220 及阀门制造标准的规定和合同中要求标识的内容。有介质流向要求或有压力端要求的，应有明显的标志。	SH/T 3501—2021 5.3.6

续表

序号	检查内容	检查要点	检查依据
21	安全阀标志	安全阀阀体上应有进口通径、阀体材料代号、制造厂名或商标、指明介质流向的箭头；铭牌上至少应有阀门设计的极限工作温度、整定压力、制造厂的产品型号、基准流体的额定排量系数或额定排量、流道面积或流道直径、最小开启高度以及整定误差百分数，且应符合 GB/T 12241、GB/T 12243 的规定和合同要求标识的内容。	SH/T 3501—2021 5.3.7
22	阀门规格书	阀门应按设计文件中的“阀门规格书”，核对阀门产品质量证明书中的阀体主要部件材料、特殊要求的填料及垫片。若不符合要求，该批阀门不得使用。	SH/T 3501—2021 5.3.8
23	阀门材质验证性检验	本标准第 5.1.6 条规定的管道组成件中的阀门，应对其阀体、阀盖及其连接螺栓的主要合金元素含量进行验证性检验，每批应抽检 10%，且不应少于 1 件。	SH/T 3501—2021 5.3.9
24	阀门开闭位置	止回阀的阀瓣或阀芯动作应灵活准确，无偏心或歪斜现象。旋塞阀的开闭标记应与通孔方位一致。弹簧式安全阀应具有防松装置并加铅封，杠杆式安全阀应有重锤的定位装置。阀门到货时的开闭位置应符合下列要求： a)闸阀、截止阀等阀门宜处于全关闭状态； b)蝶阀的蝶板应打开 4°~5°； c)旋塞阀、球阀应处于全开启位置； d)隔膜阀应处于关闭位置，且不可关得过紧； e)止回阀的阀瓣应关闭并予以固定。	SH/T 3501—2021 5.3.10
25	阀门外观质量	阀门不得有损伤、缺件、腐蚀和铭牌脱落等现象，且阀体内不得有异物、脏污。阀门两端应有防护盖保护。阀杆与压盖的间隙应均匀。手柄或手轮操作应灵活轻便，不得有卡涩现象。	SH/T 3501—2021 5.3.11
		阀体为铸件时，其表面应平整光滑，无裂纹、缩孔、砂眼、气孔、毛刺等缺陷；阀体为锻件时，其表面应无裂纹、夹层、重皮、斑疤、缺肩等缺陷。	SH/T 3501—2021 5.3.12
		衬胶、衬搪瓷及衬塑料的阀体内表面应平整光滑，衬层与基层结合牢固，无裂纹、鼓泡等缺陷。用高压电火花发生器逐个检查衬层表面，未发生白色闪光现象，衬层未击穿为合格。	SH/T 3501—2021 5.3.13

续表

序号	检查内容	检查要点	检查依据
26	阀门传动装置	阀门传动装置检查应进行下列检查： a)采用齿轮、蜗轮传动的阀门，其传动机构应符合下列要求： 1)蜗杆和蜗轮应啮合良好，无卡涩现象； 2)开式机构的齿轮啮合面、轴承等应清洗干净，并加注新润滑油脂； 3)有闭式机构的阀门每批应抽检10%，且不应少于1个，其润滑油脂应无变质、机构零件齐全、内部清洁无污物、传动件无毛刺，啮合面配合良好； 4)传动装置或手柄的启闭位置应具有永久性标识，且应与阀芯(板)开关位置一致； b)带链轮机构的阀门，链架与链轮的中心面应一致，按工作位置检查链条的工作情况，链条运动应畅顺不脱槽，链条不得有开环、脱焊、锈蚀或链轮与链条节距不符等缺陷； c)气压、液压传动的阀门，按执行机构的工作压力进行开闭试验； d)电动阀门的检查及调试，应符合下列要求： 1)电动阀的变速箱应按本条a)款的规定检查； 2)在全开或全闭的状态下，检查调整阀门的限位装置； 3)通电调试反复试验不应少于3次，应动作可靠、指示准确； e)电磁阀应接通临时电源，进行开闭试验，且不得少于3次； f)具有机械联锁装置的阀门，应在安装位置的模拟架上进行试验和调整，要求阀门启闭动作协调、限位准确。	SH/T 3501—2021 5.3.14
27	阀门焊接接头坡口检测	对下列焊接阀门的焊接接头坡口应进行表面无损检测，检测结果不得有线性缺陷： a)标准抗拉强度下限值等于或大于540MPa的钢材及铬钼合金钢的坡口应进行100%检测； b)设计温度低于-29℃的非奥氏体不锈钢坡口每批应抽检5%，且不应少于1个。	SH/T 3501—2021 5.3.15
28	阀门防静电的要求	具有防静电结构的阀门应进行防静电荷聚集试验，当干燥阀门试验的电源电压不超过12V时，阀杆、阀体和阀芯间防静电电路电阻应小于10Ω，每批应抽检10%，且不应少于1台。	SH/T 3501—2021 5.3.16

续表

序号	检查内容	检查要点	检查依据
29	法兰、法兰盖及翻边短节	法兰、法兰盖及翻边短节的质量证明书应包括下列内容： a)制造商名称及出厂日期； b)制造厂技术(质量)检验部门的公章； c)质量检查员的签字及检验日期； d)产品名称、规格、材料和材料标准； e)化学成分及机械性能； f)合同要求做的检验试验报告。	SH/T 3501—2021 5.4.1
		法兰、法兰盖及翻边短节的外观检查应符合下列要求： a)密封面应平整，不得有锈蚀和径向划痕； b)锻造表面应光滑，不得有锻造伤痕、裂纹等缺陷； c)法兰、法兰盖外缘应有标准编号、公称直径、公称压力、法兰连接型式及密封面型式、管子表号或壁厚、材料代号等标志。	SH/T 3501—2021 5.4.2
		本标准第5.1.6条规定的管道组成件中的法兰、法兰盖和翻边短节，应对其主要合金元素含量进行验证性检验，每批应抽检10%，且不应少于1件。	SH/T 3501—2021 5.4.3
30	紧固件	紧固件的质量证明书内容应包括下列内容： a)制造商名称及出厂日期； b)制造厂技术(质量)检验部门的公章； c)质量检查员的签字及检验日期； d)产品名称、规格、材料和材料标准； e)化学成分及机械性能； f)合同要求做的检验试验报告。	SH/T 3501—2021 5.5.1
		紧固件的螺纹应完整，无划痕、无毛刺等缺陷。加工精度应符合产品标准的要求。	SH/T 3501—2021 5.5.2
		紧固件应有标记，内容应包括标准编号、材料牌号、螺纹规格和公称长度、螺母型式代号。	SH/T 3501—2021 5.5.3

续表

序号	检查内容	检查要点	检查依据
31	紧固件抽检比例	下列管道用的不锈钢、铬钼合金钢螺柱和螺母应采用光谱分析对其主要合金元素含量进行验证性检验，每批应抽检5%，且不应少于10件。 a)设计压力等于或大于10MPa； b)设计温度低于-29℃； c)设计温度等于或大于400℃。	SH/T 3501—2021 5.5.4
		设计压力等于或大于10MPa管道用的不锈钢、铬钼合金钢螺柱和螺母应进行硬度检测，每批抽检不应少于2件，硬度值应在设计文件或产品标准规定的范围内。若有不合格，按本标准第5.1.12条的规定处理。	SH/T 3501—2021 5.5.5
		设计温度低于-29℃的低温管道用的铬钼合金钢和不锈钢螺柱应进行低温冲击性能检验，每批抽检不应少于2根。试验结果应符合设计文件或产品标准的要求。若有不合格，应按本标准第5.1.12条的规定处理。	SH/T 3501—2021 5.5.6
		设计压力等于或大于10MPa管道用的铬钼合金钢螺栓、螺母应采用光谱分析进行主要合金金属元素验证性检验，抽检数量应为每批5%且不少于1件，并每批螺栓、螺母应抽2套进行硬度验证性检验。	GB 50517—2010 5.4.8
		设计温度低于-29℃的低温管道的铬钼合金钢螺栓、螺母应采用光谱分析进行主要合金金属元素验证性检验，抽检数量应为每批5%且不少于1件，并每批应抽2根螺栓进行低温冲击性能检验。	GB 50517—2010 5.4.9
		设计温度大于或等于400℃管道的铬钼合金钢螺栓、螺母，应采用光谱分析进行主要合金金属元素验证性检验，抽检数量应为每批5%且不少于1件。	GB 50517—2010 5.4.10
32	垫片	垫片的标志应包括标准编号、型式代号、公称压力、公称直径、材料代号、制造厂名称或商标等内容。垫片的质量证明书应包括下列内容： a)制造商名称及制造日期； b)制造厂技术(质量)检验部门的公章； c)质量检查员的签字及检验日期； d)产品名称、规格、材料和材料标准； e)垫片性能； f)合同要求做的检验试验报告。	SH/T 3501—2021 5.6.1

续表

序号	检查内容	检查要点	检查依据
32	垫片	垫片应按下列要求进行检查，每批抽检不应少于1件： a)缠绕垫片不得有松散、翘曲现象，其表面不应有伤痕、空隙、凹凸不平、锈斑等缺陷；表面非金属带应均匀突出金属带；焊点不应有虚焊和过烧等缺陷； b)金属环垫和透镜垫的加工尺寸、精度、粗糙度应符合设计文件和产品标准的要求，密封面不得有划痕、磕痕、裂纹、疵点等缺陷； c)非金属平垫片的边缘应切割整齐，表面不应有翘曲变形，不应有夹渣、裂缝、气泡、外来杂质及其他影响使用的缺陷。不锈钢管道法兰用的非金属垫片，其氯离子含量不得超过50mg/kg。	SH/T 3501—2021 5.6.2
		金属环垫和透镜垫应逐件进行硬度检测。检验位置应避开密封面，检验结果应符合设计文件或产品标准的规定。	SH/T 3501—2021 5.6.3
33	金属波纹管膨胀节	金属波纹管膨胀节的铭牌应包括下列内容： a)膨胀节型式(型号)；b)出厂编号；c)膨胀节的设计压力和设计温度；d)膨胀节的设计位移和设计疲劳寿命；e)外形尺寸、总质量；f)制造单位名称；g)出厂日期。	SH/T 3501—2021 5.7.1
		金属波纹管膨胀节质量证明书应包括下列内容： a)膨胀节型式、型号和出厂编号； b)膨胀节的设计温度、设计压力、设计疲劳寿命和设计位移； c)波纹管和受压筒节、法兰、封头等受压件的材质证明书； d)膨胀节的外观检查、尺寸检查、焊接接头检测和耐压试验等项目出厂检验结论及检验员与制造单位的印章； e)膨胀节生产所依据的标准。	SH/T 3501—2021 5.7.2
		金属波纹管膨胀节应按下列要求逐件进行外观检查： a)波纹管和焊缝表面不得有裂纹、气孔、夹渣、凹坑、焊接飞溅物、划痕和机械损伤等缺陷； b)装有导流筒的膨胀节应有醒目的永久性介质流向箭头； c)装运固定件应涂有黄色标识。	SH/T 3501—2021 5.7.3

续表

序号	检查内容	检查要点	检查依据
34	爆破片安全装置	爆破片安全装置的标志应包括下列内容： a)制造单位名称或商标、特种设备制造许可证编号和许可标识； b)爆破片的型号、形式、规格和批次编号； c)材料牌号、适用介质和爆破温度； d)标定爆破压力或设计爆破压力、泄放侧方向； e)泄放口公称直径、最小泄放面积； f)夹持器型号、规格、泄放侧方向； g)设备位号或管线号； h)制造标准； i)检验合格标识及监检标识。	SH/T 3501—2021 5.8.1
		爆破片安全装置质量证明书应包括下列内容： a)永久性标识的内容； b)制造范围和爆破压力允差； c)检验报告(包括爆破试验报告)； d)质量检验人员签章，监检部门印记(需要时)。	SH/T 3501—2021 5.8.2
		爆破片安全装置的规格、材质及技术参数应符合设计文件的规定，并应逐件进行外观检查。表面不得有裂纹、锈蚀、微孔、气泡、夹渣、凹坑和划伤等缺陷，衬层、涂(镀)层应均匀、致密。	SH/T 3501—2021 5.8.3
		呼吸阀、爆破片等安全附件的规格、材质、标识应符合设计文件要求，其质量证明文件的技术参数值应与设计文件一致，若不一致时，不得验收。	GB 50517—2010 5.4.14
35	阻火器	阻火器的铭牌应包括下列内容： a)制造厂名称、制造许可证编号和许可标识；b)型号、形式和规格；c)产品编号；d)阻火性能(爆炸等级、安全阻火速度等)；e)设计压力、气体流量和压力降；f)阻火侧方向(仅对于单向阻火器)；g)适用气体名称、温度和公称压力；h)检验合格标识及监检标识；i)制造日期。	SH/T 3501—2021 5.9.1

序号	检查内容	检查要点	检查依据
35	阻火器	阻火器质量证明书应包括下列内容： a)铭牌上的内容；b)制造标准；c)检验报告；d)其他的特殊要求。	SH/T 3501—2021 5. 9. 2
		阻火器的规格、材质及技术参数应符合设计文件的规定，并应逐件进行外观检查。阻火器各构成部件应无明显加工缺陷或机械损伤，内表面有涂层时防腐涂层应完整均匀；标牌应设置牢固；明显部位应永久性标出介质流动方向；阻火器内部不得有积水、锈蚀、脏污、加工屑及损伤。	SH/T 3501—2021 5. 9. 3
36	管道支承件	管道支承件的材质、规格、型号、外观及几何尺寸应符合国家现行标准或设计文件规定。	SH/T 3501—2021 5. 10. 1
		弹簧支吊架上应有铭牌和位移指示板。铭牌内容包括支吊架型号、载荷范围、安装载荷、工作载荷、弹簧刚度、位移量、管线号、管架号、出厂编号及日期等。弹簧支吊架需要设置上、下定位销，定位销或块应在设计冷态值位置上。	SH/T 3501—2021 5. 10. 2
		减震和阻尼装置应设有铭牌。铭牌内容应包括产品名称、产品型号、制造标准、额定载荷、冷态位置、热态位置、出厂编号、出厂日期、制造单位等。	SH/T 3501—2021 5. 10. 3
		弹簧支、吊架的弹簧型号和尺寸应符合设计文件规定。	GB 50517—2010 5. 5. 3
三、阀门试验			
1	一般规定	阀门试验包括壳体试验、密封试验和上密封试验。	SH/T 3501—2021 6. 1. 1
		当设计文件、制造厂的技术文件对阀门的壳体试验、密封试验无特殊要求时，阀门应逐个进行壳体试验和密封试验；具有上密封结构的阀门，应逐个进行上密封试验。到制造厂逐件见证阀门试验并有见证记录的阀门，可以免除阀门试验。	SH/T 3501—2021 6. 1. 2
2	阀门试验介质	试验介质为液体时，可选择水、煤油或黏度不高于水的非腐蚀性液体；试验介质为气体时，可用空气、氮气或其他惰性气体。	SH/T 3501—2021 6. 1. 3
		用水做试验介质时，允许添加防锈剂。不锈钢阀门试验用水的氯离子含量不得超过 50mg/L。	SH/T 3501—2021 6. 1. 4
		氧气阀门试验介质不得含油。	SH/T 3501—2021 6. 1. 5

续表

序号	检查内容	检查要点	检查依据
2	阀门试验介质	无特殊规定时，试验介质的温度宜为5~38℃。当环境温度低于5℃时应采取防冻措施。	SH/T 3501—2021 6.1.6
		试验介质为液体时，应排净阀门内的空气。阀门试验完毕，应及时排除阀门内的积液。不锈钢阀门应用空气或氮气吹干。	SH/T 3501—2021 6.1.9
3	阀门清理	阀门试验前，应除去密封面上的油渍和污物，不得在密封面上涂抹防渗漏的油脂。	SH/T 3501—2021 6.1.7
4	阀门试验用压力表	试验用的压力表，应在鉴定合格的有效期内使用，精度等级不应低于1.6级，压力表的量程宜为最大试验压力的1.5~2倍。试验系统的压力表不应少于2块。	SH/T 3501—2021 6.1.8
5	阀门试验合格标识	经过试验合格的阀门，应在阀门明显部位做好试验标识，并填写试验记录。没有试验标识的阀门不得安装和使用。	SH/T 3501—2021 6.1.10
6	壳体试验	壳体试验的试验介质应采用液体，试验压力应为阀门冷态工作压力的1.5倍。试验压力值应加大圆整到邻近0.1MPa。	SH/T 3501—2021 6.2.1
		壳体试验应符合下列要求： a）封闭阀门的各进出端口，阀门开启1/3~2/3，向阀门壳体内充入试验介质，打开排气阀，排净阀门体腔内的空气，加压到试验压力的50%检查，应无泄漏、渗漏现象，然后加压到试验压力，保压时间应符合本标准表6.2.2规定，检查阀体、阀盖连接法兰、填料箱等各连接处的密封情况； b）对可调阀杆密封结构的阀门，试验期间阀杆密封应能保持阀门的试验压力；对于不可调阀杆密封的阀门，试验期间阀杆密封不应有可见的泄漏； c）当需使用气体介质试验时，应按GB/T 13927的有关规定执行。	SH/T 3501—2021 6.2.2
		壳体试验不应有结构损伤，不应有可见的液滴或外表面潮湿。	SH/T 3501—2021 6.2.3
		夹套阀门的夹套部分应以夹套设计压力的1.5倍进行液压试验，在试验压力的保压时间内，夹套的外表面不得有滴漏或潮湿。	SH/T 3501—2021 6.2.4

续表

序号	检查内容	检查要点	检查依据
7	密封试验一般规定	密封试验应在壳体试验合格后进行。密封试验包括高压密封试验和低压密封试验。	SH/T 3501—2021 6.3.1
		阀门高压密封试验的试验压力应为阀门冷态工作压力的 1.1 倍，试验介质应使用液体介质。低压密封试验压力应为 0.6MPa，试验介质应使用气体介质。	SH/T 3501—2021 6.3.2
		公称尺寸不大于 *DN* 100 且公称压力不大于 *PN* 250(Class1500)的阀门，公称尺寸大于 *DN* 100 且公称压力不大于 *PN* 100(Class600)的阀门，密封试验应按本标准表 6.3.3 的规定进行。	SH/T 3501—2021 6.3.3
		公称尺寸不大于 *DN* 100 且公称压力大于 *PN* 250(Class1500)的阀门，公称尺寸大于 *DN* 100 且公称压力大于 *PN* 100(Class600)的阀门，密封试验应按本标准表 6.3.4 的规定进行。	SH/T 3501—2021 6.3.4
		密封试验引入介质和施加压力的方向应符合下列要求： a)规定了介质流向的阀门应按介质流向引入介质和施加压力； b)没有规定介质流向的阀门应分别沿每端引入介质和施加压力； c)有两个密封副的阀门应向两个密封副之间的体腔内引入介质和施加压力； d)止回阀应在出口端引入介质和施加压力。	SH/T 3501—2021 6.3.8
8	高压密封试验	高压密封试验应符合下列要求： a)关闭阀门，向阀门被检查端的另一侧阀腔充满试验介质，并逐渐加压到试验压力，保压时间应符合本标准表 6.2.2 的规定，检查被检查端密封副的渗漏情况。阀瓣、阀座背面与阀体接触面等处，不得有可见的液滴或外表面潮湿； b)在试验持续时间内，试验介质通过密封副的最大允许泄漏率应符合本标准表 6.3.5 的规定。	SH/T 3501—2021 6.3.5
9	低压密封试验	低压密封试验应符合下列要求： a)关闭阀门，向阀门被检查端的另一侧阀腔充满试验介质，并逐渐加压到试验压力，保压时间应符合本标准表 6.2.2 规定，检查被检查端密封副的渗漏情况，阀瓣、阀座背面与阀体接触面等处应无气泡漏出； b)在试验持续时间内，试验介质通过密封副的最大允许泄漏率应符合本标准表 6.3.5 的规定。	SH/T 3501—2021 6.3.6

续表

序号	检 查 内 容	检 查 要 点	检 查 依 据
9	低压密封试验	公称压力小于 *PN* 10 且公称直径等于或大于 *DN* 600 的闸阀可不单独进行密封试验，宜用色印方法对闸板密封副进行检查，接合面连续为合格。	SH/T 3501—2021 6. 3. 7
10	上密封试验	除波纹管密封阀门外，其他具有上密封性能的阀门应进行上密封试验。上密封试验宜在壳体试验时进行。	SH/T 3501—2021 6. 4. 1
		阀门上密封试验的试验压力应为阀门冷态工作压力的 1. 1 倍，试验介质应使用液体介质。	SH/T 3501—2021 6. 4. 2
		上密封试验应符合下列要求： a)封闭阀门的进出各端口，松开填料压盖，将阀门打开使上密封关闭； b)向腔内充满试验介质，逐渐加压到试验压力，保压时间应符合表 6. 2. 2 的规定； c)观察阀杆填料处的情况，不得有可见的液滴或外表面潮湿。	SH/T 3501—2021 6. 4. 3
11	安全阀调整试验	安全阀应进行整定压力、密封性能、回座压力校验，并应符合下列要求： a)整定压力试验不得少于 3 次，当整定压力小于或等于 0. 5MPa 时，实测整定值与要求整定值的允许误差为±0. 015MPa；当整定压力大于 0. 5MPa 时，允许误差为±3%的整定压力； b)整定压力调整合格后，进行密封试验。当整定压力小于或等于 0. 3MPa 时，密封试验压力应当比整定压力低 0. 03MPa；当整定压力大于 0. 3MPa 时，密封试验压力为 90%整定压力； c)回座压力进行校验时，如设计文件无规定，回座压力应不小于工作压力的 0. 9 倍； d)对于弹簧直接载荷式安全阀应符合 GB/T 12243 的相应规定。	SH/T 3501—2021 6. 5. 1
		安全阀调整试验合格后，应重新进行铅封。	SH/T 3501—2021 6. 5. 2
		铅封处一面为校验单位的代号标识，另 面为校验人员的代号标识；铅封处所挂标牌应有校验机构名称及代号、校验编号，安装的设备编号，整定压力和下次校验时间；校验报告依据校验记录出具，并按校验机构质量管理体系的要求签发。	SH/T 3501—2021 6. 5. 3
		安全阀调整试验的介质应符合下列要求： a)当工作介质为气体时，试验介质应采用空气； b)当工作介质为液体时，试验介质应采用水。	SH/T 3501—2021 6. 5. 4

续表

序号	检查内容	检查要点	检查依据
四、管道预制及安装			
1	管道预制单线图	管道预制加工应按现场审查确认的单线图进行，预制加工单线图上应标注管线号、焊口编号、现场安装焊口位置。	SH/T 3501—2021 7.1.1
2	标志移植	管道预制过程中应核对并保留管道组成件的标志，并做好标志的移植。低温钢管道和不锈钢管道组成件进行标志移植时，不得使用钢印作标志。	SH/T 3501—2021 7.1.2
3	管道预制切割	碳钢、碳锰钢可采用机械加工或火焰方法切割。含镍低温钢和铬钼合金钢宜采用机械加工方法切割。不锈钢应采用机械加工或等离子方法切割。若采用火焰或等离子切割，切割后应采用机械加工或打磨方法消除熔渣和氧化皮，使表面平整并露出金属光泽。	SH/T 3501—2021 7.1.3
		不锈钢管道组成件采用砂轮切割或修磨时，应使用专用砂轮片。	SH/T 3501—2021 7.1.4
4	弯管制作、热处理及检测	弯管最小弯曲半径应符合设计文件要求，当设计文件未规定时，应符合本标准表7.1.5的规定。	SH/T 3501—2021 7.1.5
		弯管制作后，表面不得有裂纹、过烧、分层、严重褶皱等缺陷。弯曲部位的最小壁厚不得小于管子名义壁厚的90%，且不应小于相应产品标准和设计文件规定的最小壁厚。弯管处的最大外径与最小外径之差，应符合下列规定： a)SHA1和SHB1级管道应小于弯制前管子外径的5%； b)其他等级管道应小于弯制前管子外径的8%； c)受外压的弯管应小于弯制前管子外径的3%。	SH/T 3501—2021 7.1.6
		弯管制作后，直管段中心线偏差Δ不得大于1.5mm/m，且不得大于5mm，中心线偏差示意见本规范图7.1.7。	SH/T 3501—2021 7.1.7

续表

序号	检查内容	检查要点	检查依据
4	弯管制作、热处理及检测	钢管热弯或冷弯后的热处理，应符合下列要求： a)钢管的热弯温度及热处理如设计文件未作规定，应按本标准表7.1.8-1的规定进行； b)符合下列规定的钢管冷弯后，应进行消除应力热处理： 1)壁厚大于19mm的碳钢和碳锰钢钢管； 2)公称直径大于*DN* 100或壁厚大于13mm的铬钼合金钢和含镍低温钢管； 3)有应力腐蚀的冷弯弯管； 4)要求进行冲击试验的材料冷弯成形应变率大于5%时； c)钢管冷弯后热处理应符合本规范表7.1.8-2的规定； d)管子弯曲成形应变率应按式(7.1.8-1)和式(7.1.8-2)计算，计算后取两者中的较大值； e)热处理时的加热速度和冷却速度应符合本标准第8.4.8条的规定。	SH/T 3501—2021 7.1.8
		符合下列条件的弯管弯制后，应逐件进行磁粉检测或渗透检测，并填写弯管加工记录，参见本规范附录B。若有线性缺陷应予以修磨，修磨后的实际壁厚不应小于相应产品标准和设计文件规定的最小厚度： a)设计压力等于或大于10MPa； b)输送SHA1(1)介质； c)输送SHA1(2)极度危害介质。	SH/T 3501—2021 7.1.9
		经热处理的弯管应在变形量较大的部位进行硬度检测，硬度值应符合本标准表7.1.8的规定。	SH/T 3501—2021 7.1.10
5	管道预制一般规定	除设计另有规定外，斜接弯头的焊接接头应采用全焊透型式。	SH/T 3501—2021 7.1.11
		夹套管制作应符合设计文件和GB 50517的有关规定。	SH/T 3501—2021 7.1.12
		管道采用管端透镜垫密封和螺纹法兰连接时，螺纹和管端密封面的加工、检查应符合设计文件和相关标准的规定，并有相应的检查记录。	SH/T 3501—2021 7.1.13

续表

序号	检查内容	检查要点	检查依据
5	管道预制一般规定	检查合格后的管道预制组件应有管线号、焊口号、焊工号、焊接日期、无损检测标识和材料标识等标志，且与单线图一致。其内部不得有砂土、铁屑、熔渣及其他杂物，并封闭。存放时应防止损伤和污染。	SH/T 3501—2021 7. 1. 14
		现场制作的管道支吊架材料应有质量证明书。	SH/T 3501—2021 7. 1. 15
6	管道安装前清理	管道安装前，应逐件清除管道组成件内部的杂物。清除合格后，应及时封闭。	SH/T 3501—2021 7. 2. 1
7	管道开孔	管道上的开孔应在管段安装前完成。在已安装的管道上开孔时，管内因切割而产生的异物应清除干净。	SH/T 3501—2021 7. 2. 2
8	金属环垫或透镜垫	采用金属环垫或透镜垫密封的法兰连接装配前，法兰环槽(或管端面)密封面与金属环垫或透镜垫应做接触线检查。当金属环垫或透镜垫在密封面上转动 45°后，检查接触线不得有间断现象，否则应进行研磨修理。	SH/T 3501—2021 7. 2. 3
9	设计文件或材料代用	管道施工时，修改设计文件或材料代用应经原设计单位书面同意。	SH/T 3501—2021 4. 2
10	管道脱脂	脱脂或其他化学处理后的预制管段、管道组成件，安装前应检查确认，不得有油迹或其他污染。	GB 50517—2010 8. 1. 1
11	法兰连接安装要求	法兰连接装配时，应检查法兰密封面及垫片，不得有影响密封性能的划痕、锈斑等缺陷存在。	SH/T 3501—2021 7. 2. 4
		连接法兰的螺柱应能在螺柱孔中顺利通过。螺柱与螺母装配时宜涂二硫化钼油脂、石墨机油或石墨粉。紧固后的螺柱与螺母宜齐平或露出 1~2 个螺距，同侧螺栓露出部分应齐平。	SH/T 3501—2021 7. 2. 5
		法兰连接螺栓安装方向应一致，螺栓紧固后应与法兰紧贴。需要加垫圈时，每个螺栓不应超过 1 个。紧固后的螺栓与螺母宜齐平或露出 1~2 个螺距。	GB 50517—2010 8. 1. 10
		设计文件规定有预紧力或力矩的法兰连接螺柱应拧紧到预定值。法兰螺栓紧固宜按 GB/T 38343 的要求执行，使用测力扳手时应预先经过校验，允许偏差为±5%。	SH/T 3501—2021 7. 2. 6
		法兰密封面间的平行度应符合本标准表 7. 2. 7 的规定。	SH/T 3501—2021 7. 2. 7

续表

序号	检查内容	检查要点	检查依据
12	管道与机器连接安装要求	与转动机器(以下简称机器)连接的管道，其固定焊口应远离机器。管道安装应符合下列要求： a)管道的重量和其他外力不得作用在机器上； b)管道的水平度或垂直度应小于 1mm/m。气体压缩机入口管道因水平偏差造成的坡度，宜坡向分液罐一侧； c)管道与机器连接前，应在自由状态下检查配对法兰的平行度和同轴度，当设计文件或制造厂文件未规定时，与机器连接法兰密封面平行度和同轴度应符合本标准表 7.2.8 的规定； d)配对法兰在自由状态下的间距，宜为顺利插入垫片的最小距离； e)与机器连接的管道及其支、吊架安装完毕后，应卸下接管上的法兰螺柱，在自由状态下所有螺柱应能在螺栓孔中顺利通过。	SH/T 3501—2021 7.2.8
		机器试车前，应对管道与机器的连接法兰进行最终连接检查。检查时，应在联轴器或机器支脚处架设百分表监视其位移，然后松开和拧紧法兰连接螺柱进行观测。当转速大于 6000r/min 时，其位移值应小于 0.02mm；当转速为 3000r/min 至 6000r/min 时，其位移值应小于 0.05mm。	SH/T 3501—2021 7.2.9
13	紧固件安装要求	有预紧力要求的螺栓应按紧固程序完成拧紧作业，其预紧力应符合设计文件规定。扭剪型螺帽的螺栓，应拧紧到梅花头脱落。	GB 50517—2010 8.1.7
		管道系统试运行时，高温或低温管道的连接螺柱，应按下列规定分别进行热态紧固或冷态紧固： a)螺柱热态紧固或冷态紧固作业的温度应符合本标准表 7.2.10 的规定； b)紧固作业应在表 7.2.10 规定的温度稳定后进行； c)紧固管道连接螺柱时，管道的最大内压力应符合下列规定： 1)当设计压力小于或等于 6MPa 时，热态紧固的最大内压力应小于 0.3MPa； 2)当设计压力大于 6MPa 时，热态紧固的最大内压力应小于 0.5MPa； 3)冷态紧固应在卸压后进行。 d)螺柱紧固应有安全技术措施，保障操作人员的安全； e)安装阶段采用力矩扳手紧固至规定力矩值时，当无泄漏时，可不再进行螺栓热态或冷态紧固。	SH/T 3501—2021 7.2.10

续表

序号	检查内容	检查要点	检查依据
14	差压装置安装质量	对于孔板、喷嘴、文丘里喷嘴和文丘里管等测量流体流量的差压装置，上、下游直管段的长度应符合设计文件要求，且在此范围内的焊缝内表面应与管道内表面平齐。	SH/T 3501—2021 7.2.11
15	静电接地	设计文件有静电接地要求的管道，应对法兰或螺纹连接接头进行电阻值测定。当法兰或螺纹连接接头间电阻值大于0.03Ω时，应有导线跨接并符合SH/T 3097和设计文件的有关规定。接地电阻值、接地位置及连接方式应符合设计文件要求。	SH/T 3501—2021 7.2.13
		不锈钢管道静电接地专用接地板应采用不锈钢板制作，接地引线不得与不锈钢管直接连接。	SH/T 3501—2021 7.2.14
		管道的静电接地安装完毕测试合格后，应及时填写管道静电接地测试记录。	SH/T 3501—2021 7.2.15
16	管道预拉伸或预压缩	“Π”形补偿器安装，应按设计文件规定进行预拉伸或预压缩，允许偏差为预伸缩量的10%，且不大于10mm。“Π”形补偿器水平安装时，平行臂和垂直臂的坡度应符合设计文件的规定。	SH/T 3501—2021 7.2.16
		管道预拉伸或预压缩前应具备下列条件： a)预拉伸或预压缩区域内固定支架间所有焊缝(预拉伸或预压缩口除外)已焊接完毕，需热处理的焊缝已做热处理，并经检验合格； b)预拉伸或预压缩区域支吊架已安装完毕，管子与固定支架已固定； c)预拉伸或预压缩区域内的所有连接螺柱已紧固。	SH/T 3501—2021 7.2.17
		管道预拉伸或预压缩时，焊接接头组对所使用的工、卡具，应待该焊接接头的焊接及热处理工作完毕并经检验合格后，方可拆除。	SH/T 3501—2021 7.2.18
17	金属波纹管膨胀节安装质量	金属波纹管膨胀节安装应按下列要求进行： a)金属波纹管膨胀节内导流筒焊接固定端，在水平管道上应位于介质流入侧，在垂直管道上应置于上部或按设计文件规定； b)金属波纹管膨胀节应与管道保持同轴，不得偏斜； c)管道的安装偏差不得利用金属波纹管膨胀节的变形来调整或弥补； d)在安装过程中不得拆除或松开金属波纹管膨胀节的装运固定件。但在管道系统运行前，应按产品技术文件的要求拆除或松开金属波纹管膨胀节的装运固定件。	SH/T 3501—2021 7.2.19

续表

序号	检查内容	检查要点	检查依据
18	阀门安装质量	阀门安装前，应按设计文件核对其型号，并应按介质流向确定其安装方向。对安装有特殊要求的阀门应按设计文件要求或产品技术文件安装。	SH/T 3501—2021 7.2.21
19	安全阀安装质量	安全阀安装应符合下列规定： a)调整试验合格的安全阀，在搬运和安装过程中应保护好铅封； b)安全阀应垂直安装； c)安全阀入口加设的盲板或安全阀上的压紧装置在系统气密前拆除。	SH/T 3501—2021 7.2.22
20	爆破片安装质量	爆破片应安装在相应的夹持器内，并在系统运行前的所有工序完成后安装。安装方向应与产品技术文件或铭牌上箭头指示方向相同。	SH/T 3501—2021 7.2.23
21	阻火器安装质量	管道中的阻火器应按产品技术文件或铭牌上箭头指示方向安装。	SH/T 3501—2021 7.2.24
22	安全液封安装质量	安全液封应垂直安装，垂直度不应超过1/1000，标高允许偏差应为±5mm。	SH/T 3501—2021 7.2.25
23	支吊架安装质量	支吊架位置及型式应符合设计文件的规定。管道安装时，应及时进行支吊架的固定和调整工作。支吊架安装应牢固，管子和支承面应接触良好。固定支架的安装位置应做好记录。	SH/T 3501—2021 7.2.26
		不锈钢管道与支吊架上碳钢材料之间应垫入不锈钢薄板或氯离子含量不超过50mg/kg的非金属材料隔离垫。	SH/T 3501—2021 7.2.27
		吊杆应垂直安装。当设计文件要求支吊架偏置安装时，偏置量和偏置方向应符合设计文件的规定。	SH/T 3501—2021 7.2.28
		导向支架或滑动支架的滑动面应洁净平整，不得有歪斜和卡涩现象。管道绝热层不得妨碍其位移。	SH/T 3501—2021 7.2.29
		弹簧支吊架应按设计文件和产品技术文件的规定进行安装调整。定位销或块应在试车前拆除。	SH/T 3501—2021 7.2.30
		支架与管道焊接时，管子表面不得有咬边现象。	SH/T 3501—2021 7.2.31
		固定支架和限位支架应按设计文件要求安装。固定支架应在补偿装置预拉伸或预压缩前固定。	GB 50517—2010 8.8.4

续表

序号	检查内容	检查要点	检查依据
24	伴热管安装质量	伴热管应与主管平行安装。当一根主管有多伴热管伴热时，伴热管之间相对位置应固定。	GB 50517—2010 8.4.1
		水平伴管宜安装在主管下方或靠近支架的侧面，垂直伴热管应均匀分布在主管周围。伴热管应采用绑扎带或镀锌铁丝等固定在主管上。弯头部位的伴热管绑扎带不得少于3道，直伴热管绑扎点间距应符合本规范表8.4.2的规定。	GB 50517—2010 8.4.2
		设计文件规定不得与主管直接接触的伴热管，在伴热管与主管间应有隔离垫。当主管为不锈钢管，伴热管为碳钢管时，隔离垫宜采用氯离子含量不超过50mg/kg的非金属垫或不锈钢薄板。并应采用不锈钢丝或不引起渗碳的绑扎带绑扎。	GB 50517—2010 8.4.3
		从分配站到各被伴热主管和离开被伴热主管到收集站之间的伴热管应排列整齐，不应互相跨越。	GB 50517—2010 8.4.4
25	管道安装质量要求	管道安装完毕后，支吊架的型式和位置应按设计文件逐个核对。	SH/T 3501—2021 7.2.32
		管道系统安装完毕后应检查材质标志。铬钼合金钢、含镍低温钢、不锈钢发现无标志时应采用光谱分析验证性检查。	SH/T 3501—2021 7.2.33
		管道穿过建筑物的过墙套管时，套管与管道之间的空隙应采用不燃烧材料密封。管道上的焊缝不应布置在套管内，与套管端部的距离不应小于150mm。套管应高出楼面或屋顶50mm，穿墙的套管长度不得小于墙厚。穿过屋顶的管道应有防水肩和防雨帽。	SH/T 3501—2021 7.2.35
		管道安装的允许偏差应符合本标准表7.2.36的规定。	SH/T 3501—2021 7.2.36
五、管道焊接			
1	焊接工艺评定报告及焊接工艺规程	管道施焊前，应按NB/T 47014评定合格的焊接工艺评定报告编制焊接工艺规程。焊工应按焊接工艺规程施焊。	SH/T 3501—2021 8.1.1
2	焊工资格	焊工应持有效的资格证书，并在合格项目内从事管道的焊接。	SH/T 3501—2021 8.1.2

续表

序号	检查内容	检查要点	检查依据
3	焊材管理	焊材应具有产品质量证明书。焊材应包装完好，无破损、受潮现象，焊材标识应内容完整，清晰可辨。焊条的药皮不得有脱落或明显裂纹。焊丝在使用前应清除其表面的油污、锈蚀等。焊剂应干燥、清洁、无夹杂物。除焊条说明书对库存期另有规定外，库存期不宜超过5年，超过5年的焊条应检查外观并进行工艺性能试验，符合要求后方可使用。焊材质量应符合NB/T 47018的要求。	SH/T 3501—2021 8.1.3
		焊条、焊剂应按说明书的要求进行烘烤，并在使用过程中保持干燥。	SH/T 3501—2021 8.1.4
		合金焊材到货后，每批进行合金元素的定量分析。	Q/SH 0706—2016 4.4
4	施焊环境	管道的施焊环境若出现下列情况之一时，应采取防护措施，否则，应停止焊接工作： a)焊条电弧焊焊接时，风速等于或大于8m/s； b)气体保护焊焊接时，风速等于或大于2m/s； c)相对湿度大于90%； d)下雨或下雪时露天作业； e)环境温度低于-20℃。	SH/T 3501—2021 8.1.5
5	一般规定	钨极氩弧焊宜用铈钨棒。使用氩气的纯度应为99.99%。	SH/T 3501—2021 8.1.6
		管道不得使用氧乙炔焰焊接。	SH/T 3501—2021 8.1.7
6	焊缝标注	每道焊缝应有管线号、焊缝编号、焊工代号，并应在管线单线图中标明。	SH/T 3501—2021 8.1.8
7	填充金属的力学性能	焊缝金属的力学性能不应低于母材标准规定的限值，其他性能也应符合母材相应要求。	SH/T 3558—2016 6.2.1
		设计有规定时，焊缝金属力学及其他性能应满足设计文件要求。	SH/T 3558—2016 6.2.2
8	奥氏体不锈钢焊接填充金属	使用温度超过480℃或需焊后热处理的奥氏体不锈钢(Fe-8-1)，焊后热处理之前，其熔敷金属铁素体数FN不宜超过10，铁素体数测量应符合GB/T 1954的规定。	SH/T 3558—2016 6.3.1
		347型熔敷金属铁素体数FN不应低于5，316或316L型熔敷金属铁素体数FN应为1~5，其他奥氏体不锈钢(Fe-8-1)熔敷金属铁素体数FN不宜低于3。铁素体数应在焊后热处理之前测量。	SH/T 3558—2016 6.3.2
		奥氏体不锈钢FCAW焊缝在使用或制造过程中温度超过538℃时，焊缝金属铋含量不应超过0.002%，焊缝金属铁素体数FN不应超过9。	SH/T 3558—2016 6.3.3

续表

序号	检查内容	检查要点	检查依据
9	双相不锈钢焊接填充金属	焊接工艺评定时，应测量母材、热影响区和焊缝的铁素体含量，其铁素体含量应为30%~65%。	SH/T 3558—2016 6.4.1
		双相不锈钢焊接不应使用自熔焊方法。	SH/T 3558—2016 6.4.2
10	异种钢焊接填充金属	铁素体钢(Fe-l~Fe-5C)之间的异种钢焊接，填充金属化学成分应与任何一侧母材化学成分机同或介于两者之间、非承压元件与承压元件焊接时，应选用与承压元件化学成分匹配的填充金属。	SH/T 3558—2016 6.5.1
		铁素体钢(Fe-1~Fe-5C)与不锈钢(Fe-6、Fe-7、Fe-8)的焊接，填充金属应符合以下要求： a)309和309L填充金属可用于设计温度低于315℃异种钢的焊接。309Nb不宜用于需焊后热处理的场合，堆焊除外； b)镍基合金填充金属按表6.5.2的设计条件选择； c)ER310(E310-XX)类和ERNiCrFe-6类焊材不得用于铁素体钢(Fe-1~Fe-5C)与不锈钢(Fe-6、Fe-7、Fe-8)之间异种钢焊接。	SH/T 3558—2016 6.5.2
11	管道焊缝的设置	管道焊缝的设置应便于焊接、热处理及检验，并应符合下列要求： a)除采用定型弯头外，管道焊缝的中心与弯管起弯点的距离不应小于管子外径，且不应小于100mm； b)管道焊缝不宜在管托的范围内，若焊缝被管托覆盖，则被覆盖的焊缝部位应进行100%射线检测。需要热处理的焊缝，外侧距支吊架边缘的净距离宜大于焊缝宽度的5倍，且不应小于100mm； c)除定型管件外，直管段上两条对接焊缝间的距离不应小于3倍焊件的厚度，需焊后热处理时，不应小于6倍焊件的厚度，且应符合下列要求： 1)管道公称直径小于*DN*150时，焊缝间的距离不应小于外径，且不应小于50mm； 2)管道公称直径等于或大于*DN*150时，焊缝间的距离不宜小于150mm； d)卷管环向焊接接头对口时，相邻管子的两纵向焊缝应错开，错开的间距不应小于100mm； e)焊制管件无法避免十字焊缝或焊缝的错开距离小于100mm时，该部位焊缝应经射线检测合格，检测长度不应小于250mm； f)在焊接接头及其边缘上不宜开孔。若开孔，应对开孔中心1.5倍开孔直径范围内的焊接接头进行100%无损检测，检测方法及合格标准应符合相应的管道级别要求。	SH/T 3501—2021 8.2.1

续表

序号	检查内容	检查要点	检查依据
12	管道坡口	焊接接头的坡口形式、尺寸及组对要求，应符合焊接工艺规程的规定。	SH/T 3501—2021 8.2.2
		管子坡口宜用机械方法加工。当采用火焰或等离子方法加工时，加工后应除去影响焊接质量的表面层。	SH/T 3501—2021 8.2.3
		下列管子坡口采用热加工方法时，坡口表面应进行表面无损检测，检测比例应符合下列要求，检测结果不得有线性缺陷： a)铬钼合金钢、材料标准抗拉强度下限值等于或大于540MPa钢材的管子坡口检测比例应为100%； b)设计温度低于-29℃的非奥氏体不锈钢管子的坡口检测比例应为5%，当有不合格时，应按本标准5.1.12条规定加倍检测。	SH/T 3501—2021 8.2.4
13	对接接头组对	管道组成件对接环焊缝组对时，应使内壁平齐，其错边量不应超过壁厚的10%，且应符合下列规定： a)质量检查等级为1级的管道不应大于1mm，其他级别的管道不应大于2mm； b)壁厚不同的管道组对，当管道壁厚的内壁差大于a)款规定或(和)外壁差大于2.0mm时，外壁齐平不同壁厚管道组成件坡口侧加工应按图8.2.5-1的要求加工；内壁齐平不同壁厚管道组成件坡口侧加工应按图8.2.5-2的要求加工；内外壁均不齐平不同壁厚管道组成件坡口侧加工应按本规范图8.2.5-3的要求加工。	SH/T 3501—2021 8.2.5
		壁厚相同的管道组成件组对，应使内壁齐平，其错边量应为壁厚的10%，且不应大于2mm。	GB 50517—2010 7.2.4
		壁厚不同的管道组成件组对，管道的内壁差或外壁差大于2mm时，应按本规范图7.2.5的要求加工。	GB 50517—2010 7.2.5
14	支管或支管座焊接连接接头的制备和组对	支管或支管座焊接连接接头的制备和组对应符合下列规定： a)根部间隙g应符合焊接工艺卡的要求； b)安放式支管的端部制备及组对应符合图8.2.6-1的要求； c)插入式支管的主管端部制备及组对应符合图8.2.6-2的要求； d)支管座与主管的端部制备及组对应符合图8.2.6-1的要求； e)主管开孔与支管组对时的错边量m应取0.5倍的支管名义厚度或3.2mm两者中的较小值，必要时可进行堆焊修正。	SH/T 3501—2021 8.2.6
15	承插焊焊接接头组对	承插焊焊接接头组对时，端面间隙*b*宜为1~3mm，参见图8.5.3。但机组的循环油、控制油、密封油管道承口与插口的轴向不宜留间隙。	SH/T 3501—2021 8.2.7

续表

序号	检查内容	检查要点	检查依据
16	焊接接头组对前检查	焊接接头组对前，应用手工或机械方法清理其内外表面，在坡口两侧 20mm 范围内不得有油漆、毛刺、锈斑、氧化皮及其他对焊接过程有害的物质。	SH/T 3501—2021 8.2.8
		焊接接头组对前，应确认坡口的加工形式和尺寸，且不得有裂纹、夹层等缺陷。	SH/T 3501—2021 8.2.9
		不锈钢管采用焊条电弧焊时，坡口两侧各 100mm 范围内均应涂白垩粉或其他防粘污剂。	SH/T 3501—2021 8.2.10
		施工过程中焊件应放置稳固，防止在焊接或热处理时发生变形。除设计文件要求进行冷拉伸或冷压缩外，不得强力组对焊接接头。	SH/T 3501—2021 8.2.11
17	定位焊	定位焊应与根部焊道的正式焊接工艺相同；定位焊的焊缝不得有裂纹及其他缺陷。	SH/T 3501—2021 8.2.12、8.2.13
18	管道组对卡具拆除	在铬钼合金钢和不锈钢钢管上不宜焊接组对卡具。否则卡具的材质应与管材相近，并采用评定合格的焊接工艺焊接，或用焊接该钢管的焊条先在卡具上堆焊过渡层。	SH/T 3501—2021 8.2.14
		焊接在管道上的组对卡具不得用敲打或掰扭的方法拆除。采用火焰切割时，应在离管道表面 2mm~3mm 处切割，并进行修磨。下列钢材修磨后还应做表面无损检测，合格等级应符合管道相应等级要求： a)铬钼合金钢； b)标准抗拉强度下限值等于或大于 540MPa 的钢材。	SH/T 3501—2021 8.2.15
19	管道预热	管道组成件焊前预热温度应符合本标准表 8.3.1 的规定，并通过焊接工艺评定验证。中断焊接后需要继续焊接时，应重新预热。	SH/T 3501—2021 8.3.1
		预热时应在坡口两侧均匀进行加热，预热范围应为坡口中心两侧各不小于壁厚的 5 倍，且不小于 100mm，并防止局部过热。对于无预热要求的钢种，当焊件温度低于 10℃时，应对焊件进行加热，加热温度不应低于 10℃。	SH/T 3501—2021 8.3.2
		当焊件温度为-18℃~0℃时，无焊前预热要求的材料应在施焊处 100mm 范围内预热到 10℃以上。	GB 50517—2010 7.1.5

续表

序号	检查内容	检查要点	检查依据
20	焊接工艺要求	铬钼钢焊接应按 SH/T 3520 的规定进行，铬镍不锈钢、不锈钢复合钢焊接应按 SH/T 3523 的规定进行，低温钢焊接应按 SH/T 3525 的规定进行，异种钢焊接应按 SH/T 3526 的规定进行。	SH/T 3501—2021 8.3.3
		施焊时不得在焊件表面引弧或试验电流。含镍低温钢、不锈钢、铬钼合金钢以及材料标准抗拉强度下限值等于或大于 540MPa 的钢材管道，焊件表面不得有电弧擦伤等缺陷。	SH/T 3501—2021 8.3.4
		公称直径等于或大于 *DN* 500 管道的对接焊缝，宜采用单面焊双面成形的焊接工艺或在焊缝内侧根部进行封底焊；公称直径小于 *DN* 500 的管道对接焊缝的根部焊道应采用氩弧焊。	SH/T 3501—2021 8.3.5
		焊接过程中应保证起弧和收弧处的质量。收弧时应将弧坑填满，多层多道焊接头应相互错开。	SH/T 3501—2021 8.3.6
		除焊接工艺或检验要求需分次焊接外，每条焊缝应一次连续焊完。如因故中断，应采取防裂措施。继续焊接时应进行检查，确认焊缝无裂纹后方可按原工艺继续施焊。	SH/T 3501—2021 8.3.7
		焊接工艺规程中规定焊接线能量的焊缝，施焊过程中焊接线能量应处于焊接工艺规程规定的范围内。	SH/T 3501—2021 8.3.8
		焊接工艺规程中规定道间温度的焊缝，施焊过程中应测量道间温度，并处于焊接工艺规程规定的范围内。	SH/T 3501—2021 8.3.9
21	焊接式阀门	对焊接连接的阀门施焊时，应将阀门适度开启。焊缝根部焊道应采用氩弧焊。所采用的焊接顺序、焊接工艺及热处理，不应影响阀座的密封性能。	SH/T 3501—2021 8.3.10
22	支管座与主管连接焊缝	支管座与主管连接应全焊透，盖面填角焊缝应平滑过渡到主管。当支管座与主管的连接接头有无损检测要求时，应按本标准表 8.5.7 的要求检测合格后方可进行支管与支管座的组对。	SH/T 3501—2021 8.3.11
23	补强圈、鞍座覆盖的焊缝	被补强圈、鞍座等覆盖的焊缝，应经过 100%无损检测合格后，方可进行补强圈、鞍座等的焊接。	SH/T 3501—2021 8.3.12
24	焊缝表面处理	焊接完毕后，应及时将焊缝表面的熔渣及附近的飞溅物清理干净。奥氏体不锈钢、双相不锈钢焊接接头焊后应按设计文件规定进行酸洗与钝化处理。	SH/T 3501—2021 8.3.13

续表

序号	检 查 内 容	检 查 要 点	检 查 依 据
六、焊后热处理			
1	热处理人员资格	焊接热处理操作人员应经过专项培训并取得相应的资格证书。	SH/T 3554—2013 4.1
2	热处理方案及技术交底	焊接热处理施工前应编制热处理施工方案或在焊接方案中体现相关内容，并进行技术交底。	SH/T 3554—2013 4.2
		焊接热处理方案应有预热、后热和焊后热处理的内容及要求。	SH/T 3554—2013 5.1
		焊接热处理方案应包括以下内容： a)管道工程概况； b)编制依据(设计文件、标准规范、合同等)； c)热处理设备名称、型号； d)加热器放置及测温点布置； e)保温材料品种、规格及铺设； f)热处理工艺参数：加热速度、保温温度、保温时间与冷却速度； g)必要的管道加固措施和其他技术要求； h)质量管理措施和质量检验要求； i)安全技术措施及专项应急预案。	SH/T 3554—2013 5.2
3	焊后热处理工艺	焊接热处理操作人员应按焊接卡或焊后热处理工艺卡要求进行焊后热处理。焊接热处理工艺卡格式参见本标准附录A。	SH/T 3554—2013 4.3
		焊后热处理工艺应在焊接工艺规程中规定，并经焊接工艺评定验证。除设计文件另有规定外，常用钢材焊接接头的热处理温度，宜按本标准表8.4.1的规定确定。奥氏体不锈钢焊接接头稳定化处理、固溶处理应符合设计文件要求。采用感应加热法进行热处理时，应符合相应规范要求。低温钢焊后热处理应符合SH/T 3525的规定。	SH/T 3501—2021 8.4.1
4	热处理标识	焊接热处理应在上道工序检查合格后进行，焊接热处理完成后应有清晰的可追溯标识。	SH/T 3554—2013 4.4
5	热处理环境	焊接热处理作业时应根据环境条件采取防风、防雨水等措施，否则应停止作业。	SH/T 3554—2013 4.5

续表

序号	检查内容	检查要点	检查依据
6	热处理名义厚度	对接焊缝的热处理名义厚度应为焊接接头处较厚的工件名义厚度。	SH/T 3501—2021 8.4.2
		支管连接时，热处理名义厚度应按主管或支管的厚度确定，而不考虑支管连接件(包括整体补强或非整体补强件)的厚度。但如果任一截面上支管连接的焊缝厚度大于表8.4.1规定需要热处理的材料名义厚度2倍时，应进行焊后热处理。支管连接的焊缝厚度计算应符合本规范图8.4.3的规定。	SH/T 3501—2021 8.4.3
		用于平焊法兰、承插焊法兰和公称直径小于或等于 *DN* 50管子连接的角焊缝、密封焊缝以及管道支吊架与管道连接的角焊缝，当任一截面的焊缝厚度大于表8.4.1规定的需要热处理的材料名义厚度的2倍时，应进行焊后热处理。但下述情况可不要求热处理： a)碳钢材料焊缝厚度小于或等于16mm时，任意厚度的母材都不需要进行热处理； b)铬钼合金钢材料焊缝厚度小于或等于13mm，且母材规定的最小抗拉强度小于490MPa，当预热温度高于本标准表8.3.1规定值时，则任意厚度的母材都不需要进行热处理。	SH/T 3501—2021 8.4.4
7	管道焊缝后热处理	铬钼合金钢和最小抗拉强度等于或大于540MPa钢材的管道焊接接头，焊后应立即进行热处理。否则，焊后应立即均匀加热至300~350℃保温缓冷。加热保温范围应与焊后热处理要求相同，保温时间不少于0.5h。	SH/T 3501—2021 8.4.5
		管道焊接接头焊后如不能立即进行热处理时，铬钼合金钢和标准抗拉强度下限值应大于或等于540MPa，焊后应立即后热缓冷。后热温度应为300℃~350℃，保温时间不应少于0.5h，常用材料焊接接头的热处理温度，宜按本规范表7.4.4的规定进行。	GB 50517—2010 7.4.4
8	热处理加热范围	热处理的加热范围为焊缝两侧各不少于焊缝宽度的3倍，且不少于50mm。加热区以外100mm范围内应予以保温，且管道端口应封闭。	GB 50517—2010 7.4.5
9	热处理的加热速度及冷却速度	热处理的加热速度及冷却速度，应符合下列规定： a)升温至300℃后，加热速度应按5125/δ(℃/h)计算，且不应大于220℃/h； b)恒温期间各测点的温度均应在热处理温度规定的范围内，其差值不应大于50℃； c)恒温后的冷却速度应按6500/δ(℃/h)计算，且不应大于260℃/h，冷至300℃后可自然冷却。	SH/T 3501—2021 8.4.8

续表

序号	检查内容	检查要点	检查依据
10	热处理曲线	热处理温度应采用热电偶或其他合适的方法进行测量，并采用自动温度记录仪器在整个热处理过程中连续测量和记录热处理过程，形成温度-时间自动记录曲线。测温记录仪器应在校验合格期内。	SH/T 3501—2021 8.4.9
		焊接接头热处理后，首先应确认热处理自动记录曲线。热处理自动记录曲线异常，应查明原因。异常情况处理应符合 SH/T 3554 的规定。被查部件的焊接接头硬度值超过规定范围时，应重新进行热处理。	SH/T 3501—2021 8.4.13
11	热处理硬度检测	热处理后有硬度要求的焊接接头，应对焊缝和热影响区进行 100% 硬度检测，且其硬度值均不得超过本标准表 8.4.1 的规定。热影响区的测定区域应紧邻熔合线。	SH/T 3501—2021 8.4.11
		异种钢焊接时，焊接接头两侧均应各自符合表 8.4.1 规定的硬度值。	SH/T 3501—2021 8.4.12
12	成品保护	热处理时，管道上的焊接阀门及不参与热处理的元件等应处于保护状态。	GB 50517—2010 7.4.11
		经焊后热处理合格的部位，不得再进行焊接作业，否则应重新进行热处理。	SH/T 3501—2021 8.4.10
七、焊接质量检查			
1	焊接接头表面处理	焊接接头检查前，应按检查方法的要求，对焊接接头的表面进行相应处理。	SH/T 3501—2021 8.5.1
2	焊缝外观	焊缝外观应成型良好，对接环焊缝的宽度以每边盖过坡口边缘 2mm 为宜。	SH/T 3501—2021 8.5.2
3	角焊缝焊脚尺寸	角焊缝(包括承插焊缝)可采用凹形或凸形，外形应平缓过渡。平焊法兰或承插焊法兰的角焊缝应符合图 8.5.3-1 的规定，焊脚尺寸的最小值 X_{min} 应取 1.4 倍的直管名义厚度或法兰颈部厚度两者中的较小值。焊脚尺寸 X 应取直管名义厚度或 6.4mm 两者中的较小值。除法兰外，承插焊的角焊缝应符合图 8.5.3-2的规定，焊脚尺寸 C 的最小值应取 1.09 倍直管名义厚度 T_W 和承插孔壁厚 T_S 两者中的较小值。图中承插焊组对间隙 b 宜为 1mm~3mm。	SH/T 3501—2021 8.5.3
4	焊接接头外观检查	焊接接头表面的质量应逐件进行外观检查，并应符合下列要求： a)焊缝表面不允许有裂纹、未熔合、未焊透、气孔、夹渣、飞溅存在； b)SHA1 和 SHB1 的管道、不锈钢和最小抗拉强度等于或大于 540MPa 的合金钢管道焊缝表面，不得有咬边现象。其他管道焊缝咬边深度不应大于 0.5mm，连续咬边长度不应大于 100mm，且焊缝两侧咬边总长不应大于该焊缝全长的 10%； c)焊缝表面不得有低于母材的局部凹陷。当焊接接头中薄者厚度小于或等于 6mm 时，焊缝余高 Δh 应不大于 1.5mm；当焊接接头中薄者厚度大于 6mm 时，焊缝余高 Δh 应不大于 2.5mm。	SH/T 3501—2021 8.5.4

续表

序号	检查内容	检查要点	检查依据
5	焊缝光谱验证性检验	铬钼合金钢管道焊缝应进行合金元素含量验证性抽样检查，每条管道(按管线号)的焊缝抽查数量不应少于2条。	SH/T 3501—2021 8.5.5
6	铁素体测定	设计文件规定进行铁素体检查的焊接接头，应按GB/T 1954的规定方法测定铁素体含量，焊缝和热影响区的铁素体含量应符合本标准表8.5.6的要求。	SH/T 3501—2021 8.5.6
7	焊缝无损检测要求	管道焊接接头无损检测除设计文件另有规定外，厚度小于或等于30mm的焊缝应采用射线检测(RT)或相控阵超声检测(PA)；厚度大于30mm的碳钢、铬钼合金钢焊缝可采用超声检测(UT)或衍射时差法超声检测(TOFD)，检测比例与验收标准应符合本标准表8.5.7的规定。检测标准执行NB/T47013的规定。	SH/T 3501—2021 8.5.7
		当采用不可记录的脉冲反射法超声检测时，应对已检焊接接头采取RT、PA或TOFD进行抽样检测，检测比例不应低于10%。	SH/T 3501—2021 8.5.8
		设计文件规定的无损检测方法改用其他检测方法时，应征得设计单位和建设单位同意。	SH/T 3501—2021 8.5.9
		铬钼合金钢管道宜在热处理后进行无损检测，有再热裂纹倾向材料应在热处理后进行表面无损检测。	SH/T 3501—2021 8.5.10
8	焊接接头的检测比例	管道焊接接头的检测比例应按下列规定执行： a)公称直径小于*DN* 500时应按焊接接头数量计算，抽检的焊缝受条件限制不能全部进行检测时，经检验人员确认可对该条焊缝按相应检查等级规定的检测比例进行局部检测； b)公称直径等于或大于*DN* 500时应按每个焊接接头焊缝的长度计算，检测长度不应小于250mm； c)焊接接头的无损检测比例应按检验批统计。	SH/T 3501—2021 8.5.11
9	管道质量检查等级	本标准表4.6中所列管道的质量检查等级，还应符合下列规定： a)设计文件规定为剧烈循环工况和高温蠕变工况管道的质量检查等级为1级； b)铬钼合金钢、双相不锈钢管道的质量检查等级不得低于2级； c)奥氏体不锈钢和设计文件要求低温冲击试验的碳钢管道的质量检查等级不得低于3级。	SH/T 3501—2021 4.7

续表

序号	检查内容	检查要点	检查依据
10	氧气介质管道	输送氧气介质管道的施工及验收除符合本标准的规定外，还应符合 GB 16912 的有关规定。	SH/T 3501—2021 4.8
11	抽样检测检验批规定	管道焊接接头按比例抽样检测时，检验批应按下列规定执行： a)每批执行周期宜控制在 2 周内； b)该批的检测数量应以同一检测比例完成的焊接接头为计算基数确定； c)该批中焊接接头固定口检测不应少于标准检测数量的 40%； d)抽检焊接接头应覆盖施焊的每名焊工/焊工组； e)检测数量宜按比例均衡分配到各管线号。	SH/T 3501—2021 8.5.12
		交叉焊缝部位检测应包括相邻焊缝，相邻焊缝的检测长度不宜小于 38mm。局部检测时，应优先检测交叉焊缝部位。	SH/T 3501—2021 8.5.13
12	检验批验收	抽样检测发现不合格焊接接头时，应按照原检测方法进行累进检测和复检。检验批的验收应符合下列要求： a)在一个检验批中检测出不合格焊接接头时，应对同批中该焊工焊接的焊接接头按不合格焊接接头数量加倍进行检测。加倍检测焊接接头全部合格、所有返修部位复检合格或不合格焊接接头已经割除的，则对该批焊接接头予以验收； b)若加倍检测的焊接接头中又检测出不合格焊接接头，应对同批焊接接头中该焊工焊接的全部焊接接头进行检测，全部检测焊接接头及返修部位检测合格，或不合格焊接接头已经割除的，可对该批焊接接头予以验收。	SH/T 3501—2021 8.5.14
13	累进检查	累进检查应符合下列要求： 1)检验批中抽样检测的焊接接头评定合格，则可对该批焊接接头予以验收； 2)在一个检验批中检测出不合格焊接接头，应在该批中对该焊工按不合格焊接接头数量加倍进行检测，加倍检测接头及返修接头评定合格，则应对该批焊接接头予以验收； 3)若加倍检测的焊接接头中又检测出不合格焊接接头，应按不合格焊接接头数量再加倍进行检测，加倍检测接头及返修接头评定合格，则应对该批焊接接头予以验收； 4)若再次加倍检测仍出现不合格焊接接头，应对该焊工焊接的该批焊接接头全部检测，并对不合格的焊接接头返修，评定合格后可对该批焊接接头予以验收。	GB 50517—2010 9.3.6

序号	检查内容	检查要点	检查依据
14	局部检测	局部检测的焊接接头发现不合格缺陷时，应在该缺陷延伸部位增加检测长度，增加的长度应为该焊接接头长度的10%，且不应小于250mm。若增加检测长度范围内仍有不合格的缺陷，则对该焊接接头做全部(100%)检测。	SH/T 3501—2021 8.5.15
15	割口后焊接的焊缝检测	割除重新焊接的焊接接头应按照原设计规定的检测方法和比例要求进行重新检测至合格。	SH/T 3501—2021 8.5.16
16	焊缝返修次数	不合格焊缝应进行返修，并应按原规定的检测方法检查合格。焊缝同一部位的返修次数，碳钢管道不得超过3次，其余钢种管道不得超过2次。	SH/T 3501—2021 8.5.17
17	管道单线图	焊接工作完成后，应在单线图上标明焊缝编号、施焊焊工代号、固定口位置、检测焊缝位置及无损检测种类、返修标识等可追溯性标识，也可在单线图空白处集中标识或附表。	SH/T 3501—2021 8.5.18
18	管道焊缝编号	管道焊缝编号按对接接头、支管连接接头、受压元件之间的角接接头、受压元件与非受压元件之间的角接接头分类编制，具体编号原则参见本规范附录B。	SH/T 3558—2016 4.5.4
八、管道系统试验			
1	管道安装后PMI检查	管道系统压力试验，应在管道系统安装完毕、热处理和无损检测合格后进行。	SH/T 3501—2021 9.1.1
		a)管道焊接后，应适时安排进行PMI； b)铬钼合金钢、奥氏体不锈钢(304除外)、双相不锈钢、含镍低温钢的管道，管道组成件(垫片和紧固件除外)及焊缝100%进行合金元素定量分析；直径小于500mm的管道焊缝至少检验1点，直径大于等于500mm的管道焊缝至少检验2点； c)下列条件之一的管道，不考虑管道材质，每套法兰上的紧固件抽检2套，进行合金元素定量分析： ——设计压力大于或等于10MPa； ——或设计温度大于或等于400℃； ——或设计温度低于-29℃。	Q/SH 0706—2016 4.3.1～4.3.3

续表

序号	检查内容	检查要点	检查依据
2	试压前条件确认	管道系统试压前，应由建设/监理单位、施工单位和有关部门对下列资料进行审查确认： a)管道组成件、支承件、焊材的制造厂质量证明书； b)管道组成件的验证性和补充性检查试验记录； c)规定应填写记录的弯管加工记录、管端的螺纹和密封面加工记录； d)符合本标准第 8. 5. 18 条要求并可追溯管道组成件的单线图； e)无损检测结果； f)弯管和焊接接头热处理记录及硬度检测报告； g)设计变更及材料代用文件； h)经批准的试压方案及试压流程图。	SH/T 3501—2021 9. 1. 2
		管道系统试压前，应由施工单位、建设/监理单位和有关部门联合检查确认下列条件： a)管道系统全部按设计文件安装完毕； b)管道支吊架的型式、材质、安装位置正确，数量齐全，螺栓紧固，焊接质量合格； c)金属波纹管膨胀节两端临时固定牢固； d)焊接、无损检测及热处理工作已全部完成； e)焊缝及其他应检查的部位，除涂刷底漆外不得进行其他防腐和绝热工程施工； f)试压用的临时加固措施安全可靠； g)管道系统内的阀门开关状态正确； h)管道组成件的材质标志明显清楚； i)试压用的压力表不应少于 2 块，压力表的量程应为最大试验压力的 1. 5~2. 0 倍，精度等级不得低于 1. 6 级，并在有效检定(校准)期内； j)试压方案已经进行技术交底； k)根据试压方案应予拆除或隔离的设备、仪表、安全阀、爆破片等均已处理完毕，临时盲板加置正确，标志明显，记录完整。	SH/T 3501—2021 9. 1. 3

续表

序号	检查内容	检查要点	检查依据
3	气压试验条件	除设计文件规定进行气压试验的管道外，管道系统的压力试验介质应以液体进行。液压试验确有困难时，经设计单位和建设单位同意，可用气压试验代替，但试验压力不宜大于 1.6MPa，并应符合下列条件： a)管道系统内施工焊接接头已按本标准第 8.5 条规定检测合格； b)脆性材料管道组成件经液压试验合格； c)试验系统应设置压力泄放装置，其设定压力不得高于试验压力加上 0.345MPa 和 1.1 倍试验压力两者中的较小者； d)试压方案中应有切实的安全措施，经施工单位安全部门和技术部门审核，并经技术负责人批准。	SH/T 3501—2021 9.1.4
4	试验压力确定	压力试验的压力应符合下列规定： a)液体压力试验的压力不应小于设计压力的 1.5 倍； b)气体压力试验的试验压力为设计压力的 1.15 倍； c)承受外压的管道，液压试验压力为设计内外压差的 1.5 倍，且应不小于 0.2MPa。	SH/T 3501—2021 9.1.5
		当管道系统的设计温度高于试验温度时，管道的液压试验压力应按式 $P_t=1.5P_0[\sigma]_1/[\sigma]_2$ 计算，计算后的试验压力不得使管道在试验条件下产生的周向应力或轴向应力超过试验温度下材料屈服强度，且不得超过 1.5 倍管道组成件的额定压力。否则应将试验压力降低，以满足液体压力试验时管道组成件应力值在安全范围内的要求。	SH/T 3501—2021 9.1.6
		对于带有金属波纹管膨胀节的管道系统，试验压力应取金属波纹管膨胀节设计压力 1.5 倍和管道系统试验压力两者中的较小值。但在任何情况下，管道系统试验压力不得超过金属波纹管膨胀节制造厂的试验压力。	SH/T 3501—2021 9.1.7
		当管道与设备作为一个系统进行液压试验时，应征得建设和设计单位同意，并应符合下列规定： a)当管道的试验压力小于或等于设备的试验压力时，应按管道的试验压力进行试验； b)当管道试验压力大于设备的试验压力，且设备无法隔离，设备的试验压力等于或大于管道试验压力的 77%时，可按设备的试验压力进行试验。	SH/T 3501—2021 9.1.8

续表

序号	检查内容	检查要点	检查依据
5	管道液压试验介质	管道液压试验时的试验介质温度不得低于5℃。同时，无论液压试验或气压试验，其试验介质温度均应高于相应金属材料的无延性转变温度。	SH/T 3501—2021 9.1.9
		液体压力试验介质应使用洁净水。当生产工艺有要求时，可用其他液体。不锈钢管道(包括含不锈钢设备的试压系统)用水试验时，水中的氯离子含量不得超过50mg/L。	SH/T 3501—2021 9.1.10
6	液压试验过程控制	液体压力试验时，向管道系统内注水过程中宜利用各管段高点的法兰、阀门、排气口、排液口等排净管道系统内的空气。必要时可增设临时排气口，但试验合格后应及时将临时排气口封闭。	SH/T 3501—2021 9.1.11
		液压试验应分级缓慢升压，达到试验压力后停压10min且无异常现象。然后降至设计压力，停压30min，不降压、无泄漏和无变形为合格。	SH/T 3501—2021 9.1.12
7	采用其他试验方法条件	压力试验除设计另有规定外应采用液压试验，采用其他试验方法应满足下列条件： 1)对SHC5级管道，经建设单位或设计单位同意，可按本规范第10.5节规定的初始运行压力试验代替液压试验； 2)受条件限制不能进行液压试验时，可采用本规范第10.4节规定的气压试验。	GB 50517—2010 10.1.4
8	气压试验规定	气压试验时，应符合下列规定： a)气体压力试验时，应进行预试验； b)预试验压力宜为0.2MPa，稳压10min，检查应无泄漏； c)气体压力试验时，应逐步缓慢增加压力。当压力升至0.35MPa时，稳压3min，未发现异常或泄漏，继续按试验压力的10%逐级升压，每级稳压3min，至试验压力后，稳压10min，再将压力降至设计压力，涂刷中性发泡剂对试压系统进行检查，无泄漏为合格。	SH/T 3501—2021 9.1.13
		试压过程中若有泄漏，不得带压修理。缺陷消除后应重新试验。	SH/T 3501—2021 9.1.14
		管道系统试压合格后，应缓慢降压。液体试验介质应及时排尽，排放时应考虑反冲力作用及安全环保要求。	SH/T 3501—2021 9.1.15

续表

序号	检查内容	检查要点	检查依据
9	一般规定	液压试验合格排液时，应打开放空阀，并根据空气入口流量确定排液量。	SH/T 3501—2021 9.1.16
		管道系统试压完毕，应及时拆除所用的临时盲板，并在核对盲板加置记录后，填写管道系统试压记录。	SH/T 3501—2021 9.1.17
		分段试压合格的管道系统，如连接两段之间的接口焊缝经过100%射线检测合格，则可不再进行整体系统压力试验。	SH/T 3501—2021 9.1.18
10	免除压力试验条件	当设计单位和建设单位确认管道系统进行液压试验和气压试验不切实际，且同时满足下列要求时，可按本标准第9.1.20条的规定免除压力试验： a)采用液压试验损害衬里或内部绝热层、影响工艺安全或需要对管道系统支吊架进行重大修改； b)采用气压试验，试验压力大于1.6MPa。	SH/T 3501—2021 9.1.19
		免除压力试验应满足下列要求： a)所有与受压元件连接的焊接接头应进行100%无损检测，检测结果应符合本标准表8.5.7的规定； b)管道系统应通过敏感性泄漏试验，试验时焊缝及其他应检查的部位不得进行任何隐蔽工程施工。	SH/T 3501—2021 9.1.20
		如果压力试验后进行修补或增添物件，则受影响的管道应重新进行压力试验。经检验人员同意，对采取了预防措施并能保证结构完好的一些小修补或增添物件，不需重新进行压力试验。	GB/T 20801.5—2020 9.1.1.7
11	试验记录	应对每一管道系统做好试验记录，记录内容至少应包括以下主要内容：a)试验日期；b)试验流体；c)试压压力；d)检查人员出具的检查结果合格证。	GB/T 20801.5—2020 9.1.1.8
九、管道系统吹扫和清洗			
1	管道系统吹扫和清洗时机	管道系统压力试验合格后，应进行吹扫或清洗，吹扫可采用水冲洗、空气吹扫等方法。	SH/T 3501—2021 9.2.1
2	吹扫方案及技术交底	管道系统吹扫前，应编制吹扫方案，经审查批准后，向参与吹扫的人员进行技术交底。	SH/T 3501—2021 9.2.2

序号	检查内容	检查要点	检查依据
3	吹扫需具备的条件	管道系统吹扫前，应具备下列条件： a)不应安装孔板、法兰连接的调节阀、节流阀、安全阀、仪表件等。对已焊在管道上的阀门和仪表，应采取相应的保护措施； b)不参与系统吹扫的设备及管道系统，应与吹扫系统隔离； c)管道支架吊架应符合要求，必要时应予以加固。	SH/T 3501—2021 9.2.3
4	吹扫压力	吹扫压力不得超过容器和管道系统的设计压力。	SH/T 3501—2021 9.2.5
5	吹扫、清洗的顺序	吹扫、清洗的顺序应按主管、支管、排放管依次进行。吹出的脏物不得进入已清理合格的设备或管道系统，也不得随地排放污染环境。	SH/T 3501—2021 9.2.11
6	水冲洗	管道系统水冲洗时，宜以最大流量连续进行冲洗，流速不得小于 1.5m/s。	SH/T 3501—2021 9.2.6
		水冲洗后的管道系统，以目测排出口的水色和透明度与入口的水色和透明度一致为合格。	SH/T 3501—2021 9.2.7
		冲洗不锈钢管道系统时，水中氯离子含量不得超过 50mg/L。	SH/T 3501—2021 9.2.4
7	管道脱脂	管道系统的脱脂应在系统泄漏性试验前完成。脱脂范围和质量要求应符合设计文件的规定。	GB 50517—2010 11.7.1
		脱脂过程检验与安装所用工具、量具、仪表等，应先经脱脂合格。	GB 50517—2010 11.7.2
		脱脂剂或用于配制脱脂剂的化学制品应具有质量证明文件。用于奥氏体不锈钢的溶剂、冲洗水氯离子含量不应大于 50mg/L。	GB 50517—2010 11.7.3
8	空气吹扫	管道系统空气吹扫时，空气流速不得小于 20m/s。	SH/T 3501—2021 9.2.8
		管道系统在空气吹扫过程中，应在排出口用白布或涂白色油漆的靶板检查，在 5min 内，靶板上无铁锈及其他杂物为合格。	SH/T 3501—2021 9.2.9
9	特殊清洗	有化学清洗、油清洗或脱脂要求的管道系统，应按国家现行标准 SH/T 3547 的规定进行。	SH/T 3501—2021 9.2.10
		酸洗过程中，液体流速控制在 0.2~0.5m/s，流体压力不应超过设计压力。	SH/T 3547—2011 6.2.7

续表

序号	检查内容	检查要点	检查依据
10	蒸汽吹扫	管道系统蒸汽吹扫的汽体流速不应低于30m/s。	GB 50517—2010 11.4.3
		汽轮机动力管道或设计文件有规定的蒸汽管道，蒸汽吹扫应进行打靶验收，最终验收的靶板应做好标识并妥善保管。靶板应由宽度不小于排气管道内径的8%，长度略大于管道内径的抛光铝板制作。当设计文件或产品技术文件无规定时，蒸汽吹扫质量应符合表11.4.4的规定。	GB 50517—2010 11.4.4
11	清洗合格保护	采用循环清洗的设备、管道，应在安装、试压完毕后进行，对不宜进行化学清洗的工艺设备、仪器、仪表应进行隔离或保护，隔离的阀门应挂牌标识。	SH/T 3547—2011 5.3.5
		清洗合格的系统，不得进行切割或开孔作业。凡已进行封闭或充氮保护的清洗系统，未经允许不得改变封闭或充氮保护状态。	SH/T 3547—2011 6.1.6
12	吹扫记录	经吹扫合格的管道系统，应及时恢复原状，并填写管道系统吹扫记录。	SH/T 3501—2021 9.2.12
十、泄漏试验			
1	泄漏试验一般规定	泄漏试验应在压力试验合格后进行，泄漏试验包括气密性泄漏试验和敏感性泄漏试验。泄漏试验的检查重点应是阀门填料函、法兰或螺纹连接处、放空阀、排气阀、排水阀等。	SH/T 3501—2021 9.3.1
		经气压试验合格，且在试验后未经拆卸的管道，可不进行泄漏试验。	SH/T 3501—2021 9.3.2
		SHA1级、SHA2级、SHB1级管道以及设计文件规定的管道系统，应进行泄漏试验。	SH/T 3501—2021 9.3.3
		建设单位或设计单位可根据实际情况，选择气密性泄漏试验或敏感性泄漏试验。	SH/T 3501—2021 9.3.4
2	气密性泄漏试验	气密性泄漏试验应符合下列规定： a)试验压力应为设计压力，真空管道试验压力应为内压0.1MPa，试验介质可用空气； b)气密性试验的试验压力应逐级缓慢上升，当达到试验压力时，稳压10min后，用涂刷中性发泡剂的方法，检查所有密封点，无泄漏为合格； c)管道系统气体泄漏试验合格后，应及时缓慢泄压，并填写试验记录； d)经建设单位或设计单位同意，气密性试验可按最高操作压力或结合试车一并进行。	SH/T 3501—2021 9.3.5

续表

序号	检查内容	检查要点	检查依据
3	敏感性泄漏试验	除建设单位或设计文件另有规定外，敏感性泄漏试验应采用气泡泄漏检测-直接加压技术，并应符合NB/T 47013.8—2012附录A的要求。试验介质采用空气，试验灵敏度不应低于10^{-4}(Pa·m^3)/s，并应满足下列规定： a)试验过程中，管道系统的表面温度应在5~50℃范围内； b)试验压力应不小于105kPa和25%设计压力两者中的的较小值； c)试验压力应逐渐增加至50%试验压力和170kPa两者中的较小值，稳压5min进行初检；未发现异常或泄漏，继续按试验压力的10%逐级升压，每级稳压3min检查，至试验压力后，稳压15min，以无重复或连续的气泡出现为合格。	SH/T 3501—2021 9.3.6
		建设单位或设计单位可根据实际情况，采用下列灵敏度更高的敏感性泄漏试验方法： a)卤素二极管泄漏检测试验方法，应符合NB/T 47013.8—2012附录C的要求，试验压力应符合本标准第9.3.6条的规定，以检出的漏率不超过1×10^{-5}(Pa·m^3)/s为合格； b)氦质谱仪泄漏检测—吸枪技术试验方法，应符合NB/T 47013.8—2012附录D的规定，试验压力符合本标准第9.3.6条的规定，以检出的漏率不超过1×10^{-5}(Pa·m^3)/s为合格； c)氨泄漏检测试验压力和方法，应符合NB/T 47013.8—2012附录G的规定，以涂敷在被检查部位的试纸未发生颜色变化为合格。	SH/T 3501—2021 9.3.7
4	真空度试验	真空管道在泄漏试验合格后，真空系统联动试运转时，还应进行真空度试验。 真空度试验应在温度变化较小的环境中进行。当系统内真空度达到设计文件要求时，应停止抽真空，进行系统的真空度试验。试验时间为24h，增压率不大于5%为合格。增压率按下式计算： $\Delta P=(P_2-P_1)/P_1\times100\%$。	SH/T 3501—2021 9.4.1、9.4.2
十一、施工过程技术文件和交工技术文件			
1	施工过程技术文件	施工单位在施工过程中形成的施工过程技术文件应符合SH/T 3543—2017的规定。	SH/T 3501—2021 10.1
		施工单位按合同规定完成全部工程后，应及时与建设单位办理工程中间交接证书。	SH/T 3501—2021 10.2

序号	检查内容	检查要点	检查依据
2	交工技术文件	管道工程交工时，施工单位及相关单位应按 SH/T 3503—2017 的规定向建设单位提交下列交工技术文件： a)合格焊工及无损检测人员登记表； b)管道组成件验证性和补充性检验记录； c)阀门试验确认表； d)弹簧支/吊架安装检验记录； e)滑动/固定管托安装检验记录； f)管道补偿器安装检验记录； g)管道系统的压力试验、泄漏试验、真空度试验记录； h)管道系统的吹扫记录； i)管道系统的隐蔽工程记录； j)爆破片安全装置、安全液封、阻火器等安装记录，安全阀调整试验记录； k)管道焊接接头热处理报告； l)管道无损检测结果汇总表； m)管道无损检测数量统计表； n)管道试压记录一览表； o)管道焊接工作记录； p)管道静电测试记录； q)SHA1 级管道的弯管加工记录及管端的螺纹、密封面加工记录； r)管道绝热、防腐工程质量验收记录； s)管道组成件、支承件和焊材的产品质量证明书； t)设计变更及材料代用文件一览表； u)符合本标准第 8. 5. 18 条要求并可追溯管道组成件炉批号的单线图； v)管道竣工图。	SSH/T 3501—2021 10. 3
		管道工程交工技术文件应经建设单位、监理单位检查确认。	SH/T 3501—2021 10. 4
		管道工程交工技术文件应按合同规定的工程范围和 SH/T 3503 的规定，由责任单位负责编制、审核，并向建设单位移交。	SH/T 3501—2021 10. 5

3.9 乙烯裂解装置电气工程质量监督检查要点

序号	检查内容	检查要点	检查依据
一、专业管理质量行为			
1	工程开工的监督检查	①单位资质和项目管理人员资格的符合性。 ②施工图设计文件的有效性。 ③质量管理体系已建立，质量管理制度、质量控制程序文件已制定。 ④质量控制点已制定完成。 ⑤专业工程开工条件已具备。	SH/T 3500—2016 7.2.1
2	施工组织设计或方案，图纸会审、设计交底	①施工前应组织设计图纸核查，参加图纸会审，核查和会审应有记录。 ②施工前应参加设计交底，并应有记录。 ③电气工程施工应有经审批的施工组织设计或施工方案等技术文件，施工前应对施工人员进行技术交底。 ④电气设备选型应符合设计文件及相应订货、出厂技术文件的要求。	SH/T 3552—2021 3.4、3.5、3.6、20.3.2
3	设备、材料	①电气工程采用的设备和材料应符合设计要求和国家现行标准的规定，并有产品质量证明文件。 ②设备和材料进场应有质量验收记录，合格后方可在工程中使用。 ③防爆电气设备应有铭牌，铭牌中应标有国家检验单位颁发的“防爆合格证号”。	SH/T 3552—2021 3.9、3.10 GB 50257—2014 3.0.4
4	作业人员资格	①安装电工、焊工、起重吊装工和电力系统调试等人员应持证上岗。 ②人员已经报监理审核。	GB 50303—2015 3.1.1
5	检试验机具配备	安装和调试用各类计量器具应检定合格，且使用时应在检定有效期内。	GB 50303—2015 3.1.1
6	工序交接	每道工序完成后应进行检查，合格后方可转入下一道工序，应有工序检查或交接记录。	SH/T 3552—2021 3.15
7	监理按规定进行旁站、平行检验等活动情况	监理单位按规定编制了旁站平行检验计划或方案，并组织实施，形成记录，在监理日志中对各道工序的工作情况完整记录；以及监理通知单关闭情况。	GB/T 50319—2013 5.2.11、5.2.13 SH/T 3903—2017 7.2.2
8	总承包单位开展质量检查情况	总包单位针对现场实际工作情况，按照经审批通过的《项目实施计划》及时开展各项检查工作，并有相关记录。	GB/T 50358—2017 11.1、11.2

续表

序号	检查内容	检查要点	检查依据
9	交工技术文件	①施工过程文件按《石油化工施工过程技术文件规定》SH/T 3543—2017 的要求编制； ②工程交工文件应按《石油化工工程建设工程项目交工技术文件规定》SH/T 3503—2017 的要求提交技术文件。	SH/T 3543—2017 SH/T 3503—2017
10	电梯、起重机等特种设备监检报验情况	电梯、起重机等特种设备应按有关要求向主管部门进行监检报验。	《特种设备安全监察条例》第三条
11	涉及电网系统的工程向电力专业质监站报监情况	报监手续已办理。	《建设工程质量管理条例》第四十六条
二、电气安装			
1	一般规定	①与电气安装工程有关的土建工程质量应符合现行国家标准 GB 50300 的有关规定，交付电气安装时建筑门窗应安装完毕，室内装饰应已完成，建筑层高和安全距离应满足相关标准，并应有交接记录，且数据、签字齐全，安装工程质量应符合现行行业标准 SH/T 3508 的有关规定，未办理交付土建交安手续的不应进行安装工作。 ②开箱检验应检查和记录的内容：设备的型号、规格应符合设计要求，出厂质量证明文件、操作专用工具齐全；设备的外观、漆层检查应完好，绝缘件无裂纹，安装牢固；端子接线牢固可靠，接零、接地可靠，可开启柜(屏)门应用软铜导线可靠接地，如是否避免用双面胶固定二次线；设备的各种参数是否符合要求。	SH/T 3552—2021 3. 12、7. 1. 3
		③设备和器材的运输、保管，应符合本规范和产品技术文件要求。	GB 50147—2010 3. 0. 2
2	断路器安装与调整	①灭弧室外观清洁、干燥、无裂纹、无损伤；绝缘部件无变形，绝缘良好；二次插件检查接触可靠；触头弹簧齐全无损伤，外观洁净光滑，镀银层完好；导电部分的可挠铜片无断裂，固定牢固；设备上各连接件的连接螺栓、螺钉、锁紧螺母应紧固，各转动处卡簧、销子应无松脱；绝缘隔板齐全、完好。 ②合闸弹簧储能装置及分合闸闭锁装置动作可靠，合闸位置保持程度可靠。 ③断路器与操动机构联动正确、可靠，分、合闸位置指示器指示正确。 ④断路器手车推拉试验进出灵活。	SH/T 3552—2021 5. 2. 1、5. 2. 2、5. 2. 3、5. 2. 4

续表

序号	检查内容	检查要点	检查依据
3	六氟化硫断路器安装	①断路器基础或支架的安装应符合下列规定：基础中心和高度允许偏差不大于10mm，预留孔或预埋件中心线允许偏差不大于10mm，预埋件高于基础表面1~10mm。 ②断路器的安装应在制造厂技术人员指导下进行，并应符合下列规定： a）吊装应按产品技术文件要求选用吊装器具、吊点及吊装程序，吊装时不得损伤或污染瓷件及法兰面； b）支持瓷套安装前应检查其中的气体没有泄漏； c）应按制造厂的部件编号、规定顺序和装配要求进行安装支架、支持瓷套、操作机构、灭弧单元、电容器、均压环和拉杆的组装，不得混装； d）安装支架与基础之间应采用制造厂专用调节垫片找平，垫片不宜超过3片，总厚度不应大于10mm，各片间焊接牢固； e）同相各支柱中心线间距离的偏差和相间中心距离的偏差不大于5mm；罐式断路器罐体在安装面上的水平偏差不大于0.5%，且不大于10mm，相间中心距离的偏差不应大于5mm； f）断路器应固定牢固，各部件的螺栓紧固力矩应符合制造厂规定。 ③密度继电器的动作值应在充气过程中测试，报警和闭锁值应符合规定；密度继电器应朝向巡视方向安装。 ④断路器及其操动机构的联动应正常，无卡阻现象；分、合闸指示应正确；辅助开关动作应正确可靠。 ⑤密度继电器的报警、闭锁值应符合产品技术文件的要求，电气回路传动应正确。 ⑥六氟化硫气体压力、泄漏率和含水量应符合现行国家标准《电气装置安装工程 电气设备交接试验标准》GB 50150及产品技术文件的规定。	SH/T 3552—2021 5.3.1、5.3.3、5.3.4 GB 50147—2010 4.4.1（4、5、6） 强制性条文
4	六氟化硫封闭式组合电器安装	①GIS元件的安装，预充氮气的箱体应先经排氮，然后充干燥空气，箱体内空气中的氧气含量必须达到18%以上时，安装人员才允许进入内部进行检查或安装。 ②GIS中的断路器、隔离开关、接地开关及其操动机构的联动应正常、无卡阻现象；分、合闸指示应正确；辅助开关及电气闭锁应动作正确、可靠。 ③SF_6气体检验报告；充气管路安装及SF_6气体含水量、压力和泄漏量应符合规定；管路应密封不漏；放水阀应低于水平管路10~20mm，管路在顺着排水方向的排水坡度不小于3‰；管路气压试验时，24h内的压力降不应超过10%；室内通风、报警系统等应完好。	SH/T 3552—2021 5.4.3~5.4.7 GB 50147—2010 5.2.7（6）、5.6.1（4、5、6）

续表

序号	检查内容	检查要点	检查依据
5	隔离开关、负荷开关及高压熔断器安装	①隔离开关安装应符合厂家技术文件，并符合下列规定： a)瓷柱表面清洁，无裂纹，瓷铁胶合处粘结牢固； b)触头表面清洁，镀银层完好，触头间接触紧密，并涂以薄层中性凡士林； c)设备连接端子涂以薄层电力复合脂，连接螺栓齐全紧固，紧固力矩应符合现行国家标准 GB 50149 的有关规定； d)接地刀与主触头间机械或电气闭锁准确可靠； e)限位装置在分合闸极限位置动作可靠； f)隔离开关相间距离的允许偏差不大于 10mm；合闸后触头间的相对位置、备用行程，以及分闸后动静触头间的最小净距或刀刃张开角度应符合产品技术文件规定； g)安装在墙上的隔离开关应用穿墙螺栓固定； h)隔离开关的拉杆及保护环应完好，拉杆应校直，销钉应齐全，机构轴线与连接位置中心偏差应在 ±1mm 以内；分、合状态时与带电部位的距离均应符合现行国家标准 GB 50149 的有关规定； i)三相联动的隔离开关，触头接触时的不同期数值应符合制造厂规定；当制造厂无规定时，最大值不得超过 20mm； j)电动操作前，隔离开关应先进行不少于 3 次的手动分、合闸。 ②负荷开关安装尚应符合下列规定： a)负荷开关三相触接触的同期性和分闸状态时触头间净距及拉开角度应符合产品技术文件规定； b)灭弧室外观清洁、干燥，绝缘元件无损伤变形，导气孔畅通； c)安全阀、减压阀、压力继电器及电触点气压表校验合格，动作正确。 ③高压熔断器的安装尚应符合下列规定： a)带钳口的熔断器，其熔丝管应紧密地插入钳口内； b)装有指示器的熔断器，指示器应朝向巡视方向安装； c)跌落式熔断器熔管的有机绝缘物应无裂纹、变形；熔管轴线与铅垂线的夹角应为 15°~30°，其转动部分应灵活；跌落时不应碰及其他物体而损坏熔管； d)熔丝的规格应符合设计要求，熔体与尾线应压接紧密牢固。	SH/T 3552—2021 5.5.1、5.5.2、5.5.3

续表

序号	检查内容	检查要点	检查依据
6	避雷器安装	①瓷件和防爆片外观应无裂纹、破损。 ②多节避雷器应按照制造厂编号组装，不得互换。 ③避雷器应安装牢固，垂直度偏差符合产品技术文件规定，且不大于2%；制造厂配套的铁垫片应放在底座铁件一侧，绝缘垫片应放在绝缘支柱一侧；均压环安装应牢固，与瓷裙间隙应均匀一致。 ④各连接处金属接触面清洁，无氧化膜，并涂有电力复合脂。 ⑤拉紧绝缘子串应紧固可靠，同相各串的拉力应均衡。 ⑥放电计数器外观密封良好，动作试验正确可靠，三相安装位置应一致，计数器数字应调整到同一值。 ⑦避雷器与放电计数器应用母线(或导线)可靠连接。	SH/T 3552—2021 5.6.1~5.6.7
7	电容器安装	①电容器外观检查应无明显变形、无锈蚀、无渗漏油；所有连接螺栓齐全、紧固；支持瓷瓶应完好。 ②不与地绝缘的每个电容器的外壳以及电容器的构架均应接地，与地绝缘的电容器的外壳以及电容器的构架均应接到固定的电位上。 ③电容器组支架安装水平允许偏差应不大于3mm/m，支架立柱间距离允许偏差不大于5mm。 ④室内电容器组底部距柜底板最小距离不低于200mm，下部地面应有防止油浸式电容器液体溢流措施；电容器室不宜有采光玻璃窗。 ⑤电容器铭牌、编号应朝向巡视侧。 ⑥外置熔断器安装排列整齐，倾斜角度符合产品技术文件规定，指示器位置正确；放电线圈瓷套应完好，相色正确，接线牢固；接地开关操动灵活；在线监测仪接线正确。 ⑦电容器连接母线安装应整齐美观，搭接面应符合现行国家标准GB 50149的规定。 ⑧电容器柜门的联锁装置应动作可靠。 ⑨在电网额定电压下，对电容器组的冲击合闸试验应进行3次，熔断器不应熔断。	SH/T 3552—2021 5.7.1~5.7.9
8	蓄电池安装	①蓄电池组台架安装牢固，间距符合设计要求；同一排、列蓄电池高低一致，排列整齐。蓄电池连接条与端子、电缆与蓄电池连接正确，螺栓紧固，接触部位应涂有电力复合脂；有抗震要求时，其抗震措施应符合设计要求。蓄电池电缆引出线极性标志应正确，正极为赭色，负极为蓝色；电缆孔洞应用耐酸、耐碱性材料封堵。 ②蓄电池室内应采用防爆型灯具、通风电机，室内照明线应采用穿管暗敷，室内不得装设开关和插座。 ③蓄电池组充、放电记录完整。 ④蓄电池组的绝缘应良好，绝缘电阻不应小于0.5MΩ。	SH/T 3552—2021 9.1.5、9.1.6、9.1.7、9.1.8 GB 50172—2012 3.0.7为强制性条文

续表

序号	检查内容	检查要点	检查依据
9	电力变流设备安装	①变流设备的变流柜和控制柜的安装应符合相关标准第7章“盘、柜及二次回路安装”的有关规定，并应符合下列规定： a)柜内母线、电力半导体器件、散热器、快速熔断器等元器件应完好无损，安装牢固，型号、规格、数量应符合产品技术文件的要求； b)插接件的接触簧片应有弹性，螺栓连接的导线应紧固无松动，焊接连接的导线应无脱焊、碰壳、短路； c)检查有防静电要求的半导体器件和印刷电路板时应采取防静电措施； d)附件、备件的型号、规格应与原器件相同； e)通风及冷却系统风机转向应正确，水冷系统水压试验应无渗漏； f)盘、柜防振措施符合设计或产品技术文件要求； g)变流设备安装房间应有机械通风装置或空调。 ②变流设备电气性能测试各项指标应符合制造厂要求，测试应符合下列规定： a)绝缘试验宜在制造厂技术人指导下进行；绝缘电阻值应符合产品技术文件要求；交流耐压试验值可为出厂试验电压值的80%，持续时间为1min； b)辅助装置应进行性能校验工作； c)空载试验或轻载试验的负荷电流可按2%~5%额定电流值进行； d)静态或动态控制特性检验应符合制造技术文件规定； e)各类保护应进行现场核对性检查或试验整定； f)负载试验与低压大电流试验应完成其中一项； g)并联连接的电力半导体器件，应进行电流均衡度试验。 ③变流设备的施工及验收，尚应符合现行国家标准GB 50255的有关规定。 ④变流柜和控制柜除设计采用绝缘安装外，其外漏金属部分必须可靠接地，接地方式、接地标识应明显。转动式门板与已接地的框架之间应有可靠的电气连接。	SH/T 3552—2021 10.1.1、10.1.2、10.1.3 GB 50255—2014 4.0.4为强制性条文
10	变压器、油浸电抗器、互感器验收、安装及投运前检查	①变压器、电抗器在装卸和运输过程中不应有严重冲击和振动。220kV及以上且容量在150MV·A及以上的变压器、330kV及以上的电抗器均应装设三维冲击记录仪。 ②变压器、电抗器本体安装中心线、标高符合设计文件要求；设备基础轨道应水平，基础上预埋件应符合设计要求，预埋件应牢固，底部灌浆应密实；设备就位后应有可靠固定措施；附件安装齐全；装有气体继电器的变压器顶盖，除非制造厂有规定，沿气体继电器气流方向有1.0%~1.5%的升高坡度。	GB 50148—2010 4.1.3、4.1.9、4.7.1、5.3.1

续表

序号	检查内容	检查要点	检查依据
10	变压器、油浸电抗器、互感器验收、安装及投运前检查	③变压器与开关柜的相序排列应正确，并不得在母线桥里扭转；变压器套管与母排连接处应有相色标识。 ④变压器的中性点及辅助设备的本体接地应符合设计要求，变压器本体应有两根接地线分别引向主接地网干线的不同地点，接地线规格应符合设计要求，连接可靠，接地电阻应符合设计要求。 ⑤变压器、电抗器是否需要干燥，应根据 GB 50148 附录 A“新装电力变压器及油浸电抗器不需干燥的条件”进行综合判断分析后确定。 ⑥气体绝缘互感器内的气体压力，应符合产品技术文件的要求。 ⑦气体绝缘互感器所配置的密度继电器、压力表等，应经校验合格，并有检定证书。 ⑧互感器安装时应进行下列检查： a)互感器的变比分接头的位置和极性应符合规定； b)二次接线板应完整，引线端子应连接牢固，标志清晰，绝缘应符合产品技术文件的要求； c)油位指示器、瓷套与法兰连接处、放油阀均应无渗油现象； d)隔膜式储油柜的隔膜和金属膨胀器应完好无损，顶盖螺栓紧固； e)气体绝缘的互感器应检查气体压力或密度符合产品技术文件的要求，密封检查合格后方可对互感器充 SF_6 气体至额定压力，静置 24h 后进行 SF_6 气体含水量测量并合格，气体密度表、继电器必须经核对性检查合格。	GB 50148—2010 4.1.3、4.1.9、4.7.1、5.3.1
		①有载调压切换装置的安装应符合下列规定： a)传动机构中的操作机构、电动机、传动齿轮和杠杆应固定牢靠，且操作灵活，无卡阻现象；切换开关的触头及其连接线应完整无损，且接触可靠；其限流电阻应完好，无断裂现象； b)切换装置的工作顺序应符合产品技术要求；切换装置在极限位置时，其机械联锁与极限开关的电气联锁动作应正确； c)位置指示器应动作正常，指示正确。 ②冷却装置的安装应符合下列规定： a)装置在安装前应按制造厂规定的压力值用气压或油压进行密封试验； b)冷却装置安装前应用合格的绝缘油经净油机循环冲洗干净，并将残油排尽； c)风扇电动机及叶片安装应牢固，转动应灵活，转向应正确并无卡阻； e)管路中的阀门应操作灵活，开闭位置应正确，阀门及法兰连接处应密封良好； f)外接油管路在安装前，应进行彻底除锈并清洗干净；水冷却装置管道安装后，油管应涂黄漆，水管应涂黑漆，并应有流向标志；	GB 50148—2010 4.8.3～4.8.14

续表

序号	检查内容	检查要点	检查依据
10	变压器、油浸电抗器、互感器验收、安装及投运前检查	g)油泵密封良好，无渗油或进气现象；转向正确，无异常噪声、振动或过热现象。 ③储油柜的安装应符合下列规定： a)储油柜应按照产品技术文件要求进行检查、安装； b)油位表动作应灵活，指示应与储油柜的真实油位相符；油位表的信号接点位置正确，绝缘良好； c)储油柜安装方向正确并进行位置复核。 ④所有导气管应清拭干净，其连接处应密封严密。 ⑤升高座安装时应使绝缘筒的缺口与引出线方向一致，并不得相碰；电流互感器和升高座的中心应基本一致，升高座法兰面必须与本体法兰面平行就位，放气塞位置应在升高座最高处。 ⑥套管的安装应符合下列规定： a)电容式套管应经试验合格，套管采用瓷外套时，瓷套管与金属法兰胶装部位应牢固密实并涂有性能良好的防水胶；套管采用硅橡胶外套时，外观不得有裂纹损伤、变形；充油套管无渗油现象，油位指示正常； b)套管顶部结构的密封垫应安装正确，密封良好，连接引线时，不应使顶部连接松扣； c)充油套管的油位指示应面向外侧，末屏连接符合产品技术文件要求； d)均压环表面应光滑无划痕，安装牢固且方向正确；均压环易积水部位最低点应有排水孔。 ⑦气体继电器的安装应符合下列规定： a)气体继电器安装前应经检验合格，动作整定值符合定值要求，并解除运输用的固定措施； b)气体继电器应水平安装，顶盖上箭头标志应指向储油柜，连接密封严密； c)集气盒内应充满绝缘油、且密封严密； d)气体继电器应具备防潮和防进水的功能并加装防雨罩； e)电缆引线在接入气体继电器处应有滴水弯，进线孔封堵应严密； f)观察窗的挡板应处于打开位置。 ⑧压力释放装置的安装方向正确，阀盖和升高座内部应清洁，密封严密，电接点动作准确，绝缘性能、动作压力值应符合产品技术文件要求。 ⑨吸湿器与储油柜间连接管的密封应严密，吸湿剂应干燥，油封油位应在油面线上。 ⑩测温装置的安装应符合下列规定： a)温度计安装前应进行校验，信号接点动作应正确，导通应良好；当制造厂已提供有温度计出厂检验报告时可不进行现场送验，但应进行温度现场比对检查；	GB 50148—2010 4.8.3～4.8.14

续表

序号	检查内容	检查要点	检查依据
10	变压器、油浸电抗器、互感器验收、安装及投运前检查	b)温度计应根据制造厂的规定进行整定； c)顶盖上的温度计座应严密无渗油现象，温度计座内应注以绝缘油；闲置的温度计座也应密封； d)膨胀式信号温度计的细金属软管不得压扁和急剧扭曲，其弯曲半径不得小于50mm。 ⑪变压器、电抗器本体电缆应有保护措施，排列应整齐，接线盒应密封。 ⑫控制箱的检查安装应符合下列规定： a)冷却系统控制箱应有两路交流电源，自动互投传动应正确、可靠； b)控制回路接线应排列整齐、清晰、美观，绝缘无损伤；接线应采用铜质或有电镀金属防锈层的螺栓紧固，且应有防松装置；连接导线截面应符合设计要求、标志清晰； c)控制箱接地应牢固可靠； d)内部元件及转换开关各位置的命名应正确并符合设计要求； e)控制箱应密封，控制箱内外应清洁无锈蚀，驱潮装置工作应正常。	GB 50148—2010 4.8.3～4.8.14
		①变压器、电抗器、互感器的全部电气试验应合格：试验内容及要求见《电气装置安装工程 电气设备交接试验标准》GB 50150。 ②事故排油设施应完好，消防设施齐全。 ③变压器本体应两点接地。中性点接地引出后，应有两根接地引线与主接地网的不同干线连接，其规格应满足设计要求；保护间隙的距离符合设计要求，油漆应完整、相色应正确，接地应可靠。 ④铁芯和夹件的接地引出套管、套管的末屏接地应符合产品技术文件的要求，电流互感器备用二次线圈端子应短接接地。 ⑤中性点接地系统的变压器，在进行冲击合闸时，其中性点必须接地。 ⑥互感器应无渗漏，油位、气压、密度应符合产品技术文件的要求。	GB 50148—2010 4.12.1 GB 50148—2010
11	高压电器辅件安装	①与高压电器安装有关的建筑施工及内外装修完毕且验收合格，必要时参考设计规范SH/T 3038—2017、GB 50300—2013、SH/T 3552—2021等规范。	GB 50147—2010 1.0.9
		②高压设备安装用的紧固件，除地脚螺栓外应采用镀锌制品，户外用的紧固件应采用热镀锌制品。 ③高压开关柜应具备防止电气误操作的“五防”功能。	GB 50147—2010 6.4.1(3)、(6)

续表

序号	检查内容	检查要点	检查依据
12	电缆管加工及安装	①管口应无毛刺和锐角，金属管应有防腐措施，镀锌层剥落应涂防腐漆。 ②电缆管的内径与电缆的外径之比不得小于1.5。 ③金属导管严禁对口熔焊连接；镀锌导管或壁厚小于或等于2mm的钢导管，不得采用套管熔焊连接。 ④金属电缆管连接应牢固，密封应良好，管口应对准。套接的短管或带螺纹的管接头的长度不应小于电缆管外径的2.2倍。	GB 50168—2018 5.1.2、5.1.3、5.1.7 GB 50303—2015 12.1.2 为强制性条文
13	电缆桥架安装	①金属电缆桥架及其支架和引入或引出的金属电缆导管必须接地(PE)或接零(PEN)可靠，且必须符合下列规定：金属电缆桥架及其支架全长应不少于2处与接地(PE)或接零(PEN)干线相连接；非镀锌电缆桥架间连接板的两端跨接铜芯接地线，接地线最小允许截面积不小于$4mm^2$；镀锌电缆桥架间连接板的两端不跨接接地线，但连接板不少于2个防松螺帽或防松垫圈的连接固定螺栓。 ②直线段钢制电缆桥架超过30m、铝合金或玻璃钢制电缆桥架超过15m时，应留有不少于20mm的伸缩缝；电缆桥架跨越建筑物变形缝处应设置补偿装置。 ③电缆桥架安装横平、竖直，坡度及走向应符合设计文件要求。电缆桥架的转弯半径不小于桥架内的电缆最小允许转弯半径。 ④多层桥架层间间距应均匀，各层弯曲部分弧度应一致，电缆桥架水平安装的支架间距为1.5~3m，垂直安装的支架间距不大于2m。 ⑤电缆桥架与支架应连接牢固，对口连接应牢靠，无毛刺、变形和刃边，螺栓连接处应安装加强板。且螺栓应紧固，螺母在槽板的外侧。 ⑥电缆桥架距离高温管道、设备的最小净距应符合GB 50168及GB 50093的相关要求。 ⑦钢制桥架防腐层应完好；电缆桥架内部应平整、光洁，无杂物、无毛刺和刃边；电缆桥架隔板固定应合理、牢固；电缆桥架盖板应齐全，且固定合理、牢固。 ⑧对于本安和非本安电缆、信号和电源电缆、高压和低压电缆、动力和控制电缆，当共用电缆桥架时应安装隔板进行隔离。 ⑨金属电缆桥架不得采用电焊焊接固定；铝合金、不锈钢电缆桥架与钢制支架之间应采取防电化学腐蚀措施。 ⑩母线槽的金属外壳等外露可导电部分应与保护导体可靠连接，并应符合下列规定：每段母线槽的金属外壳间应连接可靠，且母线槽全长与保护导体可靠连接不应少于2处；分支母线槽的金属外壳末端应与保护导体可靠连接；连接导体的材质、截面积应符合设计要求。	GB 50303—2015 10.1.1 为强制性条文 GB 50168—2018 5.2.10 为强制性条文 SH/T 3569—2020 7.1.5、7.2.3、7.2.4 SH/T 3569—2020 9.1－9.14 SH/T 3153—2021 21.7.3

续表

序号	检 查 内 容	检 查 要 点	检 查 依 据
14	电缆敷设	①电缆与热力管道、热力设备之间的净距，平行时应不小于2m，交叉时应不小于0.5m，当受条件限制时，应采取隔热保护措施。电缆通道应避开锅炉的看火孔和制粉系统的防爆门；当受条件限制时，应采取穿管或封闭槽盒等隔热防火措施。电缆不宜平行敷设于热力设备和热力管道的上部。 ②严禁将电缆平行敷设于管道的上方或下方。特殊情况应按下列规定执行：电缆与热管道(沟)、油管道(沟)、可燃气体及易燃液体管道(沟)、热力设备或其他管道(沟)之间，虽净距能满足要求，但检修管路可能伤及电缆时，在交叉点前后1m范围内，尚应采取保护措施；当交叉净距不能满足要求时，应将电缆穿入管中，其净距可减为0.25m。 ③电缆应固定。垂直敷设或超时30℃倾斜敷设的电缆在每个支架上固定，桥架上每隔5~10m处固定，单芯电缆的固定夹具不应构成闭合回路。 ④直埋电缆回填土前，应经隐蔽工程验收合格。回填土应分层夯实。 ⑤水底电缆敷设后，应作潜水检查，电缆应放平，河床起伏处电缆不得悬空。并测量电缆的确切位置。在两岸必须按设计设置标志牌。 ⑥直埋电缆在直线段每隔50~100m处、电缆接头处、转弯处、进入建筑物等处，应设置明显的方位标志或标桩。	GB 50168—2018 6.2.4、6.1.19、6.2.8、6.6.5、6.6.10、6.6.12、6.2.7 GB 50168—2018 5.2.10为强制性条文
15	电缆终端与接头	①电缆终端与接头的制作，应由经过培训的熟悉工艺的人员进行。 ②电缆终端及接头制作时，应严格遵守制作工艺规程。 ③110kV及以上高压电缆终端及接头施工时，应严格控制环境湿度。严禁在雾中或雨中施工。 ④三芯电力电缆终端处的金属护层必须接地良好。	GB 50168—2018 7.1.1、7.1.2、7.1.5、7.1.9
16	电缆防火	①对易受外部影响着火的电缆密集场所或可能着火蔓延而酿成严重事故的电缆回路，必须按设计要求的防火阻燃措施施工。 ②防火阻燃材料必须经过技术或产品鉴定，在使用时，应按设计要求和材料使用工艺提出施工措施。 ③在封堵电缆孔洞时，封堵应严实可靠，不应有明显的裂缝和可见的孔隙，孔洞较大者应加耐火衬板后再进行封堵。 ④阻火墙上的防火门应严密，孔洞应封堵；阻隔火墙两侧电缆应施加防火包带或涂料。	GB 50168—2018 8.0.1为强制性条文 GB 50168—2018 8.0.3、8.0.7、8.0.8
17	母线加工、安装	①矩形母线的搭接应符合要求。母线与设备的搭接应符合现行国家标准《变压器、高压电器和套管的接线端子》GB/T 5273的有关规定。 ②母线弯制符合规定。	GB 50149—2010 3.2.1~3.7.6

续表

序号	检查内容	检查要点	检查依据
17	母线加工、安装	③母线搭接面的处理如搪锡、镀锌、镀银等应符合要求。 ④母线的相序排列及相色符合规定。 ⑤母线的安全净距应符合要求；母线的固定应平整牢固且母线不受额外应力，交流母线的固定金具不应构成闭合磁路。 ⑥悬挂式母线槽的吊钩应有调整螺栓，固定点不得大于3m，其外壳之间应用接地线跨接且接地良好。 ⑦运行温度高的场所，母线不应有铜铝过渡接头。 ⑧封闭母线与外壳应同心，其误差不超过5mm。相间支撑板应安装牢固，分段绝缘的外壳应做好绝缘措施。 ⑨管形母线终端应有防电晕装置，其表面应光滑、无毛刺或凹凸不平。 ⑩绝缘子和穿墙套管符合要求。	GB 50149—2010 3.2.1～3.7.6
18	电气装置接地	电气装置的下列金属部分，均必须接地： ①电气设备的金属底座、框架及外壳和传动装置。 ②携带式或移动式用电器具的金属底座和外壳。 ③箱式变电站的金属箱体。 ④互感器的二次绕组。 ⑤配电、控制、保护用的屏(柜、箱)及操作台的金属框架和底座。 ⑥电力电缆的金属护层、接头盒、终端头和金属保护管及二次电缆的屏蔽层。 ⑦电缆桥架、支架和井架。 ⑧变电站(换流站)构、支架。 ⑨装有架空地线或电气设备的电力线路杆塔。 ⑩配电装置的金属遮栏。 ⑪电热设备的金属外壳。	GB 50169—2016 3.0.4为强制性条文
19	直流系统的接地装置	①能与地构成闭合回路且经常流过电流的接地线应沿绝缘垫板敷设，不应与金属管道、建筑物和设备的构件有金属的连接。 ②直流正极的接地线、接地极不应与自然接地极有金属连接；当无绝缘隔离装置时，相互间的距离不应小于1m。 ③接地线不应作其他用途。	GB 50169—2016 3.0.5 GB 50169—2016 3.0.10

续表

序号	检查内容	检查要点	检查依据
20	接地装置的材料选择	①除临时接地装置外，接地装置采用钢材时均应热镀锌，水平敷设的应采用热镀锌的圆钢和扁钢，垂直敷设的应采用热镀锌的角钢、钢管或圆钢。 ②在地下不得采用铝导体作为接地极或接地线。 ③严禁利用金属软管、管道保温层的金属外皮或金属网、低压照明网络的导线铅皮以及电缆金属护层作为接地线。	GB 50169—2016 4.1.4 GB 50169—2016 4.1.8
21	接地装置的敷设	①接地网的埋设深度与间距应符合设计要求。当无具体规定时，接地极顶面埋设深度不宜小于 0.8m；水平接地极的间距不宜小于 5m，垂直接地极的间距不宜小于其长度的 2 倍。 ②接地网内应敷设水平均压带，可按等间距或不等间距布置。 ③35kV 及以上发电厂、变电站接地网边缘有人出入的走道处，应铺设碎石、沥青路面或在地下装设两条与接地网相连的均压带。 ④接地线应采取防止发生机械损伤和化学腐蚀的措施。接地线在与公路、铁路或管道等交叉及其他可能使接地线遭受损伤处，均应用钢管或角钢等加以保护；接地线在穿过已有建(构)筑物处，应加装钢管或其他坚固的保护套，有化学腐蚀的部位还应采取防腐措施。 ⑤电气装置的接地必须单独与接地母线或接地网相连接，严禁在一条接地线中串接两个及两个以上需要接地的电气装置。 ⑥发电厂、变电站电气装置的接地线应采用专门敷设的接地线接地。 ⑦110kV 及以上电压等级且运行要求直接接地的中性点均应有两根接地线与接地网的不同接地点相连接，其每根规格应满足设计要求。 ⑧变压器的铁心、夹件与接地网应可靠连接，并应便于运行监测接地线中环流。 ⑨成列安装盘、柜的基础型钢和成列开关柜的接地母线，应有明显且不少于两点的可靠接地。 ⑩避雷器、放电间隙应用最短的接地线与接地网连接。 ⑪干式空心电抗器采用金属围栏时，金属围栏应设置明显断开点，不应通过接地线构成闭合回路。 ⑫高频感应电热装置的屏蔽网、滤波器、电源装置的金属屏蔽外壳，高频回路中外露导体和电气设备的所有屏蔽部分及与其连接的金属管道均应接地，并宜与接地网连接。与高频滤波器相连的射频电缆应全程伴随 $100mm^2$ 以上的铜质接地线。	GB 50169—2016 4.2.1 GB 50169—2016 4.2.2 GB 50169—2016 4.2.3 GB 50169—2016 4.2.9 为强制性条文 GB 50169—2016 4.2.10 GB 50169—2016 4.2.11 GB 50169—2016 4.2.12 GB 50169—2016 4.2.13

续表

序号	检查内容	检查要点	检查依据
22	接地装置的连接	①接地极的连接应采用焊接，接地线与接地极的连接应采用焊接。异种金属接地极之间连接时接头处应采取防止电化学腐蚀的措施。 ②电气设备上的接地线，应采用热镀锌螺栓连接；有色金属接地线不能采用焊接时，可用螺栓连接。 ③热镀锌钢材焊接时，在焊痕外最小 100mm 范围内应采取可靠的防腐处理。在做防腐处理前，表面应除锈并去掉焊接处残留的焊药。 ④接地体(线)的焊接应采用搭接焊，其搭接长度必须符合下列规定： a)扁钢应为其宽度的 2 倍且不得少于 3 个棱边焊接； b)圆钢应为其直径的 6 倍； c)圆钢与扁钢连接时，其长度应为圆钢直径的 6 倍； d)扁钢与钢管、扁钢与角钢焊接时，除应在其接触部位两侧进行焊接外，还应由钢带或钢带弯成的卡子与钢管或角钢焊接。 ⑤接地极(线)的连接工艺采用放热焊接时，其焊接接头应符合下列规定： a)被连接的导体截面应完全包裹在接头内； b)接头的表面应平滑； c)被连接的导体接头表面应完全熔合； d)接头应无贯穿性的气孔。	GB 50169—2016 4.3.1 ~ 4.3.5
23	接闪器的接地	①避雷针、避雷线、避雷带、避雷网的接地，还应遵守下列规定： a)避雷针和避雷带与接地线之间的连接应可靠； b)避雷针和避雷带的接地线及接地装置使用的紧固件均应使用镀锌制品。当采用没有镀锌的地脚螺栓时应采取防腐措施； c)构筑物上的防雷设施接地线，应设置断接卡； d)装有避雷针的金属筒体，当其厚度不小于 4mm 时，可作避雷针的引下线。筒体底部应至少有 2 处与接地极对称连接； e)独立避雷针及其接地装置与道路或建筑物的出入口等的距离应大于 3m；当小于 3m 时，应采取均压措施或铺设卵石或沥青地面； f)独立避雷针和避雷线应设置独立的集中接地装置，其与接地网的地中距离不应小于 3m。当小于 3m 时，在满足避雷针与主接地网的地下连接点至 35kV 及以下设备与主接地网的地下连接点间沿接地极的长度不小于 15m 的情况下，该接地装置可与接地网连接；	GB 50169—2016 4.6.1、4.6.2、4.6.3

续表

序号	检查内容	检查要点	检查依据
23	接闪器的接地	g)发电厂、变电站配电装置的架构或屋顶上的避雷针及悬挂避雷线的构架应在其接地线处装设集中接地装置，并应与接地网连接。 ②生产用建(构)筑物上的避雷针或防雷金属网应和建(构)筑物顶部的其他金属物体连接成一个整体。 ③装有避雷针和避雷线的构架上的照明灯，其与电源线、低压配电装置或配电装置的接地网相连接的电源线，应采用带金属护层的电缆或穿入金属管的导线。电缆的金属护层或金属管应接地，埋入土壤中的长度不应小于 10m。 ④接闪器及其接地装置，应采取自下而上的施工程序；应先安装集中接地装置，再安装接地线，最后安装接闪器。	GB 50169—2016 4.6.1、4.6.2、4.6.3 GB 50169—2016 4.6.5
24	其他接地要求	①携带式和移动式用电设备应用专用的绿/黄双色绝缘多股软铜绞线接地；移动式用电设备的接地线截面积不应小于 $2.5mm^2$，携带式用电设备的接地线截面积不应小于 $1.5mm^2$。	GB 50169—2016 4.13.1
		②通信站接地装置应使用至少 2 根规格不小于 40mm×4mm 的镀锌扁钢或截面积不小于 $100mm^2$ 的铜材与厂、站的接地网连接。	GB 50169—2016 4.8.4
		③连接两个变电站之间电缆的屏蔽层应在离变电站接地网边沿 50~100m 处可靠接地，应以大地为通路实施屏蔽层的两点接地。	GB 50169—2016 4.8.6
		④继电保护装置屏柜内的交流电源的中性线不应接入等电位接地网。	GB 50169—2016 4.9.3
		⑤交流系统中三芯电缆的金属护层，应在电缆线路两终端接地；线路中有中间接头时，接头处应直接接地。	GB 50169—2016 4.10.1
		⑥当电缆穿过零序电流互感器时，其金属护层和接地线应对地绝缘且不得穿过互感器接地；当金属护层接地线未随电缆芯线穿过互感器时，接地线应直接接地，当金属护层接地线随电缆芯线穿过互感器时，接地线应穿回互感器后接地。	GB 50169—2016 4.10.5
		⑦引入配电室的每条架空线路安装的避雷器的接地线，应与配电室的接地装置相连接，且应在入地处敷设集中接地装置。	GB 50169—2016 4.11.5
		⑧变电室或变压器室内设置的环形接地母线应与接地装置或总等电位端子箱连接，连接接地线不应少于 2 根。	GB 50169—2016 4.12.4

续表

序号	检查内容	检查要点	检查依据
25	汽轮发电机和调相机、电动机安装	①发电机和调相机必须有不少于 2 个明显接地点，并应分别引入接地网的不同位置，接地必须牢固可靠。	GB 50170—2018 4.1.3 为强制性条文
		②发电机和调相机引出线的安装应符合下列规定： a)引线和出线的接触面应良好、清洁、无油垢，镀银层不应锉磨； b)引线和出线的连接应使用力矩扳手紧固，当采用钢质螺栓时，连接后不得构成闭合磁路； c)大型发电机的引线及出线连接后，应做相关试验检查，按制造厂的规定进行绝缘包扎处理。	GB 50170—2018 4.3.14
26	盘、柜安装	①基础型钢的安装应符合表 4.0.1 的规定，且有明显的可靠接地。	GB 50171—2012 4.0.1
		②盘、柜单独或成列安装时，其垂直、水平偏差等应符合表 4.0.4 的规定。	GB 50171—2012 4.0.4
		③成套柜(抽屉式、手车式)的机械闭锁、电气闭锁应动作准确、可靠；抽屉(手车)推拉应轻便灵活，并应无卡阻、碰撞现象，同型号、规格的抽屉(手车)应能互换；二次回路连接插件应接触良好。	GB 50171—2012 4.0.6、4.0.7、4.0.8
		④盘、柜基础型钢应有明显且不少于两点的可靠接地。 ⑤成套柜的接地母线应与主接地网连接可靠。	GB 50171—2012 7.0.1 GB 50171—2012 7.0.2
		⑥装有电器的可开启的门应采用截面不小于 4mm² 且端部压接有终端附件的多股软铜导线与接地的金属构架可靠连接。	GB 50171—2012 7.0.5
		⑦UPS 输出端的系统接地连接方式应符合设计要求。	GB 50303—2015 8.1.5
27	电梯安装	①主电源开关不应切断下列供电电路：轿厢照明和通风、机房和滑轮间照明、机房、轿顶和底坑的电源插座、井道照明、报警装置。 ②电气装置还应符合下列规定： a)主电源开关不应切断电源插座、检修和维护所必需的照明电源； b)配线应符合本规范第 4.10.4、4.10.5、4.10.6 条的规定。	GB 50310—2002 4.10.3、6.3.7
		③电气设备接地必须符合下列规定： a)所有电气设备及导管、线槽的外露可导电部分均必须可靠接地(PE)； b)接地支线应分别直接接至接地干线接线柱上，不得互相连接后再接地。	GB 50310—2002 4.10.1 为强制性条文
		④特种设备在投入使用前或者投入使用后 30 日内，特种设备使用单位应当向直辖市或者设区的市的特种设备安全监督管理部门登记。登记标志应当置于或者附着于特种设备的显著位置。	《特种设备安全监察条例》第二十五条

续表

序号	检查内容	检查要点	检查依据
28	低压电器安装	①电器的外部接线，应符合下列规定： a)电源侧进线应接在进线端，负荷侧出线应接在出线端； b)裸带电导体与电器连接时，其电气间隙不应小于与其直接相连的电器元件的接线端子的电气间隙； c)需要接地的电器金属外壳、框架必须可靠接地。	GB 50254—2014 3.0.12(3、6)； GB 50254—2014 3.0.16 为强制性条文
		②低压断路器与熔断器配合使用时，熔断器应安装在电源侧。	GB 50254—2014 4.0.2
		③低压断路器裸露在箱体外部且易触及的导线端子应加绝缘保护。	GB 50254—2014 4.0.3
		④集中在一起安装的按钮应有编号或不同的识别标志，“紧急”按钮应有明显标志，并应设保护罩。	GB 50254—2014 8.0.2
		⑤熔断器安装应符合以下要求： a)三相四线系统安装熔断器时，必须安装在相线上，中性线(N 线)、保护中性线(PEN 线)严禁安装熔断器； b)安装两个以上不同规格的熔断器，应在底座旁标明规格； c)螺旋式熔断器安装时，其底座不应松动，电源进线应接在熔芯引出的接线端子上，出线应接在螺纹壳的接线端上。	GB 50254—2014 9.0.2 为强制性条文、9.0.7、9.0.10
29	普通(专用)灯具安装	①灯具固定应符合下列规定： a)灯具固定应牢固可靠，在砌体和混凝土结构上严禁使用木楔、尼龙塞或塑料塞固定； b)质量大于 10kg 的灯具，固定装置及悬吊装置应按灯具重量的 5 倍恒定均布载荷做强度试验，且持续时间不得少于 15min。	GB 50303—2015 18.1.1 为强制性条文
		②普通(专用)灯具的 Ⅰ 类灯具外露可导电部分必须采用铜芯软导线与保护导体可靠连接，连接处应设置接地标识，铜芯软导线的截面积应与进入灯具的电源线截面积相同。	GB 50303—2015 18.1.5、19.1.1 为强制性条文
		③景观照明灯具安装应符合下列规定： a)在人行道等人员来往密集场所安装的落地式灯具，当无围栏防护时，灯具距地面高度应大于 2.5m； b)金属构架及金属保护管应分别与保护导体采用焊接或螺栓连接，连接处应设置接地标识。	GB 50303—2015 19.1.6 为强制性条文
		④航空障碍标志灯安装位置应符合设计要求，灯具的自动通、断电源控制装置应动作准确。	GB 50303—2015 19.2.6

续表

序号	检查内容	检查要点	检查依据
29	普通(专用)灯具安装	⑤插座接线应符合下列规定： a)对于单相两孔插座，面对插座的右孔或上孔应与相线连接，左孔或下孔应与中性导体(N)连接；对于单相三孔插座，面对插座的右孔应与相线连接，左孔应与中性导体(N)连接； b)单相三孔、三相四孔及三相五孔插座的保护接地导体；(PE)应接在上孔； c)插座的保护接地导体端子不得与中性导体端子连接；同一场所的三相插座，其接线的相序应一致；保护接地导体(PE)在插座之间不得串联连接； d)相线与中性导体(N)不应利用插座本体的接线端子转接供电。	GB 50303—2015 20.1.3为强制性条文
		⑥高杆灯的保护接地和避雷装置应符合相关规范要求。 ⑦高杆灯灯杆与水平面的垂直度待安装直立完成后，使用经纬仪作垂直度的查验。	CJ/T 457—2014 5.7、6.2
30	起重设备安装	①起重机非带电金属部分的接地应符合下列规定： a)装有接地滑接器时，滑接器与轨道或接地滑触线，应可靠接触； b)司机室与起重机本体用螺栓连接时，必须进行电气跨接；其跨接点不应少于两处； c)跨接宜采用多股软铜线，其截面面积不得小于16mm^2，两端压接接线端子应采用镀锌螺栓固定；当采用圆钢或扁钢进行跨接时，圆钢直径不得小于12mm，扁钢截面的宽度和厚度不得小于40mm×4mm。 ②起重机的金属结构及所有电气设备的外壳、管槽、电缆金属外皮，均应可靠接地。	GB 50256—2014 3.0.9为强制性条文 GB 50256—2014 6.0.10
		③滑触线的布置应符合下列规定： a)滑触线距离地面的高度不得低于3.5m；在有汽车通过部分，滑触线距离地面的高度不得低于6m； b)滑触线与设备和氧气管道的距离，不得小于1.5m；与易燃气体、液体管道的距离，不得小于3m；与一般管道的距离，不得小于1m； c)裸露式滑触线在靠近走梯、过道等行人可触及的部分，必须设有遮拦保护。	GB 50256—2014 4.0.1为强制性条文
		④起重机上的配线应符合下列规定： a)起重机上的配线除弱电系统外，均应采用额定电压不低于500V的铜芯软电缆。除应满足计算负荷外，软电缆截面面积不得小于1.0mm^2； b)在易受机械损伤、热辐射或有润滑油滴落部位，电线或电缆应装于钢管、线槽、保护罩内；在热辐射部位，电线或电缆应采取隔热保护措施。	GB 50256—2014 5.0.1

续表

序号	检查内容	检查要点	检查依据
30	起重设备安装	⑤电气设备及保护装置中制动装置的动作必须迅速、准确、可靠。 ⑥起重机行程限位开关动作后，应能自动切断相关电源，并应使起重机各机构在下列位置停止： a)吊钩、抓斗升到离极限位置不小于100mm处；起重臂升降的极限角度符合产品规定； b)起重机桥架和小车等，离行程末端不得小于200mm处； c)一台起重机临近另一台起重机，相距不得小于400mm处。 ⑦撞杆的装设及其尺寸的确定，应保证行程限位开关可靠动作，撞杆及撞杆支架在起重机工作时不应晃动。撞杆宽度应能满足机械(桥架及小车)横向窜动范围的要求，撞杆的长度应能满足机械(桥架及小车)最大制动距离的要求。 ⑧撞杆在调整定位后，应固定可靠。 ⑨照明电源应为独立电源，起重机主断路器切断电源后，照明不应断电。 ⑩照明回路应设置专用零线或隔离变压器，不得利用电线管或起重机本身的接地线作零线。 ⑪起重荷载限制器的调试应符合下列规定： a)起重荷载限制器综合误差，严禁大于8%； b)当荷载达到额定起重量的90%时，必须发出指示性报警信号； c)当荷载达到额定起重量的110%时，必须自动切断起升机构电动机的电源，并应发出禁止性报警信号。	GB 50256—2014 6.0.4(1)、6.0.5(1、2、3)、6.0.7(1、3) GB 50256—2014 6.0.9为强制性条文
31	电气防爆	①在扩建、改建工程中，应遵守生产厂安全生产(运行)规程中与施工有关的安全规定。对重要工序，应事先制订专项安全技术措施和施工作业指导书。	GB 50257—2014 3.0.5
		②防爆电气设备应有“Ex”标志和标明防爆电气设备的类型、级别、组别标志的铭牌，并应在铭牌上标明防爆合格证号。	GB 50257—2014 3.0.10
		③防爆电气设备接线盒内部接线紧固后，裸露带电部分之间及与金属外壳之间的电气间隙和爬电距离不应小于本规范附录A的规定。 ④防爆电气设备的进线口与电缆、导线引入连接后，应保持电缆引入装置的完整性和弹性密封圈的密封性，并应将压紧元件用工具拧紧且进线口应保持密封。多余的进线口其弹性密封垫和金属垫片、封堵件应齐全，且安装紧固，密封良好。 ⑤爆炸危险环境内采用的低压电缆和绝缘导线，其额定电压必须高于线路的工作电压，且不得低于500V，绝缘导线必须敷设于钢管内。电气工作中性线绝缘层的额定电压，必须与相线电压相同，并必须在同一护套或钢管内敷设。	GB 50257—2014 4.1.3、4.1.4 GB 50257—2014 5.1.3为强制性条文 GB 50257—2014 5.1.5 GB 50257—2014 5.1.7为强制性条文 GB 50257—2014 5.2.1

续表

序号	检查内容	检查要点	检查依据
31	电气防爆	⑥当电缆或导线的终端连接时，电缆内部的导线如果为绞线，其终端应采用定型端子或接线鼻子进行连接。铝芯绝缘导线或电缆的连续与封端应采用压接、熔接或钎焊，当与设备(照明灯具除外)连接时，应采用铜—铝过渡接头。 ⑦架空线路严禁跨越爆炸性危险环境；架空线路与爆炸性危险环境的水平距离，不应小于杆塔高度的1.5倍。 ⑧电缆线路在爆炸危险环境内，必须在相应的防爆接线盒或分线盒内连接或分路。	GB 50257—2014 4.1.3、4.1.4 GB 50257—2014 5.1.3 为强制性条文 GB 50257—2014 5.1.5 GB 50257—2014 5.1.7 为强制性条文 GB 50257—2014 5.2.1
		⑨电缆线路穿过不同危险区域或界面时，应采取下列隔离密封措施： a)在两级区域交界处的电缆沟内，应采取充砂、填阻火堵料或加设防火隔墙； b)电缆通过与相邻区域共用的隔墙、楼板、地面及易受机械损伤处，均应加以保护；留下的孔洞，应堵塞严密； c)保护管两端的管口处，应将电缆周围用非燃性纤维堵塞严密，再填塞密封胶泥，密封胶泥填塞深度不得小于管子内径，且不得小于40mm。	GB 50257—2014 5.2.2
		⑩防爆电气设备、接线盒的进线口，引入电缆后的密封应符合下列规定： a)当电缆外护套穿过弹性密封圈或密封填料时，应被弹性密封圈挤紧或被密封填料封固； b)外径等于或大于20mm的电缆，在隔离密封处组装防止电缆拔脱的组件时，应在电缆被拧紧或封固后，再拧紧固定电缆的螺栓； c)电缆引入装置或设备进线口的密封应符合：装置内的弹性密封圈的一个孔，应密封一根电缆；被密封的电缆断面，应近似圆形；弹性密封圈及金属垫应与电缆的外径匹配，其密封圈内径与电缆外径允许差值为±1mm；弹性密封圈压紧后，应将电缆沿圆周均匀挤紧。 ⑪有电缆头腔或密封盒的电气设备进线口，电缆引入后应浇灌固化的密封填料，填塞深度不应小于引入口径的1.5倍，且不得小于40mm。 ⑫电缆与电气设备连接时，应选用与电缆外径相适应的引入装置，当选用的电气设备的引入装置与电缆的外径不匹配时，应采用过渡接线方式，电缆与过渡线应在相应的防爆接线盒内连接。	GB 50257—2014 5.2.3
		⑬本质安全电路与非本质安全电路不得共用同一电缆或钢管；本质安全电路或关联电路，严禁与其他电路共用同一条电缆或钢管。	GB 50257—2014 5.4.2 为强制性条文

续表

序号	检查内容	检查要点	检查依据
32	接地要求	①在爆炸危险环境的电气设备的金属外壳、金属构架、安装在已接地的金属结构上的设备、金属配线管及其配件、电缆保护管、电缆的金属护套等非带电的裸露金属部分，均应接地。 ②电气设备及灯具的专用接地线，应单独与接地干线(网)相连，电气线路中的工作零线不得作为保护接地线用。 ③铠装电缆引入电气设备时，其接地线应与设备内接地螺栓连接；钢带及金属外壳应与设备外的接地螺栓连接。 ④设备、机组、贮罐、管道等的防静电接地线，应单独与接地体或接地干线相连，除并列管道外不得互相串联接地。 ⑤防静电接地线的安装，应与设备、机组、贮罐等固定接地端子或螺栓连接，连接螺栓不应小于M10，并应有防松装置和涂以电力复合脂。当采用焊接端子连接时，不得降低和损伤管道强度。 ⑥容量为 $50m^3$ 及以上的贮罐，其接地点不应少于两处，且接地点的间距不应大于30m，并应在罐体底部周围对称与接地体连接，接地体应连接成环形的闭合回路。 ⑦易燃或可燃液体的浮动式贮罐，在无防雷接地时，其罐顶与罐体之间应采用铜软线作不少于两处跨接，其截面不应小于 $25mm^2$，且其浮动式电气测量装置的电缆，应在引入贮罐处将铠装、金属外壳可靠地与罐体连接。 ⑧钢筋混凝土的贮罐或贮槽，沿其内壁敷设的防静电接地导体，应与引入的金属管道及电缆的铠装、金属外壳连接，并应引至罐、槽的外壁与接地体连接。 ⑨非金属的管道(非导电的)、设备等，其外壁上缠绕的金属丝网、金属带等，应紧贴其表面均匀地缠绕，并应可靠地接地。 ⑩引入爆炸危险环境的金属管道、配线的钢管、电缆的铠装及金属外壳，必须在危险区域的进口处接地。	GB 50257—2014 7.1.1为强制性条文、7.1.6、7.1.8、7.2.1(2、3、6、7、8、9)、7.2.2为强制性条文
33	电气设备试验	①电气设备应按本标准进行交流耐压试验，且应符合下列规定： a)交流耐压试验时加至试验标准电压后的持续时间，无特殊说明时应为1min； b)耐压试验电压值以额定电压的倍数计算时，发电机和电动机应按铭牌额定电压计算，电缆可按本标准第17章规定的方法计算； c)非标准电压等级的电气设备，当其交流耐压试验电压值没有规定时，可根据本标准规定的相邻电压等级按比例采用插入法计算。	GB 50150—2016 3.0.1、3.0.2、3.0.4、3.0.11、3.0.14

续表

序号	检查内容	检查要点	检查依据
33	电气设备试验	②进行绝缘试验时，除制造厂装配的成套设备外，宜将连接在一起的各种设备分离，单独试验。同一试验标准的设备可连在一起试验。无法单独试验时，已有出厂试验报告的同一电压等级不同试验标准的电气设备，也可连在一起进行试验。试验标准应采用连接的各种设备中的最低标准。 ③进行电气绝缘的测量和试验时，当只有个别项目达不到本标准规定时，则应根据全面的试验记录进行综合判断，方可投入运行。 ④对进口设备的交接试验，应按合同规定的标准执行；其相同试验项目的试验标准，不得低于本标准的规定。 ⑤技术难度大、需要特殊的试验设备进行的试验项目，应列为特殊试验项目，并应由具备相应试验能力的单位进行。特殊试验项目应符合本标准附录 A 的有关规定。	GB 50150—2016 3.0.1、3.0.2、3.0.4、3.0.11、3.0.14
三、临时用电作业			
1	临时用电作业许可证要求	①临时用电必须办理作业许可证，凭证作业。在运行的生产装置、罐区和具有火灾爆炸危险场所内不得随意接临时电源。 ②凡在具有火灾爆炸危险场所内的临时用电，在办理临时用电作业许可证前，应按照《中国石化用火作业安全管理规定》办理用火作业许可证。 ③检修、施工使用 6kV 及以上临时电源，用电单位需编制临时用电方案，向单位电气主管部门提出申请，按照《中国石化电气设备及运行管理规定》要求办理。	《中国石化临时用电作业安全管理规定》中国石化安〔2015〕683 号 1.2、1.3、1.5
2	临时用电作业人员资质要求	①配送电单位送(停)电作业人员和施工单位安装临时用电线路的电气作业人员应持有效电工作业证。 ②许可证审批人和监护人应持证上岗。	《中国石化临时用电作业安全管理规定》中国石化安〔2015〕683 号 1.6、1.7
3	临时用电作业环境监控要求	作业期间应全程视频监控。	《中国石化临时用电作业安全管理规定》中国石化安〔2015〕683 号 1.8
4	临时用电作业危害识别(JSA)	①临时用电单位会同施工单位针对作业内容组织进行 JSA 分析，制订相应的安全措施。 ②配送电单位在签发临时用电作业许可证前，应针对作业内容进行危害识别，落实相应的作业程序及安全措施。 ③每次作业执行的安全措施须填入许可证。	《中国石化临时用电作业安全管理规定》中国石化安〔2015〕683 号 3.1.1、3.1.2、3.1.3

续表

序号	检查内容	检查要点	检查依据
5	临时用电管理	①临时用电作业前，施工单位负责人应向施工作业人员进行作业程序和安全措施交底。 ②临时用电的漏电保护器每天使用前必须进行漏电保护试验，严禁在试验不正常情况下使用。 ③施工单位应对临时用电设备和线路进行检查，每天不少于2次，并建立检查记录。 ④临时用电单位应严格遵守临时用电规定，不得变更地点和作业内容，禁止任意增加用电负荷或私自向其他单位转供电。 ⑤临时用电的电气设备周围不得存放易燃易爆物、污染源和腐蚀介质，否则应采取防护处置措施，其防护等级必须与环境条件相适应。	《中国石化临时用电作业安全管理规定》中国石化安〔2015〕683号3.3.1、3.3.3、3.3.5、3.3.6、3.3.8
		⑥在易燃、易爆区域内进行用电设备检修或更换工作时，必须断开电源，严禁带电作业。	GB 50194—2014 11.2.3
		⑦在潮湿环境中严禁带电进行设备检修工作。	GB 50194—2014 11.4.2
6	临时用电安全技术措施	①临时用电工程专用的电源中性点直接接地的(220V/380V)三相四线制低压电力系统，必须符合JGJ 46《施工现场临时用电安全技术规范》规定。	《中国石化临时用电作业安全管理规定》中国石化安〔2015〕683号3.4.2
		②临时用电设备和线路应按供电电压等级和容量正确使用，所用电气元件应符合国家、行业规范标准要求；临时用电电源施工、安装应严格执行电气施工安装规范，并接地良好。 a)在防爆场所使用的临时电源、电气元件和线路应达到相应防爆等级要求，并采用相应的防爆安全措施； b)保护零线(PE线)采用绝缘导线，最小截面积符合要求，严禁装设开关或熔断器；工作零线(N线)必须通过漏电保护器，通过漏电保护器的工作零线与保护零线之间不得再做电气连接； c)临时用电线路及设备的绝缘应良好； d)电源线必须采用橡胶护套绝缘电缆； e)临时用电架空线应采用绝缘铜芯线，设在专用电杆上，严禁设在树木和脚手架上。架空线最大弧垂与地面距离，在施工现场不小于2.5m，穿越机动车道不小于5m； f)对需要埋地敷设的电缆线路应设“走向标志”和“安全标志”。电缆埋地深度不应小于0.7m，穿越公路时应加设防护套管； g)现场临时用电配电盘、箱应有编号和防雨措施，离地距离不少于30cm；盘、箱、门牢靠关闭； h)在开关上接引、拆除临时用电线路时，其上级开关应断电上锁并加挂安全警示标牌； i)照明变压器必须使用双绕组型安全隔离变压器，一、二次均应装熔断器，行灯电压不应超过36V，在	《中国石化临时用电作业安全管理规定》中国石化安〔2015〕683号3.4.3.1~3.4.3.10

续表

序号	检查内容	检查要点	检查依据
6	临时用电安全技术措施	特别潮湿的场所或塔、釜、槽、罐等金属设备作业装设的临时照明行灯电压不应超过12V； j)临时用电线路的漏电保护器的选型和安装必须符合GB 6829《剩余电流动作保护电器(RCD)的一般要求》和GB 13955《剩余电流动作保护装置安装和运行》的规定。临时用电设施应做到“一机一闸一保护”，开关箱和移动式、手持式电动工具应安装符合规范要求的漏电保护器。	《中国石化临时用电作业安全管理规定》中国石化安[2015]683号3.4.3.1～3.4.3.10
		③严禁利用输送可燃液体、可燃气体或爆炸性气体的金属管道作为电气设备的接地保护导体(PE)。	GB 50194—2014 8.1.12
		④严禁利用额定电压220V的临时照明灯具作为行灯使用。	GB 50194—2014 10.2.4
		⑤行灯变压器严禁带入金属容器或金属管道内使用。	GB 50194—2014 10.2.7

3.10 乙烯裂解装置仪表工程质量监督检查要点

序号	检查内容	检查要点	检查依据
一、专业管理行为			
1	图纸会审与设计交底记录	施工单位技术人员在熟悉工程设计文件后，应参加图纸会审；施工方案编制应在设计图纸会审和设计交底之后进行。	SH/T 3521—2013 4.1.2、4.1.5
2	施工组织设计(方案)的编制、批准、执行	①施工单位编制项目的施工组织设计时，应包含工程说明及工程特点；主要实物工程量一览表；施工组织机构、施工部署及施工总体进度网络计划；人员需求计划；主要施工机具、标准仪器(表)需用计划；施工工艺程序、主要施工技术方案、措施及主要技术培训项目；应执行的标准规范和质量程序文件清单；应编制的主要专项施工技术方案及施工技术措施清单；质量计划；HSE计划；主要材料需用计划。	SH/T 3521—2013 4.1.1
		②自动化仪表工程施工组织设计和施工方案应已批准。对复杂、关键的安装和试验工作应编制施工技术方案。 ③自动化仪表工程施工前，应对施工人员进行技术交底。 ④自动化仪表工程的工程划分、质量控制点确定、质量检验和验收记录表格，均应在施工方案或质量计划中明确。	GB 50093—2013 3.1.1、3.1.4、3.2.4

续表

<table>
<tr><th>序号</th><th>检查内容</th><th>检查要点</th><th>检查依据</th></tr>
<tr><td rowspan="2">3</td><td rowspan="2">仪表设备和材料的检验及保管</td><td>检验要求：
①仪表设备和材料到达现场后，应进行检验或验证。
②项目监理机构应审查施工单位报送的用于工程的材料、构配件、设备的质量证明文件，并应按有关规定、建设工程监理合同约定，对用于工程的材料进行见证取样、平行检验。
③铬钼合金钢、含镍低温钢、不锈钢管道组成件应按本标准规定采用光谱分析或其他方法对主要合金元素含量进行验证性检验，并做好记录和标志。
④管道组成件中的管子、管件应进行主要合金元素含量验证性检验，每批应抽检 10%，且不应少于 1 件。</td><td>GB 50093—2013 4. 1. 1
GB/T 50319—2013 5. 2. 9
SH/T 3501—2021 5. 1. 6
SH/T 3501—2021 5. 2. 5</td></tr>
<tr><td>保管要求：
①施工过程中，对已安装的仪表设备和材料应进行保护。
②仪表设备及材料验收后，应按其要求的保管条件分区、分类保管，其标识应明显清晰。材质为不锈钢和有色金属的材料，不得与碳素钢接触。</td><td>GB 50093—2013 4. 1. 9
SH/T 3521—2013 4. 3. 7</td></tr>
<tr><td>4</td><td>专业人员资格审查</td><td>审查内容：
①仪表调校人员应持有有效的资格证书。
②工程开工前，项目监理机构应审查施工单位现场的质量管理组织机构、管理制度及专职管理人员和特种作业人员的资格；试验人员资格证书等。</td><td>SH/T 3521—2013 5. 1. 6
GB/T 50319—2013 5. 2. 1、5. 2. 7. 4</td></tr>
<tr><td rowspan="3">5</td><td rowspan="3">仪表校验</td><td>仪表安装前的校准和试验应在室内进行。试验室应具备下列条件：
①室内应清洁、安静、光线充足，并应无振动、无对仪表及线路的电磁场干扰。
②室内温度宜为 10~35℃。</td><td>GB 50093—2013 12. 1. 2</td></tr>
<tr><td>校验方式：
①仪表在安装和使用前应进行检查、校准和试验。
②用于仪表校准和试验的标准仪器仪表，应具备有效的计量检定合格证明，其基本误差的绝对值不宜超过被校准仪表基本误差绝对值的 1/3。
③现场不具备校准条件的流量检测仪表，应对制造厂的产品合格证和有效的检定证明进行验证。</td><td>GB 50093—2013 12. 1. 1、12. 1. 7、12. 2. 8</td></tr>
<tr><td>④对于现场不具备校验条件的仪表，出厂应提供各种在厂试验的数据报告等，可不做精度校验，只对其鉴定合格证明的有效性进行验证。</td><td>SH/T 3521—2013 5. 1. 11</td></tr>
</table>

续表

序号	检查内容	检查要点	检查依据
6	工序报验与交接情况	①工业安装工程施工质量的检验应符合下列规定： 1)各专业工程应根据相应的施工标准对施工过程进行质量控制，并应按工序进行质量检验； 2)相关专业之间应进行施工工序交接检验，并应形成记录。	GB/T 50252—2018 3.0.6(2、3)
		②隐蔽工程应在隐蔽前由施工单位通知有关单位进行验收，并应形成验收文件。未经检查验收或检验不合格的，不得进入下道工序。	GB/T 50252—2018 3.0.9
		③自动化仪表专业与相关专业之间，应进行施工工序交接检验。	GB 50093—2013 3.2.3
7	施工记录、交工技术文件编制符合性	施工记录应符合 SH/T 3503—2017《石油化工建设工程项目交工技术文件规定》、SH/T 3543—2017《石油化工建设工程项目施工过程技术文件规定》，工程交工验收应按 SH/T 3503—2017《石油化工建设工程项目交工技术文件规定》的要求提交技术文件。	SH/T 3521—2013 14.2.4
二、仪表单体试验			
1	仪表调校室条件	①仪表安装前的校准和试验应在室内进行。调校室应具备下列条件： 1)室内清洁、安静、光线充足、通风良好、无振动和较强电磁场的干扰； 2)室内温度保持在 10~35℃，相对湿度不大于 85%； 3)有上、下水设施。 ②仪表试验用的气源应清洁干燥，气源压力应稳定。	SH/T 3521—2013 5.1.3~5.1.5
2	标准仪器	校验用的标准仪器(表)，应具备有效的计量检定合格证，其基本误差的绝对值不宜超过被校仪表基本误差绝对值的 1/3。	SH/T 3521—2013 5.1.7
3	一般要求	设计文件规定禁油和脱脂的仪表在校准和试验时，必须按其规定进行。	GB 50093—2013 12.1.10
		取源部件安装完毕，应与设备和管道同时进行压力试验。	GB 50093—2013 5.1.10
4	仪表设备核查	仪表安装和投入运行前应对其进行检查、校准和试验，确认符合设计文件要求及产品技术文件所规定的技术性能。	SH/T 3521—2013 5.1.2
5	温度检测仪表	双金属温度计、压力式温度计应进行示值校验不得少于两点。	SH/T 3521—2013 5.2.2
		热电偶、热电阻可在常温下对元件进行通、断、绝缘检测，不再进行热电性能试验，但应对其鉴定合格证的有效性进行验证。	SH/T 3521—2013 5.2.3
		温度变送器、一体化温度变送器应对变送器进行精度校验。	SH/T 3551—2013 6.2.3

续表

序号	检查内容	检查要点	检查依据
6	压力检测仪表	压力表应进行校验，校验合格后应加铅封或标识。	SH/T 3521—2013 5.3.2、5.3.4
		①变送器、转换器应进行输入输出特性试验和校准，其准确度应符合设计文件的规定，输入输出信号范围和类型应与铭牌标识、设计文件规定一致，并应与显示仪表配套。 ②压力、差压变送器的校准和试验，还应按设计文件和使用要求进行零点、量程调整和零点迁移量调整。	GB 50093—2013 12.2.5、12.2.7
7	开关量仪表	压力开关的校验应符合下列规定： 1)作高报警校验时，将压力缓慢增大，当增大到报警压力时，其常开或常闭触点应动作；然后继续加压超过报警压力，再缓慢降压直至触点动作，带恢复值要求的，恢复值应在允许范围内； 2)作低报警校验时，加压高于报警压力后，缓慢降压至报警压力时触点应动作；然后继续减压至报警压力，再缓慢升压直至触点动作，恢复值应在允许范围内。	SH/T 3521—2013 5.3.3
		浮球式液位开关检查时，应用手平缓操作平衡杆或浮球，使其上、下移动，带动磁钢使微动开关触点动作。	SH/T 3521—2013 5.5.3
8	执行器	膜头、缸体应进行泄漏性试验以及行程试验。	GB 50093—2013 12.2.17 2
		执行器阀体应进行耐压强度试验。试验在阀门全开状态下用洁净水进行，试验压力为公称压力的1.5倍，时间不少于3min，且不应有可见的泄漏现象。	SH/T 3521—2013 5.8.2
		事故切断阀及有特殊要求的控制阀应进行泄漏量试验，试验介质为清洁空气，试验压力为0.35MPa或规定允许压差。	SH/T 3521—2013 5.8.5
		①控制阀应进行行程试验，行程允许偏差应符合产品技术文件的规定。 ②控制阀的灵敏度试验可用百分表测定，测定使阀杆开始移动的压力变化值，该值不得超过信号范围的1.5%，有阀门定位器的控制阀压力变化值不得超过0.3%。 ③事故切断阀和设计文件明确规定全行程时间的执行器，应进行全行程时间试验，时间不得超过设计文件的规定。	SH/T 3521—2013 5.8.7~5.8.9
9	试验记录	仪表校验合格后，应及时填写校验记录，要求数据真实、字迹清晰，并由校验人、质量检查员、技术负责人签认，注明校验日期，表体贴上校验合格证标签(带有仪表位号)。	SH/T 3521—2013 5.1.12

续表

序号	检查内容	检查要点	检查依据
三、仪表设备安装			
1	取源部件一般规定	取源部件的结构尺寸、材质和安装位置应符合设计文件要求。	GB 50093—2013 5.1.1
		在设备或管道上安装取源部件的开孔和焊接工作，必须在设备或管道防腐、衬里和压力试验前进行。	GB 50093—2013 5.1.3
2	接线箱（盒）接线及标识	仪表接线箱(盒)应采取密封措施，引入口不宜朝上。	GB 50093—2013 6.1.9
		仪表的接线应符合下列规定： ①接线前应校线，线端应有标号。 ②剥绝缘层时不应损伤芯线。 ③电缆与端子的连接应均匀牢固，导电良好。 ④多股芯线端头宜采用接线端子，电线与接线端子的连接应压接。	GB 50093—2013 7.6.3
		仪表盘、柜、箱接线端子两端的线路，均应按设计图纸标号。标号应正确、字迹清晰且不易褪色。	GB 50093—2013 7.6.5
3	温度仪表安装	垂直安装时与管道轴线垂直相交；倾斜角度安装时与管道轴线相交；在管道拐弯处安装时与管道轴线重合，在倾斜和拐弯处安装时宜逆着物料流向。	GB 50093—2013 5.2.1
		温度仪表安装要求： ①接触式温度检测仪表的测温元件应安装在能准确反映被测介质温度的位置。 ②双金属温度计刻度盘面安装在便于观察处。 ③表面温度计的感温面与被测物表面接触良好，固定牢固。 ④热电偶应用相应分度号的补偿导线。	SH/T 3521—2013 6.4.1～6.4.3、6.4.8
4	压力仪表安装	压力取源部件安装要求： ①压力取源部件与温度取源部件在同一管段上时，应安装在温度取源部件的上游侧。 ②压力取源部件的端部不应超出设备或管道的内壁。 ③在水平和倾斜的管道上安装压力取源部件时，取压点的方位应符合下列规定：测量气体压力时，应在管道的上半部。测量液体压力时，应在管道的下半部与管道的水平中心线成0°～45°夹角的范围内。测量蒸汽压力时，应在管道的上半部，以及下半部与管道水平中心线成0°～45°夹角的范围内。	GB 50093—2013 5.3.2、5.3.3、5.3.5
		测量低压的压力表或变送器的安装高度，宜与取压点的高度一致。	GB 50093—2013 6.4.2
		测量高压的压力表安装在操作岗位附近时，宜距操作面1.80m以上，或在仪表正面加设保护罩。	GB 50093—2013 6.4.3

续表

序号	检查内容	检查要点	检查依据
5	流量计安装	节流件安装要求： ①流量取源部件上、下游直管段的最小长度应符合设计文件的规定。 ②在规定的直管段最小长度范围内，不得设置其他取源部件或检测元件，直管段管子内表面应清洁，并应无凹坑和凸出物。 ③节流装置在水平和倾斜的管道上安装时，取压口的方位应符合下列规定：测量气体流量时，应在管道的上半部。测量液体流量时，应在管道的下半部与管道的水平中心线成0°~45°夹角的范围内。测量蒸汽流量时，应在管道的上半部与管道水平中心线成0°~45°夹角的范围内。	GB 50093—2013 5.4.1、5.4.3、5.4.6
		节流件的安装应符合下列要求： ①安装前应进行外观检查，孔板的入口和喷嘴的出口边缘应无毛刺、圆角和可见损伤，并应按设计数据和制造标准规定测量验证其制造尺寸。 ②节流件必须在管道吹洗后安装。 ③节流件的安装方向，应使流体从节流件的上游端面流向节流件的下游端面。 ④节流件的端面应垂直于管道轴线，其允许偏差应为1°。	GB 50093—2013 6.5.1(1、3、4、7)
		差压计或差压变送器正负压室与测量管道的连接应正确，引压管倾斜方向、坡度和隔离器、冷凝器、沉降器、集气器的安装，均应符合设计文件的规定。	GB 50093—2013 6.5.2
6	液位计安装	取源部件安装位置要求： ①应选在物位变化灵敏，且检测元件不应受物料冲击的部位。 ②浮球式液位仪表的法兰短管能确保浮球能在全量程范围内自由活动。 ③静压液位计取源部件的安装位置远离液体进、出口。 ④雷达、超声波、射频导纳物位计的取源部件位置应使检测元件与被测对像区域内无遮挡物，并应远离物料进、出口。	GB 50093—2013 5.5.1、5.5.6、5.5.8、5.5.10
		浮筒液位计的浮筒应垂直安装，其垂直度允许偏差为2mm/m。	SH/T 3521—2013 6.7.1
		钢带液位计的钢带应处于导管中心且沿滑轮滑动自如，钢带导管垂直度允许偏差为0.5mm/m。	SH/T 3521—2013 6.7.2
		液面计安装应垂直，其垂直度允许偏差为5mm/m。	SH/T 3521—2013 6.7.6
		带毛细管的仪表设备安装时，毛细管应敷设在角钢或管槽内，并防止机械拉伤。毛细管固定时不应敲打，弯曲半径不应小于50mm。	SH/T 3521—2013 6.1.8

续表

序号	检查内容	检查要点	检查依据
6	液位计安装	用引压式差压变送器测量液位时，其安装高度不应高于下部取压口，但用毛细管双法兰式差压变送器、吹气法及利用低沸点液体汽化传递压力的方法测量液位时可不受此限。	SH/T 3521—2013 6.7.9
		核辐射式仪表安装前应编制具体的安装方案，安装中的安全防护措施应符合国家现行有关放射性同位素工作卫生防护标准的规定。在安装现场应有明显的警戒标识。	GB 50093—2013 6.6.5、6.1.14
7	FF 总线系统核查	网段电缆应采用 A 型 FF 现场总线电缆。	SH/T 3217—2021 5.1.7
		每个 FF H1 网段挂接现场设备数量不应超过 16 台，工程上不宜超过 12 台。	SH/T 3217—2021 5.1.10
		主控制系统带载的 FF H1 网段数量应预留至少 25%的裕量。	SH/T 3217—2021 6.2.2
		主控制系统控制器的最大负荷不应大于 60%。	SH/T 3217—2021 6.6.2 b)
8	分析仪安装	取源部件的安装位置要求： ①分析取源部件应安装在压力稳定、能灵敏反映真实成分变化和取得具有代表性的分析样品的位置。取样点的周围不应有层流、涡流、空气渗入、死角、物料堵塞或非生产过程的化学反应。 ②被分析的气体内含有固体或液体杂质时，取源部件的轴线与水平线之间的仰角应大于 15°。 ③在水平和倾斜的管道上安装压力取源部件时，取压点的方位应符合下列规定：测量气体压力时，应在管道的上半部。测量液体压力时，应在管道的下半部与管道的水平中心线成 0°~45°夹角的范围内。测量蒸汽压力时，应在管道的上半部，以及下半部与管道水平中心线成 0°~45°夹角的范围内。	GB 50093—2013 5.6.1、5.6.3、5.3.5
		分析取样系统的预处理装置应单独安装，并宜靠近传送器。	GB 50093—2013 6.8.1
		取样管道安装要求： ①分析取样管道应整齐布置，并应使气体或液体能排放到安全地点，有毒气体应按设计文件规定的位置排放。 ②在分析仪入、出口处和试样返回线上应安装截止阀，阀门流向应正确。	SH/T 3521—2013 10.4.3、10.4.4
9	可燃气体和有毒气体报警仪安装	探测器和报警器的安装要求： ①检测比空气重的可燃气体或有毒气体时，探测器的安装高度宜距地坪(或楼地板)0.3~0.6m；检测比空气轻的可燃气体或有毒气体时，探测器的安装高度宜在释放源上方 2.0m 内。检测比空气略重的可燃气体或有毒气体时，探测器的安装高度宜在释放源下方 0.5~1.0m；检测比空气略轻的可燃气体或有毒气体时，探测器的安装高度宜高出释放源 0.5~1.0m。	GB/T 50493—2019 6.1.1~6.1.4、6.2.3

序号	检查内容	检查要点	检查依据
9	可燃气体和有毒气体报警仪安装	②环境氧气探测器的安装高度宜距地坪或楼地板1.5~2.0m。 ③线型可燃气体探测器宜安装于大空间开放环境，其检测区域长度不宜大于100m。 ④现场区域警报器的安装高度应高于现场区域地面或楼地板2.2m，且位于工作人员易察觉的地点。	GB/T 50493—2019 6.1.1~6.1.4、6.2.3
		控制室、机柜间的空调新风引风口等可燃气体和有毒气体有可能进入建筑物的地方，应设置可燃气体和(或)有毒气体探测器。	GB/T 50493—2019 4.4.3
10	控制阀安装	执行器安装要求： ①执行器的机械传动应平稳、灵活、无松动和卡涩等现象。 ②执行机构应固定牢固，操作时无晃动，安装位置应便于观察、操作和维护，不妨碍通行，操作手轮应处在便于操作的位置。 ③带定位器的控制阀，应将定位器固定在控制阀支架上，并便于观察和维修。定位器的反馈连杆与控制阀阀杆接触应紧密，连接应牢固。 ④执行器输出轴与阀体(调节机构)连接的连杆或接头，安装时应保持适当的间隙，保证执行器动作灵活平稳。止档限位应在输出轴的有效范围内紧固，不可松动。 ⑤气动及液动执行机构的信号管应有足够的伸缩余量，使其不妨碍执行机构的动作。	SH/T 3521—2013 6.10.1~6.10.5
11	测量探头安装	测量探头安装应在机械安装完毕、被测机械部件处于工作位置时进行，探头的定位应按产品技术文件和机械设备制造厂技术文件的要求确定和固定。	SH/T 3521—2013 6.9.1a)
		涡流传感器测量探头与前置放大器之间的连接应使用专用同轴电缆，该电缆的阻抗应与探头和前置放大器相匹配。安装中应保护探头和专用电缆不受损伤。	GB 50093—2013 6.7.3-2~6.7.3-3
12	盘、柜、操作台、箱安装	仪表盘、柜、操作台的安装位置和平面布置，应按设计文件施工。	GB 50093—2013 6.2.1
		盘、柜、操作台偏差控制应符合以下要求： ①型钢底座的制作尺寸，应与盘、柜、操作台相符，其直线度允许偏差应为1mm/m，当型钢底座长度大于5m时，全长允许偏差5mm。 ②型钢底座安装时，上表面应保持水平，其水平度允许偏差应为1mm/m，当型钢底座长度大于5m时，全长允许偏差5mm。 ③单独的仪表盘、柜、操作台固定应牢固，垂直度允许偏差应为1.50mm/m，水平度允许偏差应为1mm/m。	GB 50093—2013 6.2.2、6.2.3、6.2.8、6.2.9

续表

序号	检查内容	检查要点	检查依据
12	盘、柜、操作台、箱安装	④同一系列规格相邻两盘、柜、操作台的顶部高度差不得大于2mm；当同一系列规格相邻两盘、柜、操作台间的连接处超过两处时，顶部高度差不得大于5mm；相邻两盘、柜、操作台接缝处正面的平面度偏差不得大于1mm；当盘、柜、操作台间的连接处超过5处时，正面的平面度偏差不得大于5mm；相邻两盘、柜、操作台间之间的接缝间隙不得大于2mm。	GB 50093—2013 6.2.2、6.2.3、6.2.8、6.2.9
		盘柜基础防腐及固定要求： ①仪表盘、柜、操作台的型钢底座应在地面施工完成前安装找正，其上表面宜高出地面。型钢底座应进行防腐处理。 ②仪表盘、柜、操作台之间及盘、柜、操作台内各设备构件之间的连接应牢固，用于安装的紧固件应为防锈材料。安装固定不应采用焊接方式。	GB 50093—2013 6.2.4、6.2.7
		现场接线箱的安装应符合下列规定： ①周围环境温度不宜高于45℃。 ②与各检测点的距离应适当，箱体中心距操作地面的高度宜为1.20~1.50m。 ③不应影响操作、通行和设备维修。 ④接线箱应密封并应标明编号，箱内接线应标明线号。 ⑤不锈钢材质的接线箱固定时，不得与碳钢材料直接接触。	GB 50093—2013 6.2.13
		搬运、安装与加工的要求： ①仪表盘、柜、操作台、箱在搬运和安装过程中，不得有变形和表面涂层损伤。 ②仪表盘、柜、操作台、箱在安装及加工过程中应采用机械加工方法加工。	GB 50093—2013 6.2.11、6.2.12
13	电气防爆	安装在爆炸危险环境的仪表、仪表线路、电气设备及材料，其规格型号必须符合设计文件的规定。防爆设备必须有铭牌和防爆标识，并应在铭牌上标明国家授权的机构颁发的防爆合格证编号。	GB 50093—2013 10.1.2
		当电缆桥架或电缆沟道通过不同等级的爆炸危险区域的分隔间壁时，在分隔间壁处必须做充填密封。	GB 50093—2013 10.1.5
		安装在爆炸危险区域的电缆导管应符合下列要求： ①电缆导管之间及电缆导管与接线箱(盒)、穿线盒之间，应采用螺纹连接，螺纹有效啮合部分不应少于5扣，螺纹处应涂电力复合脂，不得使用麻、绝缘胶带、涂料等，并应用锁紧螺母锁紧，连接处应保证良好的电气连续性。	GB 50093—2013 10.1.6

续表

序号	检查内容	检查要点	检查依据
13	电气防爆	②当电缆导管穿过不同等级爆炸危险区域的分隔间壁时，分界处电缆导管和电缆之间、电缆导管和分隔间壁之间应做充填密封。 ③当电缆导管与仪表、检测元件、电气设备、接线箱连接时，或进入仪表盘、柜、箱时，应安装防爆密封管件，并应充填密封。	GB 50093—2013 10.1.6
		本质安全型仪表的安装和线路敷设应符合下列要求： ①本质安全电路和非本质安全电路不得共用一根电缆或穿同一根电缆导管。 ②当本质安全电路与非本质安全电路在同一电缆桥架或同一电缆沟道内敷设时，应采用接地的金属隔板或绝缘板隔离，或分开排列敷设，其间距应大于50mm，并应分别固定牢固。 ③当采用屏蔽电缆电线时，屏蔽层不得接到安全栅的接地端子上。 ④本质安全电路内的接地线和屏蔽连接线应有绝缘层。 ⑤本质安全电路不得受到其他线路的强电磁感应和强静电感应，线路的长度和敷设方式应符合设计文件的规定。 ⑥本质安全型仪表及本质安全关联设备，必须有国家授权的机构颁发的产品防爆合格证，其型号、规格的替代，必须经原设计单位确认。 ⑦本质安全电路的分支接线应设在增安型防爆接线箱(盒)内。	GB 50093—2013 10.1.7 (1、4、9~13)
		当对爆炸危险区域的线路进行连接时，必须在设计文件规定采用的防爆接线箱内接线。接线必须牢固可靠、接地良好，并应有防松和防拔脱装置。	GB 50093—2013 10.1.8
		用于火灾危险环境的装有仪表及电气设备的箱、盒等，应采用金属或阻燃材料制品，电缆和电缆桥架应采用阻燃材料制品。	GB 50093—2013 10.1.9
		安装在爆炸危险环境的仪表、电气设备和材料，其外部应无损伤和裂纹，产品标识应规范、清晰、耐久。	SH/T 3521—2013 8.8.2
		防爆仪表和电气设备引入电缆时，应采用弹性密封圈挤紧或用隔离密封填料进行封固，外壳上多余的孔应做防爆密封，弹性密封圈的一个孔应密封一根电缆。	SH/T 3521—2013 8.8.3
14	接地	供电电压高于36V的现场仪表的外壳，仪表盘、柜、箱、支架、底座等正常不带电的金属部分，均应做保护接地。	GB 50093—2013 10.2.1
		仪表保护接地系统应接到电气工程低压电气设备的保护接地网上，连接应牢固可靠，不应串联接地。	GB 50093—2013 10.2.4

序号	检查内容	检查要点	检查依据
14	接地	各仪表回路应只有一个信号回路接地点。	GB 50093—2013 10.2.8
		铠装电缆的铠装两端应进行保护接地。	GB 50093—2013 10.2.11
		当有干扰防护要求时，多芯电缆中的备用芯线应在一点接地，屏蔽电缆的备用芯线与屏蔽层，应在同一侧接地。	GB 50093—2013 10.2.13
		仪表盘、柜、箱内各回路的各类接地，应分别由各自的接地支线引至接地汇流排或接地端子板，由接地汇流排或接地端子板引出接地干线，再与接地总干线和接地极相连。各接地支线、汇流排或端子板之间在非连接处应相互绝缘。	GB 50093—2013 10.2.14
		单独设置仪表专用接地系统时，如设计文件或制造厂未规定时，应符合下列规定： ①仪表系统保护接地电阻值小于等于 4Ω。 ②屏蔽接地和工作接地小于等于 10Ω。 ③本质安全回路接地和其他仪表接地电阻应符合产品技术文件的要求。	SH/T 3521—2013 9.5.7
		接地线连接应符合以下要求： ①进出仪表接线箱的屏蔽电缆的内外屏蔽层应按本规范附录 A 中图 A-1～图 A-4 所示在接线箱和机柜处接地。 ②接地系统的各种连接应牢固、可靠，并应具有良好的导电性，各种接地导线与接地汇流排、接地汇总板的连接应采用镀锡铜接线片和镀锌钢质螺栓压接，并应有防松件，同一压接点压接的导线数量不应多于两条。	SH/T 3081—2019 4.4.5 SH/T 3081—2019 6.3.5
		接地系统的标识颜色应为黄、绿相间两色或绿色。	SH/T 3081—2019 6.1.3
15	防雷	网型结构的接地排应安装在机柜底部支撑或其他支架上，高度宜靠近机柜底部。接地排宜采用非绝缘支架等材料安装。	SH/T 3164—2021 6.1.7
		电涌防护器接地导轨或接地汇流条应接到机柜下方的接地排或机柜内的保护接地汇流条。	SH/T 3164—2021 8.3.3
		室外接地装置到室内电气接地板的连接路径与接闪器引下线的路径间距应≥3.0m。	SH/T 3164—2021 13.5
16	综合控制系统安装	控制室内安装的各类控制、显示、记录仪表和辅助单元以及综合控制系统，在开箱和搬运中不应有剧烈震动和灰尘、潮气进入设备。	GB 50093—2013 6.11.1

续表

序号	检查内容	检查要点	检查依据
16	综合控制系统安装	综合控制系统设备安装前应具备下列条件： ①基础底座应安装完毕。 ②地板、顶棚、内墙、门窗应施工完毕。 ③空调系统应已投入运行。 ④供电系统及室内照明应施工完毕并已投入运行。 ⑤接地系统应已施工完毕，接地电阻应符合设计文件的规定。	GB 50093—2013 6.11.2
		综合控制系统安装就位后应达到产品要求的供电条件、温度和湿度，并应保持室内清洁。	GB 50093—2013 6.11.3
		设备在控制室和机房内搬运或移动时，不得损坏地面，就位后应及时固定。	SH/T 3521—2013 7.2.7
17	仪表电源设备安装	电源设备检查及安装应符合下列要求： ①电源部件的外观检查符合要求，电气性能符合设计文件的规定。 ②现场仪表供电箱型号规格符合设计要求，不宜安装在高温、潮湿、多尘、爆炸及火灾危险、腐蚀作用、振动或干扰其附近仪表等的位置。	GB 50093—2013 6.12.1、6.12.2
		检查电源设备应符合以下规定： ①仪表电源配线应满足下列要求：室内仪表电源线应选用聚乙烯绝缘或聚氯乙烯绝缘多股铜芯软线。 ②直流稳压电源应采用并联运行方式构成1∶1冗余供电系统，任何一路电源发生故障时，供电系统仍应能向所有用电设备正常供电。 ③仪表UPS的容量应按仪表及控制系统（包括：系统机柜、网络柜、安全栅柜、继电器柜、远程I/O柜、现场仪表等）额定负荷总和的0.8~1.2倍确定；仪表GPS的容量应按仪表辅助设施额定负荷总和的1.2~1.5倍确定。	SH/T 3082—2019 8.3.4 b)、5.1.4、6.1.1
		标识与配线应符合以下要求： ①电源设备的安装应牢固、整齐、美观，设备位号、端子标号、用途标识、操作标识等应完整无缺。 ②盘柜内安装的电源设备及配电线路，两带电导体间，导电体与裸露的不带电导体间，电气间隙和爬电距离应符合下列规定： 1）额定电压不大于60V的线路，电气间隙和爬电距离不得小于3mm； 2）额定电压大于60V且不大于300V的线路，电气间隙不得小于5mm，爬电距离不得小于6mm； 3）额定电压大于300V且不大于500V的线路，电气间隙不得小于8mm，爬电距离不得小于10mm。 ③强、弱电的端子应分开布置。 ④金属供电箱应有明显的接地标识，接地线连接应牢固可靠。	GB 50093—2013 6.12.4、6.12.6、6.12.7、6.12.8

续表

序号	检查内容	检查要点	检查依据
四、仪表线路安装			
1	支架制作与安装	制作支架时，应将材料矫正、平直，切口处不应有卷边和毛刺。制作好的支架应牢固、平正、尺寸准确，并按设计文件要求及时除锈、涂防锈漆。	SH/T 3521—2013 8.2.1
		支架的安装与固定应符合下列要求： ①安装支架符合下列要求： 1) 在允许焊接的金属结构上和混凝土构筑物的预埋件上，应采用焊接固定； 2) 在混凝土上，宜采用膨胀螺栓固定； 3) 支架不得与高温或低温管道直接接触； 4) 支架应固定牢固、横平竖直、整齐美观。在同一直线段上的支架间距应均匀。 ②电缆桥架及电缆导管安装时，金属支架的位置和支架之间的间距应符合设计文件的规定。当设计文件未规定时，电缆桥架及电缆导管的金属支架间距宜为 1.50～3.00m。在拐弯处、终端处及其他需要的位置应设置支架。	GB 50093—2013 7.2.2（1、2、5、6）、7.2.3
		③采用圆钢制作电缆桥架吊杆时，圆钢直径不得小于 8mm。	SH/T 3569—2020 6.2.3
2	桥架安装	电缆桥架安装前，应进行外观检查。电缆桥架的内、外表面应平整，内部应光洁、无毛刺，尺寸应准确，配件应齐全。	GB 50093—2013 7.3.1
		桥架连接： ①电缆桥架采用螺栓连接和固定时，应采用平滑的半圆头螺栓，螺母应在电缆桥架的外侧，固定应牢固。 ②桥架之间、桥架与仪表盘柜和仪表箱之间、桥架与盖板之间、盖板之间的连接处，应接合严密。槽式电缆桥架的端口宜封闭。 ③当金属电缆桥架采用断开连接时，应保持桥架接地的连续性。 ④金属电缆桥架不得采用电焊焊接固定。 ⑤有防台风要求的电缆桥架安装应符合设计文件要求。 ⑥直线段钢制电缆桥架超过 30m、铝合金或玻璃钢制电缆桥架超过 15m 时，应留有不少于 20mm 的伸缩缝。	GB 50093—2013 7.3.3、7.3.5、7.3.11 SH/T 3569—2020 7.2.3、7.1.22、9.4
		槽式、托盘式电缆桥架应有排水孔，现场开孔应采用机械方式从里向外进行。开孔大小宜为 $\phi8$～$\phi10$mm。	SH/T 3569—2020 7.1.4

续表

序号	检查内容	检查要点	检查依据
2	桥架安装	铝合金、不锈钢电缆桥架与钢制支架之间应采取防电化学腐蚀措施。	SH/T 3569—2020 7.2.4
		当电缆桥架垂直段大于2m时，应在垂直段上、下端桥架内增设固定电缆用的支架。当垂直段大于4m时，应在其中部增设支架。	GB 50093—2013 7.3.9
3	电缆导管安装	电缆导管的加工要求： ①电缆导管不得有变形或裂缝，其内部应清洁、无毛刺，管口应光滑、无锐边。 ②当埋设于混凝土内时，钢管外壁不应涂刷涂料。 ③电缆导管弯管的加工制作应符合下列规定： 1)电缆导管弯曲后的角度不应小于90°； 2)电缆导管的弯曲半径，不应小于所穿入电缆的最小允许弯曲半径； 3)电缆导管弯曲处不应有凹陷、裂缝和明显的弯扁，且弯扁程度不应大于管外径的10%； 4)单根电缆导管的直角弯不宜超过2个。	GB 50093—2013 7.4.1～7.4.3
		保护管敷设的要求： ①当电缆导管的直线长度超过30m或弯曲角度的总和超过270°时，应在中间加装穿线盒。 ②电缆导管的两端管口应带护线帽。 ③电缆导管与检测元件或现场仪表之间，宜用挠性管连接，应设有防水弯。与现场仪表箱、接线箱、接线盒等连接时应密封，并应固定牢固。 ④当电缆导管有可能受到雨水或潮湿气体浸入时，应在最低点采取排水措施。 ⑤对于槽式、托盘式电缆桥架，保护管与电缆桥架连接时，电缆桥架的出线孔应采用机械开孔，开孔位置宜在电缆桥架侧面高度的2/3处，开孔处应打磨光滑。 ⑥保护管之间及保护管与连接件之间，应采用螺纹连接。管端螺纹的有效长度应大于管接头长度的1/2，并保持管路的电气连续性。当钢管埋地敷设时，宜采用套管焊接，管子对口应处于套管的中心位置，对口应光滑，焊接应牢固，焊口应严密，并应做防腐处理。	GB 50093—2013 7.4.4、7.4.6、7.4.8、7.4.11 SH/T 3569—2020 7.1.15a) SH/T 3521—2013 8.4.6
4	电缆敷设	电缆敷设前应进行下列检查： ①电缆敷设前应进行下列检查： 1)电缆槽或桥架已安装完毕，内部应平整、光洁、无毛刺、干净无杂物； 2)电缆型号、规格、长度等应符合设计要求，外观良好，保护层不得有破损； 3)绝缘电阻及导通试验检查合格；	SH/T 3521—2013 8.5.1 GB 50093—2013 7.1.2

序号	检查内容	检查要点	检查依据
4	电缆敷设	4)控制室机柜、现场接线箱及保护管已安装完毕。 ②电缆电线敷设前，应进行外观检查和导通检查，并应用直流500V兆欧表测量绝缘电阻，100V以下的线路采用直流250V兆欧表测量绝缘电阻，其电阻值不应小于5MΩ；当设计文件有特殊规定时，应符合设计文件的规定。	SH/T 3521—2013 8.5.1 GB 50093—2013 7.1.2
		敷设仪表电缆时的环境温度不应低于下列温度值： ①塑料绝缘电缆0℃。 ②橡皮绝缘电缆-15℃。	GB 50093—2013 7.5.1
		测量电缆电线的绝缘电阻时，必须将已连接上的仪表设备及部件断开。	GB 50093—2013 7.1.15
		线路敷设时的要求： ①线路从室外进入室内时，应有防水和封堵措施。 ②线路进入室外的盘、柜、箱时，宜从底部进入，并应有防水密封措施。 ③电缆不应有中间接头，当需要中间接头时，应在接线箱或接线盒内接线，接头宜采用压接；当采用焊接时，应采用无腐蚀性的焊药。补偿导线应采用压接。同轴电缆和高频电缆应采用专用接头。 ④在线路的终端处，应加标志牌。地下埋设的线路，应设置明显标识。 ⑤塑料绝缘、橡皮绝缘多芯控制电缆的弯曲半径，不应小于其外径的10倍。 ⑥在电缆桥架内，交流电源线路和仪表信号线路应用金属隔板隔开敷设。 ⑦明敷设的仪表信号线路与具有强磁场和强静电场的电气设备之间的净距离宜大于1.50m；当采用屏蔽电缆或穿金属电缆导管以及金属槽式电缆桥架内敷设时，宜大于0.80m。 ⑧电缆敷设应合理安排，避免交叉，防止电缆之间或电缆与其他硬物之间相摩擦。 ⑨电缆在桥架内排列整齐，在垂直电缆槽内敷设时，应用支架固定，并做到松紧适度。电缆在拐弯处、两端、伸缩缝、热补偿区段、易振等部位应留有余量。	GB 50093—2013 7.1.9 GB 50093—2013 7.1.10 GB 50093—2013 7.1.12 GB 50093—2013 7.1.16 GB 50093—2013 7.5.3 GB 50093—2013 7.5.5 GB 50093—2013 7.5.7 SH/T 3521—2013 8.5.5 SH/T 3521—2013 8.5.7
		补偿导线(电缆)敷设要求： ①补偿导线(电缆)应穿保护管或在电缆槽内敷设，不得直接埋地敷设。 ②补偿导线(电缆)的型号应与热电偶及连接仪表的分度号相匹配。	SH/T 3521—2013 8.7.2、8.7.3
		电缆线路隔热与防火要求： ①当线路周围环境温度超过65℃时，应采取隔热措施。当线路附近有火源时，应采取防火措施。 ②线路与绝热的设备和管道绝热层之间的距离应大于200mm，与其他设备和管道表面之间的距离应大于150mm。	GB 50093—2013 7.1.6、7.1.8

序号	检查内容	检查要点	检查依据
4	电缆敷设	仪表信号线路、仪表供电线路、安全联锁线路、补偿导线及本质安全型仪表线路和其他特殊仪表线路，应分别采用各自的电缆导管。	GB 50093—2013 7.5.15
		在同一电缆槽内的不同信号、不同电压等级和本质安全防爆系统的电缆，应用金属隔板隔离，并按设计文件的规定分类、分区敷设。	SH/T 3521—2013 8.5.6
5	光缆敷设	敷设前应进行以下检查： ①应进行外观检查和光纤导通检查，绝缘层表面应平整、色泽均匀、无损伤，A/B(头尾)端应密封良好，光纤束由不同颜色光纤组成，外面螺旋松绕以全色谱标识的着色纱线，领示色标(或全色标)清晰、完整。 ②光缆在地下敷设时，应敷设在保护管(束)内，保护管(束)、标示桩和电缆井的布置和施工，应符合设计文件规定。光缆敷设前，应对保护管(束)和电缆井内进行清理，达到清洁畅通。	SH/T 3521—2013 8.6.1、8.6.3
		光缆敷设时，应保持光缆的自然态，避免出现急剧性的弯曲，其弯曲半径不应小于光缆外径的20倍。穿保护管时应用钢线引导，并涂抹适量滑石粉。	SH/T 3521—2013 8.6.4
		光缆敷设应符合下列要求： ①光缆敷设前应进行外观检查和光纤导通检查。 ②光缆的弯曲半径不应小于光缆外径的15倍。 ③光缆敷设时，光缆应由绕盘上方放出并应保持松弛弧形，光缆敷设过程中应无扭结现象发生。 ④光缆敷设时，在线路的拐弯处、电缆井内以及终端处，应预留适当的长度，并应有标识。 ⑤光缆敷设完毕，光缆端头应做密封防潮处理，不得浸水。 ⑥光缆线路中间不宜有接头。	GB 50093—2013 7.5.16
		光缆连接应符合下列要求： ①光纤连接前应根据接头位置预留足够长度。 ②光纤连接环境应整洁，光缆各连接部件、工具及材料应清洁。 ③光纤连接前和光纤连接后均应对光纤进行测试。 ④光纤连接应采用专用设备进行熔接。 ⑤光纤连接时，应按光纤排列顺序对应连接，并应标识清晰。 ⑥光纤连接应连续作业。 ⑦光纤连接操作中不得损伤、折断光纤。 ⑧室外光缆接头套(管、箱)应按设计文件规定进行密封，并应标识清晰。	GB 50093—2013 7.5.17

序号	检查内容	检查要点	检查依据
6	仪表线路配线	从外部进入仪表盘、柜、箱内的电缆电线，应在其导通检查及绝缘电阻检查合格后再进行配线。	GB 50093—2013 7.6.1
		①仪表的接线应符合下列规定： 1)接线前应校线，线端应有标号； 2)剥绝缘层时不应损伤芯线； 3)电缆与端子的连接应均匀牢固、导电良好； 4)多股芯线端头宜采用接线端子，电线与接线端子的连接应压接。 ②仪表盘、柜、箱内的线路不得有接头，其绝缘保护层不得有损伤。 ③剥去外部护套的橡皮绝缘芯线及屏蔽线，应加设绝缘护套。 ④双绞线及多绞线应保持到接线端子处，不应提前拆开绑扎。 ⑤仪表盘、柜、箱内配线，同一个接线端子上的连接芯线不应超过两芯。 ⑥本安仪表与非本安仪表的接线端子应分开设置，两者的信号线应采用不同汇线槽敷设。	GB 50093—2013 7.6.3、7.6.4、7.6.7 SH/T 3521—2013 8.9.2、8.9.8、8.9.9
		紧急停车按钮、开关、信号报警器等与安全仪表系统连接，应采用硬接线方式，不应采用通信方式。	GB/T 50770—2013 10.2.5
五、仪表管线安装			
1	管道组成件的检验	管道元件检验要求： ①管道元件和材料应具有制造厂的产品质量证明文件，并应符合国家现行有关标准和设计文件的规定。 ②铬钼合金钢、含镍低温钢、不锈钢、镍及镍合金、钛及钛合金材料的管道组成件，应采用光谱分析或其他方法对材质进行复查，并应做好标识。 ③仪表工程中的金属管道的施工及验收，除执行本规程外，还应执行 GB 50517 中的有关规定。 ④输送有毒和可燃介质的测量管道的施工及验收，还应执行 SH 3501 的有关规定。	GB 50235—2010 4.1.1、4.1.4 SH/T 3521—2013 10.1.1、10.1.2
		阀门试验要求： ①管路焊接阀门安装前，应逐个对阀体进行液压强度试验，试验压力为公称压力 1.5 倍，5min 无泄漏为合格。 ②阀门阀座密封面应做气密试验，气密试验应按 SH 3518 的规定执行，并做记录。 ③低压密封试验压力为 0.6MPa。低压密封试验介质应使用气体。	SH/T 3521—2013 10.3.3、10.3.4 SH 3518—2013 5.3.2

续表

序号	检查内容	检查要点	检查依据
2	测量管道弯制	测量管道弯制要求： ①金管道的弯制宜采用冷弯，并宜一次弯成。管子弯制后，应无裂纹和凹陷。 ②高压钢管的弯曲半径宜大于管子外径的5倍，其他金属管的弯曲半径宜大于管子外径的3.5倍，塑料管的弯曲半径宜大于管子外径的4.5倍。 ③仪表管道应采用机械方法切割，管口应平整光滑，并应无毛刺、裂纹、凸凹或缩口。 ④可预制的测量管道应集中加工，预制好的管段内部应清理干净，并及时封闭管口。	GB 50093—2013 8.1.7～8.1.9 SH/T 3521—2013 10.1.5
3	测量管道脱脂	仪表管道安装前应将内部清扫干净，管端应临时封闭。需要脱脂的管道应经过脱脂合格后安装。	GB 50093—2013 8.1.2
		测量管道脱脂要求： ①需要脱脂的仪表、控制阀、管子和其他管道组成件，应按设计文件的规定脱脂。 ②脱脂合格的仪表、控制阀、管子和其他管道组成件应封闭保存，并应加设标识；安装时严禁被油污染。 ③易拆卸的仪表、控制阀和管道组成件脱脂时，应将需脱脂的部件、附件及填料拆下放入脱脂溶剂中浸泡，浸泡时间应为1～2h。 ④当不易拆卸的仪表脱脂时，可采用灌注脱脂溶剂的方法，脱脂剂的灌注量应为仪表组件内部空间的2/3～3/4，灌注后浸泡时间不应小于2h。 ⑤管子脱脂可采用在脱脂槽内浸泡的方法，浸泡时间应为1～1.5h。 ⑥采用擦洗法脱脂时，应使用不易脱落纤维的布或丝绸，不得使用棉纱。脱脂后，脱脂件上严禁附着纤维。	GB 50093—2013 9.1.1、9.1.7、9.2.2~9.2.5
4	测量管道焊接	测量管道焊接前检查内容： ①测量管道焊接前，应将仪表设备与管路脱离。 ②测量管道内外表面的灰尘、油、水、铁锈等污物均应进行清理，达到清洁畅通，管段应临时封闭，避免杂物进入。需要脱脂的管道应经脱脂并检查合格后再安装。 ③当阀门与管道以法兰或螺纹方式连接时，阀门应处于关闭状态下安装；当以焊接方式连接时，阀门应处于开启状态。	SH/T 3521—2013 10.2.3、10.1.3、10.2.12
		测量管道的焊接应符合下列要求： ①对不锈钢管或质量要求严格的测量管道焊接宜采用氩弧焊或承插焊(承插焊单独列)。 ②螺纹接头采用密封焊时，不得使用密封带，其露出螺纹应全部由密封焊覆盖。	SH/T 3521—2013 10.2.10

序号	检查内容	检查要点	检查依据
4	测量管道焊接	测量管道焊接后应符合以下要求： ①管道焊接应有焊接工作记录。 ②管道连接件安装前，应检查其密封面，不得有影响密封性能的缺陷。 ③有毒、可燃介质的测量管道安装，应做好详细的施工记录，并在测量管道上做明显标识。	SH/T 3521—2013 10.3.12、10.3.13、10.3.15
5	测量管道敷设	测量管道埋地敷设：仪表管道埋地敷设时，必须经试压合格和防腐处理后再埋入。直接埋地的管道连接时必须采用焊接，并应在穿过道路、沟道及进出地面处设置保护套管。	GB 50093—2013 8.1.4
		测量管道敷设要求： ①当测量管道水平敷设时，应根据不同的物料和测量要求，设置1∶10~1∶100的坡度，其倾斜方向应能排除测量管道中积聚的气体或冷凝液。当无法满足时，应在管道的集气处安装排气装置、在集液处安装排液装置。 ②当测量管道与高温设备、管道连接时，应采取热膨胀补偿措施。 ③测量差压的正压管和负压管应安装在环境温度相同的位置。 ④低温管道敷设应采取膨胀补偿措施。 ⑤低温管及合金管下料切断后，必须移植原有标识。薄壁管、低温管及钛管，严禁使用钢印做标识。 ⑥测量管道在满足测量要求的前提下，敷设路径尽量短(设计文件有特殊要求的情况除外)，且不宜大于15m。	GB 50093—2013 8.2.2~8.2.4、8.2.7、8.2.8 SH/T 3521—2013 10.2.2
6	测量管道的固定	固定要求： ①支架的间距宜符合下列规定： 1)钢管水平安装时宜为1.00~1.50m；垂直安装时宜为1.50~2.00m； 2)铜管、铝管、塑料管及管缆水平安装时宜为0.50~0.70m；垂直安装时宜为0.70~1.00m。 ②不锈钢管固定时，不应与碳钢材料直接接触。不锈钢管与支架、固定卡子之间宜加设隔离垫板。	GB 50093—2013 8.1.16、8.1.17
7	管道试验	①试验前应切断与仪表的连接，并将管道吹扫干净。 ②测量管道压力试验时，不得带变送器进行压力试验，应关闭靠近变送器的阀门，并打开变送器本体上放空针形阀或排放丝堵。当试验压力不超过差压变送器的静压力时，可打开三阀组平衡阀进行压力试验。	SH/T 3521—2013 10.6.1、10.6.9

续表

序号	检查内容	检查要点	检查依据
7	管道试验	液压试验要求： ①仪表管道的压力试验应采用液体为试验介质。仪表气源管道、气动信号管道或设计压力小于或等于0.6MPa的仪表管道，宜采用气体作为试验介质。 ②液压试验应选用清洁水，试验压力为设计压力1.5倍，当达到试验压力后，稳压10min，再将试验压力降至设计压力，停压10min，以压力不降、无渗漏为合格。管道材质为奥氏体不锈钢时，水的氯离子含量不得超过50mg/L。试验后应将液体排净。冬天进行水压试验时，应采取防冻措施，试验后立即将水排净，并应进行吹扫。 ③液压试验的压力应为设计压力的1.5倍。当达到试验压力后，应稳压10min，再将试验压力降至设计压力，稳压10min，应无压降，并应无渗漏。 ④测量和输送易燃易爆、有毒有害介质的仪表管道，必须进行管道压力试验和泄漏性试验。 ⑤当采用气体压力试验时，试验温度严禁接近管道材料的脆性转变温度。 ⑥在压力试验过程中，如发现泄漏现象，应泄压后再修理。修复后，应重新试验。 ⑦压力试验合格后，宜在管道的另一端泄压，检查管道不得堵塞，并应拆除用于压力试验的临时堵头或盲板。	GB 50093—2013 8.7.2 SH/T 3521—2013 10.6.4 GB 50093—2013 8.7.5、8.7.8、8.7.10、8.7.12、8.7.13
8	信号管道安装	信号管选材与连接要求： ①气动信号管道应采用紫铜管、不锈钢管或聚乙烯、尼龙管。 ②气动信号管道不宜有中间接头。当需设置中间接头连接时，应采用卡套式中间接头。管道终端应配装活动连接件。	GB 50093—2013 8.3.1、8.3.2
9	气源管道安装	气源管道连接要求： ①气源管道采用镀锌钢管时，应采用螺纹连接，拐弯处应采用弯头管件，连接处应密封。当缠绕密封带或涂抹密封胶时，不得使其进入管内。当采用无缝钢管时，应焊接连接，焊接时焊渣不得落入管内。 ②供气管道宜架空敷设，不宜在地表面或埋地敷设，并应避开高温、易受机械损伤、腐蚀、强烈振动及工艺管道或设备物料排放口等位置。 ③控制室内的气源总管的连续坡度不应小于1∶500，并应在集液处安装排污阀，排污管口应远离仪表、电气设备和线路。装在过滤器下面的排污阀与地面间，应留有便于操作的空间。 ④气源系统的配管应整齐美观，其末端和集液处应有排污阀。水平干管上的支管引出口，应设置在干管的上方。 ⑤气源总管上引出的干管宜安装气源切断阀，并应符合设计文件的规定。	GB 50093—2013 8.4.1~8.4.5

续表

序号	检查内容	检查要点	检查依据
10	气源管道吹扫与试验	气源系统安装完毕后应进行吹扫，并应符合下列要求： ①吹扫前，应将控制室气源的入口、支管的入口和接至各用气设备的过滤减压阀进口断开并敞口，应先吹总管，再吹干管、支管及接至各仪表的管道。 ②吹扫气应使用合格的仪表空气。 ③排出的吹扫气应用涂白漆的木制靶板检验，1min 内板上无铁锈、尘土、水分或其他杂物时，可判为吹扫合格。	GB 50093—2013 8.4.6
		气压试验要求： ①气压试验介质应使用空气或氮气。 ②液压试验的压力应为设计压力的 1.5 倍。当达到试验压力后，应稳压 10min，再将试验压力降至设计压力，稳压 10min，应无压降，并应无渗漏。 ③气压试验的压力应为设计压力的 1.15 倍，试验时应逐步缓慢升压，达到试验压力后，应稳压 10min，再将试验压力降至设计压力，应稳压 5min，采用发泡剂检验应无泄漏。 ④真空管道压力试验应采用 0.2MPa 气压试验压力。达到试验压力后，稳压 15min，采用发泡剂检验应无泄漏。	GB 50093—2013 8.7.4～8.7.7
六、防护			
1	隔离容器安装	隔离容器应垂直安装，成对隔离器的安装标高应一致。	GB 50093—2013 11.1.2
2	吹洗和冲液介质	吹洗和冲液介质应符合下列要求： ①应清洁无污物。 ②与被测物质不应发生化学反应。 ③不应污染被测物质。 ④冲液介质应无腐蚀性，在节流减压之后不应发生相变。 ⑤吹洗流体的压力应高于被测物质的压力。	GB 50093—2013 11.1.5
3	防腐施工	①仪表管道、支架、仪表设备底座、电缆桥架、电缆导管、固定卡等外表面防腐蚀涂层的涂刷应符合设计文件的规定。 ②涂料的施工应符合下要求： 1)涂刷前应清除表面的铁锈、焊渣、毛刺和污物；	GB 50093—2013 11.2.1～11.2.3

续表

序号	检 查 内 容	检 查 要 点	检 查 依 据
3	防腐施工	2)涂料的施工环境温度宜为10~35℃； 3)多层涂刷时，应在涂膜完全干燥后再涂下一层； 4)涂层应均匀，并应无漏涂； 5)面层涂料颜色应符合设计文件的规定。 ③仪表管道焊接部位的涂刷应在管道系统压力试验后进行。	GB 50093—2013 11.2.1~11.2.3
4	蒸汽伴热安装	伴热方式为重伴热时，伴热管道应与仪表及仪表测量管道直接接触。当伴热方式为轻伴热时，伴热管道与仪表及仪表管道不应直接接触，并应加以隔离。碳钢伴热管道与不锈钢管道不应直接接触。	GB 50093—2013 11.3.1
		伴热管道通过液位计、测量管道的阀门、冷凝器、隔离器等附件时，应加装活接头。	SH/T 3521—2013 12.1.4
		蒸汽回水管道应在管线吹扫之后安装疏水器，并宜安装于伴热系统的最低处，疏水器应处于水平位置，方向正确，排污丝堵朝下。	SH/T 3521—2013 12.1.14
		蒸汽伴热管的水压试验：伴热管道安装后，应进行水压试验，试验压力为设计压力1.5倍。	SH/T 3521—2013 12.1.16
5	电伴热安装	电伴热安装要求： ①电伴热安装前应进行外观和绝缘检查。外观应无破损、扎孔和缺陷，用500V兆欧表测试其绝缘电阻值不应小于1MΩ。 ②敷设电伴热线时，不应损坏绝缘层，敷设后应复查电伴热线的绝缘电阻值。 ③电伴热带可平行或缠绕在管道及设备上，平行安装时电伴热线宜紧贴在管道则面或则下方。 ④电伴热线宜每隔800mm用耐热胶带固定，在管道弯曲、分支等处尚应增加固定点。 ⑤电伴热宜用铝包带从下到上缠绕。 ⑥多根电伴热线的分支应在分线盒内连接，在电伴热线接头处及电伴热线末端均应涂刷专用密封材料。 ⑦仪表箱内的电热管、板应安装在仪表箱的底部或后壁上。	SH/T 3521—2013 12.2.1~12.2.7
七、仪表系统调试			
1	综合控制系统调试条件	对本安回路进行检查时，应确认与本安系统有关的电缆及端子排的色标(蓝色)，本安回路的接线应确保安全区域与危险区域隔离。	SH/T 3521—2013 7.1.3
		机柜和设备内部易对人身造成伤害的地方应该有明显的警示标志和防护措施。	SH/T 3521—2013 7.1.5

续表

序号	检查内容	检查要点	检查依据
1	综合控制系统调试条件	综合控制系统的试验应在本系统安装完毕，且供电、照明、空调等有关设施已投入运行的条件下进行。	GB 50093—2013 12. 4. 2
		分散控制系统控制器的负荷不应超过 60%。	SH/T 3092—2013 7. 1. 3
		逻辑控制器的中央处理单元负荷不应超过 50%。	GB/T 50770—2013 8. 1. 4
2	综合控制系统调试	综合控制系统的硬件试验项目应包括下列内容： ①应进行盘柜和仪表装置的绝缘电阻测量。 ②应进行接地系统检查和接地电阻测量。 ③应进行电源设备和电源插卡各种输出电压的测量和调整。 ④应对系统中全部设备和全部模块插卡的通电状态进检查。 ⑤应对系统中单独的显示、记录、控制、报警等仪表设备进单台校准和试验。 ⑥应通过直接信号显示和软件诊断程序，对装置内的模块卡、控制和通信设备、操作站、控制站、计算机及其外部设备等进行状态检查。 ⑦应进行输入、输出模块插卡的校准和试验。	GB 50093—2013 12. 4. 4、12. 4. 5、12. 4. 8
		综合控制系统的软件试验项目应包括下列功能： ①系统显示、运算处理、操作、控制、报警功能的检查试验。 ②系统诊断、维护功能的检查试验。 ③系统冗余功能的检查试验。 ④系统总线、网络通信功能的检查试验。 ⑤系统记录、打印、拷贝等功能的检查试验。 ⑥与工程有关的组态数据的检查确认。 ⑦控制方案、控制和联锁程序的检查。	
		现场总线控制系统应进行下列试验： ①应进行系统通信线路检查、通信功能检查试验、总线地址分配检查。 ②应进行总线系统供电检查试验。 ③应进行系统操作画面功能试验。 ④应模拟现场总线设备进行系统运算、控制、报警联锁功能检查试验，应进行操作画面试验。 ⑤应进行系统冗余功能检查试验。 ⑥应进行工程师站操作、维护、修改功能检查试验。	

续表

序号	检查内容	检查要点	检查依据
3	回路的联校	仪表工程在系统投运前应进行回路试验。	GB 50093—2013 12.1.5
		联校试验前，进行相关的检查后，应填写《联校试验条件确认表》，有关责任单位在表格上签字。	SH 3503—2017 J609
		①设计文件规定禁油和脱脂的仪表在校准和试验时，必须按其规定进行。 ②单台仪表的校准点应在仪表全量程范围内均匀选取，不应少于5点。当进行回路试验时，仪表校准点不应少于3点。	GB 50093—2013 12.1.10、12.1.11
		①在检测回路的信号输入端输入模拟被测变量的标准信号，回路的显示仪表部分的示值误差，不应超过回路内各单台仪表允许基本误差平方和的平方根值。 ②控制回路的试验应符合下列规定： 1)控制器和执行器的方向符合设计规定； 2)通过控制器或操作站的输出向执行器发送控制信号，检查执行器的全行程动作方向和位置应正确。执行器带有定位器时应同时试验。	GB 50093—2013 12.5.4-1、12.5.5(1、2)
		参加系统调试的施工人员应会同监理单位、建设单位、设计单位共同进行试验，并应及时做好系统试验记录。填写《联校调试记录》。	SH/T 3521—2013 13.1.5 SH/T 3503—2017 J610
4	报警回路试验	系统中的压力开关、温度开关、物位开关、流量开关及各种仪表的附加报警机构等信号输入元件，应根据设计文件提出的设定值进行参数整定。	SH/T 3521—2013 13.3.1
		在报警回路的信号发生端模拟输入线号，检查报警灯光、音响和屏幕显示应正确。报警的消音、复位和记录功能应正确。	GB 50093—2013 12.5.6(2、3)
		关键信号报警除在操作员站显示外，应同时在辅助操作台显示。	GB/T 50770—2013 10.2.4
5	联锁回路试验	程序控制系统和联锁系统的试验应符合下列要求： ①系统中的各有关仪表和部件的动作设定值，应根据设计文件规定进行整定。 ②程序控制系统的试验应按程序设计的步骤逐步检查试验，其条件判定、逻辑关系、动作时间和输出状态等均应符合设计文件规定。 ③系统试验中应与相关的专业配合，共同确认程序运行和联锁保护条件及功能的正确性，并应对试验过程中相关设备和装置的运行状态和安全防护采取必要措施。	GB 50093—2013 12.5.7(2、4、6)
		参加系统调试的施工人员应会同监理单位、建设单位、设计单位共同进行试验，并应及时做好系统试验记录。填写《报警/联锁系统与可编程序控制系统调试记录》表。	SH/T 3521—2013 13.1.5 SH/T 3503—2017 J608

3.11 乙烯裂解装置防腐工程质量监督检查要点

序号	检查内容	检查要点	检查依据
一、专业管理行为			
1	施工单位资质要求	防腐工程施工承包商应具备相应的施工资质(如国家住建部颁发的防水防腐保温工程专业承包乙级及以上等级资质)。	《中国石化防腐绝热质量提升工程规定》SPMP-STD-EM2019—2021 2.4.1.1
2	技术准备	①设计及其相关技术文件齐全，施工图纸已经会审。 ②施工组织设计或施工方案已批准，技术和安全交底已完成。 ③已制定相应的安全应急预案。	GB 50726—2011 3.1.1
		①施工方应根据设计文件的要求，编制相关的施工技术文件并组织防腐蚀工程的实施，确保防腐蚀工程质量满足设计文件的要求。 ②施工方应按业主提供的设计文件编制详细的施工技术文件，并应得到业主或其委托方的书面批准。	GB/T 50393—2017 3.1.3、5.1.1
		施工前，施工承包商应编制施工技术方案。施工技术方案应包括工程概况、工作范围、编制依据、涂层配套方案、表面处理、涂料的检验与混合、涂装施工、施工质量控制点、交工验收、施工安全技术要求、应急预案等内容。	《中国石化防腐绝热质量提升工程规定》SPMP-STD-EM2019—2021 2.4.1.2
3	现场准备	①防护设施安全可靠，施工用水、电、气、汽能满足连续施工的需要。 ②设备及管道外壁附件的焊接，应在防腐蚀工程施工前完成。	GB 50726—2011 3.1.1、3.1.4
		设备、管道的焊道防腐蚀应在热处理、强度试验合格后涂装。	SH/T 3548—2011 4.5
4	施工人员资质	施工人员已进行安全教育和技术培训，且经考核合格。	GB 50726—2011 3.1.1
		施工人员应获得人力资源和社会保障部颁发的防腐蚀工职业资格证书或同等等级资格证书。若无以上资格证书，建设单位应组织对施工人员进行笔试或现场实操考核，合格后发放上岗证，方可施工。	《中国石化防腐绝热质量提升工程规定》SPMP-STD-EM2019—2021 2.4.1.4
5	施工机具及检测仪器	材料、机具、检测仪器、施工设施及场地已齐备。	GB 50726—2011 3.1.1
		涂装施工设备及工具、检验检测仪器应在检定或校准有效期内使用，并满足安全要求。	《中国石化防腐绝热质量提升工程规定》SPMP-STD-EM2019—2021 2.4.1.3

序号	检查内容	检查要点	检查依据
6	材料选用与变更	①涂料的选用应符合下列要求：与被涂物的使用环境相适应；与被涂物表面的材质相适应；与运行工况条件相适应；各道涂层间应具备良好的配套性和相容性；具备施工条件；安全可靠，经济合理。 ②用于奥氏体不锈钢材料的涂料不应含铅、硫等有害物质，氯离子的含量应小于 30mg/kg。	SH/T 3022—2019 4.1.1、4.2.9
		①需要现场配制使用的材料，应经试验确定。经试验确定的配合比不得任意改变。 ②工业设备及管道防腐蚀工程的施工，应按设计文件及本规范的规定执行。当需要修改设计、材料代用或采用新材料时，应经原设计单位同意。	GB 50726—2011 1.0.5、1.0.6
7	材料的验收	涂料进场时，供料方提供的产品质量证明文件应包括下列内容：产品质量合格证；质量技术指标及检测方法；材料检测报告或技术鉴定文件。涂料进场时，尚应提供涂装的基体表面处理和施工工艺等要求。	GB 50726—2011 1.0.4、13.1.2
		供应商应根据设计文件的要求提供合格的材料，并提供该材料详细施工指导说明书。	GB/T 50393—2017 3.1.4
		凡现场抽样的性能检验及复验报告，应由具有资质的质量检测部门出具。	GB 50727—2011 3.2.7
		①涂料应有标明产品名称、执行标准、型号、批号、净含量、生产单位及地址、生产日期、有效期等的产品质量证明文件和通过计量认证的第三方检验机构出具的质量检验报告，不应使用超过存放期限的涂料。 ②产品说明书内容应包括涂料的技术性能指标、各组分配比、密度、涂料配制后的适用期、施工方式、参考用量、贮存条件、贮存期、适用温度、安全技术说明书(MSDS)，以及涂料的基体表面处理和施工工艺要求。 ③涂料到货后，物资采购部门应组织进行验收，验收依据为采购时提出的产品标准要求或产品依据的相关标准。 ④针对首次使用或单个项目每个批次号的涂料由建设单位送样至具备检验资质(CMA、CNAS)的第三方检测单位进行指纹检查，指纹检查的目的是确保供应的涂料产品与经合格认证产品的一致性。 ⑤对涂料产品质量有质疑时，应在建设单位或监理单位的见证下，由材料采购单位现场取样，送至具备检验资质(CMA、CNAS)的第三方检测单位检验。进行抽样检查、检测时，若有一件不合格，可按原要求数量的两倍进行检查、检测，若仍不合格，则该检验批不合格，不得使用。 ⑥当施工单位使用新型涂料时，应要求涂料供应商提供详细的施工说明及注意事项，或者到现场指导。	《中国石化防腐绝热质量提升工程规定》SPMP-STD-EM 2019—2021 2.3.1.1、2.3.1.3、2.3.2.1、2.3.2.2、2.3.2.3、2.4.1.7
8	隐蔽项目检查与记录	涂料防腐蚀的隐蔽工程未经验收，不得进行后续作业。	SH/T 3548—2011 4.6

序号	检查内容	检查要点	检查依据
9	成品保护及验收	防腐蚀工程结束后，吊装和运输设备及管道时，不得碰撞和损伤。	GB 50726—2011 3.1.8
		储罐防腐蚀工程应经验收，并在养护期满后方可投用，闲置其间宜采取必要的保护措施。	GB/T 50393—2017 3.4.4
		通过返修处理仍不能满足安全使用要求的工程，严禁验收。	GB 50727—2011 3.2.6
10	工序交接	①基体表面处理完毕应进行检查，合格后办理工序交接手续，方可进行防腐蚀工程的施工。 ②设备及管道的加工制作，应符合施工图及设计文件的要求，在防腐蚀工程施工前，应进行全面的检查验收，并办理交接手续。 ③施工单位按合同规定的范围，完成全部防腐蚀工程项目后，应及时办理交接手续。	GB 50726—2011 3.1.2、3.2.5、17.0.1
11	交工技术文件	①施工过程应及时进行工序的检查确认，并审查相关资料，被后续作业覆盖的工序应有隐蔽工程记录。 ②涂料防腐蚀按合同规定的内容施工完毕后，应对下列技术文件进行确认： a)防腐材料的质量证明文件和质量检验报告或复验报告； b)隐蔽工程记录； c)设计变更、材料代用等施工过程中有关的技术问题的处理记录； d)防腐工程施工质量检查记录； e)防腐层绝缘层电火花检测报告。 ③合同无规定时，涂料防腐蚀工程施工应按 SH/T 3503 规定提交技术文件。	SH/T 3548—2011 7.1、7.2、7.3
二、防腐施工			
1	基体表面处理要求	①喷射或抛射除锈处理后的基体表面应呈均匀的粗糙面，除基体原始锈蚀或机械损伤造成的凹坑外，不应产生肉眼明显可见的凹坑和飞刺。 ②当设计对防腐蚀层的基体表面处理无要求时，其基体表面处理的质量要求应符合：防腐层类别为金属热喷涂层时，表面处理质量等级为 Sa3；防腐层类别为橡胶衬里、搪铅、纤维增强塑料衬里、树脂胶泥衬砌砖板衬里、涂料涂层、塑料板粘结衬里、玻璃鳞片衬里、喷涂聚脲衬里，表面处理质量等级为 Sa2.5；防腐层类别为水玻璃胶泥衬砌砖板衬里、涂料涂层、氯丁胶乳水泥砂浆衬里，表面处理等级为 Sa2 或 St3；防腐层类别为衬铅、塑料板非粘结衬里，表面处理质量等级为 Sa1 或 St2。 ③处理后的基体表面不宜含有氯离子等附着物。 ④处理合格的工件，在运输和保管期间应保持干燥和洁净。 ⑤基体表面处理后，应及时涂刷底层涂料，间隔时间不宜超过 5h。 ⑥当相对湿度大于 85%时，应停止基体表面处理作业。 ⑦在保管或运输中发生再度污染或锈蚀时，基体表面应重新进行处理。	GB 50726—2011 4.1.3、4.1.6~4.1.11

续表

序号	检查内容	检查要点	检查依据
1	基体表面处理要求	钢材喷(抛)射除锈后的表面粗糙度 Rz 应符合设计文件或产品技术文件的规定，当设计文件或产品技术文件无规定时，钢材喷(抛)射除锈后的表面粗糙度 Rz 宜为 40~75μm。	SH/T 3548—2011 5.3
2	涂装施工的基本规定	①腻子、底层涂料、中间层涂料和面层涂料应符合设计文件的规定。 ②施工环境温度宜为 10℃~30℃，相对湿度不宜大于 85%，或被涂覆的基体表面温度应比露点温度高 3℃。 ③防腐蚀涂料品种的选用、涂层的层数和厚度应符合设计规定。 ④防腐蚀涂层全部涂装结束后，应养护 7d 方可交付使用。 ⑤涂料的施工可采用刷涂、滚涂、空气喷涂或高压无气喷涂。涂层厚度应均匀，不得漏涂或误涂。 ⑥涂料质量的试验方法应符合本规范附录 C 的有关规定。	GB 50726—2011 13.1.3~13.1.6、13.1.8、13.1.9
三、地上设备、管道及钢结构涂层质量检查与验收			
1	涂层外观质量	涂层质量应符合下列规定： ①通过目视检查不允许存在脱皮、漏涂、返锈、气泡、透底等情况； ②采用 5~10 倍放大镜检查不允许有针孔； ③通过目视检查不允许有流挂、皱皮； ④采用目视检查光亮与光滑，应光亮、均匀一致； ⑤目视颜色一致、文理通顺。 注：设备和管道涂刷银色漆时，漆膜应均匀一致，具有光亮色泽；涂刷无光乳胶漆、无光漆，可不检查光亮。	SH/T 3548—2011 6.1.1
2	涂层厚度抽测	①干燥漆膜采用涂层测厚仪检测执行两个 80%的原则。 注：80%的测量点达到规定的干膜厚度，余下 20%的测量点要达到规定膜厚度的 80%为合格。 ②涂层厚度检测点应随机抽检，每个检测点面积宜为 $100cm^2$，该检测点面积范围内任意测量 5 个数据，测量结果去除 1 个最大值和 1 个最小值后取平均值作为该测点的厚度值。 ③涂层厚度的检查数量应符合下列规定： a)设备防腐蚀涂层厚度的检查应逐台进行，每台抽测 3 点； b)管道防腐蚀涂层厚度的检查应按管道总延长米进行，每 300m 抽查 3 点(不足 300m 时，按 300m 计)； c)每种类别钢结构防腐蚀涂层厚度的检查按构件数抽查 10%，且不少于 3 件，每个构件抽测 5 点。	SH/T 3548—2011 6.1.1、6.1.2、6.1.3

续表

<table>
<tr><th>序号</th><th>检查内容</th><th>检查要点</th><th>检查依据</th></tr>
<tr><td colspan="4">四、埋地设备与管道涂层质量检查与验收</td></tr>
<tr><td>1</td><td>检查项目</td><td>埋地设备、管道防腐涂层的质量应进行下列项目检查：
a)感观检查；b)电火花检测；c)粘结力或附着力检测；d)厚度检测。</td><td>SH/T 3548—2011 6.2.1</td></tr>
<tr><td>2</td><td>感观检查</td><td>①涂层感观检查时，表面应平整，无气泡、流挂、漏涂、针孔缺陷。
②检查数量 100%。</td><td>SH/T 3548—2011 6.2.2、6.2.9a)</td></tr>
<tr><td rowspan="2">3</td><td rowspan="2">电火花检测</td><td>①电火花检测的检漏电压按表 3 执行，以不打火花为合格。
表 3 检漏电压 单位：kV
<table>
<tr><th>防腐蚀等级</th><th>石油沥青防腐蚀结构</th><th>环氧煤沥青防腐蚀结构</th><th>改性厚浆型环氧涂料</th></tr>
<tr><td>特加强级</td><td>26</td><td>5</td><td>3</td></tr>
<tr><td>加强级</td><td>22</td><td>3</td><td>2.5</td></tr>
<tr><td>普通级</td><td>16~18</td><td>2</td><td>2</td></tr>
</table></td><td>SH/T 3548—2011 6.2.3</td></tr>
<tr><td>②检测数量：
a)设备应逐台进行 100%的电火花检测；
b)输送有毒、可燃性介质的管道应进行 100%的电火花检测；
c)输送无毒、非可燃介质的给排水及消防等管道，应为每 20 根管子抽查 1 根，且至少抽查 1 根；检查应从一端测至另一端，若不合格再抽查 2 根，其中仍有 1 根不合格时，则应逐根检查。</td><td>SH/T 3548—2011 6.2.9b)</td></tr>
<tr><td>4</td><td>粘结力和附着力的检查</td><td>①石油沥青防腐层和环氧煤沥青防腐层粘结力的检查方法应符合下列规定：
a)石油沥青防腐层采用 V 型切口法：
在防腐蚀涂层上，切一夹角为 45°~60°、边长为 40mm~50mm 的 V 型切口作为检测口；从切口角尖端处撕开防腐蚀涂层，撕开面积宜为 $30cm^2$~$50cm^2$；
b)环氧煤沥青防腐层采用舌形切口法：
普通级防腐层用锋利刀刃垂直划透防腐蚀涂层，形成边长约 40mm、夹角约 45°的 V 型切口，用刀尖从切割线交点挑剥切口内的防腐蚀涂层；</td><td>SH/T 3548—2011 6.2.4、6.2.5、6.2.6</td></tr>
</table>

续表

序号	检查内容	检查要点	检查依据
4	粘结力和附着力的检查	加强级和特加强级防腐层用锋利刀刃垂直划透防腐层，形成边长100mm、夹角45°～60°的切口，从切口尖端撕开玻璃布。 ②改性厚浆型环氧涂料防腐层应进行附着力检测，附着力检测应在涂层固化后进行。 ③涂层粘结力和附着力检测的质量标准如下： a)石油沥青防腐层不易撕开，撕开后粘附在钢材表面的首层沥青层或底漆占撕开面积的100%为合格； b)环氧煤沥青普通级防腐层应符合下列条件之一为合格： 1)实干后只能在刀尖作用处被局部挑起，其他部位的防腐层仍和钢材表面粘结良好，不出现成片挑起或层间剥离的情况； 2)固化后很难将防腐层挑起，挑起处的防腐层呈脆性点状断裂，不出现成片挑起或层间剥离的情况； c)环氧煤沥青加强级和特加强级防腐层应符合下列条件之一为合格： 1)实干后的防腐层撕开面积约$50cm^2$，撕开处不得露出金属本色，底漆与面漆应普遍粘结； 2)固化后的防腐层只能撕裂，且破坏处不得露出金属本色，底漆与面漆普遍粘结； d)改性厚浆型环氧涂料防腐层用拉开法检查，附着力应大于或等于5MPa为合格。	SH/T 3548—2011 6.2.4、6.2.5、6.2.6
		④检测数量： 1)设备每台检测1处，若不合格再抽查两处，如仍有1处不合格时为不合格； 2)管道每20根抽查1根，且至少抽查1根；每根测1处，若不合格再抽查2根，如仍有1根不合格时，则应对全部管道逐根检查。	SH/T 3548—2011 6.2.9c)
5	厚度检查	①石油沥青、环氧煤沥青、改性厚浆型环氧涂料涂层厚度应符合表4、表5、表6的规定为合格。 ②涂层厚度检测点应随机抽检，每个检测点面积宜为$100cm^2$，检测点面积范围内任意测量5个数据，测量结果去除1个最大值和1个最小值后取平均值作为该测点的厚度值。	SH/T 3548—2011 6.2.7、6.2.8
		③涂层厚度检测数量： 1)设备检查应逐台进行，每台抽测3点，其中2点以上不合格时即为不合格；如其中1点不合格，再抽测2点，如仍有1点不合格时，则全部为不合格； 2)管道每20根抽查1根，且至少抽查1根，每根测3个截面，每截面应测上、左、右3点。其中有一点不合格时，再抽查2根；如仍有不合格，应逐根检查。	SH/T 3548—2011 6.2.9d)

续表

<table>
<tr><th>序号</th><th>检查内容</th><th>检查要点</th><th>检查依据</th></tr>
<tr><td>5</td><td>厚度检查</td><td>
表 4　石油沥青防腐等级的结构及厚度　　单位：mm
<table>
<tr><th>等级</th><th>结　　构</th><th>干膜最薄点厚度</th></tr>
<tr><td>特加强级</td><td>底漆—沥青—玻璃布—沥青—玻璃布—沥青—玻璃布—沥青—玻璃布—沥青—聚氯乙烯工业膜</td><td>≥7.0</td></tr>
<tr><td>加强级</td><td>底漆—沥青—玻璃布—沥青—玻璃布—沥青—玻璃布—沥青—聚氯乙烯工业膜</td><td>≥5.5</td></tr>
<tr><td>普通级</td><td>底漆—沥青—玻璃布—沥青—玻璃布—沥青—聚氯乙烯工业膜</td><td>≥4.0</td></tr>
</table>
表 5　环氧煤沥青防腐等级的结构及厚度　　单位：mm
<table>
<tr><th>等级</th><th>结　　构</th><th>干膜最薄点厚度</th></tr>
<tr><td>特加强级</td><td>底漆—面漆—玻璃布—面漆—玻璃布—面漆—玻璃布—两层面漆</td><td>≥0.8</td></tr>
<tr><td>加强级</td><td>底漆—面漆—玻璃布—面漆—玻璃布—两层面漆</td><td>≥0.6</td></tr>
<tr><td>普通级</td><td>底漆—面漆—玻璃布—两层面漆</td><td>≥0.4</td></tr>
</table>
表 6　改性厚浆型环氧涂料防腐等级的结构及厚度　　单位：mm
<table>
<tr><th>等级</th><th>结　　构</th><th>干膜最薄点厚度</th></tr>
<tr><td>特加强级</td><td>底漆—底漆—面漆—面漆</td><td>≥0.6</td></tr>
<tr><td>加强级</td><td>底漆—底漆—面漆</td><td>≥0.4</td></tr>
<tr><td>普通级</td><td>底漆—面漆</td><td>≥0.3</td></tr>
</table>
</td><td>SH/T 3548—2011 6.2.7</td></tr>
<tr><td>6</td><td>补口、补伤</td><td>补口、补伤应不低于原防腐等级。经补口、补伤的防腐蚀涂层应进行 100%感观检查和电火花检测。</td><td>SH/T 3548—2011 6.2.10</td></tr>
</table>

3.12 乙烯裂解装置绝热工程质量监督检查要点

序号	检查内容	检查要点	检查依据
一、专业管理行为			
1	施工单位资质要求	绝热工程施工承包商应具备相应的施工资质(如国家住建部颁发的防水防腐保温工程专业承包乙级及以上等级资质)。	《中国石化防腐绝热质量提升工程规定》SPMP-STD-EM2019—2021 3.3.2.1
2	施工准备	工业设备及管道绝热工程施工前，应具备下列条件： ①设计及其相关技术文件齐全，施工图纸已经会审； ②施工组织设计或施工方案已批准，技术及安全交底已完成； ③施工人员已进行安全教育和技术培训，且经考核合格； ④已办理绝热工程开工手续； ⑤已制定相应的安全应急预案。	GB 50126—2008 4.2.1
		①从事绝热工程施工的作业人员应由建设单位进行专业技术培训，并经考试合格后方可上岗作业；采用四新技术时，施工作业人员应由新材料、新工艺、新设备或新技术提供方进行技术培训。 ②绝热工程施工前应进行施工图会审，并参加设计交底；应编制专业施工方案，方案应经施工单位、监理或建设单位批准；施工作业前施工单位应对所有施工作业人员进行技术与安全交底。	《中国石化防腐绝热质量提升工程规定》SPMP-STD-EM2019—2021 3.3.2.2、3.3.2.3
3	材料验收	①绝热材料及其制品，必须具有产品质量检验报告和出厂合格证，其规格、性能等技术指标应符合相关技术标准及设计文件的规定。 ②绝热材料及其制品到达现场后应对产品的外观、几何尺寸进行抽样检查；当对产品的内在质量有疑义时，应抽样送具有国家认证的检测机构检验。	GB 50126—2008 3.2.1、3.2.2
		①绝热材料及其制品应有质量证明文件，其性能指标应符合设计文件的规定。 ②绝热层材料及制品的外观和几何尺寸应按批次进行抽查，抽查的比例应不低于5%；当对产品的性能指标有疑义时，应送国家认证的检测机构进行检验。 ③受潮的绝热材料及制品，当经过干燥处理后仍不能恢复合格性能时，不得使用。用于保温的绝热材料及其制品，含水率应小于7.5%；用于保冷的绝热材料及其制品，含水率应小于1%。 ④对超过使用期限的绝热层、防潮层、外保护层材料及制品，使用前，应重新进行检验，合格后方可使用。	SH/T 3522—2017 5.1.1、5.1.2、5.1.5、5.1.6

续表

<table>
<tr><th>序号</th><th>检查内容</th><th>检查要点</th><th>检查依据</th></tr>
<tr><td rowspan="2">4</td><td rowspan="2">材料选用与变更</td><td>①贮存或输送易燃、易爆物料的设备及管道，以及与此类管道架设在同一支架上或相交叉处的其他管道，其保护层必须采用不燃性材料。
②当需要修改设计、材料代用或采用新材料时，必须经原设计单位同意。</td><td>GB 50126—2008 3.1.3、1.0.4</td></tr>
<tr><td>①保温材料及其制品性能应符合 GB 50264 和 SH/T 3010 的规定，各项技术性能应由有资质的检测机构按国家有关标准进行测定。
②严禁使用石棉及其制品。
③保冷材料制品的允许使用温度应低于设备和管道的设计温度，常用保冷材料的主要性能应符合本规定附表 H-2 的规定。
④保护层应选用机械强度高，且在使用环境下不软化、不脆裂和抗老化的材料；保护层材料应具有防水、防潮、不燃、抗大气腐蚀的性能，且化学性能稳定，不腐蚀绝热层或防潮层。
⑤绝热材料及其制品应具有安全使用温度和耐燃烧性能数据，应提供防潮性能、线膨胀率或收缩率、抗压强度、腐蚀或抗腐蚀性、化学稳定性、热稳定性、渣球含量、纤维直径等的测试报告。</td><td>《中国石化防腐绝热质量提升工程规定》SPMP-STD-EM2019—2021 3.1.5.1、3.1.5.2、3.1.8.1、3.1.9.1、3.2.2</td></tr>
<tr><td>5</td><td>隐蔽项目检查与记录</td><td>绝热工程施工前应对前道工序进行检查与验收；对需要隐蔽的施工工序及施工部位应进行隐蔽工程检查。</td><td>SH/T 3522—2017 4.2</td></tr>
<tr><td rowspan="2">6</td><td rowspan="2">成品保护</td><td>①绝热材料应存放在仓库或棚库内。
②绝热材料应按材质分类存放。在保管中应根据材料品种的不同，分别设置防潮、防水、防冻、防成型制品挤压变形及防火等设施。
③软质及半硬质材料堆放高度不应超过 2m。</td><td>GB 50126—2008 3.3.2、3.3.3、3.3.4</td></tr>
<tr><td>绝热工程施工时，应设置专用的预制及储存场地，绝热材料的存放应采取必要的防雨防潮措施，废旧材料应统一分类堆放。</td><td>《中国石化防腐绝热质量提升工程规定》SPMP-STD-EM2019—2021 3.3.2.4</td></tr>
<tr><td>7</td><td>工序交接</td><td>绝热工程交接时，施工单位应向建设单位或总承包单位提交下列文件：
①绝热材料的合格证和理化性能检验报告；
②抹面保护层材料的技术性能检验报告；
③浇注、喷涂绝热层的施工配料及其技术性能检验报告；
④设计变更和材料代用通知；</td><td>GB 50126—2008 9.0.3</td></tr>
</table>

续表

序号	检查内容	检查要点	检查依据
7	工序交接	⑤工程开工报告； ⑥隐蔽工程记录； ⑦设备及管道绝热工程交工汇总表； ⑧绝热工程交接报告。	GB 50126—2008 9. 0. 3
二、绝热施工			
1	固定件和支承件施工方法选择	固定件和支承件的制作与安装应符合设计文件规定；固定件和支承件可采用焊接、粘贴或抱箍等结构。	SH/T 3522—2017 7. 1. 1
2	固定件和支承件材质要求	用于绝热结构的固定件和支承件的材质和品种必须与设备及管道的材质相匹配。	GB 50126—2008 4. 3. 1
		直接焊于不锈钢设备、管道上的固定件，必须采用不锈钢材料制作。当固定件采用碳钢制作时，应加焊不锈钢垫板。	GB 50126—2008 4. 3. 6
3	保冷结构钩钉或销钉固定检查	当保冷结构采用钩钉或销钉固定时，不得穿透保冷层，其长度应小于保冷层厚度 10mm，且最小不得小于 20mm。当采用塑料销钉时应采用黏结剂粘贴，黏结剂应与塑料销钉的材质相匹配。	GB 50126—2008 4. 3. 2-4
4	支承件与固定件防振动措施	振动部位支承件与固定件应采取防振动措施，防振动措施应符合下列规定： a)管卡或抱箍式支承件与设备和管道间应加设防振动隔垫； b)螺栓连接应加设防振动垫片或采用双螺帽； c)采用钩钉或销钉时，钩钉或销钉应加密。	SH/T 3522—2017 7. 1. 9
5	支承件与固定件位置限制	金属外保护层伸缩缝的部位以及管道弯头与直管段上金属保护层的环向搭接部位不得安装支承件或固定件。	SH/T 3522—2017 7. 1. 6
6	抱箍式支承件安装要求	立式圆筒设备和管道上的支承件可采用抱箍式结构、环形钢板、管卡顶焊半环钢板或角铁顶面焊钢筋等形式。抱箍式支承件应符合下列规定： a)应根据设备或管道的周长制作成环形组合件，并用螺栓固定； b)抱箍式支承件材质与母材不同时应加设隔离垫，隔离垫应符合使用温度的要求。	SH/T 3522—2017 7. 3. 4
7	绝热层厚度检查	①当采用一种绝热制品，保温层厚度大于或等于 100mm，且保冷层厚度大于或等于 80mm 时，应分为两层或多层逐层施工，各层的厚度宜接近。 ②当采用两种或多种绝热材料复合结构的绝热层时，每种材料的厚度应符合设计文件的规定。 ③当采用软质或半硬质可压缩性的绝热制品时，安装厚度应符合设计文件的规定。	GB 50126—2008 5. 1. 1 ~ 5. 1. 3

续表

序号	检查内容	检查要点	检查依据
8	绝热层施工缝的设置与检查	①硬质或半硬质绝热制品的拼缝宽度，当作为保温层时不应大于5mm；当作为保冷层时，不应大于2mm。 ②绝热层施工时，同层应错缝，上下层应压缝，其搭接的长度不宜小于100mm。 ③水平管道的纵向接缝位置，不得布置在管道垂直中心线45°范围内。当采用大管径的多块硬质成型绝热制品时，绝热层的纵向接缝位置可不受此限制，但应偏离管道垂直中心线位置。 ④方形设备、方形管道四角的绝热层采用绝热制品敷设时，其四角角缝应采用封盖式搭缝，不得采用垂直通缝。 ⑤绝热层各层表面均应做严缝处理。干拼缝应采用性能相近的矿物棉填塞严密，填缝前，应清除缝内杂物。湿砌灰浆胶泥应采用相同于砌体材质的材料拼砌，灰缝应饱满。	GB 50126—2008 5.1.4~5.1.8
9	绝热层伸缩缝的设置要求	硬质绝热层应留设伸缩缝。伸缩缝可采用软质绝热材料填充密实，填充材料的性能应与硬质绝热材料相近并能满足设计温度的要求。伸缩缝的留设应符合下列规定： a)设计温度等于或大于350℃时，伸缩缝的宽度宜为25mm；设计温度小于350℃时，伸缩缝的宽度宜为20mm； b)绝热层为双层或多层时，各层均应留设伸缩缝，并应错开，错开间距不宜小于100mm； c)设计温度等于或大于350℃的设备和管道的保温以及低温设备和管道的保冷应在伸缩缝外增设绝热层，其厚度应与设备和管道本体的绝热厚度相同，且与伸缩缝的搭接宽度不得小于50mm； d)保冷层的伸缩缝外侧应采用丁基胶带密封。	SH/T 3522—2017 8.1.12
		直管或设备直段长每隔3.5~5m应设一道伸缩缝，中低温宜靠上限，高温及深冷宜靠下限。伸缩缝位置应符合下列规定： a)立管、立式设备的支承件或法兰下部； b)水平管道、卧式设备的法兰、支吊架、加强筋板和环形固定件距封头切线100~150mm处； c)卧式容器鞍座中间、水平管道两固定管架中间； d)弯头两端的直管段上应各留一道伸缩缝，当弯头间距不足5m时，两弯头之间可不留设伸缩缝； e)填料式补偿器或波形补偿器，应在膨胀移动方向的另一侧留设伸缩缝； f)球形容器的绝热层伸缩缝的位置应按设计要求执行； g)穿越墙体、楼面或平台处时，伸缩缝的位置距墙体、楼面或平台的距离宜大于200mm； h)带有加强筋板的方形设备，其绝热层可不留设伸缩缝。	SH/T 3522—2017 8.1.13

续表

序号	检查内容	检查要点	检查依据
10	附件等绝热施工相关规定	①保温设备及管道上的裙座、支座、吊耳、仪表管座、支吊架等附件，应进行保温，当设计无规定时，可不必保温。 ②保冷设备及管道上的裙座、支座、吊耳、仪表管座、支吊架等附件，必须进行保冷，其保冷层长度不得小于保冷层厚度的 4 倍或敷设至垫块处，保冷层厚度应为邻近保冷层厚度的 1/2，但不得小于 40mm。设备裙座里外均应进行保冷。 ③管道端部或有盲板的部位，应敷设绝热层，并应密封。 ④施工后的保温层不得覆盖设备铭牌。当保温层厚度高于铭牌时，可将铭牌周围的保温层切割成喇叭形开口，开口处应规整，并应设置密封的防雨水盖。施工后的保冷层应将设备铭牌处覆盖，设备铭牌应粘贴在保冷系统的外表面，粘贴铭牌时不得刺穿防潮层。	GB 50126—2008 5. 1. 9 ~ 5. 1. 12
11	常用绝热层填充法施工	①散状软质或颗粒状材料应采用充填法施工，并符合下列要求： a) 材料充填应自下而上逐层进行，每层充填的高度宜为 300 ~ 500mm； b) 充填时，应边加料边压实，密实度一致； c) 充填过程中，应防止漏料或固形层变形，且不得产生“架桥”现象； d) 矿物棉的填充容重为产品标准容重的 1. 3~2. 4 倍；颗粒状材料的填充容重为产品标准容重的 1. 2 倍~1. 4 倍。 ②当有密封要求的保冷结构施工时，填充施工结束后应密封封口。设计文件要求做密封试验时应进行充气试漏。	SH/T 3522—2017 8. 2. 1、8. 2. 2
12	常用绝热层捆扎法施工	①绝热层采用镀锌铁丝、不锈钢丝、金属带、黏胶带捆扎时，应符合下列规定： a) 应根据绝热层的材料和绝热后设备、管径的大小选用 ϕ0. 8 ~ ϕ2. 5mm 的镀锌铁丝或不锈钢丝，保温应采用宽度不小于 40mm 的黏胶带进行捆扎，保冷应采用 12 ~ 25mm 的不锈钢带和宽度不小于 25mm 的黏胶带或感压丝带进行捆扎。对泡沫玻璃、聚氨酯、酚醛泡沫塑料等脆性材料不宜采用镀锌铁丝、不锈钢丝捆扎，宜采用感压丝带捆扎，分层施工的内层可采用黏胶带捆扎； b) 捆扎间距：对硬质绝热制品不应大于 400mm；对半硬质绝热制品不应大于 300mm；对软质绝热制品宜为 200mm； c) 每块绝热制品上的捆扎件不得少于两道；对有振动的部位应加强捆扎； d) 不得采用螺旋式缠绕捆扎。 ②软质绝热制品的保温层厚度和密度应均匀、外形应规整，经压实捆扎后必须符合本规范第 5. 1. 3 条的规定。	GB 50126—2008 5. 3. 1 ~ 5. 3. 5

续表

序号	检查内容	检查要点	检查依据
12	常用绝热层捆扎法施工	③双层或多层绝热层的绝热制品，应逐层捆扎，并应对各层表面进行找平和严缝处理。 ④不允许穿孔的硬质绝热制品，钩钉位置应布置在制品的拼缝处；钻孔穿挂的硬质绝热制品，其孔缝应采用矿物棉填塞。 ⑤立式设备或垂直管道的绝热层采用硬质、半硬质绝热制品施工时，应从支承件开始，自下而上拼装。保温应采用镀锌铁丝或包装钢带进行环向捆扎，保冷应采用不锈钢丝或不锈钢带进行环向捆扎。	GB 50126—2008 5.3.1～5.3.5
		⑥公称直径小于或等于100mm，且未装设固定件的保温垂直管道，应采用ϕ4.0mm镀锌铁丝，并应在管壁上拧成扭辫箍环，同时应利用扭辫索挂镀锌铁丝固定保温层。 ⑦敷设异径管的绝热层时，应将绝热制品加工成扇形块，并应采用环向或网状捆扎，其捆扎铁丝应与大直径管段的捆扎铁丝纵向拉连。 ⑧当弯头部位的绝热层无成型制品时，应将直管壳加工成多节弯形敷设。公称直径小于或等于80mm的中、低温管道上的短半径弯头部位的绝热层，当加工成多节弯形施工有困难时，宜将管壳加工成45°对角形敷设，也可采用软质绝热制品捆扎敷设。 ⑨捆扎材料一端应系在活动环上，另一端应系在切点位置的固定环或托架上，并应捆扎成辐射形拉条，相邻拉条应用扎紧条拉连，扎紧条应与拉条呈“十”字扭结扎紧。当封头绝热层为双层结构时，应分层捆扎。 ⑩当球形容器的保冷层采用捆扎法施工时，应先在球形容器外用扁钢圈和不锈钢带组成保冷支架网格，然后把保冷制品衬砌到支架内，再将其捆扎到支架的不锈钢带上。	GB 50126—2008 5.3.7～5.3.11
13	伴热管管道保温层的施工	伴热管管道保温层的施工，应符合下列规定： ①当蒸汽伴热管采用软质绝热制品保温时，应先采用镀锌铁丝网或“V”形金属伴热罩将伴热管包裹在主管上并扎紧，不得将加热空间堵塞，然后再进行保温； ②当电伴热管采用硬质绝热制品保温时，可根据伴热管的多少现场适当放大制品规格进行保温。	GB 50126—2008 5.3.12
14	常用绝热层拼砌法施工	①绝热灰浆在绝热制品的对接或敷设面上应涂抹均匀、饱满，并应符合本规范第5.1.8条的规定。 ②当用绝热灰浆拼砌硬质保温制品时，拼缝不严及砌块的破损处应用绝热灰浆填补。 ③绝热灰浆的耐热温度不应低于被绝热对象的介质温度，且应具有良好的可塑性和黏结性能，对金属不应产生腐蚀。	GB 50126—2008 5.4.1～5.4.3

续表

序号	检查内容	检查要点	检查依据
15	常用绝热层缠绕法施工	①当用绝热绳缠绕施工时，各层缠绳应拉紧，第二层应与第一层反向缠绕并应压缝，绳的两端应用镀锌铁丝捆扎于管道上。 ②当采用绝热带缠绕时，绝热带应采用规格制品。当现场加工时，其带宽应小于150mm，可制带成卷，敷设时应螺旋缠绕，其搭接尺寸应为带宽的1/2。	GB 50126—2008 5.5.1、5.5.2
16	常用绝热层粘贴法施工	黏结剂应符合下列规定： ①黏结剂应符合使用温度的要求．并应和绝热层材料相匹配，不得对金属壁产生腐蚀； ②黏结剂应固化时间短、黏结力强。在使用前，应进行实地试粘； ③黏结剂贮存应符合产品使用说明书的要求。施工中黏结剂取用后，应及时密封。	GB 50126—2008 5.7.1
		粘贴操作时应符合下列规定： ①连续粘贴的层高，应根据黏结剂固化时间确定。绝热制品可随粘随用卡具或橡胶带临时固定，应待黏结剂干固后拆除； ②黏结剂的涂抹厚度，宜为2.5~3mm。并应涂满、挤紧和粘牢。	GB 50126—2008 5.7.2
		粘贴在管道上的绝热制品的内径，应略大于管道外径。保冷制品的缺棱掉角部分，应事先修补完整后粘贴。保温制品可在粘贴时填补。	GB 50126—2008 5.7.3
		当球形容器的保冷层采用预制弧型板材料时，应先粘贴一圈赤道带作为定位，然后再向上、向下顺序粘贴。粘贴后，应在南、北极处的活动环及赤道上的拉紧环之间。用不锈钢带拉紧，间距不应大于300mm。	GB 50126—2008 5.7.5
		当采用泡沫玻璃制品进行粘贴施工时，应在制品端、侧、结合面涂黏结剂相互黏合。	GB 50126—2008 5.7.6
		大型异型设备和管道的绝热层，采用半硬质、软质绝热制品粘贴时，应符合下列规定： ①应采用层铺法施工，各层绝热制品应逐层错缝、压缝粘贴。每层厚度宜为10~30mm； ②仰面施工的绝热层，保温时应采用固定螺栓、固定销钉和自锁紧板、铁丝网等方法进行加固，保冷时应采用销钉进行加固；当绝热层厚度大于80mm时，可在绝热层厚度层间和外层加设铁丝网固定； ③异型和弯曲的表面，不得采用半硬质绝热制品。	GB 50126—2008 5.7.7

序号	检查内容	检查要点	检查依据
17	常用绝热层浇注法施工	浇注材料的性能、配比及施工应符合产品使用说明书的要求。	SH/T 3522—2017 8.6.2
		施工前应进行条件确认，应符合下列规定： ①正式浇注前，应进行试浇，并应观察固化或凝结速度、颜色变化及对固形层或模具的影响，确定配制比例、环境温度； ②浇注部件或部位表面应清理干净，并用塑料薄膜隔离； ③安装的固形层或模具应做好临时加固。	SH/T 3522—2017 8.6.3
		浇注料的配制应符合下列规定： ①配制前应备齐盛装容器、搅拌工具、计量器具及测试仪器等； ②浇注料应按使用量分批次进行配制； ③浇注料应搅拌均匀。	SH/T 3522—2017 8.6.4
		浇注施工应符合下列规定： ①浇注料从浇注孔倒入应缓慢、均匀，浇注过程中应轻轻敲打固形层或模具两侧及底部位置； ②每次配制的浇注料应在规定时间内浇注完毕； ③浇注完成后应对浇注口、密封口进行密封处理； ④浇注成型后轻击固形层或模具外侧，不得出现空鼓。	SH/T 3522—2017 8.6.6
18	常用防潮层施工一般规定	①绝热层外表面应清洁、干燥、平整，不得有突角、凹坑或起鼓现象。 ②防潮层接缝应紧密，无翘口、脱层、开裂，表面应平整、无空鼓和褶皱。 ③防潮层的结构应符合设计文件的规定。 ④设备和管道的阀门、法兰断开处的保冷层及成型保冷支座两侧的保冷层宜设置防潮隔汽层。 ⑤当绝热层为软质或半硬质材料时，外表面应加设一层支撑层。	SH/T 3522—2017 9.1.2~9.1.6
		设置防潮层的绝热层外表面，应清理干净、保持干燥，并应平整、均匀，不得有突角、凹坑或起砂现象。	GB 50126—2008 6.1.2
		防潮层应紧密粘贴在绝热层上，并应封闭良好，不得有虚粘、气泡、褶皱或裂缝等缺陷。	GB 50126—2008 6.1.3
		沥青玛蹄脂、沥青胶的配合比，应符合设计文件和产品标准的规定。	GB 50126—2008 6.1.6

<table>
<tr><th>序号</th><th>检查内容</th><th>检查要点</th><th>检查依据</th></tr>
<tr><td rowspan="2">19</td><td rowspan="2">常用防潮层施工及基本要求</td><td>①采用阻燃型沥青玛蹄脂或防水冷胶料加玻璃布结构时，施工应符合下列规定：
a)第一层为阻燃型沥青玛蹄脂或防水冷胶料层，湿膜厚度不宜小于3mm；
b)增强布可为无蜡中碱粗格平纹玻璃布，其经纬密度应不小于8×8根/cm^2，厚度0.1~0.2mm；也可为强度符合设计要求的其他纤维增强布；
c)第二层为阻燃型沥青玛蹄脂或防水冷胶料层，湿膜厚度不宜小于3mm。
②防潮层采用2层阻燃型沥青玛蹄脂或防水冷胶料复合结构时应符合下列规定：
a)绝热层的表面应进行找平处理，对绝热层的接缝凹凸部分进行处理；对凸起部位应进行削平处理，捆扎带的接头应进行处理；
b)阻燃型沥青玛蹄脂或防水冷胶料黏稠度过大时，可加入质量不超过5%的稀释剂并搅拌均匀；
c)阻燃型沥青玛蹄脂或防水冷胶料涂抹应厚薄均匀、一致、无流挂、无漏涂现象；
d)阻燃型沥青玛蹄脂或防水冷胶料涂抹与增强布施工宜连续进行，各层结合紧密，无虚粘；
e)防潮层表面应平整，无翘口、脱层和开裂。</td><td>SH/T 3522—2017 9.2.1、9.2.2</td></tr>
<tr><td>③增强布可缠绕或铺贴施工，并宜符合下列规定：
a)管道和障碍较少的设备直段宜采用缠绕法，障碍较多时可采用铺贴法；
b)采用缠绕法施工时，增强布的宽度宜按下表选取；当采用铺贴法时玻璃布的宽度宜为500~1000mm；

表9.2.3　增强布材料宽度选择表
<table><tr><td>设备或管道绝热后的外径(D_0)</td><td>D_0<250mm</td><td>250≤D_0<500</td><td>D_0≥500</td></tr><tr><td>增强布的宽度(W)</td><td>100~250mm</td><td>300~400mm</td><td>400~500mm</td></tr></table>
c)缠绕法施工时增强布应用力均匀拉平，并紧贴胶料层，接头应进行固定处理；采用铺贴法施工时应按外表面尺寸进行排料，施工时按排料图铺贴，且应铺贴密实；
d)卧式设备或水平管道增强布宜将搭接纵缝设置在两侧，且应上层压下层；垂直管道或立式设备增强布的环向接缝应为上口搭下口；
e)增强布缠绕压边量应不小于30mm，接头搭接不应小于100mm；增强布铺贴时搭边量不应小于50mm，且搭边应规整；
f)增强布施工完成后表面应进行平整、除皱处理。</td><td>SH/T 3522—2017 9.2.3~9.2.5</td></tr>
</table>

续表

序号	检查内容	检查要点	检查依据
19	常用防潮层施工及基本要求	④防潮层采用二层或多层聚氯乙烯或聚酯薄膜等高分子弹性防水卷材时，防潮层施工应符合下列规定： a)缠绕时宽度应紧密，无空鼓、翻边和褶皱，且搭接均匀； b)端部、尾部和搭接接头部位应固定牢靠，并密封处理； c)防潮层压边不应少于30mm，接头搭接不应少于100mm； d)同向缠绕时，应压缝搭接，且搭接均匀，松紧适度。 ⑤支吊架、设备接管、支座等障碍开口部位应密封处理。	SH/T 3522—2017 9.2.3～9.2.5
20	保护层施工时机	保护层的施工应在绝热层或防潮层检验合格后进行。	SH/T 3522—2017 10.1.1
21	保护层外观质量	保护层安装应紧贴绝热层和防潮层，外表应整齐美观，不渗水、不开裂和不脱落。	SH/T 3522—2017 10.1.4
22	金属保护层接缝设置及搭接要求	水平管道金属保护层的环向接缝应沿管道坡向，搭向低处，其纵向接缝宜布置在水平中心线下方的15°～45°处，并应缝口朝下。	GB 50126—2008 7.1.5
		金属保护层接缝可采用搭接、挂接、咬接及插接和嵌接等方式，并应符合下列规定： ①硬质绝热制品金属保护层纵缝宜采用咬接，并不得损坏绝热层和防潮层；半硬质或软质绝热保护层纵缝宜采用搭接或插接，搭接或插接量不应小于30mm； ②金属保护层的环缝宜采用搭接或插接，搭接量不应小于50mm，插接量不应小于30mm； ③立式设备、垂直及倾斜管道的保护层应自下而上进行敷设，上口搭下口； ④储罐和立式设备的保护层无支承设置时，横向接缝宜采用挂接； ⑤两部分或多部分组合而成的金属保护盒组装时接缝宜采用搭接或插接，可拆卸式保护盒对接缝宜采用插条或锁扣式连接。	SH/T 3522—2017 10.1.5
		障碍开口、补强等无法做到顺水搭接部位的保护层应采用密封胶对接缝进行密封处理。	SH/T 3522—2017 10.1.6
23	金属保护层伸缩缝的设置及要求	设备和管道因热膨胀需要设置金属保护层伸缩缝时，应在保护层环向接缝位置设置，伸缩缝应采用活动搭接方式并应符合下列规定： ①搭接量不应小于100mm； ②绝热层为硬质材料时，保护层伸缩缝应与绝热层设置的伸缩缝位置相一致； ③绝热层为半硬质和软质绝热材料时，金属保护层的伸缩缝间距，应符合表10.1.15的规定。	SH/T 3522—2017 10.1.15

续表

序号	检查内容	检查要点	检查依据
24	金属保护层封闭的要求	保护层有下列情况之一时，其障碍开口缝隙应涂防水胶泥、密封剂或加设密封带： ①保温时，露天或潮湿环境中设备或管道易呛水部位； ②保冷时，所有室内、外设备或管道障碍开口部位。	SH/T 3522—2017 10. 1. 14
25	工程交接验收	绝热工程交接前，建设单位或总承包单位应对其进行检查和验收，并应确认下列内容： ①施工范围和内容符合合同规定。 ②工程质量符合设计文件及本规范的规定。	GB 50126—2008 9. 0. 2

3. 13 乙烯裂解装置无损检测工程质量监督检查要点

序号	检查内容	检查要点	检查依据
一、专业质量行为			
1	检测单位资质	特种设备检测机构应当经过核准，取得《中华人民共和国特种设备检验检测机构核准证》后，方可在核准项目范围内从事特种设备检测工作。 核准证有效期4年。	TSG Z7002—2022 1. 4
		在中华人民共和国境内生产、销售、使用放射性同位素与射线装置的单位，应当依照本办法的规定，取得辐射安全许可证。 辐射安全许可证有效期为5年。	《放射性同位素与射线装置安全许可管理办法》第二条、第二十四条
2	检测人员资格	特种设备检验、检测机构的检验、检测人员应当经考核，取得检验、检测人员资格，方可从事检验、检测工作。	《特种设备安全法》第五十一条
		无损检测人员应当按照本规则的要求，取得相应的《特种设备检验检测人员证(无损检测人员)》(以下简称《检测人员证》)，方可从事相应的无损检测工作。 《检测人员证》有效期为5年。	TSG Z8001—2019 第二条、第五条
		无损检测人员应当遵守如下执业要求：(一)按照《中华人民共和国特种设备安全法》的有关规定，无损检测人员取得《检测人员证》后，应当承诺只在一个机构执业，变更执业机构的，应当办理变更注册手续。	TSG Z8001—2019 第三十四条

续表

序号	检查内容	检查要点	检查依据
2	检测人员资格	生产、销售、使用放射性同位素与射线装置的单位，应当按照环境保护部审定的辐射安全培训和考试大纲，对直接从事生产、销售、使用活动的操作人员以及辐射防护负责人进行辐射安全培训，并进行考核；考核不合格的，不得上岗。	《放射性同位素与射线装置安全和防护管理办法》第十七条
3	检测设备和器材	①配置满足检测工作需要的检测设备，建立检测设备台账，规定检测设备状态标识和唯一性标识； ②建立检测设备档案，包括出厂资料，采购验收记录，检定(校准)和核查记录，使用、维修、保养记录等。	TSG Z7002—2022 附件 D4. 2
4	质量管理体系	检测单位应建立无损检测质量管理制度，加强无损检测质量控制。	NB/T 47013. 1—2015 6. 1
		①项目部的成立经过批准，项目部资源(包括管理人员、关键岗位人员、检测人员、检测设备、检测设施及场地、质量管理体系文件等)配置满足合同及检测工作的需要，任命管理人员、关键岗位人员； ②明确管理人员、关键岗位人员和检测人员职责、权限和相互关系； ③制定项目部质量管理要求，并且有效实施。	TSG Z7002—2022 附件 D5. 2
		①由具有相应资格的人员从事检测工作； ②按照检测细则、工艺、方案实施检测，形成检测记录和信息； ③对检测的资源、质量、技术、安全、业务管理等有计划地进行监督； ④设项目部的，项目部应保存管理人员、关键岗位人员和无损检测人员的签字样式、授权签字领域或者范围。	TSG Z7002—2022 附件 D5. 3
5	无损检测工艺文件	①检测单位应制定无损检测工艺文件，无损检测工艺文件包括工艺规程和操作指导书； ②应根据相关法规、产品标准、有关的技术文件和本标准的要求，并针对本检测单位的特点和技术条件编制工艺规程；工艺规程应按本部分和 NB/T 47013. 2~47013. 13 的规定明确其相关因素的具体范围或要求，如相关因素的变化超出规定时，应重新编制或修订； ③应根据工艺规程并结合检测对象的具体检测要求编制操作指导书；操作指导书中的内容应完整、明确和具体；操作指导书在首次应用时应进行工艺验证，验证可采用对比试块、模拟试块或直接在检测对象上进行； ④无损检测工艺文件的内容应满足本部分和 NB/T 47013. 2~47013. 13 的相关要求。	NB/T 47013. 1—2015 4. 3. 2. 1~4. 3. 2. 4
6	检测委托	①客户的要求(如检测方法、检测数量、检测比例、抽样要求、执行标准、检测报告格式等)明确，并且形成文件(合同)； ②合同偏离应当与客户沟通并且得到确认。	TSG Z7002—2022 附件 D5. 1

续表

序号	检查内容	检查要点	检查依据
7	检测记录和报告	①无损检测记录应真实、准确、完整、有效，并有相应责任人员签字认可； ②无损检测记录的保存期应符合相关法规标准的要求，且不得少于7年。	NB/T 47013.1—2015 7.3.2、7.3.3
		①检测报告格式符合有关安全技术规范及相关标准的要求，采用客户要求的格式时，将其纳入质量管理体系进行控制； ②内容齐全、完整，至少包括检测依据、结果和结论，必要时，还包括对检测结论的解释和说明； ③检测报告需要加盖检测机构公章或者专用章。	TSG Z7002—2022 附件D5.8
二、射线检测			
1	胶片选择	①A级和AB级射线检测技术应采用C5类或更高类别的胶片，B级射线检测技术应采用C4类或更高类别的胶片； ②采用γ射线和高能X射线进行射线检测时，以及对标准抗拉强度下限值 $R_m \geqslant 540MPa$ 高强度材料射线检测时，应采用C4类或更高类别的胶片。	NB/T 47013.2—2015 5.4.1、5.4.2
2	像质计选用	像质计的材料、材料代号和不同材料的像质计适用的工件材料范围可按照表2的规定执行。	NB/T 47013.2—2015 4.2.7.2
3	透照方式选择	①应根据工件特点和技术条件的要求选择适宜的透照方式。在可以实施的情况下应优先选用单壁透照方式，在单壁透照不能实施时才允许采用双壁透照方式； ②安放式和插入式管座角焊缝应优先选择源在外透照方式。插入式管座角焊缝源在内透照方式时，应优先选择射线源放置在支管轴线上的透照布置； ③透照时射线束中心一般应垂直指向透照区中心，并应与工件表面法线重合，需要时也可选用有利于发现缺陷的方向透照。	NB/T 47013.2—2015 5.5.2.1、5.5.2.2、5.5.2.3
4	射线源种类选择	①γ射线源和高能X射线适用的透照厚度范围应符合表4的规定； ②采用源在内中心透照方式，在保证像质计灵敏度达到5.16.2要求的前提下，允许γ射线最小透照厚度取表4下限值的1/2； ③采用其他透照方式，在采取有效补偿措施并保证像质计灵敏度达到5.16.2要求的前提下，经合同双方商定，A级，AB级技术的Ir192源的最小透照厚度可降至10mm，Se75源的最小透照厚度可降至5mm。	NB/T 47013.2—2015 5.6.3、5.6.4、5.6.5

续表

序号	检查内容	检查要点	检查依据
5	一次透照长度选择	①一次透照长度应以透照厚度比 K 进行控制。不同级别射线检测技术和不同类型焊接接头的 K 值应符合表 3 的规定。通过 K 值确定的整条环向焊接接头所需的透照次数可参照附录 F 的曲线图确定； ②采用射线源在内偏心透照($F<D_o/2$)时，透照次数参照附录 F 的公式进行计算； ③管座角焊缝、椭圆形封头、碟形封头小 r 区的焊缝，以及其他曲率连续变化的焊缝可不采用以 K 值确定一次透照长度的方法，允许用黑度范围来确定一次透照长度，底片黑度满足 5. 16. 1 的长度范围即为允许采用的一次透照长度。	NB/T 47013. 2—2015 5. 5. 4
6	透照次数选择	①小径管环向焊接接头的透照布置： 小径管环向焊接接头采用双壁双影透照布置。当同时满足下列两条件时应采用倾斜透照方式椭圆成像：T(壁厚)≤8mm、g(焊缝宽度)≤$D_o/4$，椭圆成像时，应控制影像的开口宽度(上下焊缝投影最大间距)在 1 倍焊缝宽度左右。 不满足上述条件或椭圆成像有困难时可采用垂直透照方式重叠成像。 ②小径管环向焊接接头的透照次数： 小径管环向焊接接头 100%检测的透照次数：采用倾斜透照椭圆成像时，当 T/D_o≤0. 12 时，相隔 90°透照 2 次。当 T/D_o>0. 12 时，相隔 120°或 60°透照 3 次。垂直透照重叠成像时，一般应相隔 120°或 60°透照 3 次。 按照上述规定进行多次透照时，底片上被检测区黑度满足 5. 16. 1 的区域为有效评定区，相邻底片的有效评定区的重叠应保证覆盖被检测区的整个体积范围，如最少曝光次数不能满足 100%覆盖要求，则应增加曝光次数。 ③特殊情况： 由于结构原因不能按 5. 5. 6. 2 的规定的间隔角度多次透照时，经合同双方商定，可不再强制限制 5. 5. 6. 2 规定的间隔角度，但应采取有效措施尽量扩大缺陷可检出范围，同时应保证底片评定范围内黑度和灵敏度满足要求，并在检测报告中对有关情况进行说明。	NB/T 47013. 2—2015 5. 5. 6. 1～5. 5. 6. 3
7	射线源至工件表面的最小距离	①所选用的射线源至工件表面的距离 f 应满足下式的要求： A 级射线检测技术：$f \geqslant 7.5d \cdot b^{2/3}$ AB 级射线检测技术：$f \geqslant 10d \cdot b^{2/3}$ B 级射线检测技术：$f \geqslant 15d \cdot b^{2/3}$	NB/T 47013. 2—2015 5. 7. 1～5. 7. 6

续表

序号	检查内容	检查要点	检查依据
7	射线源至工件表面的最小距离	②采用源在内中心透照方式周向曝光时，只要得到的底片质量符合 5.16.1 和 5.16.2 的要求，f 值可以减小，但减小值不应超过规定值的 50%； ③采用源在内单壁透照方式时，只要得到的底片质量符合 5.16.1 和 5.16.2 的要求，f 值可以减小，但减小值不应超过规定值的 20%； ④安放式和插入式管座角焊缝采用源在内单壁中心透照方式(附录 E 中图 E.9 和图 E.13)时，只要得到的底片质量符合 5.16.1 和 5.16.2 的要求 f 值可以减小、但减小值不应超过规定值的 50%； ⑤安放式和插入式管座角焊缝采用源在内单壁偏心透照方式((附录 E 中图 E.10 和图 E.14)时，只要得到的底片质量符合 5.16.1 和 5.16.2 的要求 f 值可以减小，但减小值不应超过规定值的 20%； ⑥如果相关法规、规范、标准、设计技术文件或合同双方商定规定了允许的几何不清晰度(U_g)最大值，实际透照时，几何不清晰度(U_g)值应按照附录 H 进行计算。	NB/T 47013.2—2015 5.7.1~5.7.6
8	曝光量选择	①X 射线照相，当焦距为 700mm 时，曝光量的推荐值为：A 级和 AB 级射线检测技术不小于 15mA · min；B 级射线检测技术不小于 20mA · min。当焦距改变时可按平方反比定律对曝光量的推荐值进行换算； ②采用 γ 射线源透照时，总的曝光时间应不少于输送源往返所需时间的 10 倍； ③采用 Co60γ 射线源透照时，强光时间不应超过 12h；采用 Ir192γ 射线源透照时，曝光时间不应超过 8h，且不得采用多个射线源捆绑方式进行透照。	NB/T 47013.2—2015 5.9.1、5.9.2、5.9.3
9	散射线防护	对初次制定的检测工艺，以及在使用中检测条件、环境发生改变时，应进行背散射防护检查。 检查背散射防护的方法是：在暗盒背面贴附“B”铅字标记，一般 B 铅字的高度为 13mmn、厚度为 1.6mm，按检测工艺的规定进行透照和暗室处理。若在底片上出现黑度低于周围背景黑度的“B”字影像，则说明背散射防护不够，应增大背散射防护铅板的厚度。若底片上不出现“B”字影像或出现黑度高于周围背景黑度的“B”字影像，则说明背散射防护符合要求。 在背散射轻微或后增感屏足以屏蔽背散射线的情况下，可不使用背散射防护铅板。	NB/T 47013.2—2015 5.11.2
10	底片黑度	①单胶片透照技术，单底片观察评定，底片评定范围内的黑度 D 应符合下列规定： A 级：$1.5 \leqslant D \leqslant 4.5$； AB 级：$2.0 \leqslant D \leqslant 4.5$； B 级：$2.3 \leqslant D \leqslant 4.5$。 ②用 X 射线透照小径管或其他截面厚度变化大的工件，单底片观察评定时，AB 级最低黑度允许降至 1.5；B 级最低黑度允许降至 2.0。	NB/T 47013.2—2015 5.16.1.1、5.16.1.3

续表

序号	检查内容	检查要点	检查依据
11	底片灵敏度	单壁透照、像质计置于射线源侧时应符合表5和表6的规定；双壁双影透照、像质计置于射线源侧时应符合表7和表8的规定；双壁单影或双壁双影透照、像质计置于胶片侧时应符合表9和表10的规定。	NB/T 47013. 2—2015 5. 16. 2
12	底片质量其他要求	底片评定范围内不应存在影响影像观察的灰雾，干扰缺陷影像识别的水迹、划痕、显影条纹、静电斑纹、压痕等伪缺陷影像，以及增感屏缺陷带来的各种伪影像。	NB/T 47013. 2—2015 5. 16. 3
13	底片评定	①承压设备熔化焊焊接接头射线检测结果评定和质量分级； ②承压设备管子及压力管道熔化焊环向焊接接头射线检测结果评定和质量分级。	NB/T 47013. 2—2015 6、7
三、超声检测			
1	使用范围	①铁素体钢承压设备焊接接头的超声检测方法和质量分级，其适用范围和使用原则见表20； ②奥氏体不锈钢承压设备对接接头超声检测方法和质量分级按附录I的规定进行。	NB/T 47013. 3—2015 6. 1. 1、6. 1. 5
2	探头的选择	Ⅰ型焊接接头：斜探头的折射角(*K*值)、标称频率的选取可参照表25的规定。条件允许时，应尽量采用较大折射角(*K*值)探头。 Ⅱ型焊接接头：斜探头折射角(*K*值)的选取可参照表31的规定。如有必要，也可采用其他折射角(*K*值)的探头。	NB/T 47013. 3—2015 6. 3. 6. 1、6. 4. 3. 3
3	探头移动区	Ⅰ型焊接接头： ①探头移动区宽度应能满足检测到整个检测区。见图17； ②采用一次反射法检测时，探头移动区宽度应大于或等于1. 25*P*； ③采用直射法检测时，探头移动区宽度应大于或等于0. 75*P*； Ⅱ型焊接接头： 探头移动区应清除焊接飞溅、铁屑、油垢及其他杂质，其表面粗糙度$R_a \leqslant 25\mu m$，探头移动区应大于1. 5*P*。	NB/T 47013. 3—2015 6. 3. 5. 1、6. 4. 4. 2
4	复验	①发生以下情况时应对系统进行复核： a)探头、耦合剂和仪器调节发生改变时； b)怀疑扫描量程或扫查灵敏度有变化时； c)连续工作4h以上时； d)工作结束时。 ②扫描量程的复核： 如果任意一点在扫描线上的偏移量超过扫描线该点读数的10%或全扫描量程的5%，则扫描量程应重	NB/T 47013. 3—2015 4. 5. 6. 1~4. 5. 6. 3

序号	检查内容	检查要点	检查依据
4	复验	新调整，并对上一次复核以来所有的检测部位进行复检。 ③扫查灵敏度的复核： 复核时，在检测范围内如发现扫查灵敏度或距离-波幅曲线上任一深度人工反射体回波幅度下降 2dB，则应对上一次复核以来所有的检测部位进行复检；如回波幅度上升 2dB，则应对所有的记录信号进行重新评定。	NB/T 47013. 3—2015 4. 5. 6. 1~4. 5. 6. 3
5	检测结果评定	①锅炉、压力容器本体焊接接头质量分级按表 33 的规定执行； ②锅炉、压力容器管子环向或纵向焊接接头质量分级按表 34 的规定执行； ③压力管道环向或纵向焊接接头质量分级按表 35 的规定执行。	NB/T 47013. 3—2015 6. 5. 1. 4、6. 5. 2. 3、6. 5. 3. 4
四、衍射时差法检测			
1	检测技术等级	TOFD 检测技术等级分为 A、B、C 三个级别，见表 1。	NB/T 47013. 10—2015 4. 3
2	探头的选择	①通常采用两个分离的宽带窄脉冲纵波斜入射探头，一发一收相对放置组成探头对，固定于扫查装置；探头的性能应满足附录 B 的要求并提供证明文件，测试方法参照 GB/T 27664. 2 的规定； ②与平板工件或较大曲率工件厚度有关的检测分区、探头选取和设置可参照表 3。	NB/T 47013. 10—2015 4. 2. 1. 3. 2. 1、5. 2. 5
3	图谱质量	①A 扫描时间窗口设置符合 5. 10 的要求； ②采集的数据量满足所检测焊缝长度的要求； ③每一检测数据中的 A 扫描信号丢失量不得超过总量的 5%，且 A 扫描信号连续丢失长度不超过表 4 规定的扫查步进最大值的两倍；缺陷部位的 A 扫描丢失不得影响缺陷的评定； ④信号波幅改变量及信号连续性满足 6. 5. 4 的规定； ⑤直通波、底面反射波无明显非缺陷引起的突变且较为平直。	NB/T 47013. 10—2015 7. 1. 1
4	复核	在如下情况时应进行复核： ①检测过程中检测设备开停机或更换部件时； ②检测人员有怀疑时； ③检测结束时。	NB/T 47013. 10—2015 6. 7. 1
5	检测结果评定	①在评定区内或与读写区边界线相切的缺陷均应划入评定区内，按表 6 的规定评定焊接接头的质量级别； ②非点状缺陷显示的质量分级按表 7 的规定执行。	NB/T 47013. 10—2015 8. 4. 2、8. 5

序号	检查内容	检查要点	检查依据
五、相控阵超声检测			
1	使用范围	①铁素体钢制承压设备全熔化焊焊接接头的相控阵超声检测，其适用范围见表15； ②钢制油气长输管道环向对接接头全自动相控阵分区聚焦超声检测，按附录H(规范性)的规定执行； ③奥氏体不锈钢承压设备对接接头相控阵超声检测方法和质量分级见附录I(资料性)； ④采用全聚焦相控阵超声技术检测焊接接头见附录J(资料性)。	NB/T 47013.15—2021 6.1.1、6.1.3、6.1.4、6.1.5
2	检测技术等级	钢制承压设备焊接接头的相控阵超声检测技术分为A、B、C三个等级；若因结构等原因不能完全满足检测技术等级要求时，应采取有效技术措施并制订专用操作指导书，按4.3.3进行工艺验证。	NB/T 47013.15—2021 4.3.2.2.2
3	探头及楔块的选择	①应根据被检工件的类型、材质、结构尺寸、检测面以及检测方式综合选择探头(楔块)和检测区域覆盖方式等； ②相控阵探头选择的参数包括类型、频率、晶片数量、晶片间距和晶片尺寸等。在能获得稳定耦合和足够信噪比的前提下，尽可能选用频率更高、晶片数量更多的探头；对于薄壁工件，多选用高频、小激发孔径的探头；对于厚壁工件，多选用低频、大激发孔径的探头；对于较大尺寸的原材料和零部件检测，多选用晶片数量较多的线阵探头或面阵探头；对于异种钢焊接接头或较大壁厚的奥氏体钢制焊接接头，宜选用T/R双线阵或双面阵探头； ③楔块的选择主要包括其类型和形状规格等。对于纵波直入射法，一般选用平楔块或薄膜；对于斜入射法，一般选用带角度的楔块。对于曲面工件，当楔块与被检工件接触面的间隙大于0.5mm时，应采用曲面楔块或对楔块进行适当修磨，同时考虑对声束的影响； ④当对探头阵元组施加不同的延迟法则时，可以实现声束的倾斜和聚焦。一般而言，纵波直入射声束倾斜角度不宜超过±35°，斜入射时声束角度不宜超过θ±20°(θ为楔块折射角)；相控阵探头的最大物理聚焦范围为近场区长度N，声程超过N后无法实现物理聚焦，但有一定的聚焦效果。	NB/T 47013.15—2021 4.3.2.6.1~4.3.2.6.4
4	检测图像和检测数据	①检测图像一般包括S型、A型、B型、C型和D型显示，可根据需要选用合适的显示方式，对于复杂结构应在建模结构中显示缺陷状态； ②图像显示中应有位置信息，定点检测时应有角度信息； ③分析数据前应对所采集的数据进行评估以确定其有效性，数据至少应满足以下要求，若数据无效，应纠正后重新进行扫查： a)数据是基于扫查步进的设置而采集的(定点检测等特殊情况除外)； b)采集的数据应耦合良好，且数据量应满足所检测长度的要求；	NB/T 47013.15—2021 4.3.2.8.1~4.3.2.8.4

续表

序号	检查内容	检查要点	检查依据
4	检测图像和检测数据	c)每一检测数据中A扫描信号丢失量不得超过总量的5%，且相邻A扫描信号连续丢失长度不超过表2规定的扫查步进最大值的2倍；缺陷部位A扫描信号丢失不得影响缺陷的评定； ④分析数据时，应将各种显示结合被检对象材料、结构及其制造特点进行综合判断。对于焊接接头，其典型图谱(部分)见附录E(资料性)。	NB/T 47013.15—2021 4.3.2.8.1~4.3.2.8.4
5	复核	在如下情况时应对检测系统进行复核： ①检测过程中仪器、探头、连接线缆或耦合剂更换； ②检测人员有怀疑； ③连续工作4h及以上； ④检测结束。	NB/T 47013.15—2021 4.3.2.9.1
6	检测结果评定	①Ⅰ型焊接接头缺陷的评定和质量分级： 缺陷的评定：凡判定为裂纹、坡口未熔合及未焊透等危害性的缺陷显示，评为Ⅲ级；凡在判废线(含判废线)以上的缺陷显示，评为Ⅲ级；凡在评定线(不含评定线)以下的缺陷显示，评为Ⅰ级。 质量分级：按表26的规定。 ②Ⅱ型焊接接头缺陷的评定和质量分级： a)公称厚度为3.5~6mm的Ⅱ型焊接接头的质量评定： 根据对接接头存在的缺陷类型、缺陷波幅的大小以及缺陷的指示长度，缺陷评定为合格(Ⅰ级)和不合格(Ⅲ级)两类； 凡判定为裂纹、未熔合、根部未焊透及密集型的缺陷显示，评为Ⅲ级； 凡在判废线(含判废线)以上的缺陷显示，评为Ⅲ级； 凡在评定线(含评定线)以上、判废线以下且指示长度大于5mm的缺陷显示，评为Ⅲ级； 单个条形缺陷自身高度大于1/4壁厚的显示，评为Ⅲ级； b)公称厚度大于或等于6~50mm的Ⅱ型焊接接头的质量评定： 凡判定为裂纹、坡口未熔合、根部未焊透的缺陷显示，评为Ⅲ级； 凡在判废线(含判废线)以上的缺陷显示，评为Ⅲ级； 凡在评定线(不含评定线)以下的缺陷显示，评为Ⅰ级； 对于评定线以上、判废线(不含判废线)以下的缺陷显示评定： 1)对于安装和在制的钢制承压设备全熔化焊Ⅱ型焊接接头应按照表32的规定进行评级； 2)对于在用钢制承压设备全熔化焊Ⅱ型焊接接头按照表33的规定进行评级。	NB/T 47013.15—2021 6.4.12、6.5.7

序号	检查内容	检查要点	检查依据
六、磁粉检测			
1	使用范围	对于铁磁性材料，为检测表面或近表面缺陷，应优先采用磁粉检测方法，确因结构形状等原因不能采用磁粉检测时方可采用其他无损检测方法。	NB/T 47013.1—2015 5.1.7
2	磁化时间及磁化区域	①采用连续法时，磁粉或磁悬液的施加和磁痕显示的观察应在磁化通电时间内完成，且停施磁粉或磁悬液至少1s后方可停止磁化；磁化通电的时间一般为1~3s，且为保证磁化效果应至少反复磁化两次； ②采用剩磁法时，磁粉或磁悬液应在通电结束后施加，一般通电时间为0.25~1s。施加磁粉或磁悬液之前，任何铁磁性物体不得接触被检工件表面； ③使用交叉磁轭装置时，四个磁极端面与检测面之间应保持良好贴合，其最大间隙不应超过0.5mm。连续拖动检测时，检测速度应尽量均匀，一般不应大于4m/min。	NB/T 47013.4—2015 5.4、5.5.2、5.6.1
3	磁痕观察	①非荧光磁粉检测时，缺陷磁痕的评定应在可见光下进行，且工件被检表面可见光照度应大于或等于1000lx；现场检测时，由于条件所限可见光照度应不低于500lx； ②荧光磁粉检测时，缺陷磁痕的评定应在暗黑区黑光灯激发的黑光下进行，工件被检表面的黑光辐照度应大于或等于1000μW/cm²；暗黑区室或暗处可见光照度应不大于20lx； ③检测人员进入暗区至少5min后进行荧光磁粉检测，观察时不应佩戴对检测结果评判有影响的眼镜或滤光镜。	NB/T 47013.4—2015 6.2.2
4	复验	当出现下列情况之一时，需要复验： ①检测结束时，用标准试片或标准试块验证检测灵敏度不符合要求时； ②发现检测过程中操作方法有误或技术条件改变时； ③合同各方有争议或认为有必要时； ④对检测结果有怀疑时。	NB/T 47013.4—2015 7
5	质量分级	①不允许任何裂纹显示；紧固件和轴类零件不允许任何横向缺陷显示； ②焊接接头的质量分级按表6进行； ③其他部件的质量分级评定按表7进行。	NB/T 47013.4—2015 9.1~9.3
七、渗透检测			
1	渗透检测剂材料	①对于镍基合金材料，硫的总含量质量比应不少于200×10^{-6}，一定量渗透检测剂蒸发后残渣中的硫元素的质量比不得超过1%。如有更高要求，可由供需双方另行商定； ②对于奥氏体钢、钛及钛合金，卤素总含量(氯化物、氟化物)质量比应不少于200×10^{-6}，一定量渗透检测剂蒸发后残渣中的氯、氟元素的质量比不得超过1%。如有更高要求，可由供需双方另行商定。	NB/T 47013.5—2015 4.2.1.6、4.2.1.7

续表

序号	检查内容	检查要点	检查依据
2	渗透时间及温度、显像时间	①在整个检测过程中，渗透检测剂的温度和工件表面温度应该在5~50℃的温度范围，在10~50℃的温度条件下，渗透剂持续时间一般不应少于10mim；在5~10℃的温度条件下，渗透剂持续时间一般不应少于20min或者按照说明书进行操作。当温度条件不能满足上述条件时，应按附录B对操作方法进行鉴定； ②显像时间取决于显像剂种类、需要检测的缺陷大小以及被检工件温度等，一般应不小于10min，且不大于60min。	NB/T 47013.5—2015 6.2.2、6.6.8
3	观察	①着色渗透检测时，缺陷显示的评定应在可见光下进行，通常工件被检表面可见光照度应不小于1000lx；当现场采用便携式设备检测，由于条件所限无法满足时，可见光照度可以适当降低，但不得低于500lx； ②荧光渗透检测时，缺陷显示的评定应在暗室或暗处进行，黑区黑光灯激发的黑光下进行，暗室或暗处可见光照度应不大于20lx，被检工件表面的辐照度应大于或等于1000μW/cm^2，自显像时被检工件表面的辐照度应大于或等于3000μW/cm^2。检测人员进入暗区，至少经过5min后黑暗适应后，才能进行荧光渗透检测。检测人员不得佩戴对检测结果有影响的眼镜或滤光镜。	NB/T 47013.5—2015 6.7.2、6.7.3
4	复验	当出现下列情况之一时，需进行复验： ①检测结束时，用试块验证检测灵敏度不符合要求时； ②发现检测过程中操作方法有误或技术条件改变时； ③合同各方有争议或认为有必要时； ④对检测结果怀疑时。	NB/T 47013.5—2015 6.9.1
5	质量分级	①不允许任何裂纹。紧固件和轴类零件不允许任何横向缺陷显示； ②焊接接头的质量分级按表5进行； ③其他部件的质量分级评定见表6。	NB/T 47013.5—2015 8.2

八、光谱检测

1	仪器校准	①仪器内部应有自校准程序，开机后首先进行自校准； ②仪器自校准结束后，应用标准样品对仪器进行验证，当验证结果在可接受的范围内时，校准结束； ③当仪器自校准结束后的验证结果超出可接受的范围时，应对不可接受的元素进行再校准。	SH/T 3545—2020 11.3.1~11.3.3
2	工件受检部位要求	工件受检部位应裸露出金属光泽，不得有油漆、镀层膜、油脂、氧化皮、土屑等覆盖物。工件表面的油脂可用丙酮擦拭去除，其余覆盖物可用角向磨光机或砂纸打磨去除。打磨不得使受检件损伤。	SH/T 3545—2020 11.4.2

续表

序号	检查内容	检查要点	检查依据
3	检测操作	①将仪器测试窗口垂直对准受检工件表面，并与受检工件表面紧贴(注意避免撞击损坏仪器)，测试过程中，应保持仪器与被测试样品的相对稳定性； ②测试时间宜为5~10s，直到蜂鸣声提示音响起之后停止检测，测试过程结束； ③测试数据自动在仪器荧光屏上显示并保存，在记录纸上记录此检测序号与受检件(部位)的对应性。	SH/T 3545—2020 11.4.3
4	复验	①发生以下情况应进行复验： a)元素含量异常，超出材料标准允许范围的； b)检测仪器异常； c)检测人员认为需要复验的。 ②复验应适当增加测试时间，仪器与工件接触应紧密稳定。	SH/T 3545—2020 11.5.1、11.5.4
九、硬度检测			
1	仪器使用要求	每天首次试验前都需要按附录B对所使用的硬度计进行日常检查。	GB/T 17394.1—2014 7.1
2	试件要求	试件的试验位置出现的磁场或电磁场会影响里氏硬度试验结果，应避免试验位置出现磁场或电磁场。试验过程中试件和冲击装置之间不能产生相对运动。必要时应使用设计合理的固定夹具。试件的试验面和支承表面应清洁无污物(氧化皮、润滑剂、尘土等)。	GB/T 17394.1—2014 7.3、7.4
3	检测操作	两压痕中心和试件边缘之间的距离应允许在试件上安放整个支承环。对于G型冲击装置的硬度计，任何情况下，冲头冲击点与试件边缘的距离都不应小于10mm；对于D、DC、DL、D+15、C、S和E型冲击装置，该距离不应小于5mm。 试验前应对硬度计进行正确设置。	GB/T 17394.1—2014 7.5、7.7
4	测定要求	为测定里氏硬度，试验应至少进行三次，并计算其算术平均值。如果硬度值相互之差超过20HL，应增加试验次数，并计算算术平均值。	GB/T 17394.1—2014 7.8
5	评定	对里氏硬度测量值的测量不确定度进行评定参见本标准附录C。	GB/T 17394.1—2014 附录C
十、检测实体质量控制			
1	现场实体抽检	①焊接合格率宜按焊口(道)或位置(处)来统计； ②应进行射线或超声检测抽检； ③视情况进行磁粉、渗透、光谱、硬度检测抽检。	
2	检测质量复核	按检测单位已发生的检测方法，宜对每种方法进行复核(复位)抽检。	
3	底片复评	根据检测单位检测情况随机确定复评底片。	

3.14 乙烯裂解装置球罐安装工程质量监督检查要点

序号	检查内容	检查要点	检查依据
一、专业管理行为			
1	企业资质证书、质量保证体系	球形储罐施工单位必须获得球形储罐现场组焊许可，并建立压力容器质量管理体系。	GB 50094—2010 3. 0. 3
2	压力容器安装告知	从事球形储罐现场施焊的施工单位在施工前应书面告知工程所在地特种设备安全监督机构，并应接受政府监督机构授权的检验检测单位的监督检验。	GB 50094—2010 3. 0. 4
3	专项施工方案审批	专项施工方案必须经批准，施工方案应完整、正确且具有针对性。	SH/T 3542—2007 4. 1. 3
4	所用球壳板等零部件检查检验和报验。	①原材料进场按程序进行开箱检验，开箱检验记录齐全完整。	GB 50461—2008 3. 5
		②球壳板等零部件的产品质量证明书等技术质量文件及内容应符合设计文件和规范要求；满足 GB 150. 4 第 9. 1 条要求的，制造单位还应按 GB 12337 第 8. 9 条要求提供制作人孔与球壳板产品焊接试件的全部无损检测报告及力学性能试验报告。 要点： 关注球壳板低温冲击值； 低温焊材熔敷金属的扩散氢检验方法是否符合设计要求及检测值。	GB 50094—2010 4. 1. 2 GB 12337—2014 7. 1. 10
		③球壳板和支柱、拉杆等零部件必须符合设计文件要求，并经检查检验合格。	GB 50094—2010 4. 2、4. 3、4. 4
5	进场材料、设备的PMI	①合金材料设备，壳体、封头、接管、法兰、配对法兰及短节，进行合金元素定量分析，每种规格及类型至少抽检 1 件。设备焊缝进行合金元素定量分析，每台设备宜抽检 5 处，且位于不同的焊缝上(包括封头的拼接焊缝)。对于已经进行了表面特殊防腐，打磨后不易恢复防腐层的设备，经建设单位同意，可不进行检验。	Q/SH 0706—2016 4. 2. 1
		②合金材料的内件、内件螺栓、安装螺栓、设备附件，进行合金元素定量分析，每种规格及类型至少抽检 1 件。对于到场后不再打开的设备，经建设单位同意，可不进行检验。	Q/SH 0706—2016 4. 2. 2
		③合金焊材到货后，每批进行合金元素的定量分析。	Q/SH 0706—2016 4. 4
		④检验完成后应及时根据检验结果填写 PMI 记录。	Q/SH 0706—2016 6. 1

续表

序号	检查内容	检查要点	检查依据
6	球罐组焊前球罐零部件的复验	①对球壳板周边100mm范围内应进行超声检测抽查，抽查数量不得少于球壳板总数的20%，且每带不少于2块，上、下极各不少于1块，其结果应符合4.2.8的规定。若发现超标缺陷，应加倍抽查；若仍有超标缺陷，则应100%检验。	GB 12337—2014 8.1.2
		②球壳板应进行超声测厚抽查，抽查数量不得少于球壳板总数的20%，且每带不少于2块，上、下极各不少于1块，每张球壳板检测不少于5点，其中4个点分布在距离边缘100mm左右的位置并包括各顶角附近，1个点位于球壳板的中心附近，实测厚度应不小于设计厚度。若有不合格，应加倍抽查；若仍有不合格应对球壳板进行100%超声测厚检查。	
		③标准抗拉强度下限值$R_m \geq 540$MPa的低合金钢制造的球壳板，坡口表面应按NB/T 47013.4进行磁粉检测，Ⅰ级合格，抽查数量为不少于球壳板总数的20%。若发现有不允许缺陷应对球壳板坡口表面进行100%检测。	
7	产品焊接试板	①制造单位应提供产品焊接试板，尺寸为360mm×650mm，试板材质、厚度、坡口形式及热处理工艺等均与球壳板相同； ②每台球罐做平、横、立、仰位置试板各一块并做相应检测等。	GB 50094—2010 9.1.1、9.1.3
8	焊接材料检查检验	①焊接材料应具有质量证明书。焊条和药芯焊丝质量证明书应包括熔敷金属的化学成分、力学性能、扩散氢含量等各项指标； ②球壳的对接焊缝以及直接与球壳焊接的焊缝，采用焊条电弧焊时应选用低氢型药皮焊条，焊条和药芯焊丝应按批号进行扩散氢复验； ③焊接材料应有专人负责保管、烘干和发放。	GB 50094—2010 6.3.1、6.3.2
9	焊条库管理	①品种、型号/牌号、批号、规格、入库时间不同的焊接材料应分别存放，并有明确标识，以免混杂； ②使用方应设置焊接材料管理员，负责焊接材料的领用、保管、烘干、发放和回收，并做详细记录，以保证焊接材料使用的可追溯性； ③每个烘箱应附有标示牌，标明所装入焊接材料的型号/牌号、批号和烘干规范等。烘箱应在有效期内。	JB/T 3223—2017 6.3 JB/T 3223—2017 7.1.1 JB/T 3223—2017 7.3.3
10	基础交接复验	球罐基础应经交接并复验合格。	GB 50094—2010 5.1.1

续表

序号	检查内容	检查要点	检查依据
11	焊工资格	焊工必须经考试合格并取得相应项目的资格，方可在有效期内担任合格项目范围内的焊接工作。	GB 50094—2010 6.1.1 TSG Z6002—2010
12	焊接工艺评定	焊接工艺评定应符合 NB/T 47014 规范要求。根据焊接工艺评定编制焊接作业指导书并审批。	GB 50094—2010 6.2 NB/T 47014—2011
13	无损检测人员资格	从事球罐无损检测人员必须取得相应的资格证书后才能担任与资格证书的种类和技术等级相对应的无损检测工作。	GB 50094—2010 7.1.4 TSG Z8001—2019
14	交工资料和施工记录	球罐完工后，施工单位应将竣工图及其他技术资料交给建设单位。	GB 50094—2010 11.0.1 SH/T 3543—2017 SH/T 3503—2017
二、球罐支柱安装			
1	基础检查验收	球罐安装前应对基础各部位尺寸进行检查和验收，其允许偏差应符合表 5.1.1 的规定；基础混凝土的强度不低于设计要求的 75%方可进行安装。	GB 50094—2010 5.1.1
2	支柱全长	支柱全长长度允许偏差为 3mm。	GB 50094—2010 4.3.1、4.3.2、4.3.3、4.3.4
3	支柱垂直度	支柱与底板焊接后应保持垂直，其垂直度允许偏差为 2mm。	
4	支柱直线度	支柱全长的直线度偏差应小于或等于全长的 1/1000，且不应大于 10mm；现场组焊的上下段支柱接口处最大与最小直径差，不应大于支柱内直径的 1%，且不应大于 4mm。	
5	组焊件检查	①分段支柱上段与赤道板组焊后，采用弦长不小于 1m 的样板检查赤道板的曲率，其间隙不得大于 3mm；上段支柱直线度的允许偏差为上段支柱长度的 1/1000，轴线位置偏移不应大于 2mm； ②人孔及接管开孔位置及外伸长度、球壳板的曲率及接管法兰安装偏差，应符合本规范第 5.3.1 条的要求。	GB 50094—2010 4.4.1、4.4.2
6	垫铁	①支柱用垫铁找正后，每组垫铁高度不应小于 25mm，且不宜多于 3 块； ②斜垫铁应成对相向使用，并应接触紧密； ③找正完毕，点焊牢固； ④焊后进行整体热处理的球罐，应设置预埋垫板。	GB 50094—2010 5.2.8 GB 50094—2010 5.1.2

续表

序号	检查内容	检查要点	检查依据
7	地脚螺栓	①螺母和垫圈齐全、均匀紧固、螺纹无损伤并露出螺母。锁紧螺母与螺母、螺母与垫圈、垫圈与设备底座间的接触良好； ②螺纹均应露出螺母2~3扣，外露的螺纹已涂防锈脂； ③地脚螺栓应垂直无歪斜。	GB 50461—2008 4.2.1、4.2.4
8	拉杆	拉杆安装时应对称均匀拧紧，拉杆中部挠度应小于计算值。	GB 50094—2010 5.2.9
9	支柱安装垂直度	支柱安装找正后，应在球罐径向和周向两个方向检查支柱的垂直度。当支柱高度小于或等于8m时，垂直度允许偏差为12mm；当支柱高度大于8m时，垂直度允许偏差为支柱高度的1.5‰，且不应大于15mm。	GB 50094—2010 5.2.8
三、球罐组装			
1	球壳板编号	球罐组装前，应对每块球壳板和焊缝进行编号，编号宜与球罐方位一致，编号1的球壳板应放在0°或与紧靠0°向90°方向偏转位置上；球罐各部位名称和编号应符合规范要求。	GB 50094—2010 5.2.1
2	球壳板组对间隙	采用手工电弧焊时，组对间隙宜为2mm±2mm；采用药芯焊丝气体保护焊时，组对间隙宜为3mm±1mm；采用其他焊接方法时，组对间隙应由焊接作业指导书确定。	GB 50094—2010 5.2.3
3	球壳板组对错边量	球壳板组对错边量不应大于球壳板的名义厚度的1/4，且不得大于3mm，当两板厚度不等时，可不计入两板厚度的差值。	
4	球壳板组对后棱角	用弦长不小于1m的样板检查球壳板组装后的棱角，不应大于7mm。	GB 50094—2010 5.2.3
5	赤道线水平误差	球罐赤道带组装后，每块球壳板的赤道线水平误差不宜大于2mm；相邻两块球壳板的赤道线水平误差不宜大于3mm；任意2块球壳板的赤道线水平误差不宜大于6mm。	GB 50094—2010 5.2.6
6	相邻焊缝的边缘距离	球罐组装时，相邻焊缝的边缘距离不应小于球壳板厚度的3倍，且不应小于100mm。	GB 50094—2010 5.2.5
7	球罐组装时直径差控制	球罐组装时应对球罐的最大直径与最小直径之差进行控制，组装完成后其差值宜小于球罐设计内径的3‰，且对5000m^3以下球罐不应大于50mm，对5000m^3及以上球罐不应大于70mm。	GB 50094—2010 5.2.7
8	零部件安装	人孔及接管等受压元件的安装，应符合以下规定： ①开孔位置允许偏差5mm；开孔直径与组装件直径差宜为2mm~5mm；接管外伸长度及位置偏差为5mm；球壳板曲率不得大于3mm；	GB 50094—2010 5.3.1

续表

序号	检查内容	检查要点	检查依据
8	零部件安装	②球壳上连接板应与球壳紧密贴合，并应在热处理前与球壳焊接，当连接板与球壳的角焊缝是连续焊缝时，应在不易流进雨水的位置留出10mm的通气孔隙，连接板安装位置的允许偏差为10mm； ③影响球罐焊后整体热处理及充水沉降的零部件，在热处理及沉降试验完成后再与球罐固定。	GB 50094—2010 5.3.2、5.3.3
四、球罐焊接及热处理			
1	坡口清洁度	焊接前应检查坡口，并应在坡口表面和两侧至少20mm范围内清除铁锈、水分、油污和灰尘。	GB 50094—2010 6.4.1
2	预热和后热	预热和后热应按焊接工艺规程执行；焊缝后热消氢处理应保障实施的及时性(后热温度应控制在不低于预热温度条件下实施)。	GB 50094—2010 6.4.2
3	定位焊及工卡具的焊接	定位焊长度不应小于80mm，间距宜为300~500mm，在初焊层背面，按焊接工艺规程施焊，质量要求应与正式焊缝相同，引弧、熄弧在坡口内。严禁在非焊接位置引弧、熄弧。	GB 50094—2010 6.4.3
4	焊接线能量控制	焊接线能量应根据球壳板的材质、厚度、焊接位置和预热温度等，由焊接工艺规程确定；焊条电弧焊时，可由允许线能量范围预先确定的每根焊条的焊道长度范围进行线能量的控制。	GB 50094—2010 6.4.4
5	层间接头要求及焊接中断后再焊接要求	多层焊的层间接头应错开；每条焊缝中断焊接时，应根据工艺要求采取防止产生裂纹的措施；重新施焊前应目视检查确认无裂纹，必要时应进行磁粉或渗透检测，并应在合格后再继续施焊。	GB 50094—2010 6.4.7、6.4.8
6	焊缝标识	焊缝标识应齐全并与焊接排版图一一对应。	GB 50094—2010 6.4.9
7	焊接顺序	①分带组装时，宜先纵缝后环缝； ②分片组装时，应先纵缝后环缝。	GB 50094—2010 6.4.5
8	焊工(焊机)布置	焊工(焊机)布置应均匀，并同步焊接。	GB 50094—2010 6.4.5
9	人孔、接管、支柱等零部件焊接	支柱、垫板等与球壳板的焊接，焊接工艺与强度较高侧钢材焊接工艺相同，焊接材料应采用与强度较低侧钢材相匹配的焊接材料。	GB 50094—2010 6.4.10
10	表面缺陷的修补	①球罐在制造、运输和施工中所产生的各种不合格缺陷都应进行修补； ②表面缺陷的修补应符合规范的要求。	GB 50094—2010 6.5.1、6.5.2
11	内部缺陷的修补	①应根据产生缺陷的原因，选用适用的焊接方法，并应制定修补工艺。要求焊后热处理的，应在热处理前完成修补；	GB 50094—2010 6.5.3

续表

序号	检查内容	检查要点	检查依据
11	内部缺陷的修补	②修补前宜用超声检测确定缺陷的位置和深度，确定修补侧； ③修补焊缝长度不得小于 50mm； ④同一部位(焊缝内、外侧各作为一个部位)修补不宜超过两次，对经过两次修补仍不合格的焊缝，应采取可靠的技术措施，并经施工单位技术负责人批准后方可修补； ⑤焊接修补的部位、次数和检测结果应做记录。	GB 50094—2010 6.5.3
12	无损检测	①各种缺陷清除和焊接修补后均应进行磁粉或渗透检测； ②当表面缺陷焊接修补深度超过 3mm 时(从球壳板表面算起)应进行射线检测； ③焊缝内部缺陷修补后，应进行射线检测或超声检测，选用的方法应与修补前发现缺陷的方法相同。	GB 50094—2010 6.5.4
13	焊后棱角值	不得大于 10mm。	GB 50094—2010 6.6.1
14	焊后内直径	两极间的内直径、赤道截面的最大内直径和最小内直径之间相互之差，均应小于设计内径的 7‰，并应符合下列规定： $5000m^3$ 以下球形储罐不大于 80mm； $5000m^3$ 及以上的球形储罐不大于 100mm。	GB 50094—2010 6.6.2.1
		两极间的内直径、赤道截面的最大内直径和最小内直径与设计内直径之差，均应小于设计内径的 7‰，并应符合下列规定： $5000m^3$ 以下球形储罐不大于 80mm； $5000m^3$ 及以上的球形储罐不大于 100mm。	GB 50094—2010 6.6.2.2
15	焊缝外观检查	①焊缝和热影响区表面不得有裂纹、气孔、咬边、夹渣、凹坑、未焊满等缺陷； ②焊缝表面无熔渣皮、飞溅物等。	GB 50094—2010 7.1.1、7.1.2
16	焊缝表面质量	①角焊缝圆滑过渡，角焊缝的焊脚尺寸应符合设计要求； ②焊缝的宽度应比坡口每边增宽 1~2mm； ③对接焊缝的余高应符合本规范附录 A 的要求。	

续表

序号	检查内容	检查要点	检查依据
17	低温球罐	①低温球罐重点关注其冲击韧性； ②不得在低温球罐受压元件上刻划和敲打标记等导致产生缺口效应的痕迹； ③焊缝融合线不得有咬肉； ④补伤要留有回火焊道。	GB 50094—2010 A. 2、A. 3
18	无损检测要求和合格标准	对接焊缝无损检测的合格标准应符合现行行业标准《承压设备无损检测》NB/T 47013 的规定，100%射线检测的对接焊缝，Ⅱ级为合格；局部射线检测的对接焊缝，Ⅲ级为合格。100%超声检测的对接焊缝，Ⅰ级为合格；局部超声检测的对接焊缝，Ⅱ级为合格。 采用衍射时差法超声检测的对接焊缝，合格级别不应低于Ⅱ级。	GB 50094—2010 7. 2. 5 NB/T 47013—2015
19	无损检测时机	标准抗拉强度大于或等于 540N/mm^2 钢材制造的球罐，焊缝无损检测应在焊接结束 36h 后进行；其他材质应在焊接结束后 24h 进行焊缝无损检测。	GB 50094—2010 7. 1. 3
20	返修后检测	经 100%射线或超声检测的对接焊缝，当有不合格缺陷时，应清除缺陷并在焊接修补后，对焊接修补部位按原检测方法重新检查，直至合格。局部检测的对接焊缝如有不合格缺陷时，应在焊缝不合格缺陷的两端延伸部位分别增加不少于 250mm 的补充检测。若仍有不合格缺陷时，应对该焊缝进行全部检测。	GB 50094—2010 7. 2. 6
21	表面无损检测	球罐下列焊缝应在热处理前、耐压试验前进行磁粉检测或渗透检测： ①球壳对接焊缝内、外表面，人孔、接管的凸缘与球壳板对接焊缝内外表面； ②人孔及公称直径大于或等于 250mm 接管的对接焊缝的内、外表面；公称直径小于 250mm 接管的对接焊缝的外表面； ③人孔、接管与球壳板连接的角焊缝内、外表面； ④补强圈、垫板、支柱及其他角焊缝外表面； ⑤工具卡焊迹打磨后、焊缝缺陷修补和打磨后等需进行表面探伤检查。	GB 50094—2010 7. 3. 1
		球罐热处理后和耐压试验后的磁粉检测或渗透检测的复检比例应符合设计要求。	GB 50094—2010 7. 3. 2 ~ 7. 3. 6 NB/T 47013—2015
		复检部位应包括对接焊缝交叉部位，接管与球壳板连接焊缝的内外表面，补强圈、垫板、支柱与球壳板连接的角焊缝及其他焊缝外表面、工具卡焊迹打磨和壳体缺陷焊接补修及打磨后的部位。	
		抗拉强度大于或等于 540N/mm^2 的低合金钢制球罐，进行 100%表面检测。	
		磁粉检测和渗透检测应按现行行业标准《承压设备无损检测》NB/T 47013 进行。	
		磁粉检测和渗透检测发现的超标缺陷应按本规范第 6. 5. 2 条的规定进行修磨或焊接修补，并对该部位按原检测方法重新检查，直至合格。	

序号	检查内容	检查要点	检查依据
22	焊后热处理条件	下列球罐必须在耐压试验前进行焊后整体热处理： 设计要求：盛装具有应力腐蚀及毒性程度为极度危害或高度危害介质的球罐，名义厚度大于 34mm 的碳素钢制球形储罐和 07MnCrMoVR 钢制球罐，名义厚度大于 30mm 的 Q345R 和 Q370R 钢制球罐，以及任意厚度的其他低合金钢球罐。	GB 50094—2010 8.1.1、8.1.2
		受压件焊接工作后、产品焊接试板放在高温区外侧、加热系统已调试合格、无损检测完成、无关接管已封堵、部件连接螺栓已松开等。	
23	焊后热处理过程	焊后整体热处理的测温点数量、布置及热处理曲线、热处理工艺、保温要求、柱脚处理等符合规范要求，无局部超温。	GB 50094—2010 8.2.1～8.5.3
五、球罐耐压试验和泄漏试验			
1	压力试验条件	球形储罐和零部件焊接工作全部完成并经检验合格；要求二次灌浆的基础二次灌浆已达到强度要求；需热处理的球形储罐，已完成热处理，产品焊接试件经检验合格；补强圈焊缝已用 0.4～0.5MPa 的压缩空气做泄漏检查合格；支柱找正和拉杆调整完毕。	GB 50094—2010 10.1.2
2	压力试验介质	①除设计有规定外，不得采用气体代替液体进行压力试验，液压试验介质应采用清洁水； ②气压试验气体应为干燥洁净的空气、氮气或其他惰性气体。	GB 50094—2010 10.1.5、10.1.6
3	压力试验压力	①液压试验的试验压力，应按设计规定，且不应小于球罐设计压力的 1.25 倍。试验压力读数应以球罐顶部的压力表为准； ②气压试验的试验压力，应按设计规定，且不应小于球罐设计压力的 1.1 倍。	GB 50094—2010 10.1.5、10.1.6
4	压力表及安全阀	①进行耐压试验时，应在球罐顶部安装 2 块量程相同并经校准合格的压力表，对设计压力小于 1.6MPa 的球罐，其精确度等级不应低于 2.5 级；对设计压力大于等于 1.6MPa 的球罐，其精确度等级不应低于 1.6 级。压力表量程应为试验压力的 1.5～3 倍。压力表的直径不应小于 150mm； ②气压试验必须设置 2 个以上的安全阀和紧急放空阀，安全阀始启压力为试验压力加 0.05MPa，且校准合格。	GB 50094—2010 10.1.3、10.1.6
5	基础沉降	球罐在充水、放水过程中，应对基础沉降进行观测，并符合规定。	GB 50094—2010 10.1.8
6	泄漏试验	①对设计要求进行气密性试验的球罐，应在液压试验合格后进行气密性试验。	GB 50094—2010 10.2.1
		②气密性试验介质应采用空气或氮气，介质温度不得低于 5℃。	GB 50094—2010 10.2.2
		③气密性试验的试验压力应符合设计规定。	GB 50094—2010 10.2.4
		④试验用压力表经过校准，安全附件安装齐全。	GB 50094—2010 10.2.3

3.15 乙烯裂解装置裂解炉安装工程质量监督检查要点

序号	检查内容	检查要点	检查依据
一、专业管理行为			
1	施工单位资质及质量保证体系	①施工单位应具有与所承担工程内容相应的专业资质； ②施工单位的质保体系必须能满足项目要求。	GB 50461—2008 3.1.1
2	施工方案编制及技术交底	①施工单位应编制施工方案，施工方案应完整、正确且具有针对性； ②施工方案应进行技术交底。	SH/T 3543—2017 4.1.3
3	设备、材料进场验收	设备及附件验收： ①所有设备及附件到场后应进行开箱检查验收，按照装箱清单和质量证明文件对设备及附件进行检查，并应做出检查记录； ②检查弹簧支吊架的负载调节螺杆和连接螺母、弹簧锁定块及负载标尺应完好，当露天存放时，应对螺纹连接部件做防尘和防潮保护。	SH/T 3511—2020 5.3.1、5.3.2
		炉管及炉体配管材料验收： ①炉管、炉管配件和炉体配管材料，安装前应根据设计文件及装箱单进行现场开箱检验，并应符合本规范规定； ②组焊成型的辐射段炉管组合件的焊接接头应进行射线检测和渗透检测复查，检测标准应符合 NB/T 47013 的规定，复查应在焊缝外观检查合格后进行，复查数量为射线检测每台炉炉管组合件焊接接头的 1%，Ⅱ级合格；渗透检测每台炉炉管组合件焊接接头的 5%，Ⅰ级合格； ③铬钼合金钢、含钼奥氏体不锈钢炉管及组成件应逐件采用光谱分析或其他方法对主要合金金属元素含量进行验证性检验，并应做好记录和标识； ④高合金炉管和配件不得用钢印或含铅、锌、锡、硫、氯等有害物质的记号笔做标识； ⑤当炉管组合件的焊接接头复查中发现有不合格焊缝时，应不予验收； ⑥管材表面缺陷经打磨应检查合格，且壁厚不小于设计最小壁厚时，可不进行补焊。	SH/T 3511—2020 5.2.1～5.2.6

续表

序号	检查内容	检查要点	检查依据
3	设备、材料进场验收	筑炉材料验收： ①耐火材料应具有质量证明文件，按设计文件规定的规格、牌号及材料标准进行验收，产品标识应明显便于区分，且应在规定的有效期内； ②耐火材料锚固件、砖架、托砖板和其他附件的型式、规格和材质应符合设计文件的规定。应对合金钢材料进行主要合金金属元素验证性检验，抽检数量为每批的1‰，且不少于5件； ③筑炉材料应有产品质量证明文件和有资质检测单位出具的质量检测报告，其性能指标应符合设计文件和产品标准的规定； ④筑炉材料应进行进场验收，抽样检验应见证取样和送检。	SH/T 3511—2020 5.4.1、5.4.2 SH/T 3534—2012 5.1.1、5.1.2
		焊接材料检查检验： ①焊接材料应有产品质量证明文件并有可追溯性标识，其化学成分和力学性能应符合设计文件或相关标准的规定； ②合金焊材到货后，每批进行合金元素的定量分析。	SH/T 3511—2020 13.1.2 Q/SH 0706—2016 4.4
4	基础复查及垫铁放置	①模块和框架钢结构安装前，应对基础进行下列检查： a)基础外形尺寸、标高、表面平整度、纵横轴线间距及地脚螺栓位置等应符合设计文件的规定，其位置允许偏差应符合表6.1.1的规定； b)相邻两台炉基础纵向和横向轴线间距偏差不应大于10mm； c)基础混凝土的强度应达到设计文件的规定； d)基础表面不得有蜂窝、空洞、露筋、疏松等缺陷； e)螺栓、螺母不得有损坏、锈蚀现象。 ②基础复查合格后，应办理工序交接手续。	SH/T 3511—2020 6.1.1、6.1.2
5	焊工资格要求	焊工应按《特种设备焊接操作人员考核细则》TSG Z6002的规定经考试合格。 承担对流段炉管弯头焊接的焊工，还应按SH/T 3506—2020附录A要求，通过水平固定管状试件障碍焊考核。	GB 50236—2011 6.0.9 TSG Z6002—2010 SH/T 3506—2020 4.8
6	焊接工艺评定	①钢结构的焊接工艺评定应按GB 50661或NB/T 47014的规定评定合格； ②炉管焊接前，应按NB/T 47014进行焊接工艺评定，并应编制焊接工艺指导书。	SH/T 3506—2020 5.3.1、8.3.1
7	无损检测人员资格	无损检测人员的资格应符合TSG Z8001的规定。	SH/T 3506—2020 4.9 TSG Z8001—2013

续表

序号	检查内容	检查要点	检查依据
8	计量器具	计量器具应经过检定、校准或验证，处于合格状态，并在有效检定期内使用。	GB 50461—2008 3.2.1
9	交工资料	工程交工时，除施工合同另有规定外，应按SH/T 3503的规定编制交工技术文件。	SH/T 3511—2020 18.1 GB 50461—2008 7.0.7 SH/T 3503—2017 SH/T 3543—2017
二、炉体钢结构预制、安装			
1	炉壳和框架钢结构	①炉壳和框架钢结构的组对平台应稳固、平整。组对时，应采用放样、定位等措施进行尺寸控制，并应考虑焊接收缩量和防焊接变形措施； ②组合构件翻身和吊装时，宜进行加固； ③炉墙板和框架钢结构的组对应符合SH/T 3506的规定； ④要求无损检测的焊缝，当被其他构(部)件覆盖或距离构(部)件100mm以内时，应在焊缝无损检测合格后再进行覆盖或安装。	SH/T 3511—2020 7.1.2~7.1.4、7.2.3
2	辐射段炉壳和钢结构	①炉顶板的中心线应与辐射室中心线同一基准。炉顶板或底板上的管孔中心位置应以辐射段出口管中心为基准找正。炉顶板安装找正后，应进行密封焊接，并应采用煤油进行渗漏试验。 ②辐射段炉壳安装后的总体尺寸偏差应符合下列规定： a)炉壳侧墙立柱中心线与基础中心线的偏差应小于3mm； b)炉壳侧墙垂直度偏差应小于墙板全高的1‰，且不得大于8mm； c)炉壳空间对角线之差应小于10mm； d)炉底梁及炉底板水平度偏差不应大于长度的1‰，且不得大于5mm； e)炉壳长度允许偏差应为±5mm，宽度允许偏差应为±3mm； f)墙板表面平直度用1m直尺检查，其偏差不应大于3mm。 ③辐射段框架钢结构的安装尺寸偏差应符合SH/T 3506—2020中5.1钢材检查、矫正和切割，5.2构件制作，5.3炉体钢结构焊接，5.4炉体钢结构安装，5.5平台梯子预制与安装的要求。	SH/T 3511—2020 8.1.4、8.1.6、8.1.7

续表

序号	检查内容	检查要点	检查依据
3	对流段钢结构	①对流段位于辐射段一侧，且直接安装在基础上时，对流段炉壳和框架钢结构的安装应符合本标准第8.1节的规定； ②对流段位于辐射段(过渡段)上部时，对流段炉壳和框架钢结构安装前应复测辐射段(过渡段)顶部与对流段连接平面的标高、水平度和平面尺寸； ③对流段钢结构安装后的尺寸偏差应符合SH/T 3506—2020中5.1钢材检查、矫正和切割；5.2构件制作；5.3炉体钢结构焊接；5.4炉体钢结构安装；5.5平台梯子预制与安装的要求。	SH/T 3511—2020 9.1.1～9.1.3
4	垫铁布置	①垫铁的规格、加工精度和每组垫铁的块数应符合SH/T 3506的规定。垫铁表面应平整、光滑、无毛刺和油污。 ②各组垫铁均应被压紧，垫铁之间和垫铁与柱脚之间应均匀接触，垫铁应露出柱脚底板外缘10～30mm，并成阶梯状，且不得露出基础侧面，垫铁组伸入柱脚底板长度应超过地脚螺栓，各垫铁组层间应进行焊接固定。	SH/T 3511—2020 6.2.1、6.2.2
5	锚固件、托砖板和砖架安装	①锚固件、托砖板和砖架安装应符合SH/T 3506—2020中7.1管架、管板、砖架和锚固件在安装前应对表面质量、外形尺寸进行检查；7.2铸造的管架、管板、砖架在安装时，不得敲打、摔撞和强力安装。对有热位移要求的，螺栓拧紧后应退回1/4螺距；7.3、7.4、7.5、7.6管架安装、管板安装、砖架安装、锚固件的安装位置、方向均应符合本规范的要求。	SH/T 3506—2020 7.1～7.6
		②锚固件的排列应符合设计文件的规定，相邻两锚固件的中心距允许偏差应为±2mm，任意两个锚固件间距的允许偏差应为±3mm。 ③托砖板的间距应符合设计文件规定；托砖板之间及与炉底板之间的间距允许偏差应为±2mm，同一标高相邻托砖板之间的高差允许偏差应为±2mm。 ④托砖板应水平安装，沿与炉墙垂直方向的水平度允许偏差应为2mm，且只允许外端向上倾斜，沿炉墙长度方向水平度允许偏差应为长度的2‰，且不应大于3mm。 ⑤托砖板宽度允许偏差应为$^{+1.5}_{-0.5}$mm，外口直线度不应大于1.5‰，总长偏差不得大于10mm。 ⑥锚固件、托砖架等与炉壁板焊接焊缝应符合设计文件的规定，焊缝区域应与炉内壁做相同的防腐处理。	SH/T 3511—2020 7.3.1～7.3.5

续表

序号	检查内容	检查要点	检查依据
三、筑炉			
1	一般规定	①筑炉工程开工前，应对炉体结构、密封及附属设施检查验收；应对炉管及附属设施采取保护措施，并应拆除影响筑炉施工的临时设施。 ②筑炉材料的运输、储存及施工过程中应采取防雨、防潮措施，不同材料应分区存放。 ③定型耐火隔热制品应采用机械磨削加工，必要时应进行预砌筑。 ④炉墙与炉顶结合处，炉墙应留出一段待炉顶完成后衬砌，同时留出膨胀缝。	SH/T 3511—2020 11. 1. 2 ~ 11. 1. 5
		筑炉工程的施工，还应符合 SH/T 3534 的规定。	SH/T 3534—2012
2	耐火泥浆和耐火隔热浇注料的使用	耐火泥浆和耐火隔热浇注料(浇注料)的使用应符合下列规定： a)施工中搅拌和养护用水应遵循生产厂家技术要求，施工环境温度不得低于 5℃； b)拌和应采用强制式搅拌机，拌和或储存不同材料时，搅拌机、存料器具使用前应清理干净； c)搅拌好的浇注料应在初凝之前浇注完，每层浇注高度不宜大于 300mm，施工间歇超过初凝时间时，应按施工缝要求处理； d)衬里浇筑养护完成后，根据需要进行预烘干； e)砌筑不同材质的砖砌体应使用配套的泥浆； f)燃烧器砖、看火孔砖砌筑前，应对锚固件进行检查确认，并应按预砌筑确定各部位的顺序砌筑。	SH/T 3511—2020 11. 1. 6
3	陶瓷纤维喷涂施工	陶瓷纤维喷涂施工应符合下列规定： a)施工环境温度不得低于 5℃； b)宜自上而下并按厚度分层进行； c)最后一层喷涂结束后，应立即用胶皮辊子轻轻压实衬里表面，使衬里内部的结合剂“泛浆”，形成表面层； d)陶纤喷涂厚度应均匀，表面应平整，厚度允许偏差±10mm； e)修整衬里表面时不得抹平，应用木拍或胶皮辊轻轻压实衬里表面，使其形成相对平整、致密的衬里表面，不应存在明显的疏松和缝隙； f)陶纤衬里成型后，不得机械碰撞。	SH/T 3511—2020 11. 1. 7

续表

序号	检查内容	检查要点	检查依据
4	辐射室筑炉	①辐射室耐火砖砌筑应符合下列要求： a)炉墙隔热板粘贴应以托砖板分段，相互错缝、挤紧，开孔断开部位不得有缺损； b)纳米微孔板铺设时，锚固件部位开孔处应用陶纤散棉填塞密实，且应采取防水、防潮的保护措施； c)砌筑前，应检查托砖板固定螺栓的数量和紧固程度，不得有松动或短缺现象；两托砖板之间宜连续砌完；托砖板与砖之间可用一层陶纤毯隔开，但不得涂抹泥浆； d)底部护管短墙应在炉管安装调整后干砌。 ②燃烧器和看火孔砌筑应符合下列规定： a)支挂件不得有扭曲； b)应进行预砌筑，并对砖进行编号； c)隔热板应与炉壳整体粘贴； d)耐火砖应与支架连接牢固、双面挂浆，砖间不应有空隙； e)燃烧器和看火孔砖的中心允许偏差应为5mm。 ③转化炉内的烟气隧道底部衬里，宜在烟道墙及盖板完成后砌筑。 ④不同品种的炉底浇注料应分层浇注，分层施工间隔时间要求按生产厂家说明书进行。面层应平整，孔洞和管座周围应圆弧过渡。	SH/T 3511—2020 11.2.1、11.2.2、11.2.4、11.2.5
5	对流室筑炉	①对流室的串砖结构衬砌应符合下列规定： a)固定杆应插进托砖板上的固定套内，每根固定杆顶面与固定套的距离应一致，托砖板上固定套孔的中心与固定杆的中心允许偏差应为5mm； b)衬砌前，应进行预砌筑以确定折流砖位置和加工砖的尺寸，加工砖的厚度不应小于标准砖厚的2/3； c)砌筑对流室耐火砖墙时，应先砌管支座部位，并用规定的填料将空隙填塞密实。 ②对流室的吹灰器孔应按设计文件规定在衬里施工时预留。 ③对流室采用浇注料筑炉时，应符合下列要求： a)钢结构墙板、锚固钉、隔热层铺贴应检查验收合格； b)折流板应支设模板浇注，拆模后应对表面进行修整、养护。 ④弯头箱、猪尾管箱、烟囱、集烟罩衬里浇注料施工宜在地面进行，并一次浇筑到设计文件规定的厚度后，再进行养护。	SH/T 3511—2020 11.3.1、11.3.2、11.3.3、11.3.5

续表

序号	检查内容	检查要点	检查依据
6	炉衬修补	①浇注料炉衬修补应符合下列规定： a)对大于 3mm 的裂缝以及面积不超过 20mm×20mm、深度大于 10mm 的气孔，应用浸泡过高温粘结剂的耐火纤维或其与耐火泥的混合物填塞； b)网状裂缝局部集中的部位，用小锤进行敲击检查； c)修补炉衬时，应将修补部位凿到坚实面或钢板面，并至少凿出两个锚固钉，周边凿成内八字形(燕尾式)，清除松动部分，将孔壁清理干净并湿润后用同材质浇注料补平。 ②耐火纤维模块炉衬应在施工过程中按下列方法修补： a)炉墙模块表面的孔洞应用与模块同等级耐火纤维或其与高温黏结剂的混合物填实； b)经平整后的模块表面发现有沿同一方向排列的耐火纤维褶，且两模块间无褶毯分隔时，应在两模块间插入一层厚度为 12~25mm 的耐火纤维褶毯； c)经平整后模块间仍大于 5mm 的贯穿间隙时，应用耐火纤维毯填充；小于 5mm 的间隙可用耐火纤维与高温黏结剂的混合物填充。	SH/T 3511—2020 11. 4. 1、11. 4. 2
四、炉管、集烟罩、烟囱、猪尾管集箱和炉体配管安装			
1	辐射段炉管安装	Y 型管安装应符合下列要求： ①Y 型管组装前应检查其编号、规格及相关部件的外壁、密封面和内部衬里，并应对焊接坡口按 NB/T 47013 进行渗透检测，Ⅰ级合格； ②在 Y 型管组装时，应利用弹簧吊架调整辐射管出口与 Y 型管口的位置，并应按设计文件规定调整辐射段炉管的下部导向系统的位置，并应记录； ③Y 型管组装后，应复测辐射段炉管出口、Y 型管与急冷换热器进口之间相互位置尺寸和预拉伸尺寸。	SH/T 3511—2020 8. 2. 4
		裂解炉辐射段炉管应达到无应力安装，并符合下述要求： ①炉管就位时，支撑悬吊系统的弹簧吊架或配重平衡系统应进行初调。调整时应拆除所有临时支架，其弹簧吊架的销钉或卡板不得拆除； ②炉管的支撑悬吊系统初次调整合格后，应及时进行辐射段炉管与炉外管线和设备的焊接及相关支撑的固定； ③检查和记录炉管的安装位置，炉管在辐射室内的位置、垂直度应符合设计文件的规定； ④弹簧吊架调整后，各弹簧吊架的受力应均衡。	SH/T 3511—2020 8. 2. 5

续表

序号	检查内容	检查要点	检查依据
2	对流段管束安装	①管束吊装前按照设计文件规定调整管板位置，核对管板和隔板的托架间距及水平度，并应符合设计文件的规定。 ②管束吊装前应进行下列检查： a）管束之间的尺寸应符合设计文件的规定； b）焊缝、管外壁及管口无缺陷和损伤。 ③按顺序安装对流管束，并应核对管束方位。 ④以端部管板为基准调整炉管与管板的相对位置，并应符合设计文件的规定。	SH/T 3511—2020 9.2.5～9.2.8
3	炉体配管安装一般规定	①裂解炉的炉体配管除应符合本标准的规定外，尚应符合 SH/T 3506—2020 中 8.1 炉管和管件验收，8.2 炉管安装的规定。 ②辐射段炉管和对流段炉管之间及对流段各组管束之间的跨管安装，应符合设计文件的规定。 ③进行预拉伸的炉体配管部位，其预拉伸量应符合设计文件的规定。预拉伸处的焊口应最后进行焊接。 ④炉体配管的支、吊架安装及管道坡度应按设计文件施工。 ⑤炉体配管安装时不得强力组对，应达到无应力配管的要求。 ⑥出、入口集气管及炉管与集气管的连接管（猪尾管）的安装位置应符合设计文件的规定。	SH/T 3511—2020 12.1.1～12.1.6
4	集气管和跨接管安装	①吊架安装应符合设计文件的规定。 ②检查外观质量，核对每段管子的编号和外形尺寸。核对辐射段炉管冷态位置和对流段管束尺寸；应按设计文件数值复核预拉伸量。 ③配重平衡系统的安装和调整应按本标准附录 C 的规定进行。 ④调整所有弹簧吊架负荷调节螺栓，使弹簧吊架的定位销处于不受力状态，弹簧吊架调整合格后，应记录其负荷刻度值和行程刻度值。	SH/T 3511—2020 12.2.1～12.2.3
5	上升管和下降管安装	①连接汽包和急冷换热器间的上升管和下降管应在汽包和急冷换热器找正完毕后安装。 ②上升管和下降管应分段预制，管段内部应清洁。 ③上升管和下降管宜从急冷换热器和汽包管口开始配管，最后安装中间管段。 ④封闭焊口宜设置在水平管段上。	SH/T 3511—2020 12.3.1～12.3.4
6	集烟罩、烟囱、猪尾管箱安装	①集烟罩、烟道、烟囱及猪尾管集箱板应先在制作平台上进行预组装，其几何尺寸应符合设计文件的规定，合格后进行衬里和涂漆。 ②衬完耐火（隔热）材料的构件应采取防雨、防潮措施。烟道安装后应及时封闭端口。 ③构件浇注料衬里养护完毕再经 48h 自然干燥后，方可移动和吊装。吊装时不应损坏衬里。 ④烟囱安装前应检查、调整烟囱支撑梁的水平度，其偏差应小于梁长的 1.5‰。 ⑤烟囱吊装就位后应及时找正。烟囱的垂直度应以两个互为直角的方向进行测量，其上下两个测点的测量值允许偏差为高度的 1.5‰，且不应大于 25mm。	SH/T 3511—2020 10.1～10.5

续表

序号	检查内容	检查要点	检查依据
五、炉管及炉体配管焊接			
1	一般规定	①炉管及炉体配管焊接前，应具有合格的焊接工艺评定，并编制焊接工艺指导书。焊接材料应有产品质量证明文件并有可追溯性标识，其化学成分和力学性能应符合相关标准的规定。 ②焊接接头组对前应检查坡口的加工质量及尺寸，坡口应清理干净，并应封闭管口。除碳钢管道外，所有坡口在焊接前应按 NB/T 47013 的规定进行表面无损检测，Ⅰ级合格。 ③不同壁厚对接时应将厚壁侧以 1：4 坡度加工至与薄壁侧等厚。 ④高合金炉管、管件及炉体配管焊接，应符合 SH/T 3417 的规定。 ⑤焊后热处理应按 SH/T 3554 的规定实施。 ⑥对流段炉管中间拼接时，相邻炉管焊缝宜错开，并逐根进行压力试验，试验压力应按设计文件规定执行。 ⑦辐射段和对流段炉管及炉体配管的焊接应做焊接记录，并可追溯。	SH/T 3511—2020 13. 1. 1 ~ 13. 1. 9 SH/T 3417—2018
2	焊缝质量检验	①焊缝表面质量应符合 SH/T 3506 的规定。 ②合金钢焊缝咬边部位修补打磨后应与母材圆滑过渡，并应进行渗透检测。表面缺陷清除后，当焊缝低于母材时，应进行补焊。 ③辐射段、对流段炉管焊缝应进行 100%射线检测。 ④炉体配管及与炉管连接的焊缝检测应按设计文件规定执行，抽样检测不合格时的累进检查应按 SH/T 3501 的规定执行。 ⑤经检测不合格的焊缝应进行返修，并应按原规定的检测方法检查合格，焊缝同一部位的返修次数不得超过 2 次。	SH/T 3511—2020 13. 2. 1 ~ 13. 2. 5 SH/T 3506—2020
六、辅助设备与炉体附件安装			
1	一般规定	①设备的安装应在支承结构安装完成并验收合格后进行。 ②急冷换热器、汽包和引风机支架的安装位置，应以辐射室的纵、横中心线为基准找正。	SH/T 3511—2020 14. 1. 3、14. 1. 4
2	急冷换热器安装	①急冷换热器应以设备支架底面为基准找正找平，垂直安装的急冷换热器找正找平后应复查其上部管口法兰水平度。 ②急冷换热器安装后的位置允许偏差应符合表 14. 2. 4 的规定。 ③急冷换热器安装后，应检查膨胀端基础螺栓与支座底板间的膨胀量，并符合设计文件的要求。	SH/T 3511—2020 14. 2. 2、14. 2. 4、14. 2. 5

续表

序号	检查内容	检查要点	检查依据
3	汽包安装	①汽包安装找平使用垫铁时，汽包支座螺栓紧固后应检查各组垫铁，不得有松动。垫铁应露出设备支座板边缘5~10mm，并用定位焊与钢结构焊牢。 ②汽包安装就位后，应及时将支座的螺栓紧固。滑动端无套管螺栓的螺母在紧固后应退回0.5~1.0mm，第二个锁紧螺母应锁紧。 ③汽包安装质量应符合下列规定： a)滑动支座侧应留有设计文件规定的最大位移量，其固定螺栓在螺栓孔中的位置应正确，滑座与滑板应有良好的接触面； b)汽包安装后，其位置偏差应符合表14.3.4的规定。	SH/T 3511—2020 14.3.2~14.3.4
4	燃烧器安装	①侧墙燃烧器安装与调整应符合下列规定： a)燃烧器油枪(气枪)调整后的全长偏斜应小于5mm； b)燃烧器组合件插入安装孔后应调整燃烧器的安装位置，燃烧器的中心允许偏差应小于5mm；燃烧器喷头的环向间隙不应小于10mm，且最大值与最小值之差不应大于10mm；燃烧器喷头露出耐火衬里表面的尺寸允许偏差为±6mm； c)燃烧器安装调整后应将固定螺栓拧紧，并将其与墙板内侧焊牢； d)燃烧器配管时不应挪动已调整合格的燃烧器及其附件。	SH/T 3511—2020 14.5.2
		②炉底或炉顶燃烧器安装应符合下列规定： a)燃烧器安装方位、管口位置以及燃料油、雾化蒸汽和燃料气入口的接管应正确； b)燃烧器的异形砖外侧与炉底(顶)耐火衬里之间的膨胀间隙应符合设计文件规定，并填充高温陶瓷纤维； c)燃烧器的位置可通过其面板导管凸面进行调整，油枪(气枪)导管应在燃烧器孔中心，其位置允许偏差为±1.5mm，油枪(气枪)的垂直度偏差应小于5mm。	SH/T 3511—2020 14.5.3
		③燃烧器安装后应对喷头采取保护措施，不得有污物进入导管及喷头。	SH/T 3511—2020 14.5.4
5	吹灰器安装	①旋转式蒸汽吹灰器的安装应符合下列要求： a)将墙套筒与炉墙板定位焊，并保持墙套筒与炉墙板相互垂直； b)调整墙套筒法兰与墙套筒同心度，并用定位焊固定墙套筒法兰； c)组装吹灰器的喷射管与吹灰器本体，调整喷射管使其中心位置符合设计文件的要求； d)将喷射管与传动管连接固定，并按设计文件的规定对中及焊接； e)调整吹灰器的同心度及其与墙板的垂直度，拧紧墙套筒法兰的双头螺栓，且螺栓应用油脂保护； f)吹灰器的喷射管应转动灵活。	SH/T 3511—2020 14.5.5

续表

序号	检查内容	检查要点	检查依据
5	吹灰器安装	②声波吹灰器的安装应符合下列要求： a）声波发生器的安装水平度允许偏差为2‰，声波出口中心线应保持水平； b）气（汽）源管路应连接可靠，无泄漏现象； c）电磁阀应在安装前试验、调整合格，动作应灵敏可靠。 ③其他类型吹灰器应按制造厂提供的产品技术文件进行安装和调整。	SH/T 3511—2020 14.5.6 SH/T 3511—2020 14.5.7
七、模块化施工			
1	一般规定	①炉子在模块化施工前，应进行模块化专项详细设计，并应符合设计文件规定。 ②根据炉子的结构特点，模块可采用垂直分片或水平分段，模块的划分应保证该模块所包含单元的完整性。 ③炉墙板宜整体放样排版制作，按模块分界面拆分，拆分后再进行制作。 ④上下或左右模块连接面应按同一基准同时制作，实现“积木式”装配。 ⑤装配前应保证模块自身的强度和刚性，临时加固和限位措施应有明显标识，在就位后应及时拆除。 ⑥所有模块连接面的螺栓孔应进行配钻，模块间衬里结合面应采用陶瓷纤维毯进行压缩补偿。	SH/T 3511—2020 15.1.1、15.1.2、15.1.4~15.1.7
2	对流段模块制作与安装	①对流段炉墙、耐火衬里和对流段管子、管件、管板组装成模块时，应符合下列要求： a）穿管前，检查模块的几何尺寸、管板孔同心度、管板托架位置、接管尺寸和开孔位置，应符合模块化专项详细设计文件的规定； b）管子、急弯弯头焊接应按设计文件规定进行无损检测； c）管束组焊完后，应进行通球试验、水压试验、吹扫和封闭； d）弯头箱安装前，应对管束采取临时限位措施。 ②模块整体制作和安装的允许偏差应符合下列规定： a）模块的整体尺寸偏差应为±5mm； b）模块各平面相对安装面的垂直度不应大于4mm； c）模块的安装面的平面度不应大于2mm； d）模块平面内两对角线之差的绝对值及空间对角线之差的绝对值不应大于5mm； e）模块安装后的垂直度不应大于高度的1/1000，且不应大于20mm； f）相邻模块对接立柱中心线偏差不应大于3mm。	SH/T 3511—2020 15.3.3、15.5.7

续表

序号	检查内容	检查要点	检查依据
八、系统试压、清洗、烘炉			
1	系统试压	①水汽系统的水压试验压力和物料系统的气压试验压力应符合设计文件的规定。 ②设计文件无规定时，应符合 SH/T 3506—2020 的规定。	SH/T 3511—2020 16.1.1、16.1.2
		①炉管安装完毕，经检验合格后，方可进行系统压力试验。 ②系统压力试验应按试压流程图进行，试压前应做好下列准备工作： a)试压方案已审查批准，施工过程技术文件记录齐全； b)根据试压方案需拆除或隔离的设备、仪表、安全阀等均已处理完毕，临时盲板加置正确，标志明显，记录完整； c)管道支吊架的型式、材质、安装位置正确，数量齐全，螺栓紧固，焊接质量合格； d)弹簧支、吊架及配重平衡系统均应锁住，使弹簧处于不受力状态； e)试压用的压力表不应少于 2 块，压力表的量程应为最大试验压力的 1.5~2.0 倍，精度等级不得低于 1.6 级，并在检定有效期内； f)进行气压试验时，应设置安全阀。 ③水压试验应符合下列规定： a)试验压力值应符合设计文件的规定； b)充水过程应高点排气，加压至试验压力的 50%后进行检查，无异常现象方可继续升压； c)升压至试验压力后，保压 10min，检查无异常后降至设计压力，保压时间不得少于 30min，并进行全面检查，以不降压、无渗漏、目测无变形为合格。 ④水压试验应使用工业用水，当系统中有奥氏体不锈钢制成的设备或管道时，试验用水的氯离子含量不得大于 50mg/L，冬季试压应采取防冻措施。 ⑤气压试验时试验压力值应符合设计规定，试压时应缓慢增加压力，当升压至 0.2MPa 时，应对所有焊缝和法兰连接处进行初次检查，无渗漏，方可继续升压。当压力升至试验压力的 50%时，稳压 3min，无异常和渗漏时，再继续按试验压力的 10%逐步升压，每级稳压 3min，直至试验压力，再稳压 10min，降到设计压力，并对所有焊缝及连接处涂刷发泡剂进行检查，以无渗漏、目测无变形为合格。 ⑥炉管在水压试验结束后，应及时吹扫干净，并保持干燥。	SH/T 3506—2020 8.6

续表

序号	检查内容	检查要点	检查依据
2	化学清洗	①裂解炉的水汽系统应在烘炉前进行化学清洗，并应符合 SH/T 3547 的规定。 ②水汽系统的化学清洗宜采用系统循环法。循环清洗系统应符合下列要求： a) 清洗用水宜采用软化水或脱盐水，水量应充足； b) 系统应便于操作，系统内各回路的流速应均匀。 ③化学清洗所需的临时设施应经试压、试运合格。系统中安装的温度、压力、流量等仪表应经校验合格。 ④不参加化学清洗的设备及管道应隔离。汽包内不宜清洗的附件应拆除。 ⑤水汽系统的化学清洗应达到下列要求： a) 被清洗的金属表面应清洁，无残留氧化物、焊渣和二次浮锈； b) 被清洗的金属表面无点蚀和过洗现象； c) 钝化膜应完整。 ⑥化学清洗结果检查合格后，应进行充氮保护。 ⑦化学清洗过程中产生的废液排放应符合环境保护的要求，不得排放未经处理的酸、碱及其他有毒液体。	SH/T 3511—2020 16. 2. 1 ~ 16. 2. 7
3	烘炉	①烘炉前应按设计文件规定的烘炉曲线编制烘炉方案，烘炉过程应符合烘炉曲线的要求。 ②烘炉时应随时观察炉衬的变化情况；检测炉壳外壁温度；检查辐射段炉管和跨管的支承悬吊系统的变化情况。 ③烘炉过程应做详细记录，并绘制实际烘炉曲线。 ④烘炉结束后，应打开全部作业门、看火门，对炉内进行检查，并应符合下列规定： a) 耐火衬里不得有脱落、剥离等缺陷； b) 表面裂纹宽度不应大于 5mm，深度不应大于衬里厚度的 1/2，且不应有网状裂纹和贯通性裂纹； c) 炉管不得有严重变形、伸缩部位卡死等现象。	SH/T 3511—2020 17. 2. 1、17. 2. 4、17. 2. 5、17. 2. 6

3. 16 乙烯装置离心式压缩机安装工程质量监督检查要点

序号	检查内容	检查要点	检查依据
一、专业管理行为			
1	技术文件	①设计文件； ②产品技术文件； ③供货技术协议书及相关会议纪要； ④施工技术文件。	SH/T 3519—2013 4. 1. 1

续表

序号	检查内容	检查要点	检查依据
2	开箱检验	①按照供货合同、工程设计文件、产品技术文件和产品装箱清单进行检查；建设单位、监理、供货、施工单位参加； ②机器、附属设备和零部件以及机组配套的电气、仪表等，应由相应专业人员进行检查； ③开箱检查后，各方代表在验收记录上签字，验收记录存档备查；	SH/T 3519—2013 4.3
		④供货技术协议书及相关会议纪要。	SH/T 3519—2013 4.1.1
3	设备基础	中间交接资料包括：基础中心位置、标高、外形尺寸等实测报告，基础混凝土强度报告，基础沉降观测初始记录。	SH/T 3519—2013 4.4.1~4.4.3
		基础的交接验收应按 SH 3510 的规定执行。	
		二次灌浆基础表面应铲掉疏松混凝土，并凿成麻面。	
4	垫铁	机组采用无垫铁安装法时，根据机器的重量、结构检查临时垫铁、小型千斤顶或调整螺钉的数量和位置。	SH/T 3519—2013 4.4.4、4.4.5
		机器采用有垫铁安装法时，地脚螺栓两侧各放置一组，应使垫铁靠近地脚螺栓。	
5	地脚螺栓	检查地脚螺栓的螺纹应完好。	SH/T 3519—2013 4.5.1
		预留孔地脚螺栓螺纹部分应涂抹油脂，在预留孔中呈垂直自由状态，地脚螺栓与孔壁距离不宜小于15mm，且不应碰孔底。	SH/T 3519—2013 4.5.2
		贯穿式地脚螺栓的光杆部分及锚板，应涂防锈漆；用螺母紧固的钢制锚板，在底座定位后，螺母与锚板之间应进行定位焊。	SH/T 3519—2013 4.5.3
6	交工技术文件	①机组施工过程资料按 SH/T 3543 的规定进行记录； ②机组交工资料按 SH/T 3503 的规定进行记录； ③开箱检验记录； ④机器安装检验记录； ⑤机组轴对中记录； ⑥机器组装质量确认记录； ⑦隐蔽工程记录； ⑧机组试车条件确认记录； ⑨汽轮机试车记录； ⑩离心压缩机试车记录。	SH/T 3519—2013 11.1、11.2

续表

序号	检查内容	检查要点	检查依据
二、压缩机安装			
1	机器及零部件的吊装	①底座吊装应采取防变形措施； ②转子吊装应使用专用吊、索具，起吊时应保持平稳及水平，起吊和就位时不得与机体内部件发生碰撞。	SH/T 3519—2013 5. 1. 1
2	零部件的清洗	①拆卸前，应测量拆卸件与有关零部件的相对位置或配合间隙，结合机器装配图的序号做出相应的标记和记录； ②零部件拆装应使用专用工具，不得盲目敲打； ③不得直接放在地面上，并对零部件进行编号或标识。	SH/T 3519—2013 5. 1. 2
3	其他要求	①盘动转子前，轴承应清洁，表面宜浇注与正常操作时相同牌号的润滑油。 ②操作温度在250℃以上的高温部位，各密封面的联接螺栓应涂防咬合剂。 ③机器设备及管道安装后，应采取措施封闭，防止异物进入。 ④轴系检测仪表的一次检测元件，应校验合格后装入，并应符合产品技术文件的有关规定。	SH/T 3519—2013 5. 1. 3、5. 1. 5~5. 1. 7
4	底座安装	底座底面的砂土、铁锈、氧化皮和油污等已清除干净；底座上各调整螺钉应活动自如，无锈死或松动现象，且露出底座底面25~30mm；支承板的坐浆墩灌浆料强度已达产品技术文件规定的75%以上。	SH/T 3519—2013 5. 2. 1
		底座安装的纵、横向水平度应在基准面上进行检测，横向水平度的允许偏差为0. 10mm/m，纵向水平度的允许偏差为0. 05mm/m。	SH/T 3519—2013 5. 2. 3
5	机组找平找正	①机器安装以汽轮机为基准；纵向水平测点宜选在轴承水平剖分、轴颈或制造厂给定的专门加工面上；横向水平测点宜选在机体中分面、轴承座中分面或制造厂给定的专门加工面上。	SH/T 3519—2013 5. 3. 1
		②分体到货的机器和底座就位、找平、找正应符合下列规定： a)底座的滑动面应平整、光滑、无毛刺，底座底面与二次灌浆层结合的部位应清洁，无油漆、锈蚀、污垢等缺陷；b)底座与机体、底座与轴承座的接触面应光滑、无毛刺，并接触严密；c)对称拧紧机体与底座联系螺栓；d)机体横向水平度允许偏差应小于0. 10mm/m，纵向水平度应满足机组冷态轴对中的要求；e)机体支座与底座滑动面间加整条不锈钢调整垫片。	SH/T 3519—2013 5. 3. 2

序号	检查内容	检查要点	检查依据
6	机组找平找正	整体到货的机组就位、找平、找正应符合下列规定： a)底座应平整、光滑，无油漆、锈蚀、污垢等缺陷；b机组纵横轴线位置允许偏差为±5mm，标高允许偏差为±2mm；c)机器设备的横向水平度应小于0.10mm/m，纵向水平度应满足机组冷态轴对中曲线的要求；d)地脚螺栓紧固力矩应符合产品技术文件的规定。	SH/T 3519—2013 5.3.3
7	机组初次轴对中及一次灌浆	①机组定轴间端距应符合下列规定： a)测量轴端距时，各轴的止推盘应紧贴止推瓦块；b)按照产品技术文件的要求调整轴端间距，允许偏差为0~0.25mm。	SH/T 3519—2013 5.4.1
		②机组初次轴对中应符合下列规定： a)联轴器表面应光滑，无毛刺、裂纹等缺陷；b)找正表架刚度应满足对中要求；c)机组轴对中应按冷态对中曲线进行；d)对单缸压缩机，以汽轮机为基准；e)对多缸压缩机，应按产品技术文件规定的顺序进行轴对中；f)初次轴对中后，轴端距应符合上条规定。	SH/T 3519—2013 5.4.2
		③机组地脚螺栓孔灌浆应符合下列规定： a)地脚螺栓上部用加厚牛皮纸等可塑性材料包裹，与砂浆隔离；b)在锚板上部先灌入100mm左右高度的水泥砂浆层，然后向孔内充以密实的干砂至二次灌浆层下100mm左右，干砂上部再用水泥砂浆封闭；c)灌浆时地脚螺栓应垂直，锚板应与基础底面平行并紧密接触，砂浆不得溢流。	SH/T 3519—2013 5.4.3
8	机组二次轴对中及二次灌浆	①二次轴对中应按冷态对中曲线进行，半径为200mm处径向位移允许偏差为0.04mm，轴向倾斜为0.03mm。	SH/T 3519—2013 5.5.1~5.5.4
		②二次灌浆前应进行下列工作： a)有垫铁安装时，各垫铁组每块垫铁间应点焊固定；b)复查机组各部滑销、立销、猫爪、联系螺栓的间隙，其值应符合产品技术文件的规定；c)地脚螺栓紧固力矩应符合产品技术文件的规定；d)二次灌浆的基础表面应用水冲洗干净，并保持湿润不少于6h，灌浆前1h清除积水，当环境温度低于5℃时，灌浆层应采取保温或防冻措施；e)二次灌浆前应安设外模板。	
		③基础二次灌浆应按下列规定进行： a)基础二次灌浆应在机组二次轴对中后24h内进行，否则应复查机组轴对中；b)基础二次灌浆层的高度宜为50~70mm；c)基础二次灌浆可从机器基础的任一端开始，连续一次完成，不得分层浇注；d)基础二次灌浆宜采用专用灌浆料或无收缩灌浆料；e)基础二次灌浆层与机座和基础的结合应密实，不得有空鼓和疏松；f)基础二次灌浆层的灌浆料强度未达到设计强度的50%时，不得在机组上拆装重件和进行撞击性工作；g)未达到设计强度的75%时，不得拧紧地脚螺栓和启动机组。	

续表

序号	检查内容	检查要点	检查依据
8	机组二次轴对中及二次灌浆	④基础二次灌浆完毕后应进行下列检查： 基础二次灌浆养护期满应按规定检查底座的沉降量，百分表数值变化不得超过0.05mm；地脚螺栓拧紧力矩应符合SH/T 3538的规定，并应有防松措施；地脚螺栓拧紧后，螺母与垫圈、垫圈与底座间的接触应严密，并用锤击法进行检查。	SH/T 3519—2013 5.5.1～5.5.4
9	机组精确轴对中	①机组精确轴对中应符合冷态对中曲线，并满足环境温度变化对轴对中数据的影响；机组精确轴对中后，立销、纵销、横销、猫爪及联系螺栓处的间隙均应符合产品技术文件的规定。	SH/T 3519—2013 5.6.1
		②调整压缩机支座与底座间滑动面的垫片时，应在横向支座处架设百分表，对压缩机机体进行纵、横、垂直方向位移监测；调整完毕后，松开调整螺钉，紧固支座螺栓，同时复测机组轴对中值的变化情况。	SH/T 3519—2013 5.6.2
三、汽轮机解体检查			
1	转子轴颈	测量转子轴颈的直径及圆柱度并记录。	SH/T 3519—2013 6.1.1
2	轴承各零部件和轴承衬	轴承各部件和轴承衬表面应清洁，无毛刺、疏松、夹灰、气孔、夹层和缺口等缺陷，检查轴承衬与轴承衬背贴合情况，不得有脱胎现象。	SH/T 3519—2013 6.1.2
3	轴承间隙及轴承过盈量	轴承间隙及轴承过盈量均应符合产品技术文件的规定。	SH/T 3519—2013 6.1.3
4	可倾轴承安装	可倾轴承检查与安装应符合下列规定： a)同组瓦块厚度均匀，其厚度差应不大于0.01mm；b)瓦块背部销钉孔及相对应的销钉无磨损或偏磨，各瓦块装配后均能自由摆动，无卡涩现象；c)用着色法检查轴承衬背与轴承座孔、轴颈与轴承衬的接触情况，其接触面积应大于75%；d)轴瓦的进油孔清洁、通畅，并与轴承座上的供油孔对正。枕块进油孔四周与轴承座供油孔整圈接触严密；e)自由状态下，用塞尺检查可倾瓦轴承水平中分面间隙，其值应不大于0.05mm，紧固轴承盖螺栓后，可倾瓦水平中分面接触密合，无错口现象，定位销无松动现象。	SH/T 3519—2013 6.1.4
5	温度测点	埋入轴承的温度测点位置应符合产品技术文件的要求，并应正确、接线牢固、密封严密，导线无短路现象。	SH/T 3519—2013 6.1.5
6	推力轴承推力盘	推力轴承推力盘的检查应符合下列规定： a)止推盘表面应光滑、平整，用着色法检查无裂纹，其表面粗糙度 R_a 应为0.8；b)用平尺和0.02mm塞尺检查推力盘盘面的平面度，应塞不进并做好记录；c)用千分表检查推力盘的端面跳动，其允许偏差为0.013～0.015mm。	SH/T 3519—2013 6.1.6

续表

序号	检查内容	检查要点	检查依据
7	推力瓦块	检查推力瓦块的承力面，不应有划伤痕迹，合金层应无开裂。检查推力瓦块与推力盘承力面的接触情况，每个推力瓦块的接触面应分布均匀。当产品技术文件无规定时，接触面积应占瓦块减去油楔所余面积的75%以上。	SH/T 3519—2013 6.1.7
8	径向推力复合轴承体与轴承槽的轴向间隙	检查径向推力复合轴承体与轴承槽的轴向间隙，应符合产品技术文件的规定。	SH/T 3519—2013 6.1.8
9	油封安装	油封检查与安装应符合下列规定： 油封环应完整，无磨损、划痕等缺陷，并应固定牢固；挡油环水平剖分面应严密，其间隙不得超过0.1mm，且不允许有错口现象；挡油环的斜口应在外侧，排油孔应朝向油室；用塞尺检查油封间隙，应符合产品技文件规定。	SH/T 3519—2013 6.1.10
10	转子检查	转子检查应符合下列要求： 外观清洁，无锈蚀、损伤、裂纹、变形等缺陷，轴颈表面应光滑，无锈蚀、伤痕等缺陷；转子两端主轴平衡加重块及调整螺钉应固定牢靠，无松动现象；转子上动叶片、围带应镶装平整，无松动、损伤、变形等缺陷，围带间有足够的膨胀间隙。叶片焊接拉筋应焊接牢固，无松动现象；汽封片应牢固，无倾斜和损伤等缺陷。	SH/T 3519—2013 6.4.2
11	转子安装	①转子就位后，转子水平度应以汽轮机排汽侧轴颈为基准测量，允许偏差应小于0.02mm/m。	SH/T 3519—2013 6.4.3
		②测量转子各部位的跳动值并记录，跳动量允许值符合产品技术文件规定。	SH/T 3519—2013 6.4.5
		③测量转子与定子间各部位的装配间隙并记录，允许值符合产品技术文件规定。	SH/T 3519—2013 6.4.6
12	机体闭合条件	①机体闭合前应确认： 机体内的紧固件已拧紧并锁牢；机体内各零部件的结合面已按产品技术文件要求进行处理；转子的跳动值符合本规范表6.4.5的要求；转子与定子之间的装配间隙符合产品技术文件要求；机体内部清洁无杂物。	SH/T 3519—2013 6.5.1
		②机体螺柱的检查与安装应符合下列要求：对机体螺柱进行光谱分析和硬度检查，并应与产品技术文件的要求相符；机体螺柱与螺母按标识匹配安装，螺纹部位涂抹防咬合剂。	SH/T 3519—2013 6.5.2
13	机体闭合	①用专用扳手均匀地拧紧螺母，达到产品技术文件规定的初紧力矩值；按产品技术文件给定的螺母紧固顺序最终对称拧紧。	SH/T 3519—2013 6.5.3
		②机体螺栓热紧应使用专用工具，并应符合下列要求：螺柱加热应均匀；螺柱热紧按产品技术文件给定的紧固顺序进行，加热后一次紧固到产品技术文件规定的热紧值；热紧后，应检查支座、猫爪等部位的联系螺栓的垫圈间隙，其间隙值应符合产品技术文件的要求。	SH/T 3519—2013 6.5.4

续表

序号	检查内容	检查要点	检查依据
13	机体闭合	③采用液压拉伸装置安装的机体螺柱，其拉伸量应符合产品技术文件的规定。	SH/T 3519—2013 6.5.5
		④机体闭合后应进行复查，机体导向键的间隙符合产品技术文件的规定；手动盘车无异常声响；支座部位联系螺栓的垫圈能自由滑动。	SH/T 3519—2013 6.5.6
14	调节气阀、抽汽调节气阀的检查	①各传动部件应连接可靠、动作灵活，无卡涩现象。	SH/T 3519—2013 6.6.5
		②安装蒸汽室上横梁时，横梁方向和阀蝶位序应符合设计文件要求。	SH/T 3519—2013 6.6.6
		③阀蝶行程应符合产品技术文件的规定。	SH/T 3519—2013 6.6.7
15	主汽阀的检查	①过滤器的滤网应完整无破损，固定牢固，检测孔径应符合产品技术文件的规定。	SH/T 3519—2013 6.7.1
		②阀蝶与阀座接触面应完整，无间断。	SH/T 3519—2013 6.7.2
四、压缩机解体检查			
1	轴承与油封	轴承和油封检查与安装应符合本规范第6.1条的规定。	SH/T 3519—2013 7.1.1
2	迷宫密封	迷宫密封检查与安装应符合下列规定： ①迷宫密封片应无裂纹、卷曲、变形等缺陷； ②密封片镶装应牢固，安装方向应正确； ③检查各部迷宫密封间隙应符合产品技术件的规定。	SH/T 3519—2013 7.1.2
3	干气密封	干气密封检查与安装应符合下列规定：检查确认密封体所示的旋转方向与轴的旋转方向一致；检查压缩机的轴窜量、密封腔处的径向跳动及端面跳动，应符合产品技术文件的规定，当产品技术文件无规定时，轴窜量应小于0.5mm，密封腔端面跳动应小于0.02mm；在轴套和轴的表面涂抹规定的防咬合剂。	SH/T 3519—2013 7.1.3
4	转子检查	转子应无锈蚀、损伤、变形、裂纹等缺陷；叶轮焊缝焊接质量符合产品技术文件的规定；振动、轴位移探头对应的部位应光洁，无划痕、凹凸、锈蚀等缺陷，跳动值不大于0.01mm；转子各部位跳动值应符合产品技术文件的规定。	SH/T 3519—2013 7.2.1
5	无键联轴器	无键联轴器的推进量应符合产品技术文件的规定。	SH/T 3519—2013 7.4.2

续表

序号	检查内容	检查要点	检查依据
6	过盈加键联轴器	过盈加键联轴器宜采用热装配，加热方法和温度应根据联轴器的材质、尺寸和过盈量确定。加热温度以 180~230℃为宜。	SH/T 3519—2013 7.4.3
7	吊装、回装	吊装上机体时，应保持机体水平剖分面呈水平状态，其偏差应不大于 0.2mm/m；上下机体闭合时，应装导向杆；上机体下降时，应均匀且无卡涩现象。	SH/T 3519—2013 7.5.3
8	机体密封面	下机体的水平剖分面上应均匀涂抹一层约 0.5mm 厚的密封胶，并在双头螺柱、定位销孔周围和机体水平剖分面内缘留出 10mm 左右的宽度不涂抹密封胶。密封胶应符合产品技术文件的要求。	SH/T 3519—2013 7.5.4
9	螺柱拧紧	螺柱拧紧顺序应符合产品技术文件规定，螺柱的螺纹部位应涂抹防咬合剂。	SH/T 3519—2013 7.5.5
10	闭合后的检查	机体闭合后，盘车检查应无卡涩现象，无异常声响。	SH/T 3519—2013 7.5.6
五、附属设备安装			
1	一般规定	①附属设备的安装应符合产品技术文件的规定。	SH/T 3519—2013 8.1.1
		②卧式设备滑动端支座接触面应涂润滑脂。地脚螺栓与滑动支座螺栓孔之间应留有 5~10mm 的膨胀间隙，且膨胀方向应与卧式设备的膨胀方向一致。工艺配管完成后，应松动滑动端支座的螺母，使其与支座板面间留有 1~3mm 的间隙，并安装锁紧螺母。	SH/T 3519—2013 8.1.3
2	油系统设备安装	①油泵驱动的小汽轮机与油泵联轴器间的轴对中时，汽轮机侧应比泵侧低，径向和端面的对中值符合产品技术文件规定。	SH/T 3519—2013 8.2.2
		②油系统的设备、管道、阀门和管件等内部应清洁，无锈蚀、灰尘、焊渣、脱落的油漆等异物。	SH/T 3519—2013 8.2.3
3	凝汽器	①凝汽器与排汽连接管现场焊接应符合下列要求： 焊接工作应在汽轮机最终定位后进行；焊接时应监测汽轮机的位移变化；焊接工艺应符合产品技术文件的要求；焊接接头应进行渗透检测，Ⅰ级合格。	SH/T 3519—2013 8.4.4
		②凝汽器滑动端支座地脚螺栓与支座螺栓孔之间膨胀间隙、膨胀方向及滑动端支座应符合本规范 8.1.3 条的规定。	SH/T 3519—2013 8.4.5
		③凝汽器组装完毕后，汽侧应进行充水试验，充水高度应高出汽轮机排汽接管法兰上部 100mm，保持 24h，检查冷凝系统的列管、法兰等处无泄漏为合格，并拆除膨胀节的运输固定螺栓。	SH/T 3519—2013 8.4.6

续表

序号	检查内容	检查要点	检查依据
4	干气密封系统安装	干气密封系统的管线应按设计文件的规定进行施工。进气管路应采用对焊接头，不得采用承插焊接头。	SH/T 3519—2013 8.7.2
		干气密封的进气管宜进行化学清洗，与机组连接前进行吹扫。	SH/T 3519—2013 9.4.2
六、附属管道安装			
1	管道与机器的连接	①与已封闭的机器连接的管道，安装前应检查内洁，封闭时应有建设单位/监理单位的代表在现场确认并记录。	SH/T 3519—2013 9.2.1
		②油系统焊接接头应采用氩弧焊打底；管道与机器最终连接时，应架设百分表对机器进行位移监视；流量、温度、压力等检测部件应在管道吹洗后安装；管道重量应承受在支吊架上，不得使机体或其他设备受到设计文件规定以外的作用力；管道冷拉值符合设计文件规定；管道安装坡度符合设计文件规定；管道安装作业不得在机器或设备上悬挂起重作业机具。	SH/T 3519—2013 9.2.2
		③对于无详细设计图样的附属小口径管道，应按下列规定施工：符合产品技术文件提供的流程图；管道布置应保证机器及管道在运行中能自由膨胀或收缩；疏水管道应向排水侧有0.3%的坡度。	SH/T 3519—2013 9.2.3
2	油系统冲洗要求	①油系统管道油冲洗前应具备下列条件： 系统经严密性试验无泄漏；经化学清洗，符合SH/T 3547的规定；建立油系统循环的临时管道经吹洗合格。	SH/T 3519—2013 9.3.1
		②对油系统管道中不进行油冲洗的设备、管道，应单独进行清洗，合格后封闭；跨接润滑油、调速油系统各进、出口管线，在回油总管的法兰处增设临时检查滤网；将油系统中各过滤元件、节流孔板等部件拆除另行保管，滤油器内装入临时过滤筒；连接冲洗回路、临时管路，并在油泵入口过滤器加入正式滤芯；向油箱注入过滤后的润滑油。	SH/T 3519—2013 9.3.2
3	油系统冲洗	①油系统油周期性加热和冷却可利用油加热器、冷却器进行，冲洗油温最高为75℃，最低为35℃，交替循环进行。	SH/T 3519—2013 9.3.3
		②油冲洗自上游向下游按油的工艺流向反复进行，宜先主管路，后支管路。	SH/T 3519—2013 9.3.4
		③对装配有干气密封的机组进行轴承箱清洗时，应先投入隔离气，并投入仪表联锁保护。	SH/T 3519—2013 9.3.5
		④冲洗油经过滤；冲洗油与系统工作油相容，黏度宜低于工作油；冲洗回路应使每一管段内壁都能接触冲洗油；冲洗应连续进行，定期检查杂质状况。	SH/T 3519—2013 9.3.6
		⑤油冲洗清洁度应符合产品技术文件规定。	SH/T 3519—2013 9.3.7

续表

序号	检查内容	检查要点	检查依据
七、机组试运行			
1	试运行条件	①机组的安装工作已全部结束，施工过程记录完整，试运行方案已批准并向参与试运行人员交底完毕。	SH/T 3519—2013 10.1.1
		②机组的管道安装工作应达到下列要求： 有关机组试运行的各类管道及支、吊架均已安装完毕，弹簧支、吊架已按设计文件要求调整完毕；高、中、低压蒸汽管道和压缩机的各入口工艺管道均已试压、吹扫及清理完毕，严密性试验全部合格；机组系统用的安全阀已按设计文件规定进行整定；冷却水系统通水试验和冲洗工作已完成；机体及管道的隔热防腐蚀工程已基本完成。	SH/T 3519—2013 10.1.2
		③机组的二次灌浆层已达到设计文件规定的强度等级，基础的抹面工作已完成。	SH/T 3519—2013 10.1.3
		④与机组试运行有关的水、电、气、汽等供应正常，电气、仪表系统调试合格，具备使用条件。	SH/T 3519—2013 10.1.4
		⑤机组的润滑油、控制油系统的管道油循环已合格。	SH/T 3519—2013 10.1.5
2	试运前的准备	①试运行人员应熟悉机组的试运行方案，经培训考试合格。	SH/T 3519—2013 10.2.1
		②汽轮机支座垫块已抽出，或退出支撑顶丝；凝汽器与汽轮机出口连接处膨胀节的定位螺栓已卸除；蒸汽、工艺管道的弹簧支、吊架的定位块或定位螺栓已卸除；各有关阀门的启闭位置正确。	SH/T 3519—2013 10.2.3
		③准备好试运行用的各种记录表格。	SH/T 3519—2013 10.2.4
3	油系统试运行	①蓄压器中已充入符合设计文件要求的氮气，其压力符合产品技术文件的规定。	SH/T 3519—2013 10.3.1.1
		②油系统管道内已按要求加入节流孔板，油管道上各阀门开关位置符合试运行方案要求。	SH/T 3519—2013 10.3.1.2
		③高位油箱的回油时间符合设计规定；油系统中各自控仪表的报警、停机、自启动等联锁的动作准确无误；系统油压符合设计文件规定，各回油视镜回油量正常；主油泵和辅助油泵联锁试验符合要求。	SH/T 3519—2013 10.3.1.3
4	调速系统试运行	①调速系统试运行应符合设计文件的规定。	SH/T 3519—2013 10.3.2.1
		②调速系统试运行应进行检查和试验。	SH/T 3519—2013 10.3.2.2
5	凝结水试运行	①启动凝结水泵，试验凝结水系统自控仪表的报警、停机、自启动等联锁动作应准确无误。	SH/T 3519—2013 10.3.3.3
		②启动凝结水泵及抽气器，检查系统的真空，应符合设计文件要求。	SH/T 3519—2013 10.3.3.4

续表

序号	检查内容	检查要点	检查依据
6	汽轮机单机试运行	①汽轮机单机试运行应具备下列条件： 凝结水系统联锁试验合格；凝结水系统真空度试验达到产品技术文件要求；调速系统静态试验合格；保安系统试验动作准确无误；凝汽器汽侧充水至热井水位计符合设计文件规定的高度；润滑油、调速油、凝结水系统投入运行，完成与单机试运转有关的电气、仪表系统各项调试、联锁试验；汽轮机冷态时热膨胀指示器读数为零，轴位移指示为零；汽轮机与压缩机之间的联轴器脱开。	SH/T 3519—2013 10. 4. 1
		②汽轮机启动前应做好下列准备工作： 盘动转子数转，机体内应无异常声响；主蒸汽管和辅助管道同时进行暖管，并逐渐暖至主汽阀前；关闭主汽阀，打开各排放阀，把主蒸汽管内的凝结水排尽；检查、调整并记录汽轮机在冷态时机体热膨胀指示器读数为零，轴位移指示为零；润滑油系统、调节油系统、循环水系统、凝结水系统运行正常；启动电动盘车器，盘车时间若产品技术文件无规定时，电动盘车运行时间不应少于30min。	SH/T 3519—2013 10. 4. 2
		③汽轮机试运行应符合下列规定： 确认盘车器已脱开；按试运行方案启动汽轮机，进行低速暖机；检查主机、附机的轴位移，轴承温度，轴振动和机体热膨胀等；按产品技术文件规定的升速曲线进行低速跳闸试验，主汽阀、调速汽阀、抽汽调节阀、抽汽止回阀应能全关闭，动作应迅速灵敏；低速运行正常，继续升速，检查各轴承处的温度、转子轴位移，机体内转子运转声响等，在额定转速下运行不少于1h；转子停止转动时，应立即启动盘车器连续盘车，直到机体温度冷却到90℃以下可停止盘车；当轴承温度降低到50℃以下时，可停止油系统运行。	SH/T 3519—2013 10. 4. 3
		④应按技术文件要求完成超速跳闸试验。	SH/T 3519—2013 10. 4. 4
		⑤汽轮机单机试运行时，其机械运转性能应符合下列规定： 汽轮机、辅机运行正常，无异常声响；润滑油压、调速油压符合产品技术文件规定，油压、轴承温升不应超过设计文件规定；轴振动、轴位移、机体膨胀、差胀等符合设计文件规定；冷却水系统的水温、压力、流量应符合设计文件规定；机体各热膨胀指示器的变化数值均匀；电气、仪表保护装置运行良好；附属设备管道运行良好；真空系统真空度符合设计规定；上下机体温差不应超过50℃。	SH/T 3519—2013 10. 4. 5

续表

序号	检查内容	检查要点	检查依据
7	压缩机试运行	①压缩机单机试运行应在汽轮机单机试运行合格后进行，并做好下列准备工作： 复查轴对中数据，连接联轴器；检查确认试运行有关的电气、仪表、自控联锁等已投入运行；采用空气介质进行试运行机组，应检查确认各段吸入罐的人孔盖已打开，并安装10目过滤网，各段排出罐人孔盖打开作为排放口；检查确认辅助系统试运行合格；检查并确认机组试运行工艺流程符合试运行方案要求；盘车检查，内部无异常。	SH/T 3519—2013 10.5.1
		②机组试运行应符合下列要求： 机组升速时应平稳迅速地通过机组的临界转速区；最终转速连续试运行时间符合规范要求；按试运行方案停机，并记录惰走时间；停机后，盘车器自动进行盘车。	SH/T 3519—2013 10.5.2
		③机组试运行合格标准应符合下列要求： 主机和辅机均不得有异常声响；机体热膨胀均匀；密封系统正常；油温、油压、轴振动、轴位移符合设计文件规定。	SH/T 3519—2013 10.5.3

附录　质量监督检查依据

引用的国家法律法规、标准规范、中国石化工程管理制度及规定一览：

一、国家法律法规

《中华人民共和国建筑法》中华人民共和国主席令〔2011〕第46号(2019年修订版)

《中华人民共和国招标投标法》中华人民共和国主席令〔1999〕第21号(2017年修订版)

《中华人民共和国消防法》中华人民共和国主席令〔1998〕第4号(2021年修订版)

《中华人民共和国特种设备安全法》中华人民共和国主席令〔2013〕第4号

《中华人民共和国防震减灾法》中华人民共和国主席令〔2008〕第7号

《建设工程质量管理条例》中华人民共和国国务院令〔2000〕第279号(2019年修订版)

《建设工程勘察设计管理条例》中华人民共和国国务院令〔2000〕第293号(2017年修订版)

《建设工程安全生产管理条例》中华人民共和国国务院令〔2003〕第393号(2021年修订版)

《建设工程抗震管理条例》中华人民共和国国务院令〔2021〕第744号

《特种设备安全监察条例》中华人民共和国国务院令〔2003〕第373号(2009年修订版)

《实施工程建设强制性标准监督规定》建设部令〔2000〕第81号(2021年修订版)

《建设工程质量检测管理办法》建设部令〔2022〕第57号

《注册建造师管理规定》建设部令〔2006〕第153号

《建设工程勘察质量管理办法》建设部令〔2002〕第115号(2021年修订版)

《建设工程勘察设计企业资质管理规定》建设部令〔2007〕第160号(2018年修订版)

《注册土木工程师(岩土)考试注册相关规定》人发〔2002〕35号

《勘察设计注册工程师管理规定》建设部令〔2004〕第137号(2016年修订版)

《危险性较大的分部分项工程安全管理规定》建设部令〔2018〕第37号

《特种作业人员安全技术培训考核管理规定》安全监管总局令〔2010〕第30号(2015年修订版)

《检验检测机构资质认定管理办法》国家质量监督检验检疫总局令〔2005〕第163号(2021年修订版)

《放射性同位素与射线装置安全和防护管理办法》中华人民共和国环境保护部令〔2011〕第18号

《放射性同位素与射线装置安全许可管理办法》国家环境保护总局令〔2006〕第31号(2021年修订版)

《检验检测机构资质认定评审准则》国认实〔2016〕33号

《建筑工程施工发包与承包违法行为认定查处管理办法》建市规〔2019〕1号

《建筑工程五方责任主体项目负责人质量终身责任追究暂行办法》建质〔2014〕124号

《建设工程质量责任主体和有关机构不良记录管理办法(试行)》建质〔2003〕113号

二、标准规范

1. 综合

《质量管理体系 要求》GB/T 19001—2016

《建筑工程项目管理规范》GB/T 50326—2017

《建设项目工程总承包管理规范》GB/T 50358—2017

《工程建设施工企业质量管理规范》GB/T 50430—2017

《工程建设设计企业质量管理规范》GB/T 50380—2006

《工程建设勘察企业质量管理标准》GB/T 50379—2018

《建设工程监理规范》GB/T 50319—2013

《建筑工程施工质量验收统一标准》GB 50300—2013

《建筑地基基础工程施工质量验收标准》GB 50202—2018
《建筑施工组织设计规范》GB/T 50502—2009
《混凝土物理力学性能试验方法标准》GB/T 50081—2019
《房屋建筑和市政基础设施工程质量检测技术管理规范》GB 50618—2011
《建筑工程检测试验技术管理规范》JGJ 190—2010
《特种设备检测机构核准规则》TSG Z7002—2022
《特种设备无损检测人员考核规则》TSG Z8001—2019
《特种设备焊接操作人员考核细则》TSG Z6002—2010
《承压设备焊接工艺评定》NB/T 47014—2011
《石油化工工程质量监督规范》SH/T 3500—2016
《石油化工建设工程项目交工技术文件规定》SH/T 3503—2017
《石油化工安装工程施工质量验收统一标准》SH/T 3508—2011
《石油化工建设工程项目施工过程技术文件规定》SH/T 3543—2017
《石油化工建设工程项目施工技术文件编制规范》SH/T 3550—2012
《石油化工建设工程项目监理规范》SH/T 3903—2017
《石油化工建设工程项目竣工验收规定》SH/T 3904—2014
《金属材料验证性检验导则》Q/SH 0706—2016
《建设工程项目档案管理规范》Q/SH 0704—2016

2. 专业

勘察：

《石油化工岩土工程勘察规范》SH/T 3159—2019
《岩土工程勘察规范[2019 年版]》GB 50021—2001
《工程勘察通用规范》GB 55017—2021

桩基：

《先张法预应力混凝土管桩》GB 13476—2009
《先张法预应力离心混凝土异型桩》GB/T 31039—2014
《建筑地基基础工程施工质量验收标准》GB 50202—2018
《工程结构通用规范》GB 55001—2021
《建筑与市政地基基础通用规范》GB 55003—2021
《建筑与市政工程施工质量控制通用规范》GB 55032—2022
《建筑桩基技术规范》JGJ 94—2008
《建筑基桩检测技术规范》JGJ 106—2014
《现浇混凝土大直径管桩复合地基技术规程》JGJ/T 213—2010
《大直径扩底灌注桩技术规程》JGJ/T 225—2010
《螺纹桩技术规程》JGJ/T 379—2016
《静压桩施工技术规程》JGJ/T 394—2017
《建筑基桩自平衡静载试验技术规程》JGJ/T 403—2017
《预应力混凝土管桩技术标准》JGJ/T 406—2017
《长螺旋钻孔压灌桩技术标准》JGJ/T 419—2018
《钻孔灌注桩施工技术标准》T/CECS 592—2019
《灌注桩成孔质量检测技术规程》T/CECS 596—2019

土建：

《钢筋混凝土用钢 第 2 部分：热轧带肋钢筋》GB 1499.2—2018
《建筑设计防火规范(2018 版)》GB 50016—2014
《工程测量标准》GB 50026—2020
《工业建筑防腐蚀设计标准》GB/T 50046—2018
《混凝土强度检验评定标准》GB/T 50107—2010
《混凝土外加剂应用技术规范》GB 50119—2013
《石油化工企业设计防火标准(2018 版)》GB 50160—2008
《混凝土质量控制标准》GB 50164—2011
《建筑地基基础工程施工质量验收标准》GB 50202—2018
《砌体结构工程施工质量验收规范》GB 50203—2011
《混凝土结构工程施工质量验收规范》GB 50204—2015
《钢结构工程施工质量验收标准》GB 50205—2020
《屋面工程质量验收规范》GB 50207—2012
《地下防水工程质量验收规范》GB 50208—2011
《建筑地面工程施工质量验收规范》GB 50209—2010
《建筑装饰装修工程质量验收标准》GB 50210—2018
《建筑防腐蚀工程施工规范》GB 50212—2014
《建筑防腐蚀工程施工质量验收标准》GB/T 50224—2018
《大体积混凝土施工标准》GB 50496—2018
《钢结构焊接规范》GB 50661—2011

《混凝土结构工程施工规范》GB 50666—2011
《钢结构工程施工规范》GB 50755—2012
《砌体结构工程施工规范》GB 50924—2014
《石油化工工程防渗技术规范》GB/T 50934—2013
《建筑地基基础工程施工规范》GB 51004—2015
《建筑钢结构防火技术规范》GB 51249—2017
《钢结构通用规范》GB 55006—2021
《砌体结构通用规范》GB 55007—2021
《混凝土结构通用规范》GB 55008—2021
《建筑与市政工程施工质量控制通用规范》GB 55032—2022
《石油化工钢结构防火保护技术规范》SH/T 3137—2013
《焊接材料质量管理规程》JB/T 3223—2017
《石油化工钢结构工程施工质量验收规范》SH/T 3507—2011
《石油化工设备混凝土基础工程施工质量验收规范》SH/T 3510—2017
《石油化工钢制储罐地基与基础施工及验收规范》SH/T 3528—2014
《石油化工厂区竖向工程施工及验收规范》SH/T 3529—2018
《石油化工混凝土水池工程施工及验收规范》SH/T 3535—2012
《建筑变形测量规范》JGJ 8—2016
《钢筋焊接及验收规程》JGJ 18—2012
《钢筋机械连接技术规程》JGJ 107—2016

给排水：

《工业金属管道工程施工质量验收规范》GB 50184—2010
《工业金属管道工程施工规范》GB 50235—2010
《现场设备、工业管道焊接工程施工规范》GB 50236—2011
《给水排水管道工程施工及验收规范》GB 50268—2008
《现场设备、工业管道焊接工程施工质量验收规范》GB 50683—2011
《埋地钢质管道聚乙烯防腐层》GB/T 23257—2017
《流体输送用钢塑复合管及管件》GB/T 28897—2021
《涂覆涂料前钢材表面处理》GB/T 8923—2011
《焊接材料质量管理规程》JB/T 3223—2017
《石油化工给水排水管道工程施工及验收规范》SH/T 3533—2013
《埋地钢制管道环氧煤沥青防腐层技术标准》SY/T 0447—2014

静设备：

《〈塔式容器〉标准释义与算例》NB/T 47041—2014
《压力容器》GB/T 150—2011
《钢制球形储罐》GB 12337—2014
《球形储罐施工规范》GB 50094—2010
《现场设备、工业管道焊接工程施工规范》GB 50236—2011
《石油化工静设备安装工程施工质量验收规范》GB 50461—2008
《石油化工管式炉碳钢和铬钼钢炉管焊接技术条件》SH/T 3085—2016
《石油化工塔盘技术规范》SH/T 3088—2012
《石油化工管式炉高合金炉管焊接工程技术条件》SH/T 3417—2018
《管式炉安装工程施工及验收规范》SH/T 3506—2020
《石油化工乙烯裂解炉和制氢转化炉施工及验收规范》SH/T 3511—2020
《石油化工球形储罐施工技术规程》SH/T 3512—2011
《石油化工静设备现场组焊技术规程》SH/T 3524—2009
《石油化工低温钢焊接规范》SH/T 3525—2015
《石油化工静设备安装工程施工技术规程》SH/T 3542—2007
《石油化工钢制管道焊接热处理规范》SH/T 3554—2013
《固定式压力容器安全技术监察规程》TSG 21—2016

动设备：

《机械设备安装工程施工及验收通用规范》GB 50231—2009
《风机、压缩机、泵安装工程施工及验收规范》GB 50275—2010
《乙烯装置离心压缩机组施工及验收规范》SH/T 3519—2013
《石油化工机器设备安装工程施工及验收通用规范》SH/T 3538—2017
《石油化工泵组施工及验收规范》SH/T 3541—2007

工艺管道：

《压力管道监督检验规则》TSG D7006—2020
《压力管道安全技术监察规程——工业管道》TSG D0001—2009
《压力管道规范 工业管道》GB/T 20801—2020
《石油化工金属管道工程施工质量验收规范》GB 50517—2010
《工业金属管道工程施工规范》GB 50235—2010

《现场设备、工业管道焊接工程施工规范》GB 50236—2011

《石油化工有毒、可燃介质钢制管道工程施工及验收规范》SH/T 3501—2021

《石油化工铬钼钢焊接规范》SH/T 3520—2015

《石油化工铬镍不锈钢、铁镍合金、镍基合金及不锈钢复合钢焊接规范》SH/T 3523—2020

《石油化工低温钢焊接规范》SH/T 3525—2015

《石油化工异种钢焊接规范》SH/T 3526—2015

《石油化工设备和管道化学清洗施工及验收规范》SH/T 3547—2011

《石油化工钢制管道焊接热处理规范》SH/T 3554—2013

《石油化工工程焊接通用规范》SH/T 3558—2016

电气：

《电气装置安装工程　高压电器施工及验收规范》GB 50147—2010

《电气装置安装工程　电力变压器、油浸电抗器、互感器施工及验收规范》GB 50148—2010

《电气装置安装工程　母线装置施工及验收规范》GB 50149—2010

《电气装置安装工程　电气设备交接试验标准》GB 50150—2016

《火灾自动报警系统施工及验收标准》GB 50166—2019

《电气装置安装工程　电缆线路施工及验收标准》GB 50168—2018

《电气装置安装工程　接地装置施工及验收规范》GB 50169—2016

《电气装置安装工程　旋转电机施工及验收标准》GB 50170—2018

《电气装置安装工程　盘、柜及二次回路接线施工及验收规范》GB 50171—2012

《电气装置安装工程　蓄电池施工及验收规范》GB 50172—2012

《电气装置安装工程　低压电器施工及验收规范》GB 50254—2014

《电气装置安装工程　电力变流设备施工及验收规范》GB 50255—2014

《电气装置安装工程　起重机电气装置施工及验收规范》GB 50256—2014

《电气装置安装工程　爆炸和火灾危险环境电气装置施工及验收规范》GB 50257—2014

《建筑电气工程施工质量验收规范》GB 50303—2015

《电梯工程施工质量验收规范》GB 50310—2002

《建设工程施工现场供用电安全规范》GB 50194—2014

《石油化工电气工程施工及验收规范》SH/T 3552—2021

《石油化工电气工程施工技术规程》SH 3612—2013

《施工现场临时用电安全技术规范》JGJ 46—2005

《高杆照明设施技术条件》CJ/T 457—2014

《石油化工装置电力设计规范》SH/T 3038—2017

《石油化工电信设计规范》SH/T 3153—2021

《石油化工电缆桥架施工及验收规范》SH/T 3569—2020

仪表：

《自动化仪表工程施工及质量验收规范》GB 50093—2013

《石油化工仪表工程施工质量验收规范》SH/T 3551—2013

《石油化工仪表工程施工技术规程》SH/T 3521—2013

《综合布线系统工程验收规范》GB/T 50312—2016

《石油化工有毒、可燃介质钢制管道工程施工及验收规范》SH/T 3501—2021

《石油化工仪表接地设计规范》SH/T 3081—2019

《石油化工电缆桥架施工及验收规范》SH/T 3569—2020

《石油化工可燃气体和有毒气体检测报警设计标准》GB/T 50493—2019

《石油化工仪表供电设计规范》SH/T 3082—2019

《石油化工仪表系统防雷设计规范》SH/T 3164—2021

《石油化工 FF 现场总线控制系统设计规范》SH/T 3217—2021

《石油化工分散控制系统设计规范》SH/T 3092—2013

《石油化工安全仪表系统设计规范》GB/T 50770—2013

防腐绝热：

《工业设备及管道绝热工程施工规范》GB 50126—2008

《钢质石油储罐防腐蚀工程技术标准》GB/T 50393—2017

《工业设备及管道防腐蚀工程施工规范》GB 50726—2011

《工业设备及管道防腐蚀工程施工质量验收规范》GB 50727—2011

《石油化工设备和管道涂料防腐蚀设计标准》SH/T 3022—2019

《石油化工绝热工程施工技术规程》SH/T 3522—2017

《石油化工涂料防腐蚀工程施工质量验收规范》SH/T 3548—2011

无损检测：

《金属熔化焊对接接头射线检测技术和质量分级》DL/T 821—2017

《碳素钢和中低合金钢　多元素含量的测定　火花放电原子谱法（常规法）》GB/T 4336—2016

《不锈钢 多元素含量的测定 火花放电原子发射光谱法(常规法)》GB/T 11170—2008

《金属材料 里氏硬度试验 第1部分：试验方法》GB/T 17394.1—2014

《承压设备无损检测》NB/T 47013—2015

《承压设备无损检测 第15部分：相控阵超声检测》NB/T 47013.15—2021

《石油化工管道工程无损检测标准》SH/T 3545—2020

《石油天然气钢质管道无损检测》SY/T 4109—2020

三、中国石化工程管理制度及规定

《中国石化工程质量管理规定》中国石化制〔2020〕370号

《中国石化质量事故管理规定》中国石化制〔2020〕222号

《中国石化设备材料监造管理办法》中国石化制〔2021〕200号

《中国石化建设项目实施管理规定》中国石化建〔2019〕329号

《中国石化建设项目设计管理办法》中国石化建〔2019〕357号

《中国石化建设项目检试验管理办法》中国石化制〔2020〕370号

《中国石化建设项目管理机构管理办法》中国石化制〔2021〕115号

《中国石化建设工程招标投标管理规定》中国石化建〔2018〕263号

《中国石化建设工程分包管理办法》中国石化制〔2020〕285号

《中国石化工程建设项目生产准备与试车管理规定》中国石化制〔2021〕54号

《中国石化工程建设项目开工管理办法》中国石化制〔2021〕54号

《中国石化工程建设监理管理办法》中国石化建〔2019〕56号

《中国石化工程建设及检维修承包商管理规定》中国石化制〔2021〕256号

《中国石化工程建设承包商项目人员培训考核管理办法》中国石化制〔2021〕234号

《中国石化临时用电作业安全管理规定》中国石化安〔2015〕683号

《中国石化防腐绝热质量提升工程规定》SPMP-STD-EM2019—2021